精通 jQuery Web 开发

(第 2 版)

[美]　Richard York　　著

李周芳　　　　　　　译

清华大学出版社

北　京

Richard York
Web Development with jQuery
EISBN：978-1-118-86607-8

北京市版权局著作权合同登记号 图字：01-2015-3019

图书在版编目(CIP)数据

精通 jQuery Web 开发：第 2 版 / (美) 约克(York, R.) 著；李周芳 译. —北京：清华大学出版社，2015
书名原文：Web Development with jQuery
ISBN 978-7-302-41972-3

Ⅰ. ①精…　Ⅱ. ①约… ②李…　Ⅲ. ①JAVA 语言—程序设计　Ⅳ. ①TP312

中国版本图书馆 CIP 数据核字(2015)第 263140 号

责任编辑：王　军　李维杰
装帧设计：牛静敏
责任校对：成凤进
责任印制：何　芊

出版发行：清华大学出版社
网　　址：http://www.tup.com.cn，http://www.wqbook.com
地　　址：北京清华大学学研大厦 A 座　　邮　　编：100084
社 总 机：010-62770175　　邮　　购：010-62786544
投稿与读者服务：010-62776969，c-service@tup.tsinghua.edu.cn
质 量 反 馈：010-62772015，zhiliang@tup.tsinghua.edu.cn
印 刷 者：清华大学印刷厂
装 订 者：三河市溧源装订厂
经　　销：全国新华书店
开　　本：185mm×260mm　　印　　张：39.75　　字　　数：967 千字
版　　次：2015 年 12 月第 1 版　　印　　次：2015 年 12 月第 1 次印刷
印　　数：1～3000
定　　价：98.00 元

产品编号：062781-01

译 者 序

作为动态 Web 应用程序领域的编程利器，jQuery 可助你用更少代码实现更多功能，减少错误量。jQuery 将 JavaScript 编程量精简为寥寥数行 jQuery 代码，从而减轻 Web 开发人员的工作负担，使 JavaScript 变得更直观，更富魅力。jQuery 允许同时为一个或多个元素设置样式，使得通过 jQuery 操纵 CSS 变得分外轻松。

从 5 年前推出本书第 1 版以来，jQuery 经历了大幅修改和增强。本书最新版涵盖所有新内容和增强内容，透彻讲述新的 HTML5 元素和功能、改进的事件处理方法以及升级后的 jQuery UI 等。本书分 4 部分：第 I 部分介绍 jQuery 库公开的基本 API；第 II 部分讲述 jQuery UI 库的内容；第 III 部分介绍一些流行的 jQuery 插件，并讲述如何创建更高级的 jQuery 插件；第 IV 部分是附录，列出了一些有用的参考资料。

具体地讲，本书介绍 jQuery JavaScript 框架和 jQuery UI JavaScript 框架，列出一些流行的第三方插件，并讲述如何自行编写和使用第三方插件。讨论 jQuery 的 API 公开的每个方法，介绍 jQuery 的事件模型。本书还讲述如何利用 jQuery UI 库来创建 UI 小组件(widget)，如何将内容拆分为多个部分，用同一页面上的多个选项卡(tab)来包含每部分内容，以及如何自定义这些选项卡的外观和效果，使它们更精美。

在这本面向项目的 jQuery 精品图书的指引下，即使是初出茅庐的 JavaScript 新手也能迅速开始利用 JavaScript jQuery 库来减少编码和测试所需的代码量。书中包含极有帮助作用的指南和紧贴实际的练习，使读者能在实际应用中轻松驾驭 jQuery，并收到事半功倍的神奇效果。

在此，我要感谢清华大学出版社的编辑们，他们在本书的编辑和出版过程中倾注了极大的心血，正是由于他们的辛勤劳动，才使得本书的译本在最短时间内与广大读者见面。我还要感谢我的家人，是她们的理解与支持让我能够潜心完成本书的翻译工作。

本书所有章节由李周芳翻译，参与翻译的人员还有孔祥亮、陈跃华、杜思明、熊晓磊、曹汉鸣、陶晓云、王通、方峻、李小凤、曹晓松、蒋晓冬、邱培强、洪妍、李亮辉、高娟妮、曹小震、陈笑等，在此一并表示感谢。在翻译本书的过程中，译者本着严谨的翻译态度，字斟句酌，付出了大量的心血和汗水，力求为读者献上一本经典译作。虽然在翻译过程中力求再现原书风貌，但是鉴于译者水平有限，错误和失误在所难免，如有任何意见和建议，请不吝指正。感激不尽！

最后，希望读者通过阅读本书能早日步入 jQuery 语言编程的殿堂，领略 jQuery 的魅力，实现自己的 jQuery 软件开发梦！

译 者

作 者 简 介

Richard York 除撰写本书外，还撰写了包括 *Beginning JavaScript and CSS Development with jQuery* (2009)在内的 4 本 Wrox 书籍。

贡献者和技术编辑简介

Peter Hendrickson 对软件开发一直情有独钟，在 1989 年便迷上这一行，从 2001 年开始成为一名专业开发人员。Peter 当前担任 salesforce.com 的软件工程经理，为 Salesforce Marketing Cloud 开发了用户界面和中间层组件。Peter 不仅担任本书多个章节的技术编辑，还亲自撰写了多个章节。

Nik Devereaux 于 2003 年加盟 ViaSat 公司，目前担任该公司 Central Engineering 部门的项目总监，负责管理 Software Engineering Office 和 University Partnerships & Recruiting 项目。Nik 的主要工作目标是提升跨越所有商业区域和办公地点的整个软件开发社区的规模和技能集，并推进战略调整。Nik 从美国加州大学圣地亚哥分校获得了学士和硕士学位。

前　言

jQuery 已经成为 Web 开发领域的核心要素。作为一个 JavaScript 库，jQuery 的使命非常简单——致力于极大地简化诸多任务，从而减轻Web开发人员的工作负担。jQuery的初衷是提供一个库来消弥浏览器之间的不一致性，简化 JavaScript 开发，为跨浏览器开发提供诸多规范。随着浏览器技术的进步，浏览器之间的不兼容问题逐渐消除，jQuery的量级更轻了，效率却更高，能更好地完成自己的任务：提供 API，使 JavaScript 开发变得更简单。

实践已经证明，jQuery 可将多行普通的 JavaScript 代码简化为区区几行 jQuery 代码，甚至在很多情况下简化为一行支持 jQuery 的 JavaScript 代码。使用 jQuery 时，代价是为了使用你的网站和应用程序，用户需要获取 jQuery 库(可能还需要获取其他相关的下载资料)，这会增加应用的大小，也额外增加了复杂性。在当今，这种代价已经变小了，因为越来越多的人可以访问高速 Internet。因此，从宏观角度看，额外的下载并不那么费事。

jQuery 致力于尽可能消除冗余现象，从而清除 JavaScript 开发中的道道樊篱。jQuery 1.9 及更早版本更多聚焦于在各个浏览器存在差异的关键区域(例如 Microsoft 的事件 API 和 W3C 的事件 API 之间，以及其他更需要补救的任务，例如获取事件发生时用户鼠标指针的位置等)实现跨浏览器 JavaScript 开发的标准化。随着浏览器的规范化，jQuery 2.0 已甩掉了大多数历史包袱，即不再重点考虑如何发挥桥梁作用(例如，实现 Internet Explorer 与其他浏览器的事件一致性)。现在，最新的 Internet Explorer 版本的标准事件 API 严格遵循标准呈现模式，因此，在添加有效的文档类型声明时，已不需要桥梁性的事件支持。

如果必须使用较旧的 Internet Explorer 版本(如 IE8)，则需要 jQuery 1.9。jQuery 1.9 和 jQuery 2.0 都可以用在所有现代浏览器上，包括最新版本的 Safari、Firefox、Google Chrome 和 Internet Explorer。

入手使用 jQuery 十分简单，只需要在 HTML 或 XHTML 文档中添加简单脚本，将基本的 jQuery JavaScript 库纳入即可。本书详细介绍 jQuery 的 API 组件，说明如何将该框架中的组件结合在一起来快速开发 Web 应用程序。

本书还介绍 jQuery UI 库的用法。创建客户端用户界面(UI)曾是一项非常烦琐的任务，而如果使用 jQuery UI 库，这些任务则变得出奇简单。即使没有丰富 JavaScript 编程经验的普通开发者，也可以用 jQuery UI 库创建出专业的用户界面。jQuery UI 库包括对话框、选项卡、Accordion 和日期选择器等小组件；要观看完整演示，请参阅 http://www.jqueryui.com 中的示例。

一个蓬勃发展的大型 jQuery 插件社区提供了免费插件，本书介绍其中最流行的一些插件，还讲述如何自行创建简单乃至复杂的 jQuery 插件。

读者对象

本书面向任何希望使用更少代码实现更多功能的 Web 开发人员。在阅读本书之前，应该基本了解 JavaScript，因为本书并不详细介绍 JavaScript 语言本身。读者需要了解 DOM(Document Object Model，文档对象模型)和 JavaScript 编程语法，还需要对 CSS 以及 HTML5 或 XHTML5 有所了解，本书假定你已经掌握了这些知识。本书将重点介绍如何使用 jQuery 编写 JavaScript 程序。

对于初学者来说，也许虽然能领会本书示例中代码的含义，但可能无法理解某些技术术语和编程概念，这些内容通常是在 JavaScript 入门书籍中介绍的。因此，如果你是一名想努力掌握 jQuery 的初学者，建议在阅读本书的同时也阅读一本 JavaScript 入门书籍。确切地讲，笔者建议阅读下列 Wrox 书籍(它们均已由清华大学出版社引进并出版)，以帮助初学者掌握相应的基础知识：

- 《HTML、XHTML、CSS 与 JavaScript 入门经典》
- 《CSS 入门经典(第 3 版)》
- 《JavaScript 入门经典(第 4 版)》

要获得 JavaScript 方面比较深入的知识，笔者建议参阅由 Nicholas C. Zakas 所著的《JavaScript 高级程序设计(第 3 版)》。

内容概要

本书介绍 jQuery JavaScript 框架和 jQuery UI JavaScript 框架，列出一些流行的第三方插件，讲述如何自行编写和使用第三方插件。本书还介绍 jQuery 的 API 公开的每个方法，使用这些 API 包含的方法，可用最少的代码来更快地完成常见的繁杂任务。例如，jQuery 的一些方法用于通过 DOM 从标记文档中选取元素，一些方法则用于遍历选择集或使用 jQuery 所提供的精确控制来过滤选择集。使用 jQuery 所提供的方法操作 DOM 将变得更加简单和轻松。本书还介绍 jQuery 的事件模型，该模型打包普通的 W3C 事件 API，如能正确使用该模型提供的 API，将能极大地优化应用程序并降低复杂度。

本书第 II 部分介绍如何利用 jQuery UI 库来创建 UI 小组件(widget)。jQuery 可将内容拆分为多个部分，用同一页面上的多个选项卡(tab)来包含每部分内容。jQuery 还支持自定义这些选项卡的外观和效果，甚至可在鼠标移到选项卡上或在选项卡上单击时为选项卡提供不同的特效，从而使选项卡具有更精美的外观和效果。可以用 jQuery UI 库来方便地创建 Accordion(手风琴)补充内容；这些补充内容有两个或更多个窗格，当鼠标指针移到某一条目时，窗格将通过平滑、无缝的动画效果进行切换，之前的窗格将折叠起来，而当前窗格将展开显示。

jQuery UI 库还支持将任意元素转换为“可拖动”元素，在页面上只需单击该元素并按住鼠标进行拖动，就可以使用鼠标将元素拖动到页面中的任何地方。使用 jQuery UI 库来创建具有拖放功能的用户界面也变得非常容易，可使用 jQuery 插件来创建可投放区域，可拖动页面上的其他元素并投放到该区域中，就像在操作系统的文件管理器中移动文件夹的位置一样。另外，jQuery UI 库还可将列表转换为“可排序”列表，可通过拖放方式来排序列表，列表将根据列表项投放的位置来重新排序列表项。另外，jQuery UI 库还支持使用鼠标拖曳出选取框来选取元素，就像在操作系统的文件管理器中选取多个文件或文件夹那样。jQuery UI 库还提供了使用鼠标来调整页面元素尺寸的插件。所有这些在计算机桌面系统中可以实现的简洁操作，都可以使用 jQuery UI 库在 Web 浏览器中实现。

jQuery UI 库还提供了用于输入日期的由 JavaScript 驱动的、精美易用的日期选择器插件，当在输入域中单击时，将自动弹出该日期选择器。

使用 jQuery UI 库，还可以创建类似于虚拟弹出窗口的自定义弹出对话框，但这种弹出对话框是使用标记代码、CSS 和 JavaScript 显示的，并且不会打开单独的浏览器窗口。

jQuery UI 库还提供了图形化的滑动条(slider bar)插件，类似于媒体播放器中的音量控制条。

就像通常情况下 jQuery 大大简化了 JavaScript 编程一样，jQuery UI 库也极大地简化了创建图形用户界面(GUI)的繁重工作。在 jQuery UI 库的支持下，只需较少的开发工作，就可以创建出非常专业的用户界面小组件。

如果读者对 jQuery 的最新信息感兴趣，比如 jQuery 正在进行的改进，以及与 Web 开发相关的主题等，请参考 jQuery 的官方博客 blog.jquery.com 所提供的资料，或阅读 jQuery 之父 John Resig 的博客，网址是 www.ejohn.org。

如果读者在使用 jQuery 的过程中想要寻求帮助，可参加 p2p.wrox.com 论坛上关于编程方面的讨论，可免费加入，在温馨的论坛中咨询 jQuery 编程方面的相关问题。jQuery 社区也提供了一些编程论坛，可在网站 http://docs.jquery.com/Discussion 上学到更多知识。

本书编排方式

本书分为 4 部分：第 I 部分介绍 jQuery 库公开的基本 API；第 II 部分分析 jQuery UI 库的内容；第III部分介绍一些流行的 jQuery 插件，并讲述如何创建更高级的 jQuery 插件；第IV部分是附录，列出一些有用的参考资料。

第Ⅰ部分：jQuery API

- **第 1 章：jQuery 简介**——第 1 章简要介绍 jQuery 的起源，以及为什么需要使用 jQuery。该章列出一些良好的编程实践以及本书使用的特定编程惯例。该章还简要讨论如何下载 jQuery 库以及如何创建第一个 jQuery 驱动的 JavaScript 程序。
- **第 2 章：选择和筛选**——该章简要介绍 jQuery 的选择器引擎，选择器引擎使用类似于 CSS 的选择器从 DOM 中选择元素。该章还介绍 jQuery 所支持的操作选择集的各种方法，这些方法可用于精确控制从 DOM 中选取哪些元素。该章介绍用于选择上级元素、父元素、同级元素和后代元素的各种方法，以及如何移除选择集中的元素，如何将元素添加到选择集中，以及如何获取选择集的特定子集。
- **第 3 章：事件**——该章讨论 jQuery 的事件封装方法，分析如何挂钩不具有内置封装方法的事件处理器，如何删除事件处理器，如何挂钩持久化事件处理器，如何创建自定义事件，如何为事件添加命名空间以方便引用。
- **第 4 章：操纵内容和特性**——该章介绍如何使用 jQuery 为操纵内容、文本、HTML 和元素特性而提供的各种方法。jQuery 提供了大量方法，可实现对元素的任何操作。
- **第 5 章：数组和对象的迭代**——该章介绍如何使用 jQuery 来遍历包含元素的选择集，以及如何遍历数组。与通常一样，对于 DOM 元素组成的数组或选择集，jQuery 提供了一个简便的迭代机制，只需使用几行代码就可以循环遍历数组或选择集的内容。
- **第 6 章：CSS**——该章介绍 jQuery 为操作 CSS 属性和声明所提供的方法。jQuery 提供了直观和具有多种功能的方法，以便采用不同的方式来操作 CSS。
- **第 7 章：AJAX**——该章详细介绍 jQuery 所支持的针对服务器发起 AJAX 请求的各种方法，jQuery 的 AJAX 方法允许向服务器请求内容，而不必直接使用底层的 XMLHttpRequest 对象，还支持处理从服务器返回的不同格式的响应。
- **第 8 章：动画和缓动效果**——该章介绍 jQuery 所提供的一些用于动态显示元素的方法，包括使用简单动画显示和隐藏元素、淡入和淡出、上滑和下滑，使用完全自定义的动画，以及可用来控制动画时间流逝的各种缓动效果。
- **第 9 章：插件**——该章介绍如何在 jQuery 中创建自定义插件。
- **第 10 章：滚动条**——解释如何使容器变得可滚动，包括获取和设置滚动位置。
- **第 11 章：HTML5 拖放**——用于在浏览器窗口中拖放元素的官方 W3C 拖放 API。该 API 与 Draggable 和 Droppable jQuery UI 插件的差异极大，允许在完全不同的浏览器窗口或应用程序之间拖放元素。该章还介绍以拖放方式上传文件的 W3C 规范。

第Ⅱ部分：jQuery UI

- **第 12 章：实现拖放**——该章介绍如何实现 Draggable 和 Droppable jQuery UI 插件来创建拖放 API，这是第 11 章介绍的 HTML5 拖放 API 的备选。
- **第 13 章：Sortable 插件**——该章讨论如何使用 Sortable 插件将列表元素转换为可通过拖动和投放进行排序的“可排序”列表。
- **第 14 章：Selectable 插件**——该章介绍 jQuery UI 库中的 Selectable 插件，该插件允许用户通过鼠标拖曳出选取框来选择元素，就像在操作系统的文件管理程序中选取文件那样。
- **第 15 章：Accordion 插件**——该章讨论如何使用 Accordion 插件来创建外观简洁优美的侧边栏，侧边栏包含了多个内容窗格，各个窗格可以像手风琴一样展开和折叠。当鼠标指针移过一个元素时，当前内容窗格将通过平滑动画折叠起来，而另一个窗格则以动画方式平滑展开。
- **第 16 章：Datepicker 插件**——该章介绍如何使用 jQuery 的 Datepicker 小组件为标准的表单输入域创建日期选择器。
- **第 17 章：Dialog 插件**——该章介绍如何使用 jQuery UI 库来创建虚拟的弹出窗口，虚拟的弹出窗口的外观和行为看起来就像是真正的弹出窗口，但实际上完全包含在启动它们的当前页面中，而且是使用纯粹的标记代码、CSS 和 JavaScript 构建的。
- **第 18 章：Tabs 插件**——该章介绍 jQuery UI 库的 Tabs 组件，它可将一个文档拆分到几个不同的选项卡中，在这种选项卡之间导航时，并不需要加载其他页面。

第Ⅲ部分：流行的第三方 jQuery 插件

- **第 19 章：Tablesorter 插件**——简要介绍 jQuery 的第三方插件 Tablesorter，该插件用于依据一列或多列对 HTML 表格进行排序。
- **第 20 章：创建交互式幻灯片放映效果**——介绍如何设置幻灯片放映插件，列举一个创建 jQuery 插件的复杂例子，该例可供扩展。
- **第 21 章：使用 HTML5 音频和视频**——介绍 MediaElement 插件，该插件在桌面和移动平台上，针对各种流行的媒体格式(如 H.264 和 MP3 音频)，架起了支持音频和视频的桥梁。
- **第 22 章：创建简单的 WYSIWYG 编辑器**——讨论在浏览器中创建文本编辑器所需的 contenteditable 特性和各种组件。

第Ⅳ部分：附录

- **附录 A**——该附录包含各章练习题的答案。
- **附录 B~U**——这些附录包含 jQuery 和 jQuery UI 的参考资料。

阅读本书的先决条件

为充分发挥本书示例的作用，需要具备以下两个使用条件：

- 具有多个浏览器，以便测试本书示例中的 Web 页面。
- 有一个文本编辑器或你最喜欢的 IDE。

为网站设计的内容应该允许不同类型的客户端浏览器进行访问。某些用户可能使用不同的操作系统或浏览器进行访问，而读者当前使用的计算机上可能并未安装这些操作系统或浏览器。本书的内容聚焦于当前最主流的浏览器。这些浏览器包括：

- Windows 系统上的 Microsoft Internet Explorer 10 或更高版本的 IE 浏览器。
- Mac OS X 系统上的 Safari 7 浏览器或更高版本的 Safari 浏览器。
- Mac OS X 系统、Windows 系统或 Linux 系统上的 Firefox 30 或更高版本的浏览器。
- Mac OS X 系统、Windows 系统或 Linux 系统上的 Google Chrome 36 或更高版本的浏览器。

p2p.wrox.com

要与作者和同行讨论，请加入 p2p.wrox.com 上的 P2P 论坛。这个论坛是一个基于 Web 的系统，便于你张贴与 Wrox 图书相关的消息和相关技术，与其他读者和技术用户交流心得。该论坛提供了订阅功能，当论坛上有新的消息时，它可以给你发送感兴趣的论题。Wrox 作者、编辑、其他业界专家和读者都会到这个论坛上来探讨问题。

在 http://p2p.wrox.com 上，有许多不同的论坛，它们不仅有助于阅读本书，还有助于开发自己的应用程序。要加入论坛，可以遵循下面的步骤：

(1) 进入 p2p.wrox.com，点击 Register 链接。

(2) 阅读使用协议，并单击 Agree 按钮。

(3) 填写加入该论坛所需的信息和自己希望提供的其他信息，单击 Submit 按钮。

(4) 你会收到一封电子邮件，其中的信息描述了如何验证账户，完成加入过程。

注意： 不加入 P2P 也可以阅读论坛上的消息，但要张贴自己的消息，就必须加入该论坛。

加入论坛后，就可以张贴新消息，响应其他用户张贴的消息。可以随时在 Web 上阅读消息。如果要让该网站给自己发送特定论坛中的消息，可以单击论坛列表中该论坛名旁边的 Subscribe to This Forum 图标。

关于使用 Wrox P2P 的更多信息，可阅读 P2P FAQ，了解论坛软件的工作情况以及 P2P 和 Wrox 图书的许多常见问题。要阅读 FAQ，可以在任意 P2P 页面上点击 FAQ 链接。

勘误表

尽管我们已经尽了各种努力来保证文章或代码中不出现错误，但错误总是难免的，如果你在本书中发现了错误，例如拼写错误或代码错误，请告诉我们，我们将非常感激。通过勘误表，可以让其他读者避免受挫，当然，这还有助于提供更高质量的信息。

请给 wkservice@vip.163.com 发电子邮件，我们就会检查你的信息，如果是正确的，我们将在本书的后续版本中采用。

要在网站上找到本书的勘误表，可以登录 http://www.wrox.com，通过 Search 工具或书名列表查找本书，然后在本书的细目页面上，点击 Book Errata 链接。在这个页面上可以查看 Wrox 编辑已提交和粘贴的所有勘误项。完整的图书列表还包括每本书的勘误表，网址是 www.wrox.com/misc-pages/booklist.shtml。

源代码

读者在学习本书中的示例时，可以手动输入所有的代码，也可以使用本书附带的源代码文件。本书使用的所有源代码都可以从本书合作站点 http://www.wrox.com/go/webdevwithjquery 下载。

另外，也可以进入 http://www.wrox.com/dynamic/books/download.aspx 上的 Wrox 代码下载主页，查看本书和其他 Wrox 图书的所有代码。

还可访问 www.tupwk.com.cn/downpage 来下载源代码。

注意：由于许多图书的标题都很类似，因此按 ISBN 搜索是最简单的，本书英文版的 ISBN 是 978-1-118-86607-8。

下载代码后，只需要用自己喜欢的解压缩软件对它进行解压缩即可。

目　　录

第 II 部分 jQuery UI

第Ⅳ部分　附　录

第 I 部分

jQuery API

- 第 1 章：jQuery 简介
- 第 2 章：选择和筛选
- 第 3 章：事件
- 第 4 章：操纵内容和特性
- 第 5 章：数组和对象的迭代
- 第 6 章：CSS
- 第 7 章：AJAX
- 第 8 章：动画和缓动效果
- 第 9 章：插件
- 第 10 章：滚动条
- 第 11 章：HTML5 拖放

第 1 章

jQuery 简介

对于客户端 Web 开发而言，JavaScript 框架已成为非常有用的必备组件。几年前，JavaScript 框架为消除跨平台 Web 开发中的诸多不一致性问题铺平了道路。在 Microsoft 采取统一措施，推出在标准支持方面得到极大改善的 IE 之前，IE 方式与标准方式时常是不同的。诸如 jQuery 的框架极有助于填平“标准”与“非标准”之间的鸿沟。今天，jQuery 成为风靡全球的领先 JavaScript 框架和应用程序开发平台。它体量更小，加载速度更快，其本身具有的功能使 JavaScript 应用程序开发人员的工作变得分外轻松。JavaScript 不再是嫁接在无状态 HTML 上的附属品，它越来越多地用作 Web 开发和应用程序开发(桌面、平板电脑乃至智能手机)的基础和主要驱动力。

几家科技巨头之间的浏览器和平台之争反倒为 JavaScript 注入了活力，使 JavaScript 得到精简，速度更快。今天，几家领先的浏览器提供商提供的 JavaScript 功能将稳定可靠的解释性 JavaScript 语言向前推进一步，即时将其转换为能以极快速度执行的缓存的机器字节码。由于 Apple、Google、Mozilla 和 Microsoft 技高一筹，在技术方面集体取得进展，因而当今的 JavaScript 的性能达到空前水平。

在 2009 年撰写本书第 1 版时，jQuery 已蜕变为事实上的标准 JavaScript 框架和应用平台。今天，小到夫妻店，大到世界《财富》500 强公司，jQuery 都成为推进前沿 Web 和应用程序开发的全球领先的核心技术。jQuery 融入了 iOS 和 Android 应用程序以及移动网站(有的使用了流行的 jQuery Mobile 框架插件，有的未使用)，支持着一些全球最大公司(如 Amazon、Apple、The New York Times、Google、BBC、Twitter 和 IBM)的网站的运行。

多年来，JavaScript 框架为消除跨浏览器 Web 开发中的诸多漏洞和不一致性问题铺平了道路，创建了无缝连贯的、令人愉悦的客户端编程体验。如今，凭借 Internet Explorer 11 及其底层的 Trident 引擎，Microsoft 最终有了世界级的符合标准的 Web 浏览器，追上了诸多竞争产品，如 Apple 的 Safari 和全球领先的基础开源 WebKit、Google 的 Chrome 浏览器和 WebKit Blink 引擎的新分支以及 Mozilla 的由 Gecko 引擎支持的 Firefox。Web 开发人员拥有了超越以往的优秀平台来构建现代化的、全面符合标准的应用程序。

jQuery 一个最大的创新亮点是其卓越的 DOM 查询工具，该工具使用为人熟知的 CSS 选择器语法。该组件现名 Sizzle，是包含在更大的开源 jQuery 框架中的独立开源组件。它包含 jQuery 的 CSS 伪类选择器插件以及完整的 DOM 查询 CSS 选择器引擎(可用于 IE6 旧浏览器以及更新浏览器)。它使用 JavaScript 的本地 document.querySelectorAll()函数调用，使得使用 CSS 选择器的 DOM 查询变得更快(在其可供使用时)。Sizzle 是使 jQuery Web 开发变得超级简单的最大动力之一，吸引了数量众多的开发人员进入 jQuery 领域。

另一项使 jQuery Web 开发变得更简单、更具吸引力的功能是 jQuery 支持链式方法调用。只要 API 支持，就可以将方法调用链接到另一个方法调用之后来级联调用方法。下面的代码演示了使用 jQuery 时的链式方法调用：

```
$('<div/>')
    .addClass('selected')
    .attr({
        id : 'body',
        title : 'Welcome to jQuery'
    })
    .text("Hello, World!");
```

上例用 jQuery 创建了一个<div>元素。jQuery 就包含在美元符号变量$中，$是一个 JavaScript 变量，只有一个字符那么长。该变量包含整个 jQuery 框架，是使用 jQuery 从事所有工作的起点。$('<div/>')语句创建<div>元素，其后是多个方法调用。.addClass('selected')将 class 特性添加到<div>元素。然后调用.attr()，将另外两个特性添加到<div>元素，即 id 特性和 title 特性；接下来调用.text()，使用普通文本内容来填充<div>元素。这个简短的代码段包含 4 个独立的方法调用，它们前后相连，形成一个跨越多行的表达式。这个演示 jQuery 作用的简短示例最终创建了可以插入 DOM 的<div>元素，如下所示：

```
<div class="selected" id="body" title="Welcome to jQuery">Hello, World</div>
```

jQuery 配备了强大动力。有了 jQuery，可使用比纯 JavaScript 方法更少的代码，更方便地完成强大的 DOM 交互和操纵，从而开发出更好的 JavaScript 应用程序；这正是 jQuery 的座右铭“写更少，做更多”的含义。下面的代码段使用纯 JavaScript 创建同样的<div>元素，可将其与上面的 jQuery 代码段比较一下：

```
var div = document.createElement('div');

div.className = 'selected';
div.id = 'body';
div.title = 'Welcome to jQuery';

var text = document.createTextNode ("Hello, World!");

div.appendChild(div);
```

可以看到，jQuery 要简洁得多。它打包了传统的本地 JavaScript API 来帮助开发人员编写更少的代码，并用 JavaScript 完成更多工作，使应用程序开发变得更快捷。

本章将讨论以下主题：

- jQuery 的功能
- jQuery 的创造者
- 从何处获取 jQuery 以及如何获取 jQuery
- 如何首次安装和使用 jQuery
- XHTML 和 CSS 编程惯例
- JavaScript 编程惯例

1.1　jQuery 的功能

如前所述，jQuery 简化了诸多任务。它简单的、支持链式调用的且包罗万象的 API 将完全改变你编写 JavaScript 的方式，jQuery 的目标是“写更少，做更多”；在以下几方面，jQuery 的表现堪称出色：

- 通过各种内建的方法，更便捷地使用 jQuery 来迭代和遍历 DOM。
- jQuery 提供高级的、内置的、通用的使用选择器的功能(就像在 CSS 中使用一样)，因此，使用 jQuery 从 DOM 中选择条目将更加简单。
- jQuery 提供易于理解的插件架构，以便你添加自定义方法。
- jQuery 有助于减少导航和 UI 功能的冗余，如选项卡(tab)、CSS、基于标记的弹出式对话框、动画、过渡以及其他大量效果。

jQuery 是唯一的 JavaScript 框架吗？当然不是。还有多种 JavaScript 框架可供选择，如 Yahoo UI、Prototype、SproutCore 和 Dojo 等。本书之所以选择 jQuery，是因为笔者非常欣赏 jQuery 的简单和精炼。其他 JavaScript 框架与 jQuery 框架有诸多相似之处，每个 JavaScript 框架都具有统一事件 API 方面的独特优势，提供高级选择器和遍历实现，并为冗余的 JavaScript 驱动的 UI 任务提供简单界面。在整个 Web 上，包括那些不使用任何 JavaScript 框架的网站，在半数站点上都可以找到 jQuery。因此，jQuery 无疑具有作为广泛运用的事实标准的优势。由于 jQuery 极其流行，你极可能遇到其他具有 jQuery 经验并了解其用法的开发人员。

令笔者喜欢的另一个 jQuery 编程方面是：jQuery 并不强制用户采用其编程意见。有些框架，尤其是 ExtJS，试图用复杂的 MVC(Model–View–Controller，模型–视图–控制器)实现自动生成 HTML 和 CSS 代码(如果喜欢这种编程方式，这对你来说非常好)，完全避开传统的 JavaScript、HTML 和 CSS Web 开发。而 jQuery 并不强制用户采用其编程范例。结合使用与其珠联璧合的其他工具，如 Mustache.js 和 Backbone.js，除了流行的基于 MVC 的编程模式，你还可以得到一个更合理的编程范例。此时，你仍可以控制自己创建和使用的 HTML 和 CSS。

过去，基于 jQuery 的 Web 开发最初引起开发人员注意的原因是：jQuery 以令人难以置信的简单方式消除了各类浏览器之间的界限。它为事件处理提供了统一的 API，而在 JavaScript 框架问世之前，开发人员采用笨拙的四分五裂的方式，如 Microsoft IE 采用一种方式，而其他浏览器采用标准方式。jQuery 使跨浏览器 Web 开发变得简单无缝。今天，开发人员依然对 jQuery 趋之若鹜，原因已不再是浏览器之间的分化(这些问题在近 4 年已经逐渐消除)，而是因为 jQuery 比纯 JavaScript 编程更精简，更便于理解和使用。最后，Microsoft 已在大家使用了十几年的 Internet Explorer 中实施了标准的事件处理模型。作为最新版本，jQuery 2.0 卸下了过去促进跨浏览器 Web 开发的重任，而使 jQuery 更加精简，更加快捷。

这并不是说跨浏览器问题已不复存在。在某些 JavaScript 开发领域，仍存在多种方法。令人感到庆幸的是，这些领域正日趋减少。今天，在浏览器使用带有供应商前缀的 CSS 属性提供全新试验性功能的前沿 CSS 领域，存在较多跨浏览器问题。一个最令人沮丧的例子是 CSS 中的“渐变”，为在现代浏览器和旧式浏览器中正确实现该功能，开发者编写同一渐变的不同方式达 7 种之多：

- WebKit 的 CSS 渐变尝试的语法极其繁杂：-webkit-gradient
- WebKit 的修订标准的实现：-webkit-linear-gradient 和-webkit-radial-gradient
- 当前 W3C CSS3 标准：linear-gradient 和 radial-gradient
- Microsoft 的带有供应商前缀的符合标准的 W3C 标准实现：-ms-linear-gradient 和-ms-radial-gradient
- Microsoft 在旧式 filter 和-ms-filter 属性中的专用渐变实现
- Mozilla 的实现：-moz-linear-gradient 和-moz-radial-gradient
- Opera 在采用 Google 的 WebKit 派生(现为 Blink)引擎之前的实现：-o-linear-gradient 和-o-radial-gradient

可以看到，如果使用仍处于标准化过程中的前沿 CSS，Web 开发人员会遇到一些麻烦。令人遗憾的是，大多数 Web 开发人员并非采用易于理解的方法，而止步于-webkit-变体，不愿劳心费力地实现其他浏览器支持的变体。这样，一定程度出于这个原因，Opera 被说服中止开发自己的 Presto 引擎，转而投靠 Google 的 WebKit Blink 派生，而这本应是开发人员需要借助诸如 jQuery 的框架去解决的事项。顺便提一下，使用服务器端动态生成的 CSS 模板解决方案(甚至是客户端 jQuery 插件)，已经解决了这种特殊情形。

jQuery 的亮点在于它可以凭借其包罗万象、易于使用的插件生态系统，解决诸如供应商特定的 CSS 渐变的问题以及 JavaScript 中残余的跨浏览器问题。本书后面将介绍几种出色的第三方 jQuery 插件。

1.2　jQuery 的创造者

本书不会占用过多篇幅来追溯 jQuery 的发展历史和成因等，而是开门见山，直奔主题。下面仅适度地简单介绍一下 jQuery 的创造者。

jQuery 的原创者是 John Resig，其个人网站是 www.ejohn.org。他居住在美国纽约市的布鲁克林区，现任可汗学院计算机科学系的系主任。John Resig 仍在指导确定 jQuery 项目的方向和目标，不过，现在的 jQuery 管理工作已经让位于一个大型团队。在 jQuery 的开发网站 https://jquery.org/team/上，可以更多地了解这些人员以及他们承担的工作。

1.3　获取 jQuery

jQuery 是一个免费的开源 JavaScript 框架。在撰写本书时，当前稳定的产品发布版本为 1.10.2 和 2.0.3。这两个 jQuery 版本的区别主要体现在对旧式浏览器的支持方面。jQuery 2.0 版本卸下了沉重的旧包袱(为便于支持较旧 Internet Explorer 版本所需的大量代码)。

为最大限度地兼容各种浏览器，本书使用 1.10.2 版本。获取 jQuery 简直易如反掌，只需访问 www.jquery.com，点击 Download jQuery 链接即可。不管是 1.x 版本还是 2.x 版本，都可以看到下面两个下载选项：

- 压缩的生产版本
- 未压缩的开发版本

在开发期间，建议使用未压缩的开发版本。该版本有助于反向跟踪任何主流浏览器中的 Web 开发工具。可以遍历 JavaScript 执行链，在便于阅读的整齐代码中查看正在执行的代码。建议将压缩的生产版本用于规模庞大的生产网站；这样会压缩文件，删除所有多余空格，以加快下载速度。

1.4　安装 jQuery

本书假定所引用的 jQuery 脚本安装在如下路径：www.example.com/jQuery/jQuery.js。

因此，如果使用 example.com 域，jQuery 脚本将位于该文档根目录中的/jQuery/jQuery.js。当然，jQuery 并非一定要正好安装在该路径。可将 jQuery 移到自己喜欢的任意位置，但不要忘了相应地更新路径。

基于 jQuery 的“Hello, World”应用程序

在下例中，你将学习如何安装 jQuery，并执行基于 jQuery 的入门级 JavaScript 应用程序“Hello, World”。首先执行以下步骤：

(1) 从 www.jquery.com 下载 jQuery 脚本。另外，本书的源代码下载资料也提供了 jQuery 脚本，这些资料可从 www.wrox.com/go/webdevwithjquery 免费下载。

(2) 输入以下 XHTML 文档，将该文档另存为 Example 1-1.html。适当调整 jQuery 路径，这里使用的路径对应于通过从配书网站下载的源代码资料在浏览器中打开和操纵示例所需的路径。

```
<!DOCTYPE HTML>
```

```
<html xmlns="http://www.w3.org/1999/xhtml">
    <head>
        <meta http-equiv="content-type"
            content="application/xhtml+xml; charset=utf-8" />
        <meta http-equiv="content-language" content="en-us" />
        <title>Hello, World</title>
        <script type='text/javascript' src='../jQuery.js'></script>
        <script type='text/javascript' src='Example 1-1.js'></script>
        <link type='text/css' href='Example 1-1.css'
              rel='stylesheet' />
    </head>
    <body>

    </body>
</html>
```

(3) 输入下面的 JavaScript 文档，并将其另存为 Example 1-1.js：

```
$(document).ready(
    function()
    {
        $('body').append(
            $('<div/>')
                .addClass('selected')
                .attr({
                    id : 'body',
                    title : 'Welcome to jQuery'
                })
                .text(
                    "Hello, World!"
                )
        );
    }
);
```

(4) 输入下面的 CSS 文档，并将文档另存为 Example 1-1.css：

```
body {
      margin: 0;
      padding: 20px;
      font: 14px Helvetica, Arial, sans-serif;
}
div.selected {
      background: blue;
      color: white;
      padding: 5px;
      display: inline-block;
}
```

如果成功安装 jQuery，以上代码的运行结果如图 1-1 所示。如果安装失败，将显示一个空白页面。

图　1-1

在上述示例中，我们安装了 jQuery 框架并进行了测试。当激活文档的 onready 事件时，将执行所含的 JavaScript，即当完全加载 DOM(所有标记、JavaScript 和 CSS，但不包括图像)时执行。然后与 onready 事件关联的回调函数创建<div>元素，类名为 selected，而且包含文本“Hello, World!”。

这样，你就首次使用了 jQuery。

1.5　编程惯例

在 Web 开发中，对于专业的软件工程师、Web 设计人员和 Web 开发人员以及负责日常源代码维护工作的任何人员而言，在如何编写源代码这一问题上，通常都会采用一定的标准，遵循一定的惯例。标准化团体(如定义用于创建网站的语言的 W3C)已经确立了一些标准。某些标准虽然未以书面形式确立，但已经成为事实标准。事实标准就是那些已被整个业界接受，但并未收录在标准化组织开发的任何官方文档中的标准。

本书将讨论各种标准，包括事实标准和官方标准，并讨论如何遵循这些标准来开发和设计基于 Web 的文档和基于 Web 的应用程序。例如，本书将广泛讨论如何将行为(JavaScript)从表示(CSS)和结构(XHTML)中分离出来。通常把按这种方式编写的 JavaScript 称为“非侵入”式 JavaScript。之所以称为“非侵入”，是因为这种情况下 JavaScript 的作用是补充 Web 文档的内容，当禁用 JavaScript 时，Web 文档仍然保持有效。而 CSS 则用于处理文档的所有表示方面，文档结构则位于“基于语义编写的 XHTML”中。基于语义编写的 XHTML 使用正确的标记元素按意图进行组织，如有必要，也可直接在标记中添加少量的(如果有的话)表示组件。

除讨论各种标准外，本书还将讨论如何开发基于 Web 的文档，并考虑不同浏览器之间的不一致之处、差异和不同特性。就某些交互功能而言，几乎每种浏览器的处理都是不同的。对于此类情况，其他 Web 专家先驱已开创了一些事实标准，使不同浏览器在这些方面归于统一。创建 JavaScript 基础框架的思想日趋流行，而且 HTML5 应用程序也越来越依赖于 JavaScript 基础框架。你将在后面看到使用 jQuery 框架来开发 HTML5 应用程序的例子。

在开始讨论 jQuery 的用法之前，接下来将简要介绍一下编程人员应该遵循的惯例和良好实践。

1.5.1　标记和 CSS 惯例

对于 Web 文档而言，重要的要求是组织有序、书写整洁，并要合理命名和保存文档。这需要遵循准则，甚至要密切关注最细微之处。

下面列出在创建 XHTML 和 CSS 文档时应该遵循的规则：

- 选择 id 和类名时，务必使名称具有一定的描述性，且包含在一个命名空间中。你无从判断何时需要将一个项目与其他项目进行合并，命名空间能帮你避免冲突。
- 当定义 CSS 时，应避免使用泛型选择器。CSS 的定义应更加具体化，这有助于避免冲突。
- 有条理地连贯组织文件。应将同一项目的文件放在同一文件夹中，并用不同的文件夹隔离不同的项目。避免创建庞大的转储文件(file dump)，否则将难以定位和关联文件。
- 避免使用不可访问的标记。尽量不要使用帧(frame)。应使用具有适当语义的元素来组织标记。如将段落放在<p>元素中，将列表项放在<ul>或<ol>元素中，为标题使用<h1>一直到<h6>等元素。
- 如果可能，还需要考虑文档的加载效率。开发期间，使用按组件来组织的一些较小的模块化文件。对于投入生产的网站来说，要合并和压缩这些模块化文件。

1. id 和类命名惯例

大多数 Web 开发人员并未认真考虑命名空间和命名惯例这两大主题。命名惯例在标记 id 和类名中的重要性，等同于命名空间在编程语言中的重要性。

首先，什么是命名空间？为什么需要使用命名空间？“命名空间”是一个概念，旨在使程序和源代码等都遵循特定的命名惯例，以便在多样化的、互不相关的编程环境中，使程序具有更强的可用性和可移植性。换言之，如果想将一个 Web 应用程序直接插入到文档中，那么必须确保该 Web 应用程序中的类名、id 名、样式表、脚本以及其他所有条目都不会与现有文档中的任何应用程序发生冲突。应用程序应该是完全自包含(self-contained)和自给自足(self-sufficient)的，不应与现有文档中已存在的任何元素相冲突和抵触。

开发者通常在样式表中使用哪些 id 名称呢？首先考虑 Web 应用程序有哪些典型组件。应用程序包含正文，可能包含一列或多列，可能包含表头(header)和表尾(footer)；还有很多组件可能是所有 Web 应用程序都具有的反复出现的通用组件。正因为如此，大量网站都使用诸如 body、header、footer、column、left 和 right 之类的 id 和类名。如果将一个元素的 id 或类名设置为 body，那么很可能与绝大多数现有网站中的元素冲突。要避免此类冲突，可在 Web 应用程序中为 id 和类名添加前缀来避免冲突和命名空间冲突。如果写了一个名为 tagger 的 Web 应用程序，那么可通过为所有 id 和类名添加前缀 tagger 来定义该 Web 应用程序的命名空间。例如，可以使用 taggerBody、taggerHeader 和 taggerFooter 等。但也可能遇到其他人已写了一个名为 tagger 的 Web 应用程序的情形。为保险起见，可在网上搜索一下你已选定的 Web 应用程序名称，确保其他人没使用该名称命名应用程序。通常，只需使用自己的应用程序名作为 id 和类名的前缀即可。

另外，为样式表中的类型选择器的 id 和类名添加前缀也是有用的。在修改和维护文档时，类型选择器有助于缩小查找范围。例如，id 选择器#thisId 比较模糊。你无从了解 thisId 是哪种元素，要找到它，就得扫描整个文档，而名为 div#thisId 的选择器就更具体。通过在选择器中添加 div 前缀，你一眼就能看清要找的是<div>元素。在选择器中添加类型的另一个好处是：当处理类名时，可将同一类名应用于不同类型的元素。尽管这种做法不值得推荐，但至少在样式表中，你可以控制哪个元素获得哪个样式。例如 span.someClass 和 div.someClass 就是基于元素类型进行区分的选择器，而.someClass 则比较模糊，可应用于任何元素。

id 和类名应以一种语义上有意义的方式来描述其用途。注意，id 名称有可能在 URL 中用作 HTML 锚点(anchor)。下面这两个 URL—— www.example.com/index.html#left 和 www.example.com/index.html#exampleRelatedDocuments，哪个更好呢？第 2 个 id 锚点使用命名空间前缀 example(针对 example.com)，RelatedDocuments 是元素名。因此，第 2 个 URL 包含关于该元素作用的更多信息，以一种非常直观的方式极大地提高了文档的可维护性。另外，第 2 个 URL 对于搜索引擎优化(Search Engine Optimization，SEO)也更有用。第 1 个 URL 过于模糊，对 SEO 没有太大作用。将每个 id 和类名都视为文档 URL 的一部分，采用能表达意义和用途的名称来命名每个 id 和类名。

2. 通用类型选择器

通用类型选择器是指如下样式表规则：

```
a {
   color: #29629E;
}
```

上面的样式表规则描述了一种极常见的情形，即通过一个引用所有<a>元素的通用类型选择器来修改文档中每个链接的颜色。出于同样的原因，应避免使用通用类型选择器，最好为文档中的 id 和类名添加命名空间，以避免当多个脚本或样式表结合在同一个文档中时产生冲突。实际上，最好为这些元素应用 id 或类名，或至少将这些元素放在一个具有 id 或类名的容器中，当通过样式表引用这些元素时，只需要使用后代选择器即可：

```
div#exampleBanner a {
   color: #29629E;
}
```

在上例中，通过限制样式表规则的应用范围，避免由于使用笼统的通用选择器样式表规则而导致的缺陷。现在，仅有包含 id 名为 exampleBanner 的<div>的后代元素<a>，才会显式声明颜色#29629E。

3. 文件的存储和组织

对于维护文档而言，如何组织和存储文件是十分重要的。在维护文档时，应该采用一种便于理解和记忆的目录层次结构。显然，不同人员会采用不同方式来组织和存储文件。关键在于要有组织方案，而不能放任自流。一些程序员选择先按类型保存文件，然后按应用程序将其分开，而另外一些程序员更愿意首先按应用程序组织文件，然后根据类型进行分类。

4. 避免出现无法访问文档的情形

设计 Web 文档时，文档的可访问性也是一个需要考虑的重要因素。应尽量确保 JavaScript 的“非侵入性”，也应避免由于脚本和标记语言的原因而损害文档的可访问性。

- 避免使用帧。
- 限制图片的数量，只有在对文档内容真正有用时，才予以使用。有了 CSS3、Data URI 和 SVG 标准，过去设计站点时必需的许多图像内容不再包含在图像中，而可以使用 CSS3 或 SVG(例如，渐变或内投影)编程来实现。在必须使用图像时，在 CSS 背景图像中包含尽可能多的设计。为 Retina 或高清设备提供可用的双分辨率图像。将与内容直接相关的图片放在<img />元素中，并确保为每个<img />元素添加描述图像的 alt 特性。
- 将内容放在具有恰当语义的标记容器中——例如，用<p>标记表示段落，用<h1>一直到<h6>的标记表示标题。使用使语义内容的含义更明确的 HTML5/XHTML5 新元素，比如<heading>、<article>、<aside>和<summary>等。
- 页面设计尽量具有高对比度。设想一下视力不佳的人阅读文档时的感受。你能方便地阅读内容吗？
- 不要过分偏离已确定的用户界面惯例。能从普通内容中区分出超链接吗？
- 考虑允许通过键盘访问内容。对于没有鼠标的设备，可以进行导航吗？
- 文档内容要平实，不过于花哨。如果没有 Flash 和 JavaScript，可使用该网站吗？JavaScript 和 Flash 只应作为有益补充来增强 Web 内容，不能喧宾夺主。
- 避免在每个文档的开头放置大量链接。如果想聆听网站播放的内容，而不是去阅读，会喜欢这种体验吗？

设计网站时，要不断实践可访问性，以达到成为自然习惯的程度。可访问性应从根本上融入你的开发实践中，就像对待命名空间和文件组织那样予以重视。其他的最佳实践易成为你的第二本性，但我们却容易养成忽略文档可访问性的习惯。因此，必须有意地定期审视可访问性，使网站的可访问性深深植入开发过程中。

5. 标记语言和 CSS 的效率

在复杂网站中，标记和 CSS 很容易变得庞大臃肿，导致成倍增加整体加载和执行时间。随着整个网站受欢迎程度的日益增加，这一问题会变得十分棘手。随着网站复杂性的增加，有必要研究如何精简内容。最好限制所加载的外部文件的数量，但所有 CSS 和 JavaScript 都应该包含在至少一个外部文件中。如果将 JavaScript 和 CSS 直接包含在一个文档中，初始加载速度会提高，但这也将失去在客户端分开缓存 JavaScript 和 CSS 的优势。

为获得最高效率，应将以下几种概念结合在一起：

- 服务器端 gzip 压缩。应该在启用和禁用该功能的情形下测试网站，因为需要进行一些折中。看一下 gzip 压缩是否适用于自己的网站。根据笔者的经验，gzip 可以加快文件加载速度，但在查看内容时，也会看到延迟现象，原因是不允许进行递增式渲染。通常，使用户尽快看到内容更加重要。
- 积极的客户端缓存。这样可以更快地加载后续页面。
- 通过从标记源删除多余空格和注释来自动压缩标记内容。
- 通过删除每个文件中的多余空格和注释来自动压缩和合并多个 CSS 和 JavaScript 文件。进一步适度合并文件可以减少 HTTP 延迟，缩短加载时间。

综合以上几点，将可以优化 Web 文档的加载速度。但仍需注意以下看似矛盾的几点：

- 应以整洁的、有条理的方式编写可维护的标记。应该使用恰当的空格，在适当位置缩进和换行。
- 良好编程实践要求进行模块化开发，因此，应该通过组件和应用程序来分解 CSS 和 JavaScript，使其成为较小的、便于理解的模块，以便更快地维护和扩展项目。
- 更新 CSS 和脚本文件时，客户端缓存将导致棘手问题。缓存正常工作时，即使更新了 CSS 文件和脚本文件，浏览器也仍将继续使用旧版本。

虽然乐观地讲，以上几点都可以克服，但在现实中，克服这些问题并非易事。

提高标记、JavaScript 和 CSS 文档效率的最佳办法是自动管理效率。也就是说，编写服务器端应用程序来自动处理效率任务。一个设计完好的专业内容管理系统可代你完成这些工作。它允许实现 JavaScript、标记和 CSS 文档的模块化，并根据各自要执行的任务将它们分开，同时会自动地合并和压缩这些文档。

但是，并非每个人都能使用专业的内容管理系统来管理内容。对于这些人员来说，可采用一些折中办法：

- 可使用诸如 Dean Edwards 的打包程序(http://dean.edwards.name/packer)的基于 Web 的工具，手工压缩 JavaScript 和 CSS。可继续进行模块化开发，开发中的压缩和合并成为一项手工任务。
- 可限制文档中使用的空格数量。使用两个空格(而非 4 个空格)缩进内容。

克服文档缓存造成的棘手问题是一项较简单的任务。可通过其路径来强制浏览器更新文档。例如，假设标记中包含以下脚本：

```
<script src='/script/my.js' type='text/javascript'></script>
```

那么可将路径从/script/my.js 改为/script/my.js?lastModified=09/16/07。后者也引用相同的 my.js，但从技术角度讲，对于浏览器而言，这是一条不同的路径，结果浏览器将强制刷新缓存的文档副本。路径的?lastModified=09/16/07 部分是“查询字符串”。查询字符串以一个问号开头，后接一个或多个查询字符串变量。服务器端编程语言或客户端 JavaScript 使用查询字符串变量，将信息从一个文档传给另一个文档。在本例中，本质上并不传递任何信息。这里添加了上次修改时间，但可以添加版本号，甚至添加随机字符串。本例添加查询字符串只有一个目的：强制浏览器刷新文档的已缓存版本。

对于 CSS，同样可以这么做：

```
<link type='text/css' rel='stylesheet' href='/styles/
my.css?lastModified=09/16/07' />
```

上面的标记片段包含一个外部 CSS 文档，查询字符串用于强制浏览器刷新 my.css 样式表的已缓存副本。

下一节将讨论 JavaScript 特有的一些惯例。

1.5.2 JavaScript 惯例

在 JavaScript 中，应该尽量避免一些不良的编程实践：

- **将所有脚本都包含在外部文档中**——JavaScript 代码仅应该包含在外部脚本文件中。脚本不应嵌入到标记文档中，也不应以内联方式(inline)直接添加到标记元素中。
- **编写整洁一致的代码**——JavaScript 代码应具有整洁的格式，并以一致的、可预测的方式来组织代码。
- **用命名空间组织 JavaScript 代码**——JavaScript 变量、函数和对象等应使用命名空间，以尽可能避免与其他 JavaScript 应用程序的潜在命名空间发生冲突。
- **避免检测浏览器**——应该尽量避免浏览器检测，相反，应检测特定的浏览器功能。

下面简单地概括性介绍以上概念。

1. 将所有脚本包含在外部文档中

JavaScript 非侵入性(non-obtrusive)的部分含义是使 JavaScript 成为补充部分，而不是必需和强制的部分。全书将详细阐释这一概念，但应该搞清楚为什么这一方式堪称最佳。

考虑以下示例代码：

```
<!DOCTYPE HTML>
<html xmlns="http://www.w3.org/1999/xhtml">
    <head>
        <meta http-equiv="content-type"
            content="application/xhtml+xml; charset=utf-8" />
        <meta http-equiv="content-language" content="en-us" />
        <title>Hello, World</title>
 <link type='text/css' href='Example 1-2.css' rel='stylesheet' />
    </head>
    <body>
        <p>
            <img src="pumpkin.jpg" alt="Pumpkin" />
            <a href="javascript:void(0);"
```

```
                onclick="window.open(
                    'pumpkin.jpg',
                    'picture',
                    'scrollbars=no,width=300,height=280,resizable=yes');">
                Open Picture
            </a>
        </p>
    </body>
</html>
```

将下面的样式表与上面的标记组合在一起：

```
img {
    display: block;
    margin: 10px auto;
    width: 100px;
    border: 1px solid rgb(128, 128, 128);
}
body {
    font: 14px sans-serif;
}
p {
    width: 150px;
    text-align: center;
}
```

上述代码将生成如图 1-2 所示的页面。

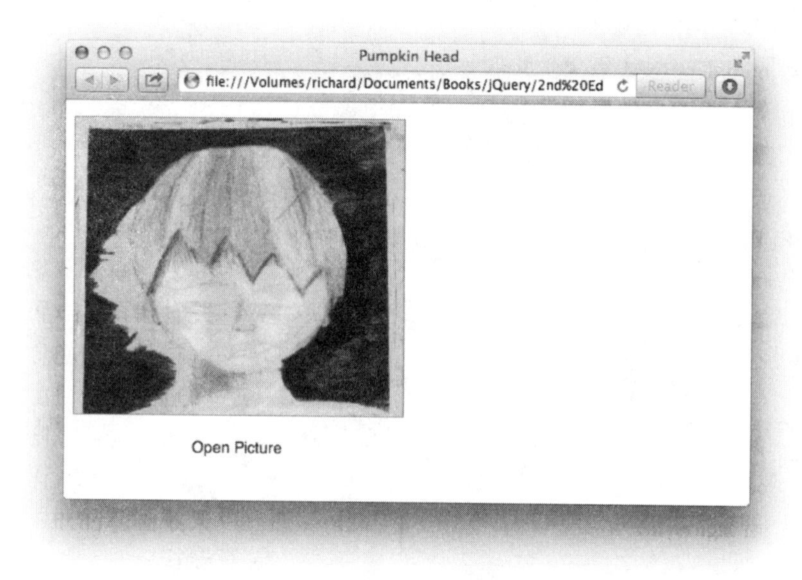

图　1-2

图 1-2 显示的效果十分常见：页面中具有一个缩略图，用户可单击该缩略图来查看一

个更大的图片版本。此类功能正是 JavaScript 的专长——将大图片版本显示在一个单独的弹出窗口(该窗口没有任何控件)中。

但图 1-2 中添加功能的方法并不正确，下面分析原因。

这里列出该方法存在的几个问题：

- 如果禁用了 JavaScript，将无法查看大图。
  - 由于用户个人喜好，JavaScript 可能被禁用。
  - 由于公司的安全策略，JavaScript 可能被禁用。
- 将 JavaScript 代码直接放在标记文档中会无谓地使标记文档变得臃肿和复杂。

一言蔽之，内联的 JavaScript 是为 Web 文档添加补充性交互功能的糟糕方式。

对于图 1-2 呈现的应用程序，下面是一种更好的办法。首先将内联的 JavaScript 代码从标记中分离出来，将其放在一个从外部加载的 JavaScript 文件中，然后在标记文档中添加引用。在下面的示例中，将这个从外部加载的 JavaScript 文件命名为 Example 1-3.js：

```
<!DOCTYPE HTML>
<html xmlns="http://www.w3.org/1999/xhtml">
    <head>
        <meta http-equiv="content-type"
            content="application/xhtml+xml; charset=utf-8" />
        <meta http-equiv="content-language" content="en-us" />
        <title>Pumpkin Head</title>
        <script type='text/javascript' src='../jQuery.js'></script>
        <script type='text/javascript' src='Example 1-3.js'></script>
        <link type='text/css' href='Example 1-3.css' rel='stylesheet' />
    </head>
    <body>
        <p>
            <img src="pumpkin.jpg" alt="Pumpkin" />
            <a href="pumpkin.jpg" id="examplePumpkin" target="_blank">
                Open Picture
            </a>
        </p>
    </body>
</html>
```

外部加载的 JavaScript 脚本文件包含如下代码：

```
$(document).ready(
    function()
    {
        $('a#examplePumpkin').click(
            function(event)
            {
                event.preventDefault();

                window.open(
                    'pumpkin.jpg',
```

```
                    'Pumpkin',
                    'scrollbars=no,width=300,height=280,resizable=yes'
                );
            }
        );

    }
);
```

使用上面的代码片段，可看到如图 1-3 所示的结果。

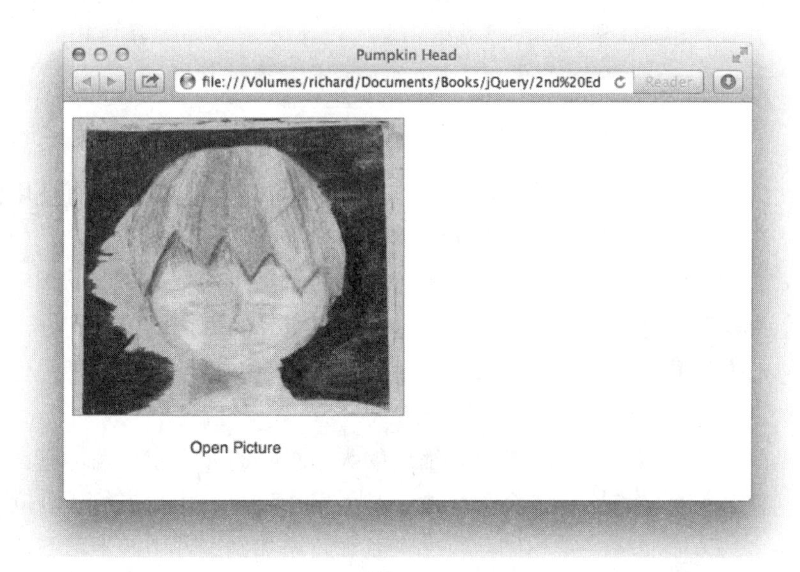

图　1-3

上面的代码片段采用了非侵入的 JavaScript，非侵入的 JavaScript 在 Web 文档中提供扩展的交互功能，但并不妨碍以普通方式使用该 Web 文档。也就是说，即使禁用 JavaScript，用户也仍可访问该网站并获得所需的内容。

在上例中，JavaScript 被移至一个名为 Example 1-3.js 的外部文档中。在 Example 1-3.js 中，使用 jQuery 来调用 id 名为 examplePumpkin 的<a>元素，继而打开弹出窗口。即便禁用 JavaScript，也仍会在另一个窗口中打开图片，但此时，你无法控制窗口大小以及其中是否包含控件。

至此，当用户单击一个<a>元素时将打开一个弹出窗口。这里需要弹出一个窗口，而非触发用户点击链接时的默认操作(即浏览器将用户导航到由<a>元素的 href 特性定义的文档，也是在一个新窗口中打开)。通过调用 event. preventDefault()阻止了这个默认操作。

从上例可以看到，一个简单示例可以变得稍复杂些，但并不过分。进一步思考并注意细节，进行简单的增强，这样，即使用户在浏览器中禁用了脚本，程序也可以继续运行。

2. 编写整洁一致的代码

非常有必要遵循一些预先确定的标准，进而生成整洁、一致、组织良好的代码。在专业领域，大多数程序员都采用自己喜欢的特定方式来布局代码。本节开头提到过，在标记文档和 CSS 文档中使用缩进和空格有助于在这些文档中更方便地捕捉错误，并提高文档的可维护性。实际上，这同样适用于 JavaScript。下面将讨论编写 JavaScript 源代码时应遵循的每个编程惯例。

缩进以及代码行的长度

通过缩进代码，可让代码更容易阅读和维护。以下面的代码段为例：

```
window.onload=function(){var nodes=document.getElementsByTagName('a');
for(var i = 0,length=nodes.length;i<length;i++){nodes[i].onclick=
function(event){window.open(this.href,"picture",
"scrollbars=no,width=300,height=280,resizable=yes");
event? event.preventDefault():(window.event.returnValue=false);};}};
```

上面的代码块就是本节前面的 Example 1-3.js 脚本的内容，但是没有使用任何缩进和空格来组织格式。假如上面的代码是 10 000 行，分散在多个不同的文件中，如果都按上面这种格式来编写，那将是一件多么可怕的事情呀！对于已投入生产的现场脚本而言，压缩其中的空格也许是一个好主意，实际上，很多专业人员使用专门的压缩例程来完成这一功能。但这些专业人员并不维护压缩格式的脚本；通常都有严格的编程标准，他们编写的每个脚本都必须遵循这些标准。

一个常见的十分通用的编程标准是将缩进的大小设置为 4 个空格，尽管某些程序员仅使用两个或其他若干个空格。另一个总体规则是不能用制表符(tab)来替代独立空格，当然从技术角度看，与 4 个空格字符相比，将一个制表符添加到文件中的字节数更少。之所以存在“无制表符”的规则，是由于在文本应用程序中，对“制表符”含义的解释大相径庭。某些文本应用程序中，一个制表符等于 8 个空格，而在另外一些文本编辑器中，一个制表符等于 4 个空格。其他文本编辑器则允许显式定义一个制表符等于几个空格。由于存在这些差异，在代码中使用制表符来保留空距并不可靠。大多数专业 IDE (Intergrated Developer Environmen，集成开发环境)都允许将键盘上的 Tab 键定义为多个空格字符，并允许用户自定义 Tab 键所代表的空格个数。

诸如 Coda、Adobe Dreamweaver、Eclipse、Zend Studio 和 Microsoft Visual Studio 等都是 IDE 示例。这些开发环境都支持直接编写源代码或生成源代码。另外，当编写源文档时，大多数 IDE 都会猜测你的意图，智能地调整空格数量。例如，在编写源代码文档时，当按下 Return 键以开始一个新行时，IDE 可自动缩进新行，保留的空格至少与上一行相同。这是绝大多数 IDE 的默认行为。当按下 Tab 键时，Dreamweaver 将自动插入两个空格。在 Coda、Eclipse 和 Zend Studio 中，都可以配置为当按下 Tab 键时插入空格而非制表符。

本书将使用 4 个空格字符来表示 Tab 键，但如果空间有限，有时需要使用两个字符。通常情况下，客户端源代码的专业标准是采用两个空格字符，因为使用 4 个空格字符将会增加文件的大小。本书之所以坚持使用 4 个空格，是因为在将源代码投入生产网站时，可以压缩源代码来消除文件大小和带宽占用问题。

控制结构

控制结构包括以 if、else、switch、case、for、while、try 和 catch 等关键字开头的编程语句。控制结构编程语句是任何编程语言的构建块。下面看一下主流编程标准和指南对控制结构编程语句的格式要求。

尽管不同的程序员对如何编写源代码有不同的偏好，但在大多数专业编程社区中，对于控制结构的格式有两种主流方法。

以下惯例的正式名称是“K&R 风格”，被收录在 Sun 的“Java 编码标准指南”中：

```
if (condition) {
    something = 1;
} else if (another) {
    something = 2;
} else {
    something = 3;
}
```

在上面的示例代码中，花括号和圆括号被用作缩进标记。

将上面的惯例与下面这种惯例做一下对比，下面这种惯例是 Microsoft Visual Studio 中默认的“Allman 风格”编码惯例：

```
if (condition)
{
    something = 1;
}
else if (another)
{
    something = 2;
}
else
{
    something = 3;
}
```

在 Allman 风格中，源代码中的所有花括号都是对齐的。如果漏掉某个花括号，很容易就能检查出来。由于布局直观，该风格可以防止录入错误，比如在开始处漏掉花括号。而且这样一来，代码行之间空距更大，方便了阅读。

当调用诸如本例中较长的 window.open()函数时，有时可将函数调用分写成多行，以方便阅读。例如，下面的代码：

```
window.open(
   this.href,
   "picture",
   "scrollbars=no,width=300,height=280,resizable=yes"
);
```

对于浏览器来说，与接下来的函数调用没什么两样：

```
window.open(this.href, "picture", "scrollbars=no,width=300,height=280,
resizable=yes");
```

前一种形式更便于人们分析函数调用中的参数。

有时将上面两种惯例混合使用，形成第 3 种编码惯例，称为 One True Brace。它是 PHP 的“PEAR 库编码标准指南”中定义的惯例。

```
window.onload = function()
{
    var nodes = document.getElementsByTagName('a');

    for (var counter = 0, length = nodes.length; counter < length; counter++) {
        nodes[counter].onclick = function(event) {
            window.open(
                this.href,
                "picture",
                "scrollbars=no,width=300,height=280,resizable=yes"
            );
            event? event.preventDefault():(window.event.returnValue = false);
        };
    }
};
```

对于 One True Brace 惯例来说，指派给 window.onload 的函数遵循 Allman 风格，而其中的代码则遵循 K&R 风格。

在编写 JavaScript 代码时，笔者更喜欢混合使用 Allman 风格和 K&R 风格。对所有函数、类定义和控制结构使用 Allman 风格，对数组和对象定义(JSON)以及函数调用使用 K&R 风格。下面的实际代码演示了这一点：

```
$(document).ready(
    function()
    {
        $('a#examplePumpkin').click(
            function(event)
            {
                event.preventDefault();

                window.open(
                    'pumpkin.jpg',
                    'Pumpkin',
                    'scrollbars=no,width=300,height=280,resizable=yes'
                );
            }
        );

    }
);
```

到底选用哪种编程惯例主要取决于个人喜好。不同程序员的口味不同，因此，究竟采用哪种惯例，常会在不同编程团队之间引发无休止的口水战。实际上，如何缩进代码取决于个人偏好，难以找到统一方式，只需选择一种对自己来说最合理的编程方式即可。尽管这里演示的几种方法是最流行的，但在实践中，仍有诸多变体。在维基百科(Wikipedia) http://en.wikipedia.org/wiki/Indent_style 上，可找到更多关于编码缩进风格的信息。

可选的花括号和分号

在上面的编码惯例中，在控制结构开头的关键字(如 if)和左圆括号之间始终有一个空格。下面的 switch 控制结构使用了第一种编码惯例：

```
switch (variable) {
    case 1:
        condition = 'this';
        break;

    case 2:
        condition = 'that';
        break;

    default:
        condition = 'those';
}
```

注意，在上面的代码中，default 分支中并未包含 break 语句。默认情况下，break 语句是隐含的，并非一定要包含 break 语句。对于 switch 控制结构，笔者更喜欢偏离常规做法而采用下面这种编写方式：

```
switch (variable)
{
    case 1:
    {
        condition = 'this';
        break;
    };
    case 2:
    {
        condition = 'that';
        break;
    };
    default:
    {
        condition = 'those';
    };
}
```

笔者更喜欢为 switch 语句的每个分支都加上一对花括号，这样一来，switch 语句更便于阅读，更流畅；但这终归是可有可无的。从技术角度看，花括号是可选的，但笔者总是加上它们。分号同样如此。在 JavaScript 中，每条语句末尾处的分号是可选的；但在某些情况下，不能省略结尾处的分号。在编写代码时，笔者会加上所有可选的花括号和分号，因为这样不仅能使代码结构更清晰、便于组织、更加连贯，而且还可以带来技术上的便利。当想要压缩代码以移除所有额外空格、注释等时，这些原本可选的部分就不再是可有可无的，在压缩后的代码中，它们是保持程序正常运行必需的部分。通过下面的示例，就可以看到可选分号和花括号的作用：

```
if (condition)
    something = 1
else if (another)
    something = 2
else
    something = 3
```

在 JavaScript 中，上面的代码无疑是有效的。在换行处隐式添加了一个分号。并且只要只执行一条语句，从技术角度看，就没必要包含花括号。但当压缩后，上面的代码将无法执行：

```
if (condition) something = 1 else if (another) something = 2 else something = 3
```

当试图执行上面的代码时，将遇到语法错误，执行会失败。之所以如此，是因为脚本解释器无法确定一条语句在哪里结束，下一条语句又从哪里开始。JavaScript 语言在有些情况下可能会延伸猜想，但最好还是尽可能明确地定义代码的结构。一些组合和压缩工具(如 require.js)会尽其所能进行补缺，而且也真的非常擅长这一点。

另一个可能认为怪异的地方是在某些函数定义后添加分号。在 JavaScript 中，可以看到这种做法；之所以这样，是由于函数也被视为一种数据类型，就像数值是一种数据类型、字符串是一种数据类型一样。在 JavaScript 中，可以像传递数值或字符串那样将函数作为参数传递。可将函数赋给一个变量并在随后执行该函数。前面已经演示了这样一个例子，下面的代码再次演示了这一情形：

```
window.onload = function()
 {
    var nodes = document.getElementsByTagName('a');

    for (var counter = 0, length = nodes.length; counter < length; counter++) {
        nodes[counter].onclick = function(event) {
            window.open(
                this.href,
                "picture",
                "scrollbars=no,width=300,height=280,resizable=yes"
            );
            event? event.preventDefault():(window.event.returnValue = false);
        };
    }
 };
```

在上面的代码中，我们将一个函数赋给 window 对象的 onload 事件。函数定义以分号结束。同样，从技术角度看，该例中的分号也是可选的，但这里包含了分号，以确保代码压缩后程序仍能正常执行。另外，它还让代码结构更一致、组织更富有条理、更便于阅读。

变量、函数和对象的命名

本书对变量的命名也遵循编码标准。命名变量、函数、对象或任何可能需要命名的条目时，笔者总是使用驼峰格式(camelCase)变量命名惯例。这与诸如 underscores_separate_words 这样的下划线命名惯例是不同的。

3. 用命名空间组织 JavaScript 代码

编写应用程序时，从宏观上考虑问题是非常重要的。在你的职业生涯中，无论是编写供自己使用的应用程序，还是编写将被部署到各种无法掌控的环境中的应用程序，我们都很有可能遇到如下问题：名称冲突。前面介绍用命名空间来组织 CSS 和标记中的类名和 id 名时，已经讨论过这一话题。这些原则同样适用于 JavaScript。脚本应用程序不应该过度侵犯全局命名空间。之所以提及“过度”，是由于某些情况下不得不干扰全局命名空间，但应采用一种可控的、聪明的办法来解决。就像用命名空间来组织标记和 CSS 一样，用命名空间来组织 JavaScript 代码就像编写面向对象的代码一样简单，即将所有程序都封装在一个或多个对象中，并在全局命名空间中以无干扰(non-invasive)方式命名这些对象。常用办法是使用与现有的其他一些项目不冲突的某些前缀，为这些对象使用命名空间。典型示例是 JavaScript 框架 jQuery 使用命名空间的方式。jQuery 具有很多功能，但对于包含在 jQuery 中的所有代码，对全局命名空间(jQuery 对象和以美元符号方式表示的 jQuery 对象的别名)仍存在极个别干扰。jQuery 通过这些对象来提供所有功能，其中的美元符号变量可以禁用(事实证明，这是绑定到变量名$的框架的常见做法，当禁用时，即可同时安装 jQuery 和其他 JavaScript 框架)。

对于命名空间问题并没有万全之策，你的应用程序有可能与其他应用程序发生冲突。最好假定在全局命名空间中添加的所有内容都可能导致冲突，以便开始时就尽可能少地侵犯到全局命名空间。

4. 避免检测浏览器

浏览器检测实在是一件令人烦恼的事情。当使用自己喜欢的浏览器在网上冲浪时，你所点击的某个网站却将你拒之门外——这并不是因为你的浏览器存在技术问题，而是因为你的浏览器与网站创建者预设的可支持浏览器不匹配。因此，建议采用以下办法来避免这一问题：

- 不要假定访问者的浏览器具有某种功能。
- 测试功能兼容性，而不是对浏览器名或浏览器版本进行测试。
- 既要考虑官方标准，也要考虑事实标准(应优先考虑官方标准，事实标准或许将成为官方标准，或许被官方标准所取代)。

- 这个世界在不断变化——今天最流行的东西，也许在几个月或几年之后就落伍了。
- 出于兼容性考虑，最好使用框架来编写程序。

现在还有人记得 Netscape 公司吗？曾几何时，Netscape 是占据主导地位的事实标准。但现在的 Netscape 所占的全球市场份额几乎可以忽略不计，取而代之，Chrome、Firefox、Safari 和 Internet Explorer 占支配地位。再举一个绝佳例子，在 IE 浏览器最流行的年代，它曾占据高达 90%以上的市场份额，而时至今日，它的份额已萎缩到 50%或更少，其他浏览器瓜分了其余 50%的份额。在移动领域，Safari 和 Chrome 是市场上无可匹敌的领先者，因为它们支持 iOS 和 Android 平台上的浏览器。浏览器市场也起伏不定。在现实中，很多人选用较不常见的浏览器。一些浏览器的份额只有 2%或更少；2%这个数字初听起来觉得很小，但记住，2%实际上是非常庞大的数字。在撰写本书时，www.internetworldstats.com 上的资料显示，全球范围内的 Internet 用户数量超过 24 亿，占全球总人口的 34.3%。因此，所谓的“非主流浏览器”从宏观上看实际并不渺小，2%的市场份额听起来很少，但实际上也是一个规模相当庞大的用户群了。全书将列举多个例子，说明应避免“检测浏览器”，而应改为“检测功能”。

1.6　小结

当使用传统 JavaScript 编写代码时，某些任务将会非常复杂和繁重，而 jQuery 可取代 JavaScript 更简便地完成这些任务，有时可将多行 JavaScript 代码精简为一两行 jQuery 代码。本书将详细介绍 jQuery 提供的功能，并介绍如何使用 jQuery 提供的简单的、易于理解的 API 来编写引人入胜的、具有专业水准的 Web 应用程序。

本章简要介绍了什么是 jQuery、jQuery 源于何处，以及谁开发和维护着 jQuery。本章还介绍了如何安装 jQuery 以及如何开始使用 jQuery。下一章将言归正传，学习 jQuery 所实现的强大选择器 API，及其一流的事件 API。

如果想了解更多关于 jQuery 起源的信息，请访问 www.jquery.com 和 www.ejohn.org。

本章还介绍了优秀程序员应该养成的一些习惯，如遵循正式的编码惯例，并使用某种命名空间来避免与其他程序员的代码冲突(可借助该语言提供的功能，或为那些对全局命名空间有影响的名称添加前缀来使用命名空间)。还介绍了一些笔者自用的编码实践；需要强调的是，究竟采用哪种编码惯例并不重要，重要的是在编码时采用某种统一的惯例。编程惯例的前提是有一组可供遵循的规则，以便格式化和组织代码，使其更简洁、便于组织和易于遵循。笔者所用的编码惯例也许并不是你喜欢的，还有很多其他的编码惯例可供选择。

应避免检测用户的浏览器，特别是当这样的检测可能导致网站的某些功能将一组或另一组用户拒之门外时。

代码应该利用客户端缓存功能的优势，以提高网站性能。

笔者建议，在编写代码时，最好将代码组织为整洁而有条理的模块，此后借助服务器端编程技术，将它们合并为一个较大的脚本。

最后注意，在呈现和维护客户端标记及 CSS 时，采用标准也是非常重要的。既可以选择 XHTML5，也可以选择 HTML5，二者都是可以采用的标准。尽管某些程序员觉得 XHTML 过于严格，但笔者更喜欢使用 XHTML。

第 2 章

选择和筛选

本章将介绍 jQuery 选择器 API 的高级实现，jQuery 选择器 API 提供了使用 CSS 选择器在 DOM 中选择元素的能力。jQuery 选择器 API 允许使用选择器从 DOM 中选择一个或多个元素；此后，既可以直接使用得到的结果集，也可以接着对这些元素进行筛选，以获得更符合特定需求的结果集。

如果读者之前并没有听说过选择器的概念，建议阅读笔者所著的另一本书：《CSS 入门经典(第 3 版)》，该书广泛深入地介绍了 CSS 中选择器的概念。

在 CSS 中，可通过编写样式表将样式定义应用于一个或多个元素。根据在 CSS 规则的第一部分中列出的语法，决定样式将应用于哪些元素。这一部分位于第一个花括号之前，称为 CSS 选择器。下面是一个 CSS 选择器示例：

```
div#exampleFormWrapper form#exampleSummaryDialog {
    display: block;
    position: absolute;
    z-index: 1;
    top: 22px;
    left: 301px;
    right: 0;
    bottom: 24px;
    width: auto;
    margin: 0;
    border: none;
    border-bottom: 1px solid rgb(180, 180, 180);
}
```

在使用标记和 CSS 时，可为元素指定 id 和类名，还可使用 CSS 选择器来精确控制元素外观的各个表示方面。在 jQuery 中，应用于 CSS 的选择器的概念同样适用于 DOM (Document Object Model，文档对象模型)。在 DOM 中，文档标记中存在的任何一个元素都是可用的，可以遍历 DOM，并使用选择器选择所需的元素，就像在 CSS 样式表中所做的那样。

从 DOM 中选择元素后，可将行为应用于这些元素。例如，当用户单击一个元素时触发某种动作的发生；也可在用户的鼠标指针滑过或离开某元素时触发某种动作发生。本质上，可使 Web 文档的外观和行为都更像桌面应用程序。不再像单独使用标记和 CSS 时那样局限于静态内容——也可以应用行为。

本章将讨论如何使用 jQuery 的选择器 API 从文档中提取元素，并介绍一些应用选择器的示例。本章还将讨论如何使用 jQuery 中的链式调用(chain call)功能。链式调用的一个用途是筛选选择的元素，将一个较大的元素选择集缩减为一个较小的选择集。本章最后讨论 jQuery 的事件 API 与 W3C 的事件 API，以及 Microsoft 在 IE8 及更早版本中实现的事件模型之间的关系。IE9 和更新版本都支持标准 W3C 事件模型以及 Microsoft 较旧的专用事件模型。

2.1 选择器 API 的起源

选择器 API 的概念最早由 Dean Edwards 提出。Dean Edwards 是 JavaScript 的一位大师级人物，他在一个名为 cssQuery 的免费的、开源 JavaScript 程序包中创建了选择器 API。在 Dean Edwards 首创这一理念并实现该理念的可行概念验证后不久，John Resig 开始从事这方面的研究，并加以扩展(其他 JavaScript 框架作者也曾参与进来，但他们的想法与 John Resig 相悖)，并在他的 jQuery 框架中实现了选择器 API。这导致 Dean、John 和其他 JavaScript 框架作者之间的来回协作和竞争，结果是：对于这些特别的实现，性能得到所需的提升，而在某些情况下，一些构想的执行速度却非常缓慢。

在 Dean 提出选择器 API 的概念后不久，W3C 的成员及编辑 Anne van Kesteren 和 Lachlan Hunt 起草了一份规范并提交给了 W3C。官方的 W3C 选择器 API 引入了两个方法：一个方法称为 document.querySelector()，用于选择单个元素；另一个方法称为 document.querySelectorAll()，用于选择多个元素。

Chrome、Safari、Firefox 和 IE (IE8 或更早版本)都在本地实现了 document.querySelector 和 document.querySelectorAll。

提示： 官方 API 名称的确定经过较长时间的广泛争论，因为没有一家浏览器厂商同意使用这些名称。这些名称最终付诸投票，并采用那些由投票决定的 API 名称。围绕这些 API 名称的争论并不是毫无意义的，实际上此 API 也许正是 JavaScript 中最重要的变化，它将持续地影响未来数年。最重要的是，它一举取代了 document.getElementById、document.all 和 document.getElementsByTagName 等方法，实际上这些方法都不再需要——由于这些方法允许使用选择器语法，可通过元素 id、标记名、类名或上下文(context)来选择元素，或通过浏览器支持的任何 CSS 选择器来选择元素。

jQuery 和其他 JavaScript 框架具有一个明显的优势，就是在浏览器内建选择器 API 之前，它们已经具有自己的选择器 API 的实现版本。如果浏览器内建的选择器 API 可用，这些框架就可以使用内建的 API 实现。使用内建的 API 实现将使选择元素变得疾如闪电。另外，如果用户使用的是低版本的浏览器，JavaScript 框架可以回退到自己相对较慢的、基于 JavaScript 的选择器 API 实现。因此，当使用诸如 jQuery 的 JavaScript 框架时，对于该框架所支持的所有平台来说，选择器 API 都是跨平台可用的。jQuery 1.9 可支持较旧的 IE6，如果需要与 IE 以及其他所有主流浏览器的较旧版本兼容，可使用 jQuery 1.9。jQuery 2.0 不再支持较旧的 IE 版本，仅支持 IE9 及更新版本。jQuery 1.9 继续支持这些旧式浏览器以及这些浏览器的工作方式。jQuery 2.0 是与过去的分水岭，只支持较新的浏览器版本，对标准提供卓越支持。

2.2　使用选择器 API

在 jQuery 中使用选择器 API 是非常简单的。如第 1 章所述，jQuery 的一切功能都源于一个非常简单的名为$(单个美元符号)的命名对象。可使用“jQuery”来替代此美元符号，但本书仅使用美元符号。在引用该美元符号时，将根据上下文称其为“美元符号对象”，或称其为“美元符号方法”，这是由于该美元符号实际上同时代表方法和对象。

该美元符号既是一个方法，又是一个对象，这是因为可将其当作函数调用来使用，但它也具有许多成员属性和方法可供调用。用美元符号来替代 jQuery 的原因只有一个，即减少需要编写的代码量。

下面是一个简单示例，演示如何结合使用该方法和选择器为链接集合添加单击(click)行为。本质上，如下代码的目标是当用户点击链接时打开一个新窗口；而不是使用 target 特性，因为该特性在管理内容的情况下有时会被忽略。出于这个原因，当需要在新窗口中打开链接时，通过使用少量遵循大多数公司定义的一些规则的 JavaScript 代码，可以方便地避免使用 target 特性。

假设有如下标记文档(可自行尝试该例；可从本书下载材料中找到这些代码，名为 *Example 2-1*)：

```
<!DOCTYPE HTML>
<html xmlns="http://www.w3.org/1999/xhtml">
    <head>
        <meta http-equiv="content-type"
            content="application/xhtml+xml; charset=utf-8" />
        <meta http-equiv="content-language" content="en-us" />
        <title>Links</title>
        <script type='text/javascript' src='../jQuery.js'></script>
        <script type='text/javascript' src='Example 2-1.js'></script>
        <link type='text/css' href='Example 2-1.css' rel='stylesheet' />
    </head>
    <body>
```

```
        <ul id="exampleFavoriteLinks">
            <li><a href="http://www.wrox.com/">Wrox</a></li>
            <li><a href="http://www.daringfireball.com/">Daring
              Fireball</a></li>
            <li><a href="http://www.apple.com/">Apple</a></li>
            <li><a href="http://www.jquery.com/">jQuery</a></li>
            <li><a href="Example 2-2.html">Example 2-2</a></li>
            <li><a href="Example 2-3.html">Example 2-3</a></li>
        </ul>
    </body>
</html>
```

在上面的标记文档中，我们定义了一个简单的无序列表，其中包含 6 个链接。下面的 CSS 样式表被应用于该标记文档：

```
body {
    font: 16px Helvetica, Arial, sans-serif;
}
ul {
    list-style: none;
    margin: 10px;
    padding: 10px;
    border: 1px solid green;
}
a {
    text-decoration: none;
    color: green;
}
a:hover {
    text-decoration: underline;
}
```

上面这个 CSS 文档的作用仅使列表更美观一些而已。实际上，该 CSS 文档既没有向页面中添加任何东西，也没有从页面中删除任何东西。

最后，为标记文档添加下面的 JavaScript 文档：

```
$(document).ready(
    function()
    {
        $('a').click(
            function(event)
            {
                var node = $(this);

                var target = node.attr('target');
                var href = node.attr('href');

                if (target === undefined && href !== undefined)
                {
                    switch (true)
```

```
                {
                    case href.indexOf('http://') !== -1:
                    case href.indexOf('https://') !== -1:
                    case href.indexOf('.pdf') !== -1:
                    {
                        node.attr('target', '_blank')
                            .addClass('exampleLinkAutoTarget');

                        break;
                    }
                }
            }
        }
      )
    }
);
```

把上面所有代码结合在一起，将生成如图 2-1 所示的页面。

图　2-1

在该例中，当点击一个指向外部网站的链接时，你将看到该链接在一个新窗口或新选项卡(Tab)中打开，具体取决于浏览器的处理新窗口的首选项设置。

该例使用 JavaScript 来强制实现下述功能：使 id 名为 exampleFavoriteLinks 的<ul>元素中的链接在一个新窗口或一个新选项卡中打开。为此，我们在 JavaScript 中编写了在文档 ready 事件中执行的简短 jQuery。

```
$(document).ready(
    function()
```

```
{
```

第 1 章曾简要介绍过，jQuery 提供了自己的事件，称为 ready 事件，一旦 DOM 加载完毕，该事件就会被触发。ready 事件不同于 onload 或 load 事件，对于 load 事件来说，必须等到所有图片也加载完毕后才触发。大多数情况下，没必要等那么长时间，只需在 DOM 加载完毕后操作文档并添加行为。第一行代码实现了这一功能。

注意在加载 DOM 后，需要使用脚本为文档添加行为。首先呈现的条目是使用 jQuery 的选择器 API 的例子：它是一个对美元符号方法的调用，该方法使用一个选择器来选择所有<a>元素。

```
$('a')
```

选取了这些<a>元素后，你更可能为这些元素添加行为。本例为所选的每个<a>元素添加 click 事件。click 事件是通过 jQuery 中唯一的 click 方法来添加的：

```
    $('a').click(
function(event)
{
```

通过上述示例，可看到 jQuery 是如何把方法链接在一起的。首先，jQuery 选取一组<a>元素，然后通过链接在选择器末尾的新方法 click()，将 click 事件直接应用于每个<a>元素。

在 click()方法中，传入一个匿名函数(即无名函数，也称闭包或 lambda 函数)，该函数包含当用户单击每个<a>元素时想要执行的指令。

```
function(event)
{
    var node = $(this);

    var target = node.attr('target');
    var href = node.attr('href');

    if (target === undefined && href !== undefined)
    {
        switch (true)
        {
            case href.indexOf('http://') !== -1:
            case href.indexOf('https://') !== -1:
            case href.indexOf('.pdf') !== -1:
            {
                node.attr('target', '_blank')
                    .addClass('exampleLinkAutoTarget');

                break;
```

```
                }
            }
        }
    }
```

匿名函数包含一个名为 event 的参数，它代表事件对象。事件对象类似于标准 W3C 事件 API 以及使用 jQuery 1.9 的 IE8(和更早版本)中的事件对象；jQuery 自动修补事件对象，以便较旧 IE 版本支持其他所有浏览器都支持的标准事件模型。IE9 和更新版本都内置了该功能，不需要补丁。

接下来的代码行使用 this，将其封装在对 jQuery 的调用中。默认情况下，会设置事件，以便 this 引用相应事件关联到的元素。当事件发生时，jQuery 会在适当位置离开默认行为，因此处理的是事件回调函数中的传统 JavaScript。要再次使用 jQuery，必须明确指出要使用 jQuery。为此，一种做法是简单地将 this 封装在对 jQuery 的调用中。

```
var node = $(this);
```

如果未将 this 封装在 jQuery 调用中，后续对 jQuery 函数 attr()的调用将失败。

接下来的代码行验证<a>元素是否具有 target 或 href 特性。如果未设置 target 特性，调用 attr('target')将返回 undefined，href 特性与其类似。

```
if (target === undefined && href !== undefined)
```

接下来，在确定没有 target 特性而有 href 特性后，将检查 href 特性的值，以确定在点击相应链接时是否打开新窗口。这是通过 switch 语句完成的。switch(true)将导致程序执行 case 语句旁表达式计算结果为 true 的第一条 case 语句。这里会检查 href 是否包含以下值：

- http://，指向第三方网站的非安全 Web 链接
- https://，指向第三方网站的安全 Web 链接

以及检查链接是否包含.pdf 文档扩展。

在网站中使用这些规则以及其他一些逻辑，可以选出指向第三方网站和 PDF 文档的链接，使这些特定链接在新窗口中打开。如果网站中的所有链接编写为相对链接或绝对链接，没有使用 URL 的主机名部分，这样做是可行的——例如 http://www.example.com/便是 URL 的主机名部分。如果一些链接包含自己的主机名，则需要重写这里呈现的逻辑，筛选出这些链接，使网站中的这些链接不会触发误报，并在新窗口中打开。下一节将介绍如何做到这一点。

上面简单实用地阐述了选择器 API 的一种可能用法：选择出给定页面上的所有链接。但是，如果要基于其他标准筛选出部分已选择的元素，或要基于文档树中的元素进一步缩小选择范围，该如何办呢？这是下一节要讨论的内容。

2.3 筛选选择集

jQuery 采用创新方式，默认情况下为针对它的每个合理方法调用返回 jQuery 对象。做出选择后，选择集作为对象上下文返回，可以调用其他任何 jQuery 方法，相应的 jQuery 方法可以在前面选择集的基础上采用进一步操作。为此，几乎可以使用任何语言，也就是说，创建一个对象，并使用该对象的方法返回对象本身。

本节将介绍 jQuery 提供的用于在另一个选择上下文中修改某个选择的各种方法。

2.3.1 使用选择上下文

本节介绍如下几个 jQuery 方法：find()、each()、is()和 val()。首先介绍 find()方法，该方法在现有的选择上下文中查找其他元素。在列举 find()方法的一个可能使用示例时，可以在同一个例子中看到 each()、is()和 val()方法。本节后面在讲述 Example 2-2 时会详细介绍 each()、is()和 val()方法，在开始讨论 find()方法时也要简单提及其他这些方法。不过，要开启 jQuery 之旅，就必须了解 find()方法及其用法，更重要的是，要了解在使用 find()方法时需要用到的一些技术以及需要避免的一些行为。

使用 jQuery 的 find()方法，可在选择集(selection)中执行选择。换言之，允许在选择集上下文中进行查找。在前面已经看到，一个选择集可以包含一个或多个元素。jQuery 提供的大多数方法都始终假定：一个选择集可包含一个或多个元素。find()也是这样，可以用于包含一个或多个元素的选择集，可以运行该方法，在选择集的每个元素的上下文中进行查找。因此，如果一个选择集仅包含一个<form>元素，而你在该选择集中使用 find()，那么只是在这个<form>元素范围内查找。如果选择集包含多个<form>元素，而使用 find()，find()将在原选择集的每个<form>元素上下文中执行查找。因此，使用 find()的第一个需要注意之处是：无论选择集规模如何，都可以使用 find()，而且在使用时，它很快会变得庞大而笨拙。

如果知道从初始选择集的中心开始，沿 DOM 树下行，一个元素(或元素集)在某处包含另一个元素(或元素集)，就可以使用 find()。使用工具箱中的 find()时，关键是要记住，并不知道这个附加元素(或元素集)可以在文档树中向下延伸多远。例如，如果知道第二个选择集是初始选择集的子节点或同级节点，最好使用 jQuery 方法 children()或 siblings()，因为在此类情况下，这些方法的执行速度更快。

find()方法稍显笨拙。find()也可以运行得很好，甚至较为高效乃至极其高效，具体取决于使用场景；但 find()是 jQuery 提供的用于筛选选择集的最通用方法之一。由于 DOM 可能庞大繁杂，也可能非常简短，通常在使用 jQuery 选择器 API 选择元素时，为了最合理地使用 find()方法，最好后退一步，注意几个基本要点，使脚本能快捷运行，得到优化，并准备好处理任意情形。首先记住，在构建文档时，要使用适合的、战略位置合理的 id 名称。id 名称应该是唯一的，而类名不必唯一。由于 id 名称是唯一的，浏览器可使用有效索引，根据 id 名称在 DOM 中查找任意元素。因此，在使用 jQuery 进行选择时，要最快捷地完成选择，必定涉及使用 id 名称。

当然，浏览器并不能强制要求 id 名称是唯一的。但当创建文档时，必须强制要求这一点。如果对这一点没有清醒的认识，浏览器将允许创建多个具有相同 id 名称的元素，而且不会给出警告信息。如果真的创建了多个具有相同 id 名称的元素，将失去以下优化好处：使用 id 名作为初始选择器来缩小选择集中的元素范围。如果使用唯一的 id 名称，那么就像在数据库中那样，浏览器可以构建快速索引来访问 DOM 中的这些元素。由于能快速找到这些元素，使用 id 名称进行优化的应用程序的运行速度将显著提高。

可对照数据库表来考虑 DOM。即使不熟悉关系数据库(如 MySQL、SQL Lite、Postgres SQL 或 Microsoft SQL Server)，这种类比也一定程度上有助于理解计算机如何组织信息，以实现高效查找。拿一本书为例，如要快速浏览特定主题的信息，最好去查找该书的索引。索引中的信息按主题和术语分类，按字母排列，并列出了显示这些主题或术语所在的页面。关系数据库的工作方式与此基本相同；它们包含一个信息库，但需要借助自定义的索引来快速查找信息。与现实中的书籍类似，关系数据库有硬盘物理位置和索引集合，以便帮助快速查找信息。文档对象模型与此类似，它是一个 HTML 元素集合，其中的每个元素都有可用来组织数据的特性。DOM 的组织结构也像一棵树，它的根元素是<html>，从这个根元素生成分支，添加子元素以及子元素的子元素，直至映射出整个 DOM 为止。因此，在提供诸如 id 名和类名的附加元数据时，也提供了使用 JavaScript 和 CSS 在 DOM 中识别这些元素的方法。当然，不必总是使用 id 名或类名，有时使用元素自身的名称就可以识别元素；有时，只需要数量有限的 id 名或类名来有意地组织文档，从而便于使用 CSS 设置样式，使用 JavaScript 来编写程序。也可以使用 HTML 特性来识别元素，根据笔者的经验，这种做法更常用；使用诸如<input>的元素，可以根据元素是文本输入还是密码输入来应用样式。对于现在的 HTML5，有十几种可能的输入类型。

对于 DOM 来说，最好以最高效的方式来设计动态的交互式应用程序，时常开始时会使用涉及 id 名的选择。第二种最高效的元素选择方式是使用类名。类名不同于 id，类名可以应用于多个元素。具有相同类名的元素将具有一些共同特征。具有相同类名的元素基本相同，只是在文档中多次出现而已。一个例子是将一个类名用于一个元素，该元素用作输入元素的标签的容器。文档中可能有多个这样的标签，每个标签都具有相同的外观特征。在外观布局的边缘，你可能希望有一些不同之处。对于这些边缘情形，你可能引入几个新类来修改此类情形中的基本外观。

无论在哪种情况下创建应用程序，都应该设计 id 名和类名，以便使用 CSS 高效地设置样式，在 JavaScript 中使用 DOM 高效地进行查找。你希望应用程序使用最少但必需的附加元数据，尽快找到这些元素。这些说法看起来有些怪异，实则很有道理。在创建和指定 id 名及类名时，不能过分自由，否则会使文档过于臃肿。在谈及带宽时，你希望创建的文档尽可能小，而且编程效率高，得到了优化。jQuery 只是允许访问 DOM 的工具，而且允许以多种方式与 DOM 交互。不过，作为软件架构师，需要使应用程序效率高、组织有序，而且设计精良，以尽量加快加载和执行速度。在 Web 应用程序领域，让用户尽快看到一些内容始终都是很重要的。或许只相差几秒，但这决定着用户愉悦地使用网站和应用程序，还是懊恼地按下 Back 按钮移情别处。

本章将分析很多筛选和遍历方法，首先介绍 find()。该方法在现有选择集中找到其中的其他元素。那些元素可以是选择集中元素的子元素，也可能是初始选择集沿 DOM 树下移很远的后代元素。初始选择集可以是一个元素，也可以是多个元素，find()方法在其中查找需要的附加元素。如本节开头所述，jQuery 的一个亮点是它从不假设(无论在实践中，还是理论方面)只使用一个元素。如果选择多个元素，find()将同时处理这些元素。如果选择一个元素，find()只使用这个元素，并将这个元素视为包含一个元素的数组。

如果查看 jQuery 选择返回的对象，“始终”将看到一个数组，准备返回与选择相关的内容的 jQuery 方法的情况也“始终”如此。你可能不是在处理选择，而是使用方法返回字符串与其他一些数据，例如 HTML 源或元素的文本源，或特性值；此类情况下，如果选择集包含多个元素，jQuery 会取出选择集中的第一个元素，并且会在第一个元素上下文中给出询问的内容。因此必须主动考虑选择可能返回的内容，并假定在大多数情况下，选择都会返回多个元素。

如前所述，开始时的选择应尽量缩小范围，以便浏览器在 DOM 中快速找到相应的元素。Example 2-2 简明扼要地显示了使用 find()在现有选择集上下文中找到元素的一种方法。与本书列举的大多数示例一样，可尝试在文本编辑器中手动输入代码来尝试该例，也可从 www.wrox.com/go/webdevwithjquery 提供的免费下载资料中获得该例的源代码。该例的第一个文件是 Example 2-2.html：

```
<!DOCTYPE HTML>
<html xmlns="http://www.w3.org/1999/xhtml">
    <head>
        <meta http-equiv="content-type"
            content="application/xhtml+xml; charset=utf-8" />
        <meta http-equiv="content-language" content="en-us" />
        <title>Contact Form</title>
        <script type='text/javascript' src='../jQuery.js'></script>
        <script type='text/javascript' src='Example 2-2.js'></script>
        <link type='text/css' href='Example 2-2.css' rel='stylesheet' />
    </head>
    <body>
        <form id='contactNewsletterForm' method='get'
            action='Example 2-2 Submitted.html'>
            <div>
                <label for='contactFirstName'>First Name:</label>
                <input type='text'
                       id='contactFirstName'
                       name='contactFirstName'
                       size='25'
                       maxlength='50'
                       required='required' />
            </div>
```

```
            <div>
                <label for='contactLastName'>Last Name:</label>
                <input type='text'
                       id='contactLastName'
                       name='contactLastName'
                       size='25'
                       maxlength='50'
                       required='required' />
            </div>
            <div>
                <input type='checkbox'
                       id='contactNewsletter'
                       name='contactNewsletter'
                       value='1' />
                <label for='contactNewsletter'>
                    Subscribe to newsletter?
                </label>
            </div>
            <div>
                <input type='submit'
                       id='contactNewsletterFormSubmit'
                       name='contactNewsletterFormSubmit'
                       value='Go' />
            </div>
        </form>
    </body>
</html>
```

上面的标记包含一个简单的新闻注册表单。它与下面的 CSS，即 Example 2-2.css 组合在一起：

```
body {
    font: 16px Helvetica, Arial, sans-serif;
}
form#contactNewsletterForm {
    margin: 10px;
    padding: 10px;
    border: 1px solid black;
    background: yellow;
}
form#contactNewsletterForm div {
    padding: 5px;
}
```

下面的 JavaScript 文件 Example 2-2.js 用来验证是否已在文本输入字段中提供了所需的输入信息，并在按下提交按钮后禁用该按钮。这样，假如提交表单的操作用时超出预期，会阻止用户反复按下提交按钮。

```
var contactNewsletterForm = {
```

```
    ready : function()
    {
        $('input#contactNewsletterFormSubmit').click(
            function(event)
            {
                var input = $(this);

                input.attr('disabled', true);

                if (!contactNewsletterForm.validate())
                {
                    alert("Please provide both your first and last name");

                    input.removeAttr('disabled');

                    event.preventDefault();
                }
                else
                {
                    $('form#contactNewsletterForm').submit();
                }
            }
        );
    },

    validate : function()
    {
        var hasRequiredValues = true;

        $('form#contactNewsletterForm').find('input, select, textarea').each(
            function()
            {
                var node = $(this);

                if (node.is('[required]'))
                {
                    var value = node.val();

                    if (!value)
                    {
                        hasRequiredValues = false;
                        return false;
                    }
                }
            }
        );

        return hasRequiredValues;
    }
};
```

```
$(document).ready(
    function()
    {
        contactNewsletterForm.ready();
    }
);
```

然后将该表单提交给名为 Example 2-2 Submitted.html 的 HTML 页面，该页面仅确认表单已提交。在实践中，该 HTML 表单更可能是服务器端程序，也会验证输入，并真正执行让用户注册和订阅新闻的操作。对于这个简单示例，将忽略这部分过程，仅关注客户端组件。

```
<!DOCTYPE HTML>
<html xmlns="http://www.w3.org/1999/xhtml">
    <head>
        <meta http-equiv="content-type"
            content="application/xhtml+xml; charset=utf-8" />
        <meta http-equiv="content-language" content="en-us" />
        <title>Contact Form</title>
        <script type='text/javascript' src='../jQuery.js'></script>
        <script type='text/javascript' src='Example 2-2.js'></script>
        <link type='text/css' href='Example 2-2.css' rel='stylesheet' />
    </head>
    <body>
        <p>
            Thank you for submitting the form.
        </p>
    </body>
</html>
```

上例中的源代码会生成如图 2-2 所示的输出结果。

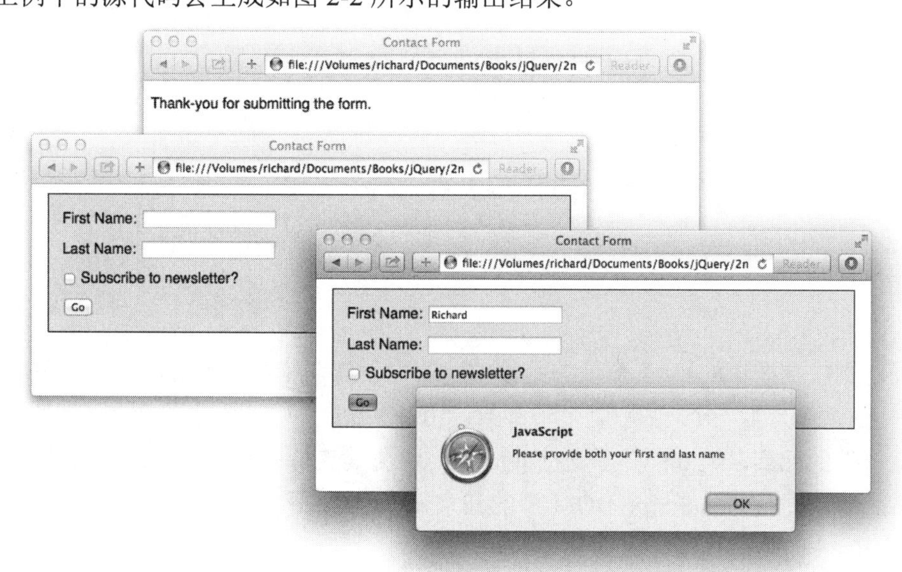

图　2-2

在 Example 2-2 中可以看到 find()方法的一种用法，用来验证一个简单的新闻注册表单的输入。HTML 表单中的文本输入使用 HTML5 的 required 特性指出这些是必需字段；支持 HTML5 字段和特性的一些浏览器已经阻止用户提交缺少必需输入的表单。使用该例实现的 JavaScript 提供的功能更全面一点；也会阻止用户多次提交表单。在 Example 2-2.js 中，创建了一个简单的 JavaScript 文本对象；这是创建简单 JavaScript 自定义对象的一种方式。创建一个名为 contactNewsletterForm 的对象，其中包含新闻注册表单所需的逻辑。它包含两个方法，一个名为 ready()，另一个名为 validate()。触发文档的 DOMContentLoaded 事件(你已经知道，它映射到使用更简单名称 ready 的 jQuery 事件)后，会执行 ready()方法。因此，一旦加载 DOM，就会调用该事件，可以使用 DOM 执行操作了。contactNewsletterForm.ready()将单个事件关联到提交按钮。为此，它首先使用 id 选择器 input#contactNewsletterFormSubmit 选择<input>，然后调用 click()方法，将 onclick 事件关联到相应的<input>元素。这样一来，当用户单击提交按钮时，就可以拦截和控制所发生的操作了。

```
ready : function()
{
    $('input#contactNewsletterFormSubmit').click(
        function(event)
        {
            var input = $(this);

            input.attr('disabled', true);

            if (!contactNewsletterForm.validate())
            {
                alert("Please provide both your first and last name");

                input.removeAttr('disabled');

                event.preventDefault();
            }
            else
            {
                $('form#contactNewsletterForm').submit();
            }
        }
    );
},
```

在关联到提交按钮的 click 事件的函数中，首先创建一个名为 input 的变量，使用特殊的 this 关键字作为第一个(也是唯一的)参数调用 jQuery。如前所述，当调用事件时，this 指向发生事件的元素，但 this 并不支持 jQuery。要使其支持 jQuery，只需使用 this 参数来调用 jQuery。这是使 JavaScript DOM 中的任意元素(并不限于事件上下文中的特殊 this 关键字)支持 jQuery 的方式。

```
var input = $(this);
```

接着禁用提交按钮，以免用户在失去耐心时反复单击该按钮，发送多个将新闻加入服务器的请求。

```
input.attr('disabled', true);
```

设置 disabled 特性的另一种方式是按如下方式调用 attr()方法：

```
input.attr('disabled', 'disabled');
```

你可能更喜欢该方法，因为从技术角度讲，这是 XHTML 指出的布尔型 HTML 特性应该采用的方式。但 jQuery 同时支持这两种方式，即传递布尔型 true 或 false，或传递值 disabled。同样，要禁用 disabled 特性，可在调用中传递 false，如 attr('disabled',false)；也可以调用 removeAttr('disabled')完全删除该特性。

接下来的代码行调用 contactNewsletterForm.validate()，看一下表单是否有效。该方法返回一个布尔值。可以是 yes，表示已经提供了所有需要的字段；也可以是 no，表示缺少数据。

```
if (!contactNewsletterForm.validate())
  {
```

如果尚未提供所有需要的数据，用户将看到一条 alert()消息，要求用户提供姓和名。

```
alert("Please provide both your first and last name");
```

此后，重新启用提交按钮，这样用户可以尝试再次提交表单。

```
input.removeAttr('disabled');
```

这里通过删除 disabled 特性做到这一点，但如前所述，也可以调用 attr('disabled', false)，二者的作用是一样的。最后调用 event 对象上的 preventDefault()方法，阻止提交按钮的默认操作(即提交表单)。

```
event.preventDefault();
```

但是，如果已经提供了所有数据，将调用<form>元素上的 submit()方法来提交表单。你可能在想，有必要这样做吗？因为 event.preventDefault()的作用是阻止默认操作，不调用它不就允许默认操作吗？这里并非如此，因为也通过启用 disabled 特性禁用了提交按钮来阻止默认操作，而且按钮已经禁用，现在必须显式提交表单。

```
}
else
{
    $('form#contactNewsletterForm').submit();
}
```

接着分析 validate()方法中发生的操作。首先设置一个变量来跟踪是否已经提供了所需的字段。首先将 hasRequiredValues 指定为 true，假设用户确实提供了每个必需字段。然后进行选择，选择 id 名为 contactNewsletterForm 的<form>元素。如本节前面所述，最好为选择建立上下文，这样可以极大地加快选择速度。在本例中，新闻注册表单可能是更大文档的一部分。你不想无端地假设代码是更大文档的一部分，或者不是更大文档的一部分；最好始终采用最灵活的方法。客户和雇主可能改变主意，并决定将一个表单移动或添加到开始构建窗体时未曾想到的位置。此类情况下，最好采用灵活的编程方式，从而快速、无缝地适应更改。要为诸如本例的灵活(且可重用)程序奠定最坚实的基础，一定程度上在于确定良好的命名惯例，如第 1 章所述。不要选择过于简单的很容易与其他功能冲突的名称。冗长的名称或许令你烦恼，但是考虑到可在网站或基于 Web 的应用程序中方便地移动和整合功能，你会乐意使用这些合理的名称。

```
    validate : function()
    {
        var hasRequiredValues = true;

        $('form#contactNewsletterForm').find('input, select, textarea').each(
            function()
            {
                var node = $(this);

                if (node.is('[required]'))
                {
                    var value = node.val();

                    if (!value)
                    {
                        hasRequiredValues = false;
                        return false;
                    }
                }
            }
        );

        return hasRequiredValues;
    }
};
```

由于已为表单确定了名称，可以首先选择表单；这是快速执行其他选择的枢纽。在<form>元素中查找其他元素。在本例中，查找的是<input>、<select>或<textarea>元素；这些都是可能包含在表单中的元素，供用户提供或选择数据(当然，还可能有自定义的输入元素)。你可能注意到，该新闻表单并没有<textarea>或<select>元素，你可能在考虑，为什么需要查找根本不存在的元素呢？本例采用前瞻性方法，预先假定该表单未来可能发生的变化。另外，表单需要扩展，你可能需要重新编写或调整编程逻辑，通过创建新的、可重用的表单验证组件，使其能处理任何表单的验证。一种可以预先规划的方式是考虑验证脚本的应用方式，这其中包括将尚不存在的字段纳入考虑范围。

用 each()对选择集进行迭代并使用 is()来测试条件

现在已经在<form>元素的上下文中选择了各个输入字段，可使用 each()方法来迭代与 find()所做的选择匹配的所有元素。each()的作用类似于编写 for 循环或 while 循环，它用于迭代数组或对象。在本例的上下文中，each()用于在选择集中进行迭代。首先选择<form>元素，然后使用 find()方法选择 4 个<input>元素。现在需要分别分析每个<input>元素，看一下用户是否为必需的输入元素提供了数据。each()用于逐一分析每个元素，它为选择集中的每个元素执行回调函数。在本例的上下文中，意味着将提供给 each()的函数执行 4 次，即为与 find()调用匹配的 4 个<input>元素中的每一个执行该函数。

```
$('form#contactNewsletterForm').find('input, select, textarea').each(
```

与事件类似，元素以 JavaScript 关键字 this 的形式传给 each()。除了关键字 this 外，还可以采用其他方式在提供给 each()的函数中访问元素，那就是为该函数指定两个参数。第一个参数告知在集合中的当前位置，是从 0 算起的计算器偏移。第二个参数是正在处理的值或对象，提供与 this 相同的数据。下面的代码段修改了 Example 2-2，指定了这两个可选参数：

```
$('form#contactNewsletterForm').find('input, select, textarea').each(
    function(counter, element)
    {
```

同样与事件类似，以 this 形式传递给 each()的元素默认情况下不支持 jQuery。因此，在通过 each()方法为每个匹配的元素执行的匿名函数中，首先要创建一个变量来引用支持 jQuery 的元素。在本例中，创建了一个 node 变量，这是一个易于使用的通用名称。也可以方便地将这个变量称为 input 或其他更具体的名称。

```
var node = $(this);
```

注意，现在就有了支持 jQuery 的元素引用，要看一下是否存在 HTML5 特性 required，从而确定相应字段是不是必需的，为此调用了 jQuery 方法 is()。在任意 jQuery 选择的上下文中，is()都会告知选择集中的任意元素是否匹配提供给 is()的选择器。在这个选择的上下文中，由于使用了 each()，选择中只有单个元素，并将选择的元素指定给变量 node。选择的将是至上而下排列的 4 个匹配的<input>元素中的一个。因此，each()遇到的第 1 个元素是 id 名为 contactFirstName 的<input>，第 2 个元素是 id 名为 contactLastName 的<input>，第 3 个元素是复选框，将在其上运行 each()的第 4 个元素是提交按钮。对 is()的调用包含特性选择器[required]。使用 is()就是要问，元素匹配这个选择器吗？另一种提问方式是 input[required="required"](当然，前提是相应的元素是一个<input>元素)。is()将返回一个布尔值，告知元素是否与提供的选择器匹配。

```
if (node.is('[required]'))
{
```

在该例的上下文中，只想了解该元素是不是必需的，为此，使用 is()来了解该元素是否具有 required 特性。required 是一个布尔特性，其可能的值只有 required，否则它根本不会存在；因此，要询问元素是不是必需的，最简单的方式是使用特性选择器[required]。

is()可用于针对可表示为选择器的元素或元素集合提出问题。当选择集中包含多个元素时，只要匹配选择集中的任意一个元素，is()就是 true。如果选择器仅匹配一个元素，与其他元素都不匹配，结果仍然是 true。仅当选择器与选择集中的任意元素都不匹配时，结果才会是 false。

如果相应元素具有 required 特性，node.is('[required]')表达式将返回 true，程序将接着检查输入值。通过调用 val()来检索输入值，val()是另一个 jQuery 方法，在后台完成一些工作，允许更方便地提取字段值，根据正在处理的输入字段类型自动调整逻辑。对于<input>元素(无论是哪种类型)，都返回 value 特性的值；对于<select>元素，检索选择的<option>的 value 特性；它还会检索<textarea>元素的文本内容。

```
if (node.is('[required]'))
{
    var value = node.val();

    if (!value)
    {
        hasRequiredValues = false;
        return false;
    }
}
```

接着在值上使用一个简单的布尔表达式来确定是否存在值。如果表达式的计算结果为 false，则不存在值；用于跟踪是否提供了所有必需值的变量 hasRequiredValues 会被赋值为 false，然后返回 false，跳出随后的 each()迭代。

在提供给 each()的函数中，返回 true 等同于编写了关键字 continue；接着迭代下一个元素或条目。因此，如果刚处理了第一个元素，将立即迭代第二个元素。从该函数返回 false 等同于在 for、while 或 switch 循环中编写 break 关键字，此时，迭代会完全停止。在这个示例的上下文中，如果在处理第 1 个<input>元素时遇到这种情况，那么函数就不会执行第 2 个、第 3 个或第 4 个元素。

最后，在检查每个<input>元素后，validate()函数返回 hasRequiredValues 变量的值，允许 click 事件确定是否已经提供了所有必需的值。

```
return hasRequiredValues;
```

本节在示例的引导下较深入地阐述了 find()、each()、is()和 val()方法的用法，帮助你进一步了解 jQuery。下一节继续列举几个例子，简要介绍几个允许在 DOM 中移动的 jQuery 方法，说明如何使用 jQuery 遍历 DOM。

2.3.2　处理元素关系

jQuery 提供完整的 DOM 遍历包。可以方便地从一个元素移动到其同级元素、父元素、上级(ancestor)元素、子元素和后代元素。通过学习本节列举的例子，你将了解如何做到这一点；另外将了解如何基于选择集中的数值偏移位置将选择限制到某个元素，如何通过提供选择器基于选择中不需要的内容对选择进行筛选来缩小选择范围。本节讨论的内容包含以下 jQuery API 方法：

- parent()和 parents()：用于选择一个元素的父元素或上级元素。
- children()：用于选择一个元素紧邻的子元素。
- siblings()：用于选择一个元素周围的所有同级元素。
- prev()：用于选择与一个元素紧邻的前一个同级元素。
- next()：用于选择与一个元素紧邻的后一个同级元素。
- prevAll()：用于选择一个元素之前的所有同级元素。
- nextAll()：用于选择一个元素之后的所有同级元素。
- not()：使用选择器从选择集中删除元素。
- eq()：通过提供某个元素在选择集中的偏移位置(从零开始计算偏移量)，在选择集中准确地选定这个元素。

也可在 DOM 树中上移，选择父元素或上级元素。在编写程序时，如果应用程序中有多个某类条目，沿 DOM 树上移的必要性通常会增加。例如，假如应用程序有多个日历。可能会出现这种情况，因为提供导航，从一个月移到另一个月，而不是删除每个月并构建新月份，在应用程序中保留每个月份，并根据需要在其间移动。如果单击月中的某一天，也需要了解单击发生在哪个月，于是从所选日子开始在 DOM 中上移，找到单击的月份。这并非选择父元素或上级元素的唯一情形。也可能遇到这样的情况：收到一个模棱两可的或通用的元素上的事件，可能需要上移到提供更多元数据信息、类名、id 名和其他数据的元素。

需要选择 children()的情形通常类似于本章前面介绍的使用 find()方法的情形。具体要用哪一个，取决于是否知道一个元素是子元素，或是沿 DOM 向下的后代元素。如果一个元素是子元素，那么使用 children()会获得一些性能优势。如果浏览器知道只需要在紧邻的子元素范围内进行查找，就可以快速找到相应元素。而如果使用 find()，则可能要求浏览器检查每一个后代元素。

jQuery 至少提供了 5 个方法来发现和操纵一个元素的同级元素。无论要移到下一个紧邻的同级元素、上一个紧邻的同级元素，要查找前面的所有同级元素、后面的所有同级元素，还是要查找所有同级元素，都可以使用对应的方法加以处理。

所有 jQuery 遍历方法都有如下共同特点：为遍历方法提供一个选择器，将遍历范围限制为匹配所提供的选择器的元素。

下面的示例用到了上述每个方法。如果已经下载了本书的补充资料，可在 Chapter 2 文件夹中找到这个名为 Example 2-3 的示例。

```
<!DOCTYPE HTML>
<html xmlns="http://www.w3.org/1999/xhtml">
    <head>
        <meta http-equiv="content-type"
            content="application/xhtml+xml; charset=utf-8" />
        <meta http-equiv="content-language" content="en-us" />
        <title>November 2013</title>
        <script type='text/javascript' src='../jQuery.js'></script>
        <script type='text/javascript' src='Example 2-3.js'></script>
        <link type='text/css' href='Example 2-3.css' rel='stylesheet' />
    </head>
    <body>
        <table class="calendarMonth" data-year="2013" data-month="11">
            <thead>
                <tr class="calendarHeading">
                    <th colspan="7">
                        <span class="calendarMonth">November</span>
                        <span class="calendarDay"></span>
                        <span class="calendarYear">2013</span>
                    </th>
                </tr>
                <tr class="calendarWeekdays">
                    <th>Sunday</th>
                    <th>Monday</th>
                    <th>Tuesday</th>
                    <th>Wednesday</th>
                    <th>Thursday</th>
                    <th>Friday</th>
                    <th>Saturday</th>
                </tr>
            </thead>
            <tbody>
                <tr>
                    <td class="calendarLastMonth">27</td>
                    <td class="calendarLastMonth">28</td>
                    <td class="calendarLastMonth">29</td>
                    <td class="calendarLastMonth">30</td>
                    <td class="calendarLastMonth
                         calendarLastMonthLastDay">31</td>
                    <td class="calendarFirstDay">1</td>
                    <td>2</td>
                </tr>
                <tr>
                    <td>3</td>
                    <td>4</td>
                    <td>5</td>
                    <td>6</td>
                    <td>7</td>
                    <td>8</td>
                    <td>9</td>
```

```
            </tr>
            <tr>
                <td>10</td>
                <td>11</td>
                <td>12</td>
                <td>13</td>
                <td>14</td>
                <td>15</td>
                <td>16</td>
            </tr>
            <tr>
                <td>17</td>
                <td>18</td>
                <td>19</td>
                <td class="calendarToday">20</td>
                <td>21</td>
                <td>22</td>
                <td>23</td>
            </tr>
            <tr>
                <td>24</td>
                <td>25</td>
                <td>26</td>
                <td>27</td>
                <td>28</td>
                <td>29</td>
                <td class="calendarLastDay">30</td>
            </tr>
            <tr>
                <td colspan="7" class="calendarEmptyWeek"></td>
            </tr>
        </tbody>
    </table>
  </body>
</html>
```

上面的 HTML 与下面的样式表结合使用：

```
html,
body {
    width: 100%;
    height: 100%;
}
body {
    font: 14px Helvetica, Arial, sans-serif;
    margin: 0;
    padding: 0;
    color: rgb(128, 128, 128);
}
table.calendarMonth {
    table-layout: fixed;
```

```
        width: 100%;
        height: 100%;
        border-collapse: collapse;
        empty-cells: show;
    }
    table.calendarMonth tbody {
        user-select: none;
        -webkit-user-select: none;
        -moz-user-select: none;
        -ms-user-select: none;
    }
    table.calendarMonth th {
        font-weight: 200;
        border: 1px solid rgb(224, 224, 224);
        padding: 10px;
    }
    tr.calendarHeading th {
        font: 24px Helvetica, Arial, sans-serif;
    }
    table.calendarMonth td {
        border: 1px solid rgb(224, 224, 224);
        vertical-align: top;
        padding: 10px;
    }
    td.calendarLastMonth,
    td.calendarNextMonth {
        color: rgb(204, 204, 204);
        background: rgb(244, 244, 244);
    }
    td.calendarDaySelected {
        background: yellow;
    }
    tr.calendarWeekSelected {
        background: lightyellow;
    }
    td.calendarToday {
        background: gold;
    }
```

最后应用下面的 JavaScript，从中可简单了解一些不同的 jQuery 方法，这些方法允许遍历 DOM，并更改和操纵选择。

```
$(document).ready(
    function()
    {
        var today = $('td.calendarToday');

        var setUpThisWeek = function()
        {
            $('table.calendarMonth td').removeClass(
```

```
        'calendarYesterday ' +
        'calendarTomorrow ' +
        'calendarEarlierThisWeek ' +
        'calendarLaterThisWeek ' +
        'calendarThisWeek'
    );

    var yesterday = today.prev('td');

    // If today occurs at the beginning of the week, look in the
    // preceding row for yesterday.
    if (!yesterday.length)
    {
        var lastWeek = today.parent('tr').prev('tr');

        if (lastWeek.length)
        {
            yesterday = lastWeek.children('td').eq(6);
        }
    }

    // If today occurs in the first cell of the first row of the
    // calendar, yesterday won't be present in this month.
    if (yesterday.length)
    {
        yesterday.addClass('calendarYesterday');
    }

    var tomorrow = today.next('td');

    // If today occurs at the end of the week, look in the
    // proceeding row for tommorrow.
    if (!tomorrow.length)
    {
        var nextWeek = today.parent('tr').next('tr');

        if (nextWeek.length)
        {
            tomorrow = nextWeek.children('td').eq(0);
        }
    }

    // If today occurs in the last cell of the last row of
    // the calendar, tomorrow won't be present in this month.
    if (tomorrow.length)
    {
        tomorrow.addClass('calendarTommorow');
    }

    var laterThisWeek = today.nextAll('td');
```

```
        if (laterThisWeek.length)
        {
            laterThisWeek.addClass('calendarLaterThisWeek');
        }

        var earlierThisWeek = today.prevAll('td');

        if (earlierThisWeek.length)
        {
            earlierThisWeek.addClass('calendarEarlierThisWeek');
        }

        today.siblings('td')
             .addClass('calendarThisWeek');
    };

    var selectedDay = null;

    $('table.calendarMonth td')
        .not('td.calendarLastMonth, td.calendarNextMonth')
        .click(
            function()
            {
                if (selectedDay && selectedDay.length)
                {
                    selectedDay
                        .removeClass('calendarDaySelected')
                        .parent('tr')
                            .removeClass('calendarWeekSelected');
                }

                var day = $(this);

                selectedDay = day;

                selectedDay
                    .addClass('calendarDaySelected')

                    .parent('tr')
                        .addClass('calendarWeekSelected');
                day.parents('table.calendarMonth')
                    .find('span.calendarDay')
                    .text(day.text() + ', ');
            }
        )
        .dblclick(
            function()
            {
                today.removeClass('calendarToday');
```

```
                today = $(this);
                today.addClass('calendarToday');

                setUpThisWeek();
            }
        );

        setUpThisWeek();
    }
);
```

将 Example 2-3 中创建的日历加载到浏览器中，将看到如图 2-3 所示的结果。

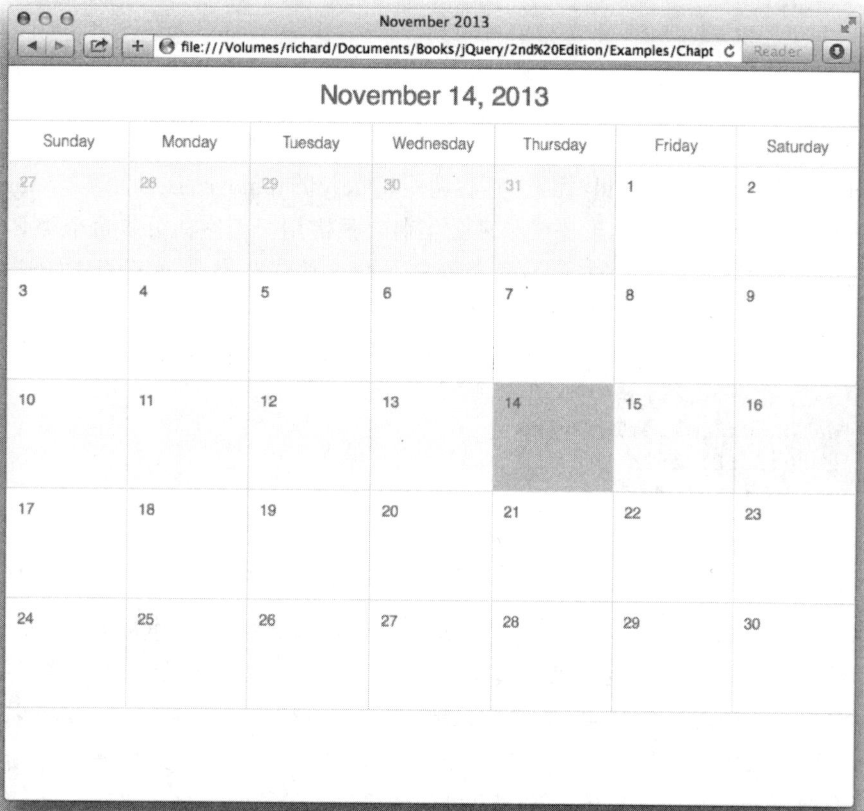

图 2-3

Example 2-3 将多个概念组合在一起，提供了如何使用 jQuery 遍历方法的更贴近实际的示例。与前面所有例子类似，首先来看 DOMContentReady 事件。

```
$(document).ready(
    function()
    {
```

文档就绪时，首先设置一个变量来包含对 today 的引用，其中包含类名为 calendarToday 的<td>元素。

```
var today = $('td.calendarToday');
```

本例使用所有类名，因为对于日历，预计会有多个月份同时加载到同一文档中。

接着创建一个可重用的函数来设置一些元数据，这主要用作智力游戏。创建的元数据演示了用于处理同级元素和子元素的不同 jQuery 方法，以及允许基于位置偏移(从零开始)将选择范围缩小到单个元素的 eq()方法。由于是在文档就绪时执行的函数中创建了方法，因此在 ready()函数中创建的其他所有函数都可以使用相应的方法。刚才创建的 today 变量同样如此。

```
var setUpThisWeek = function()
{
```

setUpThisWeek 函数首先删除后面应用于同一函数的所有类名。为此，选择类名为 calendarMonth 的<table>中的<td>元素，然后调用 jQuery 的 removeClass()方法。removeClass()可以带有一个或多个类名。如果提供了多个类名，只需用一个空格分隔每个类名，就像使用 HTML class 特性指定类名一样。这样就会删除指定的任意类名(如果存在的话)。

```
$('table.calendarMonth td').removeClass(
    'calendarYesterday ' +
    'calendarTomorrow ' +
    'calendarEarlierThisWeek ' +
    'calendarLaterThisWeek ' +
    'calendarThisWeek'
);
```

接下来创建 yesterday 变量，该变量包含对“昨日”的引用。要捕获哪一天是“昨日”，首先要确定哪一天是“今日”，前面已经捕获了“今日”。接着使用 jQuery 的 prev()方法后移一天，到达上一日，这会选择当前选择集引用的一个元素(或多个元素)紧邻的前一个元素。在本例中，只处理一个元素，但与 jQuery 的其他每种处理方式一样，尽可以一次处理多个元素。如果选择集中包含多个元素，prev()将作用于所有这些元素，提供的新选择集由紧邻的所有前项元素组成。也可为 prev()提供选择器，这样会将紧邻的前一个元素限制为<td>元素。在该例的上下文中，本可以方便地丢掉这个选择器，并且可得到相同的结果。这里之所以包含这个选择器，原因有两点：第一个原因是列举一个示例，演示为这些方法提供选择器；第二个原因是使代码更直观，更便于阅读。由于将'td'指定为选择器，可为编程人员提供一条线索，以便了解代码在做什么，以及正在哪个元素上操作。

```
var yesterday = today.prev('td');
```

如果正在编写真正的日历应用程序，需要考虑关于“今天”出现在何处的每个可能情形。可能出现在行首，也可能出现在行尾。如果“今日”出现在行首，那么在表示今天的

<td>元素之前将没有相邻的<td>元素。在本例中，对“昨日”的上一指定将是一个空数组，即没有 length。这是在 jQuery 中检查一个选择集是否存在的一种方式。如果选择集中什么都没有，jQuery 将返回一个空数组。接着检查 length，看一下是否选择了任何元素。

```
if (!yesterday.length)
{
```

如果没有邻近的上一个元素，需要移到上一行。为此，首先使用表示“今日”的<td>，然后使用 jQuery 的 parent()方法，从那里沿 DOM 上移到该元素的父元素，即<tr>元素。到达相应的<tr>元素后，在 DOM 中后移到前一个<tr>元素。然后使用 jQuery 的 children()方法找到那个<tr>元素的子元素，当然，这些子元素都是<td>元素。再使用 eq()方法，将选择的<td>元素限制为最后一个元素。由于是从零开始算起，而一周有 7 天，因此选择集中的最后一个<td>的位置是第 6。与上次相似，为 parent()、children()和 prev()方法提供选择器只是为了在编程中提供更多上下文信息。

```
    var lastWeek = today.parent('tr').prev('tr');

    if (lastWeek.length)
    {
        yesterday = lastWeek.children('td').eq(6);
    }
}
```

可能仍然没有表示“昨日”的<td>元素，因为“今日”可能是当月的第一天，是第一个<tr>元素的第一个子元素。因此，需要再检查一下 length，以确保已经选择了表示“昨日”的<td>元素。如果确定表示“昨日”的元素存在，就为其赋予类名 calendarYesterday。

```
if (yesterday.length)
{
    yesterday.addClass('calendarYesterday');
}
```

注意，现在已经计算出表示“昨日”的<td>元素(如果有的话)。下一步计算哪个<td>元素表示“明日”。这一次，使用 jQuery 的 next()方法，在表示“今日”的选择集上，前移一个<td>元素，即接下来紧邻的<td>元素。将任意选择集赋给变量 tomorrow。

```
var tomorrow = today.next('td');
```

与 yesterday 一样，并不确定表示“今日”的<td>元素之后是否紧邻一个<td>元素，因此又要检查 length 属性，看一下选择集中是否包含元素。

```
if (!tomorrow.length)
{
```

即使没有<td>元素，也要从表示“今日”的<td>元素开始，沿 DOM 上移到父元素<tr>，然后使用 next()移至下一个<tr>元素。再通过 children()查看<tr>元素的子元素(前提是存在下一行)，此后调用 eq(0)将选择范围局限于该行的第一个<td>元素。这次是 0，表示第一个<td>子元素。

```
    var nextWeek = today.parent('tr').next('tr');

    if (nextWeek.length)
    {
        tomorrow = nextWeek.children('td').eq(0);
    }
}
```

如果确定了表示“明日”的元素(如果有的话)，检查一下选择集中的内容；此后，将类名 calendarTomorrow 添加到相应的<td>元素。

```
if (tomorrow.length)
{
    tomorrow.addClass('calendarTommorow');
}
```

接下来的练习确定“今日”之后的所有日子，即“本周后几日”。为此，需要在表示“今日”的选择集上调用 nextAll()，这将选择一个<td>元素集合，其中的每个元素都是表示“今日”的<td>元素的同级元素，但这些日子都排在“今日”之后。

```
var laterThisWeek = today.nextAll('td');

if (laterThisWeek.length)
{
```

如果<td>元素的选择集包含内容，将为选择集中的这些<td>元素添加类名 calendarLaterThisWeek。

```
    laterThisWeek.addClass('calendarLaterThisWeek');
}
```

此后，采用类似方式，识别出属于“本周前几日”的元素。为识别这些元素，在表示“今日”的元素上调用 prevAll()来选择之前的所有<td>元素。

```
var earlierThisWeek = today.prevAll('td');

if (earlierThisWeek.length)

{
```

如果存在赋给变量 earlierThisWeek 的<td>元素，将为其中的每个<td>元素添加类名 calendarEarlierThisWeek。

```
    earlierThisWeek.addClass('calendarEarlierThisWeek');
}
```

最后使用 jQuery 的 siblings()方法，确定表示“今日”的<td>元素的所有同级元素。为这些元素添加类名 calendarThisWeek。

```
        today.siblings('td')
            .addClass('calendarThisWeek');
    };
```

对于使用 setUpThisWeek()方法完成的发现同级元素的练习，可使用 Safari 或 Chrome 的 Web Inspector、Firefox 的 Firebug 以及 IE 的 Developer Tools 等工具来导出。图 2-4 使用的工具是 Safari 的 Web Inspector，从中可以看到在包含表示“今日”的<td>元素的一周中，为表示一日或多日的每个<td>元素指定的类名。

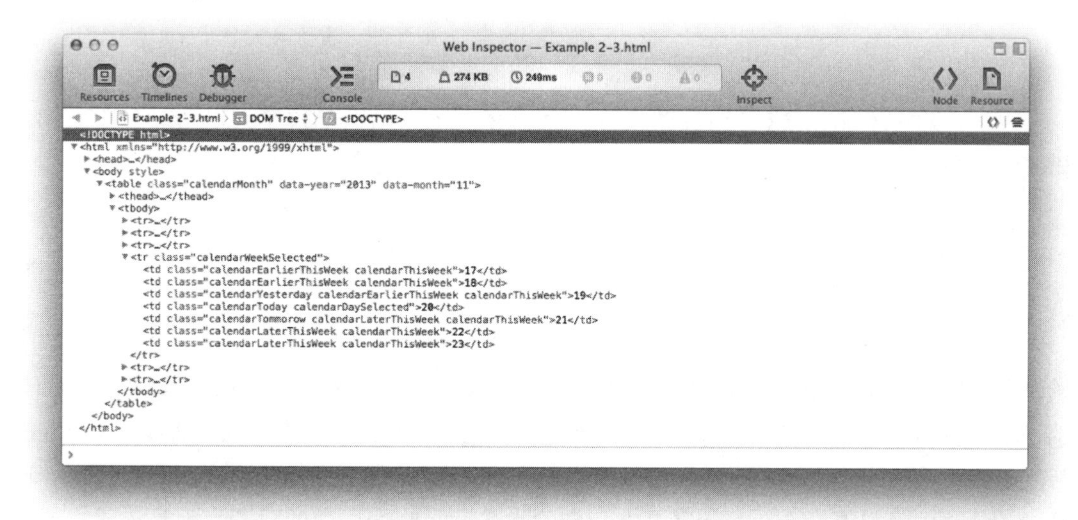

图　2-4

接下来的代码段定义与日历的一些交互：

- 在日历中选择某一天
- 选择这一天所在的周
- 在日历标题中，采用日期格式设置所选的一天
- 更改表示今天的日子

首先创建一个新变量来跟踪所选的日子。在单击每一天时触发的函数之外创建该变量，使其持久存在，在单击事件之间仍然存在。将该变量命名为 selectedDay。

```
var selectedDay = null;
```

接着进行选择，首先选出表示当月的<table>中的所有<td>元素。

```
$('table.calendarMonth td')
```

然后缩小选择范围，排除表示上月剩余日子以及下月开始日子的<td>元素。不过，对于这个特定例子，并不包括下月的日子，因为最后的几天正好均匀分布，在最后一个<tr>

中填充了所有 7 个子元素。使用 jQuery 的 not()方法从选择中排除了这些<td>元素。not()方法在现有选择集的基础上，使用选择器从中删除一些元素。

not()方法也可以采用另一个 jQuery 选择的结果，例如：

```
.not($('td.calendarLastMonth, td.calendarNextMonth'))
```

也可以使用直接 DOM 元素对象，例如从诸如 document.getElementById()的 JavaScript 方法返回的对象。最后，也可以使用回调函数，回调函数返回上述形式之一，即 jQuery 选择集或直接 DOM 元素对象引用。许多 jQuery API 方法的情形都是如此；在可行且合理的前提下，可以经常使用 jQuery 选择集(从 jQuery 返回的元素数组)、直接 DOM 对象引用或回调函数。

```
.not('td.calendarLastMonth, td.calendarNextMonth')
```

现在排除了不愿包含在当前月份中的供远择的元素，其余的每个<td>元素通过 click()和 jQuery 的事件 API 收到 onclick 事件，第 3 章将详细介绍这些事件。

```
.click(
   function()
   {
```

当单击事件发生时，首先要使用已经创建的用于跟踪所选日子的 selectedDay 变量。开始时通过检查 length 属性来确定是否已在该变量中存储了一个选择集。如果已经存储了一个选择集，就使用这个选择集来删除上一次得到这个类名的<td>元素的类名 calendarDaySelected；从上一次收到这个类名的<tr>元素中删除类名 calendarWeekSelected。这确保了在任何一次给定的单击中，只有一个<td>元素具有相应的类名，是唯一选中的日子，而且该元素的父元素<tr>是作为所选周的唯一<tr>元素。这样可以避免选择多个<td>和多个<tr>元素分别作为所选日子和周的可能性。

```
if (selectedDay && selectedDay.length)
{
    selectedDay
        .removeClass('calendarDaySelected')
        .parent('tr')
            .removeClass('calendarWeekSelected');
}
```

在 selectedDay 逻辑后，使用$(this)指定变量 day，当前支持 jQuery 的单击事件便作用于该元素。

```
var day = $(this);
```

然后将 day 指定给 selectedDay，它会持久保存，直到下一次单击事件发生时为止。

```
selectedDay = day;
```

selectedDay 接着接收类名 calendarDaySelected，其父元素<tr>也接收类名 calendarWeek-Selected。

```
selectedDay
    .addClass('calendarDaySelected')
    .parent('tr')
        .addClass('calendarWeekSelected');
```

然后从选择的日子开始，沿 DOM 上行，一直到达该<td>元素的上级元素<table>。从那里开始查找包含类名 calendarDay 的<span>，为其赋予文本内容。这样就会以日期格式在日历标题中放置所选日子，例如 *November 23, 2013*。对 day.text()的调用返回所选日子的文本内容，在本例中，就是表示月份日子的数字，附加到包含逗号和空格的字符串。parents()方法用于从一个元素到达该元素的父元素或上级元素，允许一直沿 DOM 树上移到根元素<html>。提供给 parents()的选择器沿 DOM 树上移时告知 parents()方法要包含的元素。如果还在选择器中包括 jQuery 专用的伪类:first，例如 table.calendarMonth:first，将导致 parents()方法在遇到与所提供选择器匹配的第一个元素时停止。与这里使用的选择器相比，这种做法提供了更高性能；这里的选择器将使 jQuery 检查整个 DOM 祖先范围，确保已经匹配了每个可能的元素。

```
            day.parents('table.calendarMonth')
               .find('span.calendarDay')
               .text(day.text() + ', ');
        }
    )
```

创建的下一个事件是使用 jQuery 的 dblclick()方法创建的双击事件。通过创建该事件，可以更改被称为“今日”的日子。

```
    .dblclick(
        function()
        {
```

要更改称为“今日”的元素，首先从包含类名 calendarToday 的当前<td>元素删除该类名。将双击过的<td>元素赋给 today，然后给这个新元素添加类名 calendarToday。

```
    today.removeClass('calendarToday');
    today = $(this);
    today.addClass('calendarToday');
```

然后再次调用 setUpThisWeek()来重新计算哪些日子被识别为昨日、明日、本周前几日、本周后几日以及本周。

```
            setUpThisWeek();
        }
    );
```

在赋给 ready()事件的匿名函数中，最后要做的是调用 setUpThisWeek()，这样在初始加载文档时，会设置与认定为“今日”的元素相关的周。

```
setUpThisWeek();
```

本章最后介绍的概念是关于 jQuery 提供的两个附加方法的一些提示。在笔者个人的编程经历中，找不到经常使用这些方法的理由，但这些方法对你或许有用。这两个方法是 slice()和 add()。

2.4　从选择集中提取片段

slice()方法类似于 eq()方法；它基于选择集中的元素偏移位置，从选择集中提取子集。为此，该方法使用一两个参数。如果只提供一个参数，jQuery 会假定该参数是片段的起点。以 Middle Earth 的地点为例：

```
<!DOCTYPE HTML>
<html xmlns="http://www.w3.org/1999/xhtml">
    <head>
        <meta http-equiv="content-type"
            content="application/xhtml+xml; charset=utf-8" />
        <meta http-equiv="content-language" content="en-us" />
        <title>Places in Middle-Earth</title>
    </head>
    <body>
        <ul>
            <li>The Shire</li>
            <li>Fangorn Forest</li>
            <li>Rohan</li>
            <li>Gondor</li>
            <li>Mordor</li>
        </ul>
    </body>
</html>
```

使用$('li').slice(1)，参数 1 指定片段的起始位置，所以 slice(1)会包含从<li>Fangorn Forest</li>到<li>Mordor</li>范围的所有元素。因此，使用单个参数(从零开始算起)，选择集将包含从该元素开始一直到最后的所有元素。

如果提供两个参数，第一个参数是包含在结果选择集中的第一个元素的偏移位置(从零开始算起)；第二个参数是包含在结果选择集中的最后一个元素的偏移位置，偏移位置也是从零开始算起。这将创建一个新的选择集，新选择集以指定的第一个元素开始，以指定的最后一个元素结束。因此，slice(0, 2)将以元素编号 0 开始，以元素编号 1 结束。选择集的范围是 0~2，但不包括元素#2 本身。该选择集将包括<li>The Shire</li>和<li>Fangorn Forest</li>。

2.5　向选择集添加元素

最后介绍 add()方法。add()方法的作用与 not()方法正好相反，用于将元素添加到现有的选择集中。与上面一样，下面的 HTML 表示 Middle Earth 中的地点：

```
<!DOCTYPE HTML>
<html xmlns="http://www.w3.org/1999/xhtml">
   <head>
      <meta http-equiv="content-type"
         content="application/xhtml+xml; charset=utf-8" />
      <meta http-equiv="content-language" content="en-us" />
      <title>Places in Middle-Earth</title>
   </head>
   <body>
      <ul id='middleEarthPlaces'>
         <li>The Shire</li>
         <li>Fangorn Forest</li>
         <li>Rohan</li>
         <li>Gondor</li>
         <li>Mordor</li>
      </ul>
      <ul id='middleEarthMorePlaces'>
         <li>Osgiliath</li>
         <li>Minas Tirith</li>
         <li>Mirkwood Forest</li>
      </ul>
   </body>
</html>
```

对 add()方法的简单演示是做初始选择，如$('ul#middleEarthPlaces li')，该代码会选择第一个<ul>元素中的所有<li>元素。然后使用与下面类似的方式在该选择集中添加元素：

```
$('ul#middleEarthPlaces li').add('ul#middleEarthMorePlaces li');
```

最终，选择集包含文档中列出的所有<li>元素，首先选择第一个<ul>元素中的<li>元素，然后将第二个<ul>元素中的<li>元素添加到那个选择集中。

与 not()方法类似，可使用 jQuery 选择的结果，为选择集添加元素，如下所示：

```
$('ul#middleEarthPlaces li').add($('ul#middleEarthMorePlaces li'));
```

还可以使用直接 DOM 对象引用，如下所示：

```
$('ul#middleEarthPlaces li').add(
   document.getElementById('middleEarthMorePlaces').childNodes
);
```

也可以使用回调函数，使其返回 jQuery 选择集或直接 DOM 对象引用：

```
$('ul#middleEarthPlaces li').add(
    function()
    {
      return document.getElementById('middleEarthMorePlaces').childNodes;
    }
);
```

使用 add()方法，可使用第 4 章介绍的任意方法，向选择集添加元素。你将在第 4 章中了解到，甚至可使用包含 HTML 的字符串为选择集添加元素。

注意：附录 C 提供了有关 jQuery 选择和筛选方法的参考信息。

2.6　小结

本章演示了一些启发性示例，并通过这些示例系统概述 jQuery 的选择和筛选功能。通过阅读本章可以了解到，从 DOM 中选取元素时 jQuery 允许进行极其精细的控制，正因为如此，通常可以采用多种不同办法来取得相同结果。

jQuery 的选择和筛选方法远远超越了 JavaScript 自身所能完成的功能。如果只采用 JavaScript 代码，要达到与 jQuery 同样精细的控制选择的能力，通常要编写很多行代码。

jQuery 利用功能强大、便于理解、为人熟知且十分简便的选择器，帮助程序员在 DOM 中轻松地选取所需的元素。jQuery 中的选择器语法与过去在 CSS 中使用的 CSS 选择器是相同的。另外，jQuery 甚至还支持一些自己的扩展选择器。要获得 jQuery 所支持的选择器语法的完整列表，请参阅附录 B。

jQuery 的筛选方法允许使用 find()方法选取后代元素，使用 parents()方法选取上级元素，使用 siblings()、prev()、prevAll()、next()和 nextAll()方法来选取同级元素。另外，可使用 add()方法向选择集添加元素，或使用 not()方法从选择集中删除元素。jQuery 还支持使用 slice()方法和 eq()方法从选择集中选取特定元素。附录 C 提供了与选择和筛选功能相关的完整方法列表。

2.7　练习

1. 在从标记文档中选择元素的精细控制方面，还有其他哪些与 jQuery 有很多相似功能的客户端技术？

2. 如果想使用 jQuery 基于上级关系从 DOM 中选择一个元素，应该使用哪个 jQuery 方法？

3. 假如想在 DOM 中将一个元素与它同级的前一个元素的位置互换，哪个 jQuery 方法将有助于实现这一功能？

4. 如果已经选择了一个元素，并想从 DOM 树中选择该元素的一个后代元素，可使用 jQuery 中的哪些方法来获得所需的结果？

5. 如果已经获得了一个选择集，但随后又想从这个选择集中移除一个或多个元素，应该使用 jQuery 的哪个方法？

6. 如果想从一个较大的选择集中选择单个元素，应该使用 jQuery 的哪个方法？

7. 请列出 jQuery 提供的用于选择同级元素的所有方法。

8. 如何使用 jQuery 向选择集添加元素？

第3章 事件

jQuery 提供功能强大、全面广泛的事件 API。jQuery 的事件 API 提供的封装方法容纳了大多数 JavaScript 事件。jQuery 的事件 API 还允许通过事件方法挂钩它不显式支持的事件，甚至允许将事件应用于当前文档中尚不存在的元素。在 jQuery 中可以有序组织事件并使用命名空间，这是 jQuery 提供的超越 JavaScript 基准的另一项功能。可将事件有序地组织成命名的类别，从而可以更方便地管理事件。有了命名的事件，也使得方便地删除它们成为可能。

本章将介绍为使用 jQuery 的事件 API 需要了解的所有内容。你将学习如何使用 jQuery 的事件封装方法，如 click()或 hover()，还将学习如何使用 on()和 off()方法。可使用 on()和 off()方法，将事件处理函数挂钩到任何事件，不管是本地 JavaScript 事件还是已经创建的自定义事件。on()和 off()方法还允许将事件挂钩到当前文档中尚不存在的元素。此外，on()和 off()可组织事件，为事件命名，如果想要像创建事件那样方便地管理或删除事件，这将是十分有用的。你还将学习如何利用 trigger()方法以及 on()和 off()方法，为应用程序创建完全自定义的事件。自定义事件将使应用程序更具扩展性、更加灵活。

3.1 各种事件封装方法

jQuery 的事件 API 的初衷是架起一座桥梁，使不同浏览器处理事件挂钩的不同方法能够兼容。在距今不远的一段时间里，既存在 Microsoft 的事件处理方法，也存在处理事件的标准方法。由于 Microsoft 在 Internet Explorer 上所做的工作，当今的 Internet Explorer 已不存在这个问题，只有在需要支持不兼容标准事件挂钩方法的较旧 Internet Explorer 版本中，才需要考虑这种兼容问题。令人感到庆幸的是，jQuery 已自动消除了这种浏览器差异。jQuery 1.x 分支版本支持那些不兼容标准方式的旧版 Internet Explorer。jQuery 2.x 分支版本不再支持旧版的 Internet Explorer，因此 jQuery 2.x 分支版本不提供通用的事件支持。

jQuery 事件 API 在后台处理大多数浏览器支持差异方面表现得十分出色，允许采用总体而言比 JavaScript 更简单的方式处理事件。本章介绍的第一组方法为 JavaScript 中的最常用事件提供 API 封装器。这些方法使以下操作成为可能：

- 将回调函数方便地挂钩到事件
- 方便地触发事件

可在附录 D 中找到事件方法的完整列表。

下例演示了 jQuery 事件封装方法 click()。记住，所有示例都可在本书的源代码下载资料包中找到：www.wrox.com/go/webdevwithjquery。本例位于下载资料的 Example 3-1.html 中。

```
<!DOCTYPE HTML>
<html lang='en'>
    <head>
        <meta http-equiv='X-UA-Compatible' content='IE=Edge' />
        <meta charset='utf-8' />
        <title>Finder</title>
        <script src='../jQuery.js'></script>
        <script src='../jQueryUI.js'></script>
        <script src='Example 3-1.js'></script>
        <link href='Example 3-1.css' rel='stylesheet' />
    </head>
    <body>
        <div id='finderFiles'>
            <div class='finderDirectory' data-path='/Applications'>
                <div class='finderIcon'></div>
                <div class='finderDirectoryName'>
                    <span>Applications</span>
                </div>
            </div>
            <div class='finderDirectory' data-path='/Library'>
                <div class='finderIcon'></div>
                <div class='finderDirectoryName'>
                    <span>Library</span>
                </div>
            </div>
            <div class='finderDirectory' data-path='/Network'>
                <div class='finderIcon'></div>
                <div class='finderDirectoryName'>
                    <span>Network</span>
                </div>
            </div>
            <div class='finderDirectory' data-path='/Sites'>
                <div class='finderIcon'></div>
                <div class='finderDirectoryName'>
                    <span>Sites</span>
                </div>
            </div>
```

```
            <div class='finderDirectory' data-path='/System'>
                <div class='finderIcon'></div>
                <div class='finderDirectoryName'>
                    <span>System</span>
                </div>
            </div>
            <div class='finderDirectory' data-path='/Users'>
                <div class='finderIcon'></div>
                <div class='finderDirectoryName'>
                    <span>Users</span>
                </div>
            </div>
        </div>
    </body>
</html>
```

上述 HTML 标记的样式使用样式表 Example 3-1.css 进行设置：

```
html,
body {
    width: 100%;
    height: 100%;
}
body {
    font: 12px "Lucida Grande", Arial, sans-serif;
    background: rgb(189, 189, 189) url('images/Bottom.png') repeat-x bottom;
    color: rgb(50, 50, 50);
    margin: 0;
    padding: 0;
}
div#finderFiles {
    border-bottom: 1px solid rgb(64, 64, 64);
    background: #fff;
    position: absolute;
    top: 0;
    right: 0;
    bottom: 23px;
    left: 0;
    overflow: auto;
    user-select: none;
    -webkit-user-select: none;
    -moz-user-select: none;
    -ms-user-select: none;
}
div.finderDirectory {
    float: left;
    width: 150px;
    height: 100px;
    overflow: hidden;
}
div.finderIcon {
```

```
    background: url('images/Folder 48x48.png') no-repeat center;
    background-size: 48px 48px;
    height: 56px;
    width: 54px;
    margin: 10px auto 3px auto;
}
div.finderIconSelected {
    background-color: rgb(204, 204, 204);
    border-radius: 5px;
}
div.finderDirectoryName {
    text-align: center;
}
span.finderDirectoryNameSelected {
    background: rgb(56, 117, 215);
    border-radius: 8px;
    color: white;
    padding: 1px 7px;
}
```

最后，Example 3-1.js 中的 JavaScript 为所创建的文件夹添加了一些选择功能。

```
$(document).ready(
    function()
    {
        $('div.finderDirectory, div.finderFile').click(
            function(event)
            {
                $('div.finderIconSelected')
                    .removeClass('finderIconSelected');

                $('span.finderDirectoryNameSelected')
                    .removeClass('finderDirectoryNameSelected');

                $(this).find('div.finderIcon')
                    .addClass('finderIconSelected');

                $(this).find('div.finderDirectoryName span')
                    .addClass('finderDirectoryNameSelected');
            }
        );

        $('div.finderDirectory, div.finderFile')
            .filter(':first')
            .click();
    }
);
```

将 Example 3-1 中的文件集加载到 Safari 中时，将看到如图 3-1 所示的结果。

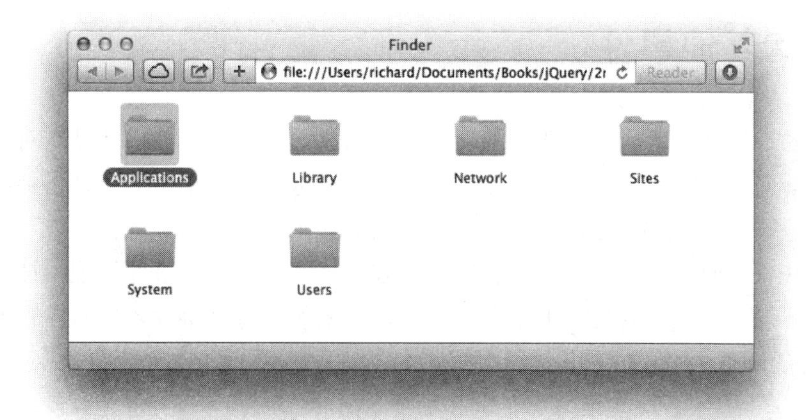

图 3-1

Example 3-1 演示了简单使用 click()方法来挂钩回调方法和触发事件。jQuery 的大多数事件封装方法的工作方式与此类似，但也有一些不同之处，例如 hover()的事件接受两个回调方法：一个用于 mouseover 事件，另一个用于 mouseout 事件。

文档的 ready()事件方法也是封装事件方法的一个例子，这是 jQuery 为 DOMContentLoaded 事件创建的方法。

本例挂钩回调函数。首先在文档中选择类名为 finderDirectory 和 finderFile 的所有<div>元素。

```
$('div.finderDirectory, div.finderFile').click(
    function(event)
    {
        $('div.finderIconSelected')
            .removeClass('finderIconSelected');

        $('span.finderDirectoryNameSelected')
            .removeClass('finderDirectoryNameSelected');

        $(this).find('div.finderIcon')
            .addClass('finderIconSelected');

        $(this).find('div.finderDirectoryName span')
            .addClass('finderDirectoryNameSelected');
    }
);
```

当触发 click 事件时，会执行相应的回调函数，有一小段逻辑代码负责处理以可视方式选择文件或文件夹。首先删除选择，也就是说，选择类名为 finderIconSelected 的<div>元素，然后从这个元素删除 finderIconSelected 类名，使用包含类名 finderDirectoryNameSelected 的<span>元素执行同样的操作。此后，该函数针对在其上触发事件的元素中存在的子元素，选择和添加相同的类名 finderIconSelected 及 finderDirectoryNameSelected。在其上触发事件的元素可从 this 关键字存储的对象中的回调函数那里获得。

3.2　挂钩其他事件

jQuery 的事件 API 为大多数事件提供了封装方法，但也有一些事件没有对应的封装方法。你可能会问，是哪些事件呢？例如，在 HTML5 的拖放 API 中便可以找到此类事件。jQuery 并未像提供 click()或 mouseover()那样提供 dragstart()或 drop()方法。

对于这些事件而言，需要使用 on()和 off()方法，这些方法将事件处理器挂钩到任何命名的事件。下例使用 Example 3-1.js 中的脚本，但未使用每个事件各自的内置方法，而使用 on()、off()和 trigger()方法对其进行改写。

```
$(document).on(
    'DOMContentLoaded',
    function()
    {
        $('div.finderDirectory, div.finderFile').on(
            'click',
            function(event)
            {
                $('div.finderIconSelected')
                    .removeClass('finderIconSelected');

                $('span.finderDirectoryNameSelected')
                    .removeClass('finderDirectoryNameSelected');

                $(this).find('div.finderIcon')
                    .addClass('finderIconSelected');

                $(this).find('div.finderDirectoryName span')
                    .addClass('finderDirectoryNameSelected');
            }
        );

        $('div.finderDirectory, div.finderFile')
            .filter(':first')
            .trigger('click');
    }
);
```

该例的功能与 Example 3-1 相同，位于源代码资料 Example 3-2 中。

替代$(document).ready()的$(document).on('DOMContentLoaded')提供相同的功能。可将 jQuery 的 on()方法视为与 JavaScript 中使用的标准 addEventListener()方法(如果未使用 JavaScript 框架的话)类似的方法。但 on()方法具有更多内置功能，允许更方便地处理事件。

摒弃$('div.finderDirectory,div.finderFile').click()而改用$('div.finderDirectory, div.finderFile').on('click')。最终，触发一个准备激活的事件，不是调用诸如 click()的事件方法，而是调用 trigger()方法，将事件名作为 trigger()方法的参数，例如 trigger('click')。

3.3 挂钩持久事件处理器

jQuery 的 on()和 off()方法的一项简便的卓越功能是将事件挂钩到在创建事件处理器时尚未存在于 DOM 中的节点。该功能的内部工作原理是：将事件挂钩到 DOM 树中层次更高的节点上，这样在处理和挂钩事件处理器时其确实存在。

例如，可能将 click 事件挂钩到 document 对象。此后通过给 on()方法的第二个参数提供一个选择器，可以创建一个只应用于由相应选择器描述的节点的持久事件处理器。在创建事件处理器时，选择器描述的这些节点可以存在，也可以不存在；唯一需要注意的地方是，节点必须存在于事件处理器挂钩到的对象中。

使用事件传播，事件触发并沿着 DOM 树向上冒泡，到达与事件处理器挂钩的元素。jQuery 继续查看 event.target 属性，查看接收到事件的节点是否由提供的选择器描述。如果是，则应用事件处理器。

下例位于源代码资料 Example 3-3 中，它使用前两个例子，实现“持久事件”的概念(jQuery 文档也将该概念称为“实时”事件)。首先修改 HTML，以便在创建事件处理器之后可以添加一些文件。

```
<!DOCTYPE HTML>
<html lang='en'>
    <head>
        <meta http-equiv='X-UA-Compatible' content='IE=Edge' />
        <meta charset='utf-8' />
        <title>Finder</title>
        <script src='../jQuery.js'></script>
        <script src='../jQueryUI.js'></script>
        <script src='Example 3-3.js'></script>
        <link href='Example 3-3.css' rel='stylesheet' />
    </head>
    <body>
        <div id='finderFiles'>
            <div class='finderDirectory finderNode' data-path='/Applications'>
                <div class='finderIcon'></div>
                <div class='finderDirectoryName'>
                    <span>Applications</span>
                </div>
            </div>
            <div class='finderDirectory finderNode' data-path='/Library'>
                <div class='finderIcon'></div>
                <div class='finderDirectoryName'>
                    <span>Library</span>
                </div>
            </div>
            <div class='finderDirectory finderNode' data-path='/Network'>
                <div class='finderIcon'></div>
                <div class='finderDirectoryName'>
```

```
                <span>Network</span>
            </div>
        </div>
        <div class='finderDirectory finderNode' data-path='/Sites'>
            <div class='finderIcon'></div>
            <div class='finderDirectoryName'>
                <span>Sites</span>
            </div>
        </div>
        <div class='finderDirectory finderNode' data-path='/System'>
            <div class='finderIcon'></div>
            <div class='finderDirectoryName'>
                <span>System</span>
            </div>
        </div>
        <div class='finderDirectory finderNode' data-path='/Users'>
            <div class='finderIcon'></div>
            <div class='finderDirectoryName'>
                <span>Users</span>
            </div>
        </div>
    </div>
    <div id='finderAdditionalFiles'>
        <div class='finderFile finderNode' data-path='/index.html'>
            <div class='finderIcon'></div>
            <div class='finderFileName'>
                <span>index.html</span>
            </div>
        </div>
        <div class='finderFile finderNode' data-path='/Departments.html'>
            <div class='finderIcon'></div>
            <div class='finderFileName'>
                <span>Departments.html</span>
            </div>
        </div>
        <div class='finderFile finderNode' data-path='/Documents.html'>
            <div class='finderIcon'></div>
            <div class='finderFileName'>
                <span>Documents.html</span>
            </div>
        </div>
    </div>
  </body>
</html>
```

对用于前两个例子的样式表稍加修改，以便为文件节点和目录节点添加类名。

```
html,
body {
    width: 100%;
    height: 100%;
```

```
}
body {
    font: 12px "Lucida Grande", Arial, sans-serif;
    background: rgb(189, 189, 189) url('images/Bottom.png') repeat-x bottom;
    color: rgb(50, 50, 50);
    margin: 0;
    padding: 0;
}
div#finderFiles {
    border-bottom: 1px solid rgb(64, 64, 64);
    background: #fff;
    position: absolute;
    top: 0;
    right: 0;
    bottom: 23px;
    left: 0;
    overflow: auto;
    user-select: none;
    -webkit-user-select: none;
    -moz-user-select: none;
    -ms-user-select: none;
}
div#finderAdditionalFiles {
    display: none;
}
div.finderDirectory,
div.finderFile {
    float: left;
    width: 150px;
    height: 100px;
    overflow: hidden;
}
div.finderIcon {
    background: url('images/Folder 48x48.png') no-repeat center;
    background-size: 48px 48px;
    height: 56px;
    width: 54px;
    margin: 10px auto 3px auto;
}
div.finderFile div.finderIcon {
    background-image: url('images/Safari Document.png');
}
div.finderIconSelected {
    background-color: rgb(204, 204, 204);
    border-radius: 5px;
}
div.finderDirectoryName,
div.finderFileName {
    text-align: center;
}
```

```
span.finderDirectoryNameSelected,
span.finderFileNameSelected {
    background: rgb(56, 117, 215);
    border-radius: 8px;
    color: white;
    padding: 1px 7px;
}
```

最后修改 JavaScript 以便使用持久事件，并且当在文件中的任意位置双击时添加一些文件，以测试持久事件处理器的概念。

```
$(document).on(
    'DOMContentLoaded',
    function()
    {
        $('div#finderFiles').on(
            'click',
            'div.finderDirectory, div.finderFile',
            function(event)
            {
                $('div.finderIconSelected')
                    .removeClass('finderIconSelected');

                $('span.finderDirectoryNameSelected')
                    .removeClass('finderDirectoryNameSelected');

                $('span.finderFileNameSelected')
                    .removeClass('finderFileNameSelected');

                $(this).find('div.finderIcon')
                    .addClass('finderIconSelected');

                $(this).find('div.finderDirectoryName span')
                    .addClass('finderDirectoryNameSelected');

                $(this).find('div.finderFileName span')
                    .addClass('finderFileNameSelected');
            }
        );

        $('div#finderFiles div.finderNode:first')
            .trigger('click');

        var addedAdditionalFiles = false;

        $('body').dblclick(
            function()
            {
                if (addedAdditionalFiles)
                {
```

```
                    return;
                }

                $('div#finderAdditionalFiles > div.finderFile').each(
                    function()
                    {
                        $('div#finderFiles').append(
                            $(this).clone()
                        );
                    }
                );

                addedAdditionalFiles = true;
            }
        );
    }
);
```

将代码加载到浏览器中并发送 dblclick 事件时，将出现如图 3-2 所示的结果。

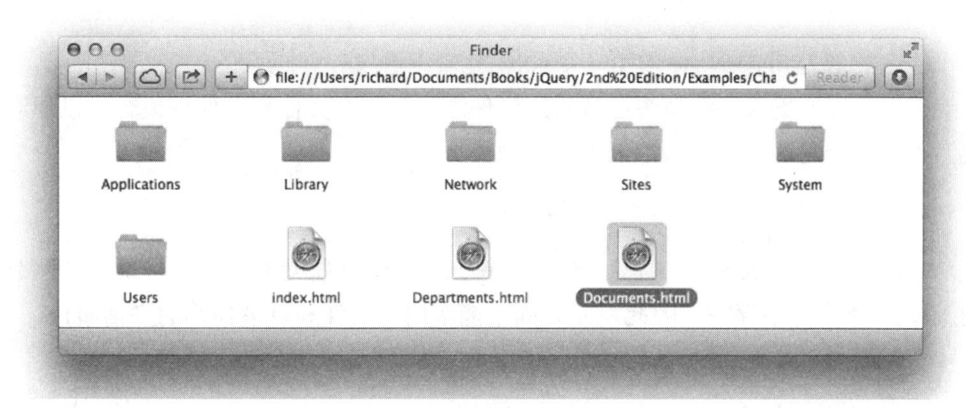

图 3-2

这个例子重写了 Example 3-2，添加了一些持久事件处理器以及一些用于测试持久事件处理器的附加 HTML。click 事件处理器挂钩到 id 名为 finderFiles 的<div>元素。之所以这么做，是因为相应的<div>元素始终存在。第二个参数是选择器'div.finderDirectory, div.finderFile'，用于设置持久事件处理器。事件挂钩到 id 名为 finderFiles 的<div>，但是，除非事件源于与选择器匹配的元素，否则选择器参数将阻止事件处理器的执行。

```
$('div#finderFiles').on(
    'click',
    'div.finderDirectory, div.finderFile',
    function(event)
    {
        $('div.finderIconSelected')
            .removeClass('finderIconSelected');

        $('span.finderDirectoryNameSelected')
```

```
            .removeClass('finderDirectoryNameSelected');

        $('span.finderFileNameSelected')
            .removeClass('finderFileNameSelected');

        $(this).find('div.finderIcon')
            .addClass('finderIconSelected');

        $(this).find('div.finderDirectoryName span')
            .addClass('finderDirectoryNameSelected');

        $(this).find('div.finderFileName span')
            .addClass('finderFileNameSelected');
    }
);
```

为该事件处理器添加一些新代码来处理这样的语义：除了目录外，还有文件。

```
$('div#finderFiles div.finderNode:first')
    .trigger('click');
```

事件在类名为 finderNode 的第一个<div>元素上触发。

接下来设置变量来跟踪是否已将附加文件添加到整个文件和文件夹集合，以便测试是否仅当存在一个元素时才应用持久事件处理器。

```
var addedAdditionalFiles = false;
```

从技术角度看，DOM 中确实存在这些新元素，但这些元素在用作目录和文件节点容器的<div>元素中并不存在。因此，此时尚不能应用与文件和目录挂钩的必需事件。

```
$('body').dblclick(
    function()
    {
        if (addedAdditionalFiles)
        {
            return;
        }

        $('div#finderAdditionalFiles > div.finderFile').each(
            function()
            {
                $('div#finderFiles').append(
                    $(this).clone()
                );
            }
        );

        addedAdditionalFiles = true;
    }
);
```

首先检查变量addedAdditionalFiles，如果该变量为true，则返回对dblclick处理器的执行。如果addedAdditionalFiles是false，则在id名为finderAdditionalFiles的<div>中查找一些类名为finderFile的附加<div>元素，并将其中的每一个添加到id名为finderFiles的其他<div>元素。

当单击一个新的<div>元素时，会看到不需要付出额外努力就完成了选择操作。这体现出使用持久事件处理器的作用；在添加与选择器参数匹配的新元素时，事件依然有效。仍使用文件管理器的概念，这样就可以为多个文件或文件夹仅挂钩一个事件处理器，而不必为每个文件和文件夹挂钩一个事件处理器。如果DOM中有大量文件和文件夹，这对于提高性能有显著优势。因此，持久事件处理器具有以下两个主要好处：

1) 在创建事件处理器时，元素可以存在，也可以不存在。可在后期创建相应的元素，只需匹配为on()方法提供的选择器。

2) 由于给定事件所需的事件处理器的数量从可能的多个缩减为一个，客户端浏览器的性能将得到显著提升。

3.4 删除事件处理器

与on()对应的方法是off()，off()方法用于从文档中删除事件处理器。jQuery凭借为事件处理器使用命名空间的能力，提供了一种有用的方法来辨别应该删除哪些事件。

在更复杂的客户端应用程序中，对于哪些脚本创建了哪些事件程序，会很快令人迷失。通过jQuery引入的命名事件，可以方便地应对这个问题。

事件的命名语法十分简单：在命名事件的参数中，添加一个点号，后接要使用的名称即可。语法与类名相仿。与类名一样，如果使用多个点号，将可以引用多个名称。可通过任意一个名称来引用使用该名称的任何事件，即使那个事件挂钩了多个名称，也同样如此。

下例位于源代码资料Example 3-4中，演示了如何使用命名的事件，以及如何动态应用和删除事件处理器。首先来看前几个例子中使用的HTML，在其中添加了两个新按钮来动态地应用和删除事件。

```
<!DOCTYPE HTML>
<html lang='en'>
    <head>
        <meta http-equiv='X-UA-Compatible' content='IE=Edge' />
        <meta charset='utf-8' />
        <title>Finder</title>
        <script src='../jQuery.js'></script>
        <script src='../jQueryUI.js'></script>
        <script src='Example 3-4.js'></script>
        <link href='Example 3-4.css' rel='stylesheet' />
    </head>
    <body>
        <div id='finderFiles'>
```

```
<div class='finderDirectory finderNode' data-path='/Applications'>
    <div class='finderIcon'></div>
    <div class='finderDirectoryName'>
        <span>Applications</span>
    </div>
</div>
<div class='finderDirectory finderNode' data-path='/Library'>
    <div class='finderIcon'></div>
    <div class='finderDirectoryName'>
        <span>Library</span>
    </div>
</div>
<div class='finderDirectory finderNode' data-path='/Network'>
    <div class='finderIcon'></div>
    <div class='finderDirectoryName'>
        <span>Network</span>
    </div>
</div>
<div class='finderDirectory finderNode' data-path='/Sites'>
    <div class='finderIcon'></div>
    <div class='finderDirectoryName'>
        <span>Sites</span>
    </div>
</div>
<div class='finderDirectory finderNode' data-path='/System'>
    <div class='finderIcon'></div>
    <div class='finderDirectoryName'>
        <span>System</span>
    </div>
</div>
<div class='finderDirectory finderNode' data-path='/Users'>
    <div class='finderIcon'></div>
    <div class='finderDirectoryName'>
        <span>Users</span>
    </div>
</div>
<div class='finderFile finderNode' data-path='/index.html'>
    <div class='finderIcon'></div>
    <div class='finderFileName'>
        <span>index.html</span>
    </div>
</div>
<div class='finderFile finderNode' data-path='/Departments.html'>
    <div class='finderIcon'></div>
    <div class='finderFileName'>
        <span>Departments.html</span>
    </div>
</div>
<div class='finderFile finderNode' data-path='/Documents.html'>
    <div class='finderIcon'></div>
```

```
                <div class='finderFileName'>
                    <span>Documents.html</span>
                </div>
            </div>
        </div>
        <div id='finderActions'>
            <button id='finderApplyEventHandler'>
                Apply Event Handler
            </button>
            <button id='finderRemoveEventHandler'>
                Remove Event Handler
            </button>
        </div>
    </body>
</html>
```

将以下 CSS 应用于上面的 HTML 文档，在其中添加一些新的 CSS 代码：

```
html,
body {
    width: 100%;
    height: 100%;
}
body {
    font: 12px "Lucida Grande", Arial, sans-serif;
    background: rgb(189, 189, 189) url('images/Bottom.png') repeat-x bottom;
    color: rgb(50, 50, 50);
    margin: 0;
    padding: 0;
}
div#finderFiles {
    border-bottom: 1px solid rgb(64, 64, 64);
    background: #fff;
    position: absolute;
    z-index: 1;
    top: 0;
    right: 0;
    bottom: 23px;
    left: 0;
    overflow: auto;
    user-select: none;
    -webkit-user-select: none;
    -moz-user-select: none;
    -ms-user-select: none;
}
div#finderAdditionalFiles {
    display: none;
}
div.finderDirectory,
div.finderFile {
    float: left;
```

```
        width: 150px;
        height: 100px;
        overflow: hidden;
    }
    div.finderIcon {
        background: url('images/Folder 48x48.png') no-repeat center;
        background-size: 48px 48px;
        height: 56px;
        width: 54px;
        margin: 10px auto 3px auto;
    }
    div.finderFile div.finderIcon {
        background-image: url('images/Safari Document.png');
    }
    div.finderIconSelected {
        background-color: rgb(204, 204, 204);
        border-radius: 5px;
    }
    div.finderDirectoryName,
    div.finderFileName {
        text-align: center;
    }
    span.finderDirectoryNameSelected,
    span.finderFileNameSelected {
        background: rgb(56, 117, 215);
        border-radius: 8px;
        color: white;
        padding: 1px 7px;
    }
    div#finderActions {
        position: absolute;
        bottom: 1px;
        right: 10px;
        z-index: 2;
    }
```

下面的 JavaScript 代码演示了如何随心所欲地应用和删除事件处理器：

```
$(document).on(
    'DOMContentLoaded',
    function()
    {
        var eventHandlerActive = false;

        function applyEventHandler()
        {
            if (eventHandlerActive)
            {
                return;
            }
```

```
    $('div#finderFiles').on(
        'click.finder',
        'div.finderDirectory, div.finderFile',
        function(event)
        {
            $('div.finderIconSelected')
                .removeClass('finderIconSelected');

            $('span.finderDirectoryNameSelected')
                .removeClass('finderDirectoryNameSelected');

            $('span.finderFileNameSelected')
                .removeClass('finderFileNameSelected');

            $(this).find('div.finderIcon')
                .addClass('finderIconSelected');

            $(this).find('div.finderDirectoryName span')
                .addClass('finderDirectoryNameSelected');

            $(this).find('div.finderFileName span')
                .addClass('finderFileNameSelected');
        }
    );

    eventHandlerActive = true;
}

function removeEventHandler()
{
    $('div#finderFiles').off('click.finder');

    eventHandlerActive = false;
}

$('div#finderFiles div.finderNode:first')
    .trigger('click');

applyEventHandler();

$('button#finderApplyEventHandler').click(
    function()
    {
        applyEventHandler();
    }
);

$('button#finderRemoveEventHandler').click(
    function()
    {
```

```
                removeEventHandler();
            }
        );
    }
);
```

上例在窗口中添加了两个新按钮，可以看到如图 3-3 所示的结果。

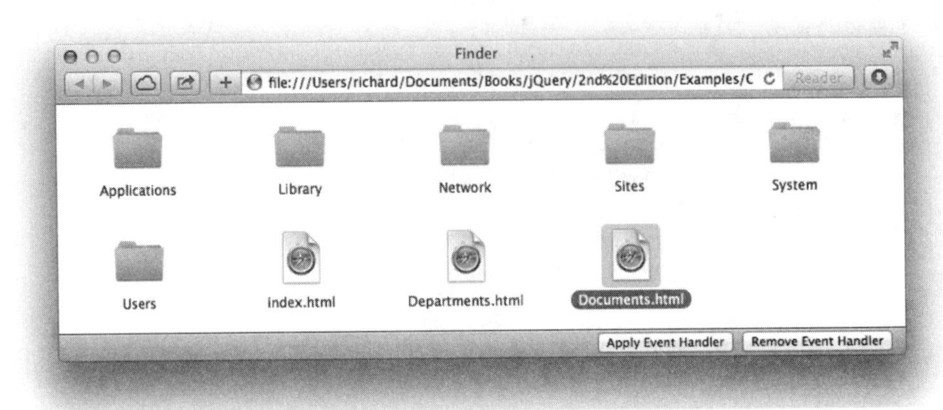

图 3-3

在 Example 3-4 中，通过 applyEventHandler 方法应用 click 事件处理器，applyEventHandler 方法使用 jQuery 的 on()方法，on()方法则使用命名的事件处理器 click.finder。按通常方式指定事件，然后插入点号，将自己喜欢的任意名称添加到点号之后(与类名和 id 名遵循相同命名惯例的任意名称)。如果喜欢，也可以使用多个名称；在本例中，也可以使用 click.finder.selection。

本例还添加了一个按钮和方法来删除 click 事件处理器。调用 off()方法时使用的事件和事件名与调用 on()方法时使用的相同。$('div.finderFiles').off('click.finder')将彻底删除相应的事件处理器。

3.5 创建自定义事件

创建自定义事件所用的方法与挂钩标准事件所用的方法相同，即采用 on()、off()和 trigger()等方法。唯一的区别在于自定义事件需要使用自定义的名称。自定义名称应该体现出事件的作用。

下面在文件管理器应用程序的上下文中列举多个自定义事件的例子：

- upload 事件：文件加载完毕后，可创建和使用 upload 事件来执行回调处理器。
- folderUpdate 事件：更改文件管理器中显示的文件和文件夹时，可创建和使用 folder-Update 事件来执行回调处理器。
- fileRename 事件：当修改文件名时，可创建和使用 fileRename 事件来执行回调处理器。

使用自定义事件，可在应用程序中提供更大的灵活性和扩展能力。这样，在页面中显示的应用程序中，用户可以挂钩自定义事件处理器，按用户自己的想法来使用应用程序。下例演示自定义事件，该例位于源代码资料 Example 3-5 中。

```
<!DOCTYPE HTML>
<html lang='en'>
    <head>
        <meta http-equiv='X-UA-Compatible' content='IE=Edge' />
        <meta charset='utf-8' />
        <title>Finder</title>
        <script src='../jQuery.js'></script>
        <script src='../jQueryUI.js'></script>
        <script src='Example 3-5.js'></script>
        <link href='Example 3-5.css' rel='stylesheet' />
    </head>
    <body>
        <div id='finderFiles'>
            <div class='finderDirectory finderNode' data-path='/Applications'>
                <div class='finderIcon'></div>
                <div class='finderDirectoryName'>
                    <span>Applications</span>
                </div>
            </div>
            <div class='finderDirectory finderNode' data-path='/Library'>
                <div class='finderIcon'></div>
                <div class='finderDirectoryName'>
                    <span>Library</span>
                </div>
            </div>
            <div class='finderDirectory finderNode' data-path='/Network'>
                <div class='finderIcon'></div>
                <div class='finderDirectoryName'>
                    <span>Network</span>
                </div>
            </div>
            <div class='finderDirectory finderNode' data-path='/Sites'>
                <div class='finderIcon'></div>
                <div class='finderDirectoryName'>
                    <span>Sites</span>
                </div>
            </div>
            <div class='finderDirectory finderNode' data-path='/System'>
                <div class='finderIcon'></div>
                <div class='finderDirectoryName'>
                    <span>System</span>
                </div>
            </div>
            <div class='finderDirectory finderNode' data-path='/Users'>
                <div class='finderIcon'></div>
```

```
                <div class='finderDirectoryName'>
                    <span>Users</span>
                </div>
            </div>
        </div>
        <div id='finderAdditionalFiles'>
            <div class='finderFile finderNode' data-path='/index.html'>
                <div class='finderIcon'></div>
                <div class='finderFileName'>
                    <span>index.html</span>
                </div>
            </div>
            <div class='finderFile finderNode' data-path='/Departments.html'>
                <div class='finderIcon'></div>
                <div class='finderFileName'>
                    <span>Departments.html</span>
                </div>
            </div>
            <div class='finderFile finderNode' data-path='/Documents.html'>
                <div class='finderIcon'></div>
                <div class='finderFileName'>
                    <span>Documents.html</span>
                </div>
            </div>
        </div>
    </body>
</html>
```

将上面的 HTML 文档与下面的 CSS 样式表结合使用：

```
html,
body {
    width: 100%;
    height: 100%;
}
body {
    font: 12px "Lucida Grande", Arial, sans-serif;
    background: rgb(189, 189, 189) url('images/Bottom.png') repeat-x bottom;
    color: rgb(50, 50, 50);
    margin: 0;
    padding: 0;
}
div#finderFiles {
    border-bottom: 1px solid rgb(64, 64, 64);
    background: #fff;
    position: absolute;
    top: 0;
    right: 0;
    bottom: 23px;
    left: 0;
    overflow: auto;
```

```
    user-select: none;
    -webkit-user-select: none;
    -moz-user-select: none;
    -ms-user-select: none;
}
div#finderAdditionalFiles {
    display: none;
}
div.finderDirectory,
div.finderFile {
    float: left;
    width: 150px;
    height: 100px;
    overflow: hidden;
}
div.finderIcon {
    background: url('images/Folder 48x48.png') no-repeat center;
    background-size: 48px 48px;
    height: 56px;
    width: 54px;
    margin: 10px auto 3px auto;
}
div.finderFile div.finderIcon {
    background-image: url('images/Safari Document.png');
}
div.finderIconSelected {
    background-color: rgb(204, 204, 204);
    border-radius: 5px;
}
div.finderDirectoryName,
div.finderFileName {
    text-align: center;
}
span.finderDirectoryNameSelected,
span.finderFileNameSelected {
    background: rgb(56, 117, 215);
    border-radius: 8px;
    color: white;
    padding: 1px 7px;
}
```

最后，该例使用下面的JavaScript代码来实现自定义事件处理器以及相应的触发器。

```
$(document).on(
    'DOMContentLoaded',
    function()
    {
        $('div#finderFiles')
            .on(
                'click.finder',
                'div.finderDirectory, div.finderFile',
```

```
            function(event)
            {
                $('div.finderIconSelected')
                    .removeClass('finderIconSelected');

                $('span.finderDirectoryNameSelected')
                    .removeClass('finderDirectoryNameSelected');

                $('span.finderFileNameSelected')
                    .removeClass('finderFileNameSelected');

                $(this).find('div.finderIcon')
                    .addClass('finderIconSelected');

                $(this).find('div.finderDirectoryName span')
                    .addClass('finderDirectoryNameSelected');

                $(this).find('div.finderFileName span')
                    .addClass('finderFileNameSelected');
            }
        )
        .on(
            'appendFile.finder',
            'div.finderDirectory, div.finderFile',
            function(event, file)
            {
                console.log(file.path);
                console.log($(this));
            }
        );

    $('div#finderFiles div.finderNode:first')
        .trigger('click.finder');

    var addedAdditionalFiles = false;

    $('body').dblclick(
        function()
        {
            if (addedAdditionalFiles)
            {
                return;
            }

            $('div#finderAdditionalFiles > div.finderFile').each(
                 function()
                 {
                     var file = $(this).clone();

                     $('div#finderFiles').append(file);
```

```
                    file.trigger(
                        'appendFile.finder', {
                            path : file.data('path')
                        }
                    );
                }
            );

            addedAdditionalFiles = true;
        }
    );
  }
);
```

图 3-4 显示了上例的结果。

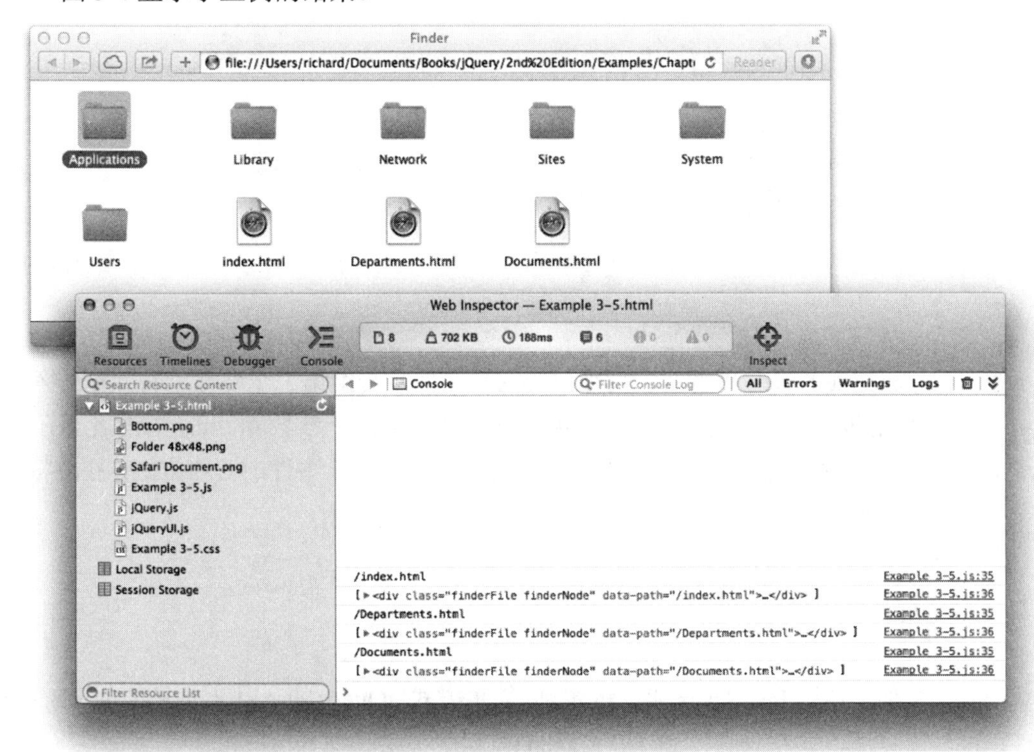

图 3-4

在 Example 3-5 中，首先添加自定义的事件处理器。这里再次显示了这个自定义事件处理器。

```
.on(
    'appendFile.finder',
    'div.finderDirectory, div.finderFile',
    function(event, file)
    {
```

```
            console.log(file.path);
            console.log($(this));
        }
    );
```

这个新的自定义事件处理器在类名为 finderDirectory 或 finderFile 的<div>元素上创建 appendFile.finder 事件。该自定义事件使用命名空间 finder，这样在必要时，可将 appendFile 事件名应用于其他位置。

在文件管理窗口发送 dblclick 事件时，会将另外的文件附加到文档，对于其中的每个文件或文件夹，都通过调用 trigger()来触发 appendFile 事件。

```
    $('div#finderAdditionalFiles > div.finderFile').each(
        function()
        {
            var file = $(this).clone();

            $('div#finderFiles').append(file);

            file.trigger(
                'appendFile.finder', {
                    path : file.data('path')
                }
            );
        }
    );
```

触发 appendFile.finder 事件时，可通过将对象字面量传给第二个参数来将数据传入事件。接着，数据传回给第二个参数中的事件处理器。第二个参数和 this 的内容显示在 JavaScript 控制台，这样就可以像本地事件那样观察这个自定义事件的工作方式，并能将自定义数据传回处理器。

3.6　小结

jQuery 事件是使用 JavaScript 事件的灵活、简单方式。jQuery 的 API 为常见的 JavaScript 事件提供封装方法，并在 on()、off()和 trigger()方法中提供详细的 API。

如果要使用 jQuery 未提供相应封装方法的浏览器事件，就必须借助 on()、off()或 trigger()来使用此类事件，例如 HTML5 拖放 API(见第 11 章)。

如果在 on()方法上提供一个选择器，可创建持久或实时事件处理器，甚至可为尚不存在的元素应用事件处理器。这也可以极大地减少应用程序中使用的事件处理器的数量，因为实时或持久事件只可用于 DOM 树中靠上的单个元素。

通过为事件名添加点号和名称可为事件处理器使用命名空间。如有必要，可为事件指定多个名称，这与类名在 CSS 选择器中的工作方式类似。

可绝对控制事件处理器，也可随心所欲地添加和删除事件处理器。off()方法提供了删除事件的机制。删除事件时，使用事件名或事件命名空间(或同时使用二者)来调用 off()方法。

调用事件封装方法时不使用参数，例如调用 click()以及 trigger()，将触发事件处理器。

可使用标准 jQuery 事件 API 来创建和使用自定义事件。on()、off()和 trigger()方法都可以创建自定义事件。本章还列举了一些应用于文件管理应用程序的自定义事件的例子。

3.7 练习

1. 指出 jQuery 中可用于挂钩 mouseover 事件的所有方法。

附加练习：如何使用同一方法同时挂钩 mouseover 和 mouseout 事件？提示：可在附录 D 中找到答案。

2. 可用哪种方法来挂钩尚未作为封装方法提供的任何浏览器事件？

3. 可将哪个事件属性作为基础来确定哪个元素收到了事件(使用 jQuery 的持久或实时事件)？请阐述过程。

4. 如何使用持久或实时事件来创建事件处理器？

5. 如何命名事件处理器实例？如何为事件处理器实例应用多个名称？

6. 可使用哪个方法来删除事件处理器？

7. 可仅凭命名的实例来删除事件处理器吗？

8. 指出使用脚本触发 click 事件处理器的两种方法。

9. 如何创建自定义事件处理器？如何向自定义事件处理器发送数据？

第4章 操纵内容和特性

jQuery 功能完备，当操作 DOM 中的内容时，jQuer 提供了你所能想象的所有功能。第 2 章介绍了如何使用 jQuery 所支持的精细选择和筛选方法，从 DOM 中非常简单地获取元素。第 3 章介绍了 jQuery 如何封装和扩展 W3C 事件模型，使事件模型更简洁，但提供更广泛的功能。本章将继续讨论 jQuery 的 API 组件，并深入讨论 jQuery 用于操纵文档内容和特性的各种方法。在 jQuery 中，我们不必再担心某种浏览器是否支持 innerText、textContent 或 outerHTML 属性，也不必为在将元素从文档中移除时应该使用哪个标准 DOM 方法而烦恼(你已经知道如何处理这些事项)！jQuery 提供的坚如磐石的有效 API 消除了这些不仅冗长而且有时还相互分离的方法。

本章将介绍如何操纵 DOM 内容，比如将一个元素替换为另一个元素。在文档中插入新文本或 HTML、在 DOM 节点之前或之后追加内容、克隆 DOM 节点的内容以及删除 DOM 节点的内容等。

本章还将介绍如何使用 jQuery 来操纵特性，这是另一个在 jQuery 中变得更流畅、更简便的领域，因为 jQuery 在库中提供了你需要的所有方法。你有时可能想将自定义数据保存在元素中，jQuery 也为此提供相应的支持。

4.1 设置、检索和删除特性

在 jQuery 中可方便地处理特性。与在 jQuery 中执行其他任务一样，首先根据需要选择相应的元素，在获得选择集后，可对选择集进行操作，如设置或访问特性等。由于选择集中可能包含一个或多个元素，因此在对选择集设置特性时，将设置选择集中的每个元素的相应特性。可同时在一个或多个元素上设置一个或多个特性的值。要检索特性的值也非常简单——在获取选择集后，访问特性的值将返回选择集中第一个元素的特性值。最后，删除特性也十分简单：在删除特性时，会从选择集的每个元素中删除相应的特性。如果在删除一个特性后尝试检索那个特性，jQuery 将返回 undefined。

下面的文档位于可从 www.wrox.com/go/webdevwithjquery 下载的源代码资料 Example 4-1 中，该文档演示了上述概念：

```
<!DOCTYPE HTML>
<html lang='en'>
   <head>
      <meta http-equiv='X-UA-Compatible' content='IE=Edge' />
      <meta charset='utf-8' />
      <title>The Marx Brothers</title>
      <script src='../jQuery.js'></script>
      <script src='../jQueryUI.js'></script>
      <script src='Example 4-1.js'></script>
      <link href='Example 4-1.css' rel='stylesheet' />
   </head>
   <body id='documentAttributes'>
      <form action='javascript:void(0);' method='get'>
         <ul>
            <li>
               <input type='radio'
                    name='documentAttributeMarx'
                    id='documentAttributeGrouchoMarx'
                    value='Groucho' />
               <label for='documentAttributeGrouchoMarx'>
                  Groucho
               </label>
            </li>
            <li>
               <input type='radio'
                    name='documentAttributeMarx'
                    id='documentAttributeChicoMarx'
                    value='Chico' />
               <label for='documentAttributeChicoMarx'>
                  Chico
               </label>
            </li>
            <li>
               <input type='radio'
                    name='documentAttributeMarx'
                    id='documentAttributeHarpoMarx'
                    value='Harpo' />
               <label for='documentAttributeHarpoMarx'>
                  Harpo
               </label>
            </li>
            <li>
               <input type='radio'
                    name='documentAttributeMarx'
                    id='documentAttributeZeppoMarx'
```

```
                    value='Zeppo' />
                <label for='documentAttributeZeppoMarx'>
                    Zeppo
                </label>
            </li>
        </ul>
        <p>
            <button id='documentSetAttribute'>
                Set Attribute
            </button>
            <button id='documentRetrieveAttribute'>
                Retrieve Attribute
            </button>
            <button id='documentRemoveAttribute'>
                Remove Attribute
            </button>
        </p>
    </form>
  </body>
</html>
```

将下面的 CSS 样式表链接到上述文档：

```
body {
    font: 12px "Lucida Grande", Arial, sans-serif;
    color: rgb(50, 50, 50);
    margin: 0;
    padding: 15px;
}
body#documentAttributes ul {
    list-style: none;
    margin: 0;
    padding: 0;
}
body#documentAttributes ul li.disabled label {
    opacity: 0.5;
}
```

另外，将下面的 JavaScript 代码也链接到上述文档：

```
$(document).ready(
    function()
    {
        var getCheckbox = function()
        {
            var input = $('input[name="documentAttributeMarx"]:checked');

            if (input && input.length)
            {
                return input;
            }
```

```
            $('input[name="documentAttributeMarx"]:first')
                .attr('checked', true);

            return getCheckbox();
        };

        $('button#documentSetAttribute').click(
            function(event)
            {
                event.preventDefault();

                var input = getCheckbox();

                input
                    .attr('disabled', true)
                    .parent('li')
                    .addClass('disabled');
            }
        );

        $('button#documentRetrieveAttribute').click(
            function(event)
            {
                event.preventDefault();

                var input = getCheckbox();

                alert('Disabled: ' + input.attr('disabled'));
            }
        );

        $('button#documentRemoveAttribute').click(
            function(event)
            {
                event.preventDefault();

                var input = getCheckbox();

                input
                    .removeAttr('disabled')
                    .parent('li')
                    .removeClass('disabled');
            }
        );
    }
);
```

上面的示例演示了如何使用 jQuery 的 attr()和 removeAttr()方法来设置所选的单选按钮元素<input>的 disabled 特性。单击 Set Attribute 按钮时，上面的示例会生成如图 4-1 所示的结果。

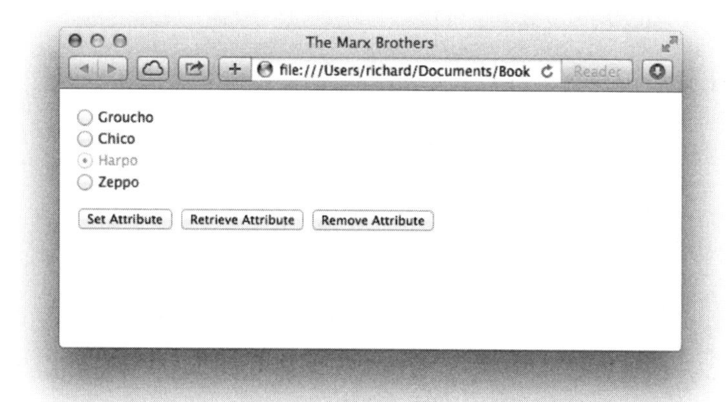

图　4-1

在 JavaScript 源代码中，首先设置一个可供重复使用的方法来检索正确的复选框元素。将该方法的名称相应地设置为 getCheckbox()。

```
var getCheckbox = function()
{
    var input = $('input[name="documentAttributeMarx"]:checked');

    if (input && input.length)
    {
        return input;
    }

    return $('input[name="documentAttributeMarx"]:first')
        .attr('checked', true);
};
```

首先使用选择器 input[name="documentAttributeMarx"]来查找正确的单选按钮集合，然后使用 jQuery 的:checked 伪类，进一步缩小范围。该特性选择器会选择所有 4 个单选按钮<input>元素，然后立即缩小选择范围，只包含具有 checked="checked"特性(指示用户已选中)的<input>元素。该函数使用代码行 input && input.length 确保找到一个元素；如果存在一个<input>元素，就将其返回；如果不存在<input>元素，则再次选择单选按钮集合，这次使用 jQuery 的:first 伪类，将范围缩至选择集中的第一项。使用 attr('checked', true)显式选中第一项；如果喜欢，也可以使用 attr('checked', 'checked')。这两种方法都导致单选按钮被选中。此后，该方法返回第一个<input>元素，以确保无论是否选中了一个<input>元素，该方法都可以正常工作。

下面的代码块用于处理当单击标签为 Set Attribute 的按钮时执行的操作：

```
$('button#documentSetAttribute').click(
    function(event)
    {
```

```
            event.preventDefault();

            var input = getCheckbox();

            input
               .attr('disabled', true)
               .parent('li')
               .addClass('disabled');
        }
    );
```

Set Attribute 按钮使用 disabled="disabled"特性禁用所选的单选按钮，然后为其父元素<li>添加类名 disabled。通过为父元素<li>添加类名 disabled，可以操纵<label>的不透明性，以进一步强化相应项被禁用的印象。

第二个按钮的标签是 Retrieve Attribute，用于检索 disabled 特性的当前值。由于这是一个布尔特性，其可能值是 disabled 或 undefined。图 4-2 显示了使用 disabled 特性进行检索的结果。

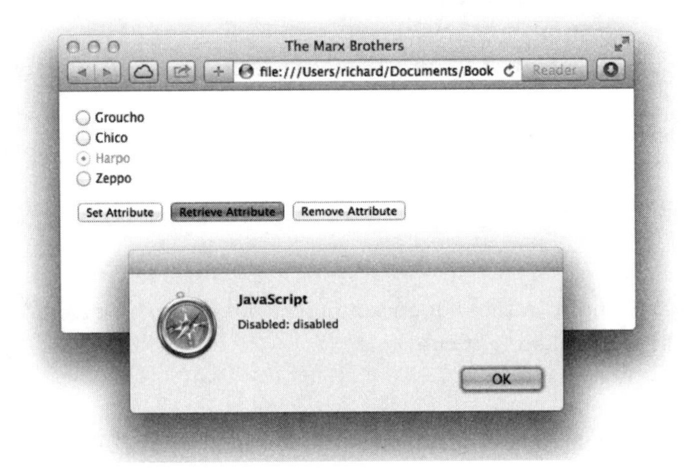

图 4-2

只需要在选择集上调用 attr('disabled')，即可检索该特性。

```
$('button#documentRetrieveAttribute').click(
    function(event)
    {
        event.preventDefault();

        var input = getCheckbox();

        alert('Disabled: ' + input.attr('disabled'));
    }
);
```

第三个代码块使用 removeAttr()方法删除 disabled 特性。

```
$('button#documentRemoveAttribute').click(
    function(event)
    {
        event.preventDefault();

        var input = getCheckbox();

        input
            .removeAttr('disabled')
            .parent('li')
            .removeClass('disabled');
    }
);
```

removeAttr('disabled')方法从 DOM 彻底删除 disabled 特性。在使用布尔型 HTML 特性时，jQuery 也允许使用 attr()方法处理布尔值，因此 attr('disabled', false)的功能与 removeAttr('disabled')相同。删除 disabled 特性后，将得到如图 4-3 所示的结果。

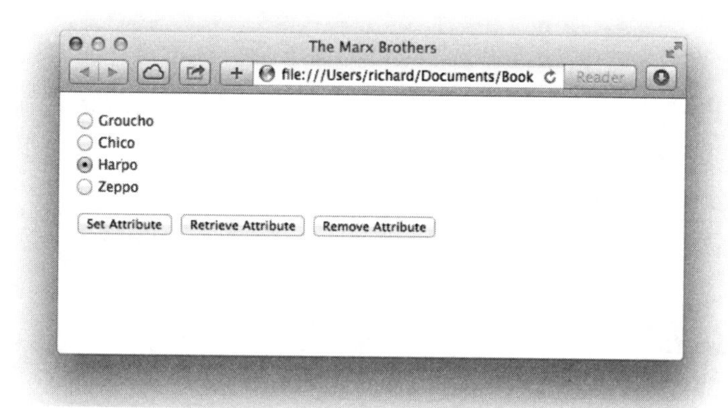

图　4-3

使用 removeAttr('disabled')或 attr('disabled', false)后，如果试图检索 disabled 特性的值，将得到 undefined 结果，如图 4-4 所示。

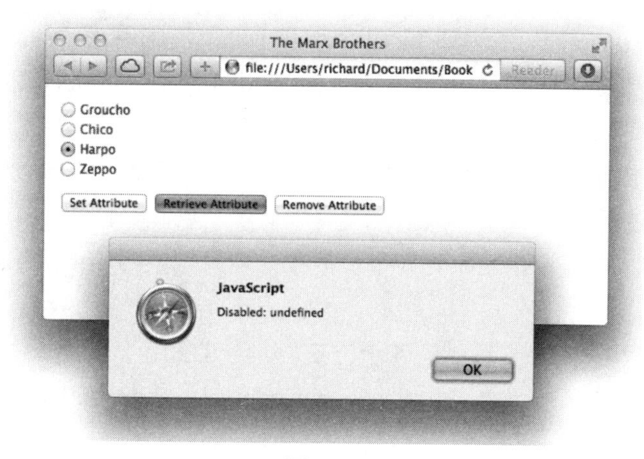

图　4-4

4.2　设置多个特性

通过为 attr()方法提供 JavaScript 对象字面量，可设置多个特性，如下所示：

```
var input = $('<input/>').attr({
    type : 'radio',
    name : 'documentAttributeMarx',
    id : 'documentAttributeGrouchoMarx',
    value : 'Groucho'
});
```

上例使用 jQuery 创建新的<input>元素，其作用等效于以下 HTML 代码：

```
<input type='radio'
       name='documentAttributeMarx'
       id='documentAttributeGrouchoMarx'
       value='Groucho' />
```

通过传递诸如'<input/>'的字符串，可告知 jQuery 分析传输给它的 HTML 代码段，创建新元素。在本例中，创建了一个简单的新元素，此后便可以使用 jQuery 的各个 API 方法来操纵它。调用 attr()方法，并传递包含 type、name、id 和 value 特性以及相应值的对象。

对于赋给变量 input 的最终元素，此后可以用其他 API 方法对其进一步操作，或使用本章后面介绍的各种方法(如 html()、prepend()和 append()等)将其插入文档中。

4.3　操纵类名

在前面的章节中，我们已经演示了使用 jQuery 用于操纵类名的方法的示例，包括 addClass()、hasClass()和 removeClass()方法。

在客户端 Web 开发中，最好避免将样式声明直接放在 JavaScript 代码中。相反，应将样式规则放在 CSS 中，并在需要动态更改样式时操纵元素的类名，以实现表示层与行为层的分离。这被视为最佳实践，原因如下：组织井井有条，清晰易懂，不需要在 JavaScript 或 HTML 中查找样式更改，只需在样式表中处理即可。由于所有表示方式都整齐地包含在 CSS 中，将可以更方便地管理 JavaScript 中的行为和 HTML 中的结构，文档管理变得更简单，因为可以更好地预见在何处查找修改。如果将样式规则分散在 HTML 代码行、JavaScript 和样式表中，那么更改文档表示形式的难度将上升一个层级，因为必须跟踪哪个文档中包含了更改。对于小网页来说，这不算大事，但在处理大规模网站或应用程序时，这些惯例便有了用武之地。

下面的示例演示了 jQuery 提供的 4 个方法，这些方法用于检查一个或多个类名是否存在，并加以操纵。这个示例位于可从 www.wrox.com/go/webdevwithjquery 下载的源代码资料 Example 4-2 中。

```
<!DOCTYPE HTML>
<html lang='en'>
    <head>
        <meta http-equiv='X-UA-Compatible' content='IE=Edge' />
        <meta charset='utf-8' />
        <title>John Lennon Albums</title>
        <script src='../jQuery.js'></script>
        <script src='../jQueryUI.js'></script>
        <script src='Example 4-2.js'></script>
        <link href='Example 4-2.css' rel='stylesheet' />
    </head>
    <body>
        <form action='javascript:void(0);' method='get'>
            <h4>John Lennon Albums</h4>
            <table>
                <thead>
                    <tr>
                        <th>Title</th>
                        <th>Year</th>
                    </tr>
                </thead>
                <tbody>
                    <tr>
                        <td>John Lennon/Plastic Ono Band</td>
                        <td>1970</td>
                    </tr>
                    <tr>
                        <td>Imagine</td>
                        <td>1971</td>
                    </tr>
                    <tr>
                        <td>Some Time in New York City</td>
                        <td>1972</td>
                    </tr>
                    <tr>
                        <td>Mind Games</td>
                        <td>1973</td>
                    </tr>
                    <tr>
                        <td>Walls and Bridges</td>
                        <td>1974</td>
                    </tr>
                    <tr>
                        <td>Rock 'n Roll</td>
                        <td>1975</td>
                    </tr>
                    <tr>
                        <td>Double Fantasy</td>
                        <td>1980</td>
                    </tr>
```

```
            </tbody>
        </table>
        <p>
            <button id='documentAddClass'>
                Add Class
            </button>
            <button id='documentHasClass'>
                Has Class
            </button>
            <button id='documentRemoveClass'>
                Remove Class
            </button>
            <button id='documentToggleClass'>
                Toggle Class
            </button>
        </p>
    </form>
  </body>
</html>
```

使用以下 CSS 样式表设置上述 HTML 的样式：

```
body {
    font: 12px "Lucida Grande", Arial, sans-serif;
    color: rgb(50, 50, 50);
    margin: 0;
    padding: 15px;
}
table.johnLennonAlbums {
    table-layout: fixed;
    width: 500px;
    border: 1px solid black;
    border-collapse: collapse;
}
table.johnLennonAlbums th,
table.johnLennonAlbums td {
    padding: 3px;
    border: 1px solid black;
}
table.johnLennonAlbums th {
    text-align: left;
    background: lightgreen;
}
table.johnLennonAlbums tbody tr:hover {
    background: lightblue;
}
```

以下脚本演示了用于操纵类名的各种 jQuery 方法：

```
$(document).ready(
    function()
```

```
    {
        $('button#documentAddClass').click(
            function(event)
            {
                event.preventDefault();

                $('table').addClass('johnLennonAlbums');
            }
        );

        $('button#documentHasClass').click(
            function(event)
            {
                event.preventDefault();

                if ($('table').hasClass('johnLennonAlbums'))
                {
                    alert('The <table> has the class johnLennonAlbums');
                }
                else
                {
                    alert('The <table> does not have the class johnLennonAlbums');
                }
            }
        );

        $('button#documentRemoveClass').click(
            function(event)
            {
                event.preventDefault();

                $('table').removeClass('johnLennonAlbums');
            }
        );

        $('button#documentToggleClass').click(
            function(event)
            {
                event.preventDefault();

                $('table').toggleClass('johnLennonAlbums');
            }
        );
    }
);
```

图 4-5 在 Mac 电脑上的 Safari 浏览器中显示了上面例子的运行结果。

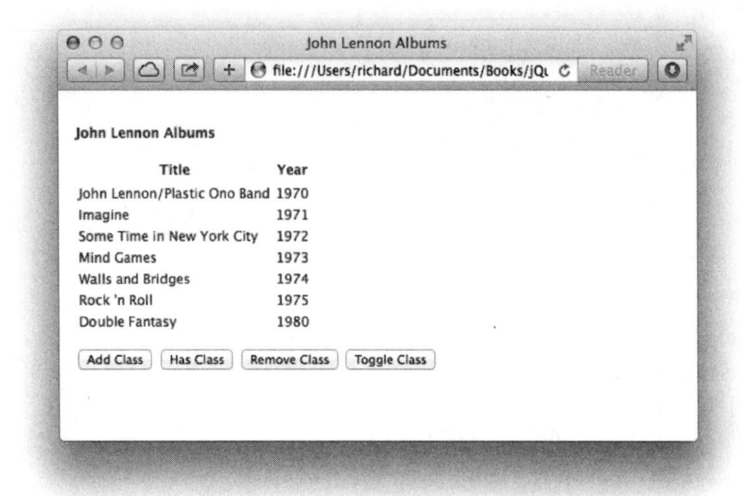

图　4-5

单击 Add Class 按钮将提供样式表，如图 4-6 所示。

John Lennon Albums

file:///Users/richard/Documents/Books/jQu

John Lennon Albums

Title	Year
John Lennon/Plastic Ono Band	1970
Imagine	1971
Some Time in New York City	1972
Mind Games	1973
Walls and Bridges	1974
Rock 'n Roll	1975
Double Fantasy	1980

Add Class　Has Class　Remove Class　Toggle Class

图　4-6

在为 Example 4-2 创建的 JavaScript 中，为 HTML 文档中呈现的 4 个<button>挂钩 4 个事件。第 1 个事件将类名 johnLennonAlbums 添加到<table>元素。jQuery 仅添加该类名一次；如果该类名已经存在，则不执行任何操作。addClass()方法可以接受一个或多个类名。如果要添加多个类名，每个类名之间应该用空格字符隔开。

```
$('button#documentAddClass').click(
    function(event)
    {
        event.preventDefault();

        $('table').addClass('johnLennonAlbums');
    }
);
```

hasClass()方法通过挂钩到第 2 个<button>元素的事件来演示；该方法检查是否存在一个或多个类名。如果存在类名，该方法返回 true；如果不存在，该方法返回 false。在 Example 4-2 中，为每个布尔条件显示了 alert()消息。在 jQuery 提供的类方法中，hasClass()是唯一不接受多个类名的方法。

```
$('button#documentHasClass').click(
    function(event)
    {
        event.preventDefault();

        if ($('table').hasClass('johnLennonAlbums'))
        {
            alert('The <table> has the class johnLennonAlbums');
        }
        else
        {
            alert('The <table> does not have the class johnLennonAlbums');
        }
    }
);
```

图 4-7 演示了类存在时显示的警告消息。

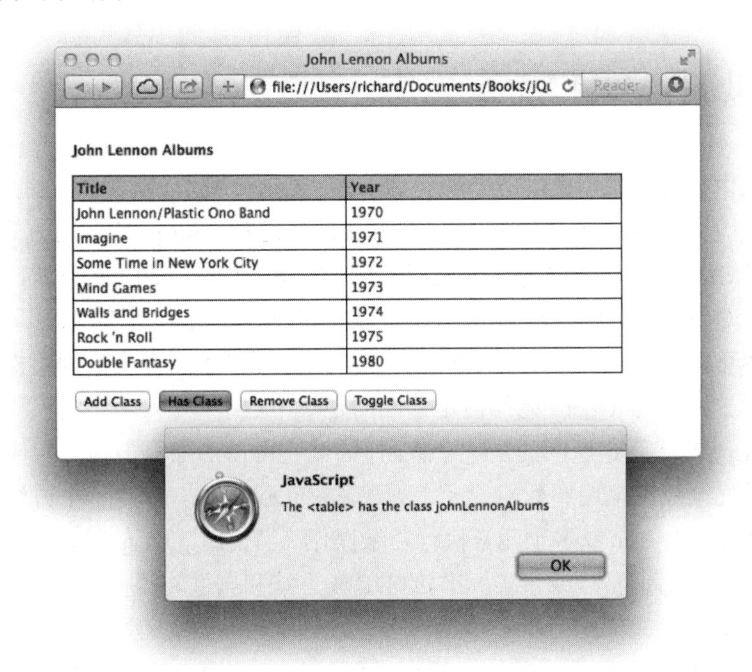

图　4-7

removeClass()方法通过按下第 3 个<button>元素来演示；如果已经添加一个类，可使用该方法来删除类。如果类不存在，则什么都不会发生。与 addClass()方法类似，removeClass()

方法可接受多个类名，也是用空格字符来分隔多个类名。当删除类时，可看到如图 4-5 所示的表格。

```
$('button#documentRemoveClass').click(
    function(event)
    {
        event.preventDefault();

        $('table').removeClass('johnLennonAlbums');
    }
);
```

toggleClass()方法通过按下第 4 个(也是最后一个)<button>元素来演示。如果存在类，则删除相应的类；如果类不存在，则添加类。与 addClass()和 removeClass()方法类似，toggleClass()方法可以接受一个或多个类名，并用空格字符来分隔多个类名。

```
$('button#documentToggleClass').click(
    function(event)
    {
        event.preventDefault();

        $('table').toggleClass('johnLennonAlbums');
    }
);
```

4.4　操纵 HTML 和文本内容

jQuery 提供各种方法来完成所需的一切功能。jQuery 独有的、具有创造性的 JavaScript 编程方法彻底改变了编写 JavaScript 程序的方式。改变 JavaScript 的编写方式是必需的，因为 jQuery 方法定义了一些基本规则，这些规则可应用于所有 jQuery 方法，具有通用性。例如，随着对 jQuery 的工作原理的深入学习，读者将看到一条显而易见的基本规则：jQuery 的方法总是尽可能作用于一个或多个元素之上。我们根本不需要去辨别所操纵的是一个元素还是多个元素，因为 jQuery 始终假定返回的是一个数组。

由于 jQuery 始终假定返回的是一个数组，因此它可以消除很多的冗余代码，而在过去，总是需要这些冗余代码来遍历数组或元素列表。在 jQuery 中，可将一个方法链接在另一个方法之后，并同时对一个或多个元素执行复杂操作。当使用 jQuery 时，读者可能会有这样一个疑问，即如何访问标准(或事实标准)的 DOM 方法和属性？很多情况下，我们并不需要直接访问 DOM 属性或方法，因为 jQuery 几乎总是提供了等效的、更精简的方法，并且这些方法可以无缝地用于 jQuery 的链式编程模型。jQuery 的方法不仅更简洁，还尽可能尝试修复很多跨浏览器的稳定性和可靠性问题。

在这类被 jQuery 取代的属性中，作为事实标准的 innerHTML 属性就是其中一例。innerHTML 属性和很多 Microsoft 对 DOM 的扩展都在争取成为 HTML5 规范中的标准。在

Microsoft 对 DOM 的众多扩展中，innerHTML 属性是少量被其他浏览器厂商广泛采用的 Microsoft 扩展属性之一。

实际上，我们不必再完全依赖于 Microsoft 的事实标准 innerHTML 属性和类似属性的实现。jQuery 提供了大量方法，以便操纵 HTML 和文本内容。本节将讨论 jQuery API 提供的下列方法：

- html()方法：用于设置或获取一个或多个元素的 HTML 内容。
- text()方法：用于设置或获取一个或多个元素的文本内容。
- append()和 prepend()方法：用于将内容追加到当前元素之前或之后。稍后将讨论为什么使用这些 jQuery 方法要比使用内建的事实标准的 innerHTML 属性更好。
- after()和 before()方法：用于将内容放置到其他元素之前或之后(而不是将内容追加到这些元素中)。
- insertAfter()和 insertBefore()方法：用于修改文档，将一个选择集中的元素插入到另一个选择集中的元素之前或之后。
- wrap()、wrapAll()和 wrapInner()方法：用于将一个或多个元素封装在其他元素中。
- unwrap()方法：删除父元素，保留后代元素以替代父元素。

下面将讨论并演示如何使用以上这些方法，以便理解在 jQuery 中操纵文档内容的技能。

4.4.1　获取、设置或删除内容

jQuery 提供了两个用于操纵文档内容的最简单方法：html()和 text()方法。如果获取一个选择集并在该选择集上调用这两个方法之一，而不附带任何参数，jQuery 将简单地返回 jQuery 选择集中第一个匹配元素的文本内容或 HTML 内容。下面的示例 Example 4-3 演示了这两个方法的使用：

```
<!DOCTYPE HTML>
<html lang='en'>
    <head>
        <meta http-equiv='X-UA-Compatible' content='IE=Edge' />
        <meta charset='utf-8' />
        <title>Groucho Marx Quote</title>
        <script src='../jQuery.js'></script>
        <script src='../jQueryUI.js'></script>
        <script src='Example 4-3.js'></script>
        <link href='Example 4-3.css' rel='stylesheet' />
    </head>
    <body>
        <p>
            Before I speak, I have something important to say.
                <i>- Groucho Marx</i>
        </p>
    </body>
</html>
```

将上面的文档链接到下面的 CSS 样式表：

```
body {
    font: 12px "Lucida Grande", Arial, sans-serif;
    color: rgb(50, 50, 50);
    margin: 0;
    padding: 15px;
}
```

下面的脚本演示了如何使用 html()和 text()方法，以及得到的输出结果：

```
$(document).ready(
    function()
    {
        console.log('HTML: ' + $('p').html());
        console.log('Text: ' + $('p').text());
    }
);
```

从图 4-8 可以看到，html()方法返回的结果包含<i>元素，但 text()方法返回的内容却去掉了<i>元素。从这种意义上说，html()方法类似于 innerHTML 属性，而 text()方法则类似于 innerText 或 textContent 属性。

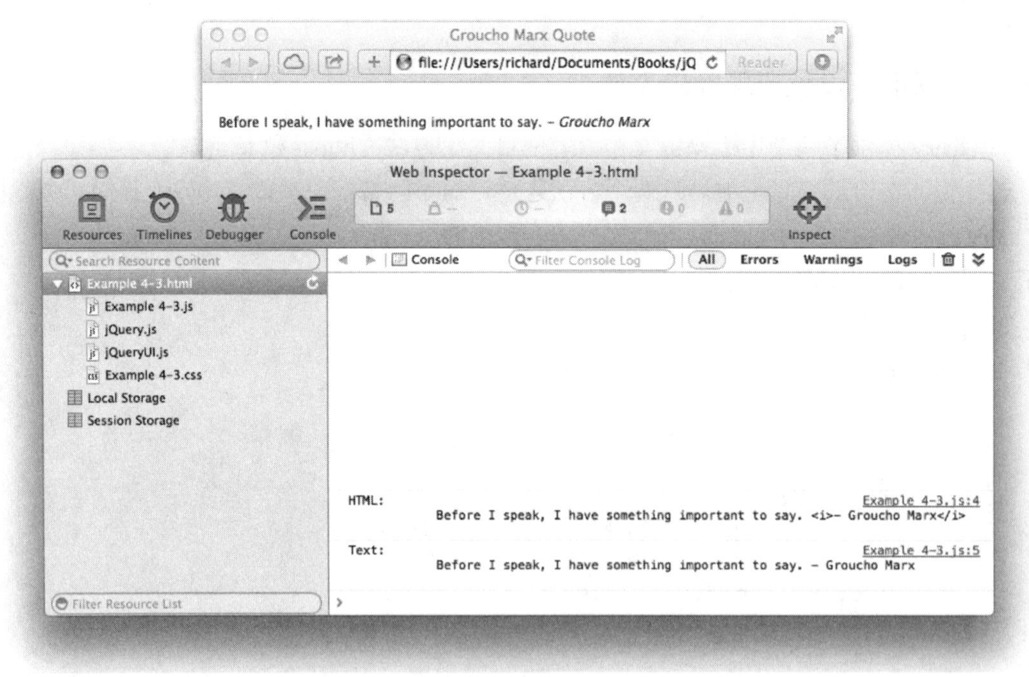

图　4-8

1. 设置文本内容或 HTML 内容

设置内容的方式与上面类似：只需将要设置为元素值的内容作为 text()或 html()方法的第一个参数即可。当然，到底使用哪个方法取决于我们是否想将内容中的 HTML 标记扩展为 HTML 元素。下面的示例 Example 4-4 演示了如何设置文本内容或 HTML 内容：

```
<!DOCTYPE HTML>
<html lang='en'>
    <head>
        <meta http-equiv='X-UA-Compatible' content='IE=Edge' />
        <meta charset='utf-8' />
        <title>Groucho Marx Quotes</title>
        <script src='../jQuery.js'></script>
        <script src='../jQueryUI.js'></script>
        <script src='Example 4-4.js'></script>
        <link href='Example 4-4.css' rel='stylesheet' />
    </head>
    <body>
        <p>
            Before I speak, I have something important to say.
                <i>- Groucho Marx</i>
        </p>
        <p id='grouchoQuote1'></p>
        <p id='grouchoQuote2'></p>
    </body>
</html>
```

下面的 CSS 样式表将被应用于上面的 HTML 文档：

```
body {
    font: 12px "Lucida Grande", Arial, sans-serif;
    color: rgb(50, 50, 50);
    margin: 0;
    padding: 15px;
}
```

下面的脚本演示了如何通过 jQuery 的 text()和 html()方法来设置元素内容：

```
$(document).ready(
    function()
    {
        $('p#grouchoQuote1').text(
            'Getting older is no problem. You just have to ' +
            'live long enough. <i>- Groucho Marx</i>'
        );

        $('p#grouchoQuote2').html(
            'I have had a perfectly wonderful evening, but ' +
            'this wasn&rsquo;t it. <i>- Groucho Marx</i>'
        );
    }
);
```

图 4-9 显示了通过 text()方法添加文本内容的效果。内容中包含的 HTML 标记已被浏

览器忽略，所添加的内容显示在一个 id 为 grouchoQuote1 的<p>元素中。该图还显示了使用 jQuery 的 html()方法添加内容的效果，所添加内容中的 HTML 标记被浏览器视为 HTML 元素，并显示在一个 id 为 grouchoQuote2 的<p>元素中。

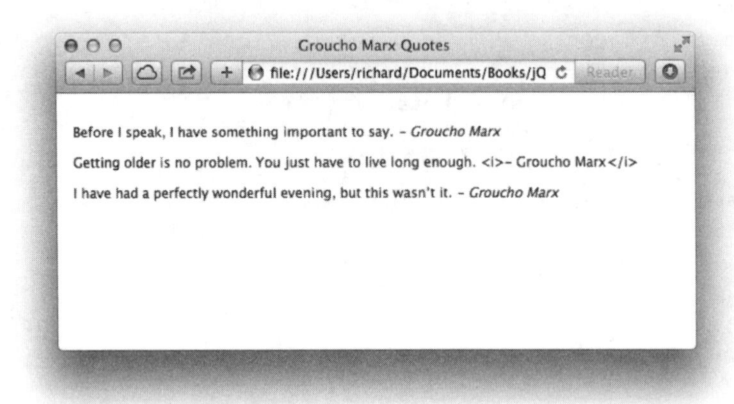

图　4-9

2. 为多个元素设置文本内容或 HTML 内容

很多人可能认为，每次只能将文本内容或 HTML 内容添加到一个元素中，但实际上可利用 jQuery 的 text()和 html()方法将内容添加到一个或多个元素中。下面的示例 Example 4-5 演示了将 HTML 内容添加到一个包含多个元素的选择集时的效果：

```
<!DOCTYPE HTML>
<html lang='en'>
    <head>
        <meta http-equiv='X-UA-Compatible' content='IE=Edge' />
        <meta charset='utf-8' />
        <title>Groucho Marx Quotes</title>
        <script src='../jQuery.js'></script>
        <script src='../jQueryUI.js'></script>
        <script src='Example 4-5.js'></script>
        <link href='Example 4-5.css' rel='stylesheet' />
    </head>
    <body>
        <p>
            Before I speak, I have something important to say.
                <i>- Groucho Marx</i>
        </p>
        <p id='grouchoQuote1'></p>
        <p id='grouchoQuote2'></p>
    </body>
</html>
```

下面的 CSS 样式表将被链接到上面的 HTML 文档：

```
body {
```

```
    font: 12px "Lucida Grande", Arial, sans-serif;
    color: rgb(50, 50, 50);
    margin: 0;
    padding: 15px;
}
```

下面的脚本代码用于将 HTML 内容添加到文档的所有<p>元素中：

```
$(document).ready(
    function()
    {
        $('p').html(
            'Quote me as saying I was mis-quoted. ' +
            '<i>- Groucho Marx</i>'
        );
    }
);
```

图 4-10 显示了本例输出 Web 页面的屏幕截图。可以看到，在脚本代码中添加的 HTML 内容被应用到了页面的所有三个<p>元素中，并替换了之前<p>元素中的内容(如果之前就有内容的话)。

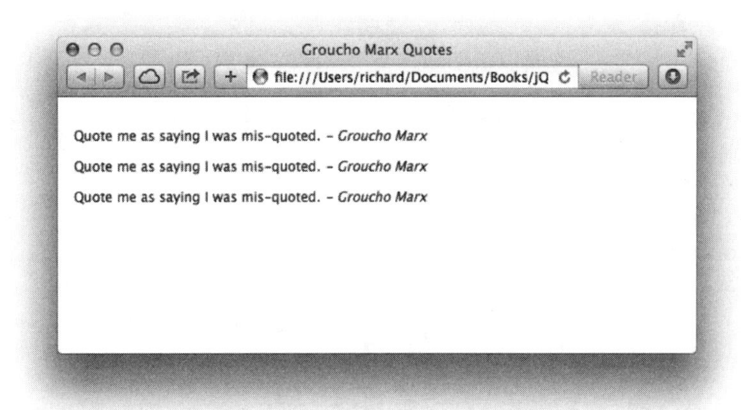

图　4-10

从图 4-10 可以看到，jQuery 如何应用 HTML 内容取决于选择集包含的元素。如果选择了多个元素，修改内容将应用于选择集中的每一个元素。如果仅选择了一个元素，修改内容将只应用于选中的单个元素。

3. 删除内容

在 jQuery 中，还可以用 text()和 html()方法来删除内容。要删除元素，只需使用一个空字符串作为参数来调用 text()或 html()方法，即调用 text(' ')或 html(' ')方法即可。当然，这并不是从文档中删除内容的唯一办法，稍后还将介绍删除内容的其他方法。

4.4.2　将内容追加到当前元素之前或之后

单词“前置追加”(*prepend*)从某种程度上说是编程领域发明的词汇(尽管其他一些地方也使用该词)，它的意思是将某些内容插入或添加到指定内容之前。实际上，在很多字典中都无法查到 prepend 这个词，如果非要查找的话，可能会找到这样的定义：(及物动词)预先考虑，先从心里面估量；这显然不是编程社区中用该词表达的意思，在技术社区中，它是 append 一词的反义词，append 的含义是“在某些内容之后追加内容”。

与手工印刷相比，计算机印刷更灵活，prepend 这一词汇也随着计算机技术的灵活性而从编程的技术社区产生。在印刷行业，要修改一份纸质文档是非常困难的：必须重编页码，甚至需要重编章号并重编目录和索引。如果不使用计算机排版的话，这将是一项非常繁重的工作。因此，在印刷行业，将需要添加的内容追加(append)到已印刷好的文档之后或文档末尾，要比插入到文档的前面容易许多。通常我们很少将新内容插入到已有内容之前，这也许就是我们从未真正需要 prepend 这样一个词汇的原因。直到计算机的问世才使前置插入成为可能。在计算机领域，将一些内容插入到已有内容之前是非常简单的，因此人们创造了新的词汇 prepend 来描述这一行为。

下面的示例 Example 4-6 演示了 jQuery 的 append()和 prepend()方法：

```
<!DOCTYPE HTML>
<html lang='en'>
    <head>
        <meta http-equiv='X-UA-Compatible' content='IE=Edge' />
        <meta charset='utf-8' />
        <title>John Lennon Albums</title>
        <script src='../jQuery.js'></script>
        <script src='../jQueryUI.js'></script>
        <script src='Example 4-6.js'></script>
        <link href='Example 4-6.css' rel='stylesheet' />
    </head>
    <body>
        <form action='javascript:void(0);' method='get'>
            <h4>John Lennon Albums</h4>
            <table class='johnLennonAlbums'>
                <thead>
                    <tr>
                        <th>Title</th>
                        <th>Year</th>
                    </tr>
                </thead>
                <tbody>
                    <tr>
                        <td>Imagine</td>
                        <td>1971</td>
                    </tr>
                    <tr>
                        <td>Some Time in New York City</td>
```

```
                    <td>1972</td>
                </tr>
                <tr>
                    <td>Mind Games</td>
                    <td>1973</td>
                </tr>
                <tr>
                    <td>Walls and Bridges</td>
                    <td>1974</td>
                </tr>
                <tr>
                    <td>Rock 'n Roll</td>
                    <td>1975</td>
                </tr>
            </tbody>
        </table>
        <p>
            <button id='documentAppend'>
                Append
            </button>
            <button id='documentPrepend'>
                Prepend
            </button>
        </p>
    </form>
  </body>
</html>
```

将下面的 CSS 样式表应用于上面的代码：

```
body {
    font: 12px "Lucida Grande", Arial, sans-serif;
    color: rgb(50, 50, 50);
    margin: 0;
    padding: 15px;
}
table.johnLennonAlbums {
    table-layout: fixed;
    width: 500px;
    border: 1px solid black;
    border-collapse: collapse;
}
table.johnLennonAlbums th,
table.johnLennonAlbums td {
    padding: 3px;
    border: 1px solid black;
}
table.johnLennonAlbums th {
    text-align: left;
    background: lightgreen;
}
```

```
table.johnLennonAlbums tbody tr:hover {
   background: lightblue;
}
```

下面的 JavaScript 脚本演示了如何使用 append()和 prepend()方法：

```
$(document).ready(
    function()
    {
        $('button#documentAppend').click(
            function(event)
            {
                event.preventDefault();

                if (!$('tr#johnLennonDoubleFantasy').length)
                {
                    $('table tbody').append(
                        "<tr id='johnLennonDoubleFantasy'>\n" +
                            "<td>Double Fantasy</td>\n" +
                            "<td>1980</td>\n" +
                        "</tr>\n"
                    );
                }
            }
        );

        $('button#documentPrepend').click(
            function(event)
            {
                event.preventDefault();

                if (!$('tr#johnLennonPlasticOnoBand').length)
                {
                    $('table tbody').prepend(
                        "<tr id='johnLennonPlasticOnoBand'>\n" +
                            "<td>John Lennon/Plastic Ono Band</td>\n" +
                            "<td>1970</td>\n" +
                        "</tr>\n"
                    );
                }
            }
        );
    }
);
```

上面的示例使用 jQuery 的 append()方法，将 HTML 内容添加到<tbody>元素；当单击 Append 按钮时，会将 Double Fantasy 专辑中的曲目添加到<tbody>元素。另外，当单击 Prepend 按钮时，会将 John Lennon/Plastic Ono Band 曲目添加到<tbody>元素的开头。图 4-11 显示了页面加载时的情形，未显示附加曲目。

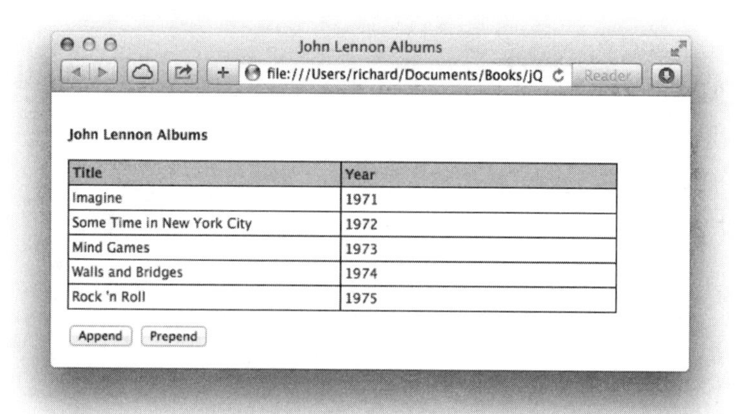

图　4-11

4.4.3　在元素之前或之后插入内容

通过使用 append()和 prepend()方法，可将内容追加到元素中。通过使用 before()和 after()方法，可将内容插入到当前元素之前或之后。下面的文档(*Example 4-7*)演示了 before()和 after()方法的用法：

```
<!DOCTYPE HTML>
<html lang='en'>
   <head>
      <meta http-equiv='X-UA-Compatible' content='IE=Edge' />
      <meta charset='utf-8' />
      <title>Groucho Marx Quote</title>
      <script src='../jQuery.js'></script>
      <script src='../jQueryUI.js'></script>
      <script src='Example 4-7.js'></script>
      <link href='Example 4-7.css' rel='stylesheet' />
   </head>
   <body>
      <p>
         Why, I'd horse-whip you, if I had a horse.
      </p>
   </body>
</html>
```

将下面的 CSS 样式表应用于上述文档：

```
body {
   font: 12px "Lucida Grande", Arial, sans-serif;
   color: rgb(50, 50, 50);
   margin: 0;
   padding: 15px;
}
p.quoteAttribution {
   font-style: italic;
```

```
}
```

下面的 JavaScript 脚本演示了如何使用对应的 before()和 after()方法，将指定内容插入到<p>元素之前和之后：

```
$(document).ready(
    function()
    {
        $('p').before(
            '<h4>Quote</h4>'
        );

        $('p').after(
            "<p class='quoteAttribution'>\n" +
            " - Groucho Marx\n" +
            "</p>\n"
        );
    }
);
```

图 4-12 显示了在浏览器中加载上述文档时的效果。

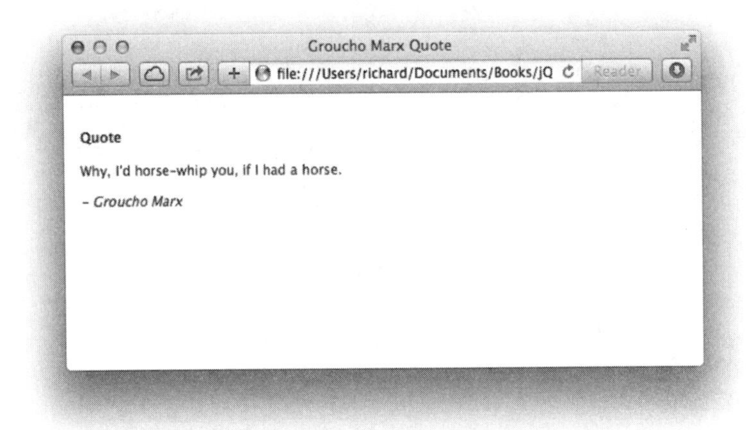

图 4-12

传给 before()方法的内容被插入到<p>元素之前，而传给 after()方法的内容被插入到<p>元素之后。

4.4.4 插入选择的内容

before()和 after()方法用于将内容插入到当前元素之前或之后。insertBefore()和 insertAfter()方法可完成相同的功能，但这两个方法并不像 before()和 after()方法那样直接将要插入的内容作为参数传入，而使用一个选择器来引用文档中的另一个元素，并将所引用的元素插入到指定元素之前或之后。另外，在编写脚本时指定元素与新插入元素的逻辑关系也相反。下面的文档位于源代码资料 Example 4-8 中，演示了 insertBefore()和 insertAfter()方法的用法：

```
<!DOCTYPE HTML>
<html lang='en'>
    <head>
        <meta http-equiv='X-UA-Compatible' content='IE=Edge' />
        <meta charset='utf-8' />
        <title>John Lennon and Paul McCartney Albums</title>
        <script src='../jQuery.js'></script>
        <script src='../jQueryUI.js'></script>
        <script src='Example 4-8.js'></script>
        <link href='Example 4-8.css' rel='stylesheet' />
    </head>
    <body>
        <!-- Template Items -->
        <table id='seventiesAlbumsTemplate'>
            <thead>
                <tr>
                    <th>Title</th>
                    <th>Year</th>
                </tr>
            </thead>
            <tfoot>
                <tr>
                    <th>Title</th>
                    <th>Year</th>
                </tr>
            </tfoot>
        </table>
        <!-- Main Content -->
        <h4>John Lennon &lsquo;70s Albums</h4>
        <table class='seventiesAlbums'>
            <tbody>
                <tr>
                    <td>John Lennon/Plastic Ono Band</td>
                    <td>1970</td>
                </tr>
                <tr>
                    <td>Imagine</td>
                    <td>1971</td>
                </tr>
                <tr>
                    <td>Some Time in New York City</td>
                    <td>1972</td>
                </tr>
                <tr>
                    <td>Mind Games</td>
                    <td>1973</td>
                </tr>
                <tr>
                    <td>Walls and Bridges</td>
                    <td>1974</td>
```

```
        </tr>
        <tr>
            <td>Rock &#039;n Roll</td>
            <td>1975</td>
        </tr>
    </tbody>
</table>
<h4>Paul McCartney &lsquo;70s Albums</h4>
<table class='seventiesAlbums'>
    <tbody>
        <tr>
            <td>McCartney</td>
            <td>1970</td>
        </tr>
        <tr>
            <td>RAM</td>
            <td>1971</td>
        </tr>
        <tr>
            <td>Wild Life</td>
            <td>1971</td>
        </tr>
        <tr>
            <td>Red Rose Speedway</td>
            <td>1973</td>
        </tr>
        <tr>
            <td>Band on the Run</td>
            <td>1973</td>
        </tr>
        <tr>
            <td>Venus and Mars</td>
            <td>1975</td>
        </tr>
        <tr>
            <td>At the Speed of Sound</td>
            <td>1976</td>
        </tr>
        <tr>
            <td>Thrillington (As Percy Thrillington)</td>
            <td>1977</td>
        </tr>
        <tr>
            <td>Londontown</td>
            <td>1978</td>
        </tr>
        <tr>
            <td>Wings Greatest</td>
            <td>1978</td>
        </tr>
```

```
                <tr>
                    <td>Back To The Egg</td>
                    <td>1979</td>
                </tr>
            </tbody>
        </table>
    </body>
</html>
```

将下面的 CSS 样式表应用于上述标记文档：

```
body {
    font: 12px "Lucida Grande", Arial, sans-serif;
    color: rgb(50, 50, 50);
    margin: 0;
    padding: 15px;
}
table.seventiesAlbums {
    table-layout: fixed;
    width: 500px;
    border: 1px solid black;
    border-collapse: collapse;
}
table.seventiesAlbums th,
table.seventiesAlbums td {
    padding: 3px;
    border: 1px solid black;
}
table.seventiesAlbums th {
    text-align: left;
    background: lightgreen;
}
table.seventiesAlbums tbody tr:hover {
    background: lightblue;
}
table#seventiesAlbumsTemplate {
    display: none;
}
```

下面的脚本演示了如何使用带有选择器的 insertBefore()和 insertAfter()方法来复制文档中的内容：

```
$(document).ready(
    function()
    {
        $('table#seventiesAlbumsTemplate thead')
            .insertBefore('table.seventiesAlbums tbody');

        $('table#seventiesAlbumsTemplate tfoot')
            .insertAfter('table.seventiesAlbums tbody');
    }
);
```

图 4-13 显示了在 Safari 浏览器中加载该示例文档后的效果。

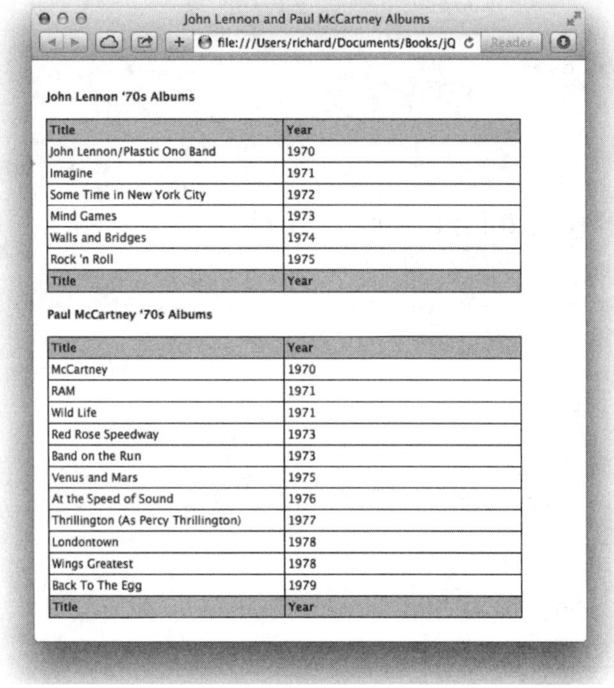
John Lennon and Paul McCartney Albums
file:///Users/richard/Documents/Books/jQ
Reader
John Lennon '70s Albums
Title Year
John Lennon/Plastic Ono Band 1970
Imagine 1971
Some Time in New York City 1972
Mind Games 1973
Walls and Bridges 1974
Rock 'n Roll 1975
Title Year
Paul McCartney '70s Albums
Title Year
McCartney 1970
RAM 1971
Wild Life 1971
Red Rose Speedway 1973
Band on the Run 1973
Venus and Mars 1975
At the Speed of Sound 1976
Thrillington (As Percy Thrillington) 1977
Londontown 1978
Wings Greatest 1978
Back To The Egg 1979
Title Year

图　4-13

在上面的示例中，包含一个 id 名为 seventiesAlbumsTemplate 的隐藏<table>元素(使用 CSS 声明 display: none;)，该<table>元素中包含< thead >和< tfoot >元素；在 jQuery 代码中将该<table>元素的<thead>和<tfoot>分别复制到页面的另外两个<table>元素中。在 insertBefore()和 insertAfter()方法中，插入元素和指定元素间的逻辑关系与在 before()和 after()方法中的顺序相反。使用 before()和 after()方法时，首先选定的是指定元素，然后在 before()和 after()方法中提供要插入到该指定元素旁的内容。但在使用 insertBefore()和 insertAfter()方法时，首先选定的是要插入到其他元素旁的文档中的已有内容。在本例的脚本中使用了以下语句：

```
$('table#seventiesAlbumsTemplate thead')
    .insertBefore('table.seventiesAlbums tbody');
```

在上面的代码行中，首先选中 id 为 seventiesAlbumsTemplate 的<table>元素中的<thead>元素。我们想将该<thead>元素作为模板，复制到页面中的另外两个表格中。为实现这一功能，需要调用 insertBefore()方法，并将一个选择器作为参数传入该方法。传入的这个选择器是目标元素，之前选中的<thead>元素将被插入到该目标元素之前。选择器首先引用类名为 seventiesAlbums 的<table>元素，然后选择其后代元素<tbody>。因此，该脚本的含义是：选择并复制隐藏表格中的<thead>元素，并将该<thead>元素插入另外两个表格的<tbody>元素之前。另外两个表格中包含的内容是 20 世纪 70 年代两支最早的披头士乐队的唱片曲目信息。另一行代码如下：

```
$('table#seventiesAlbumsTemplate tfoot')
    .insertAfter('table.seventiesAlbums tbody');
```

但这一次，从隐藏表格中选择<tfoot>元素，然后复制该<tfoot>元素并将其插入到另外两个表格的<tbody>元素之后。实际上，insertBefore()和 insertAfter()方法使页面的模板化操作变得更加容易。

4.4.5　封装内容

在 jQuery 中，对一个元素进行封装(wrap)的含义是首先创建一个新元素，然后将文档中指定的已有元素放在新元素中。

jQuery 提供了一些方法用于封装内容，这些方法将首先选择一个或多个元素，然后将这些元素放在一个容器元素中来更改文档的结构层次。jQuery 提供了 wrap()、wrapAll()和 wrapInner()方法来封装内容。下面将讨论如何使用这些方法。

1. 逐个封装选择集中的元素

jQuery 的 wrap()方法对选择集中每一个匹配的元素单独进行封装。如果选择集匹配 5 个不同元素，jQuery 的 wrap()方法将分别执行 5 次封装。为更好地说明 wrap()方法的工作过程，我们将通过下面的代码(Example 4-9)来演示如何使用 wrap()方法将 3 个<p>元素封装在 3 个<div>元素中：

```
<!DOCTYPE HTML>
<html lang='en'>
    <head>
        <meta http-equiv='X-UA-Compatible' content='IE=Edge' />
        <meta charset='utf-8' />
        <title>Mitch Hedberg Quotes</title>
        <script src='../jQuery.js'></script>
        <script src='../jQueryUI.js'></script>
        <script src='Example 4-9.js'></script>
        <link href='Example 4-9.css' rel='stylesheet' />
    </head>
    <body>
        <h4>Mitch Hedberg Quotes</h4>
        <p>
            Dogs are forever in the push up position.
        </p>
        <p>
            I haven&rsquo;t slept for ten days, because that would be too long.
        </p>
        <p>
            I once saw a forklift lift a crate of forks. And it was way
            too literal for me.
```

```
        </p>
    </body>
</html>
```

将下面的 CSS 样式表应用于上述标记文档：

```
body {
    font: 12px "Lucida Grande", Arial, sans-serif;
    color: rgb(50, 50, 50);
    margin: 0;
    padding: 15px;
}
div {
    padding: 5px;
    border: 1px dashed black;
    background: orange;
    margin: 5px 0;
}
div p {
    margin: 5px;
}
```

下面的脚本代码演示了 jQuery 的 wrap()方法：

```
$(document).ready(
    function()
    {
        $('p').wrap('<div/>');
    }
);
```

在图 4-14 中可以看到，每个<p>元素都被封装在一个<div>元素中，并通过 CSS 样式表中定义的样式规则将<div>元素突出显示。每个<div>元素都有明显的边框、外边距和背景色，以便突出显示<div>元素的存在。

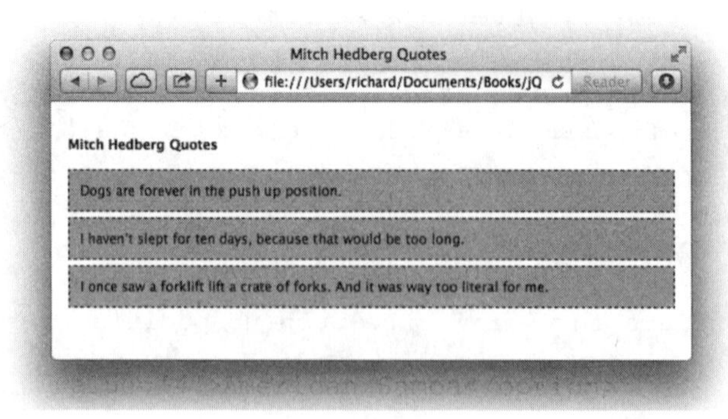

图　4-14

上面的示例清楚地说明，jQuery 中 wrap()方法用于对选择集中的每一个元素分别进行包装。

2. 对元素集合进行封装

jQuery 的 wrap()方法用于对选择集中的每个元素分别进行封装，而 wrapAll()方法则将选择集中的所有元素都封装在单个封装容器中。下面的文档使用与上一节演示 wrap()方法的示例中完全相同的标记和样式表。唯一改变的地方是这里用 wrapAll()方法代替了 wrap()方法。

下面的脚本(Example 4-10)使用与 Example 4-9 中相同的标记和样式表，可以看到，wrap() 方法已换成 wrapAll()：

```
$(document).ready(
    function()
    {
        $('p').wrapAll('<div/>');
    }
);
```

图 4-15 显示了运行效果，可以看到，所有 3 个<p>元素都被封装在唯一的<div>元素中，而不是将 3 个<p>元素分别封装在 3 个不同的<div>元素中。同样，本例也使用样式表来突出显示<div>元素封装后的效果。

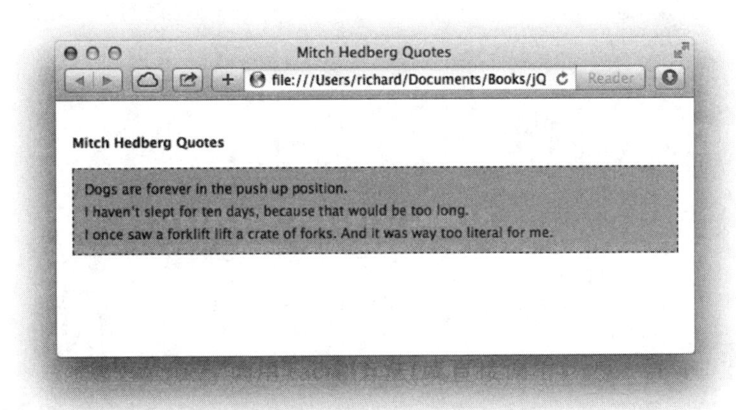

图 4-15

正如在前例中看到的那样，wrapAll()方法用于选择元素的集合，并将整个集合封装在单个封装元素中。

3. 对元素内容进行封装

这里演示的最后一个封装方法是 wrapInner()，该方法用于封装元素内容。wrapInner()方法的工作原理与 wrap()方法类似，即对选择集中的每个元素进行封装，但与 wrap()方法将选中的元素封装在容器元素中不同的是，wrapInner()方法将选中元素的内容封装在容器元素中。下面的示例文档(*Example 4-11*)与前面两个示例中的文档完全相同，演示了 wrapInner()方法的使用，并与 wrap()和 wrapAll()方法进行了对比：

```
<!DOCTYPE HTML>
<html lang='en'>
    <head>
        <meta http-equiv='X-UA-Compatible' content='IE=Edge' />
        <meta charset='utf-8' />
        <title>Mitch Hedberg Quotes</title>
        <script src='../jQuery.js'></script>
        <script src='../jQueryUI.js'></script>
        <script src='Example 4-11.js'></script>
        <link href='Example 4-11.css' rel='stylesheet' />
    </head>
    <body>
        <h4>Mitch Hedberg Quotes</h4>
        <p>
            Dogs are forever in the push up position.
        </p>
        <p>
            I haven&rsquo;t slept for ten days, because that would be too long.
        </p>
        <p>
            I once saw a forklift lift a crate of forks. And it was way
            too literal for me.
        </p>
    </body>
</html>
```

将下面的 CSS 样式表应用于上述标记文档：

```
body {
    font: 12px "Lucida Grande", Arial, sans-serif;
    color: rgb(50, 50, 50);
    margin: 0;
    padding: 15px;
}
span {
    background: yellow;
}
p {
    margin: 5px;
}
```

与前两个示例相比，以下脚本的唯一变化是用 wrapInner()方法替代了 wrap()或 wrapAll()方法：

```
$(document).ready(
    function()
    {
```

```
        $('p').wrapInner('<span/>');
    }
);
```

从图 4-16 可以看到，页面上所有 3 个<p>元素的内容被分别封装在< span >标记中，这样每个<p>元素的内容都显示黄色背景来突出显示三个段落的内容。

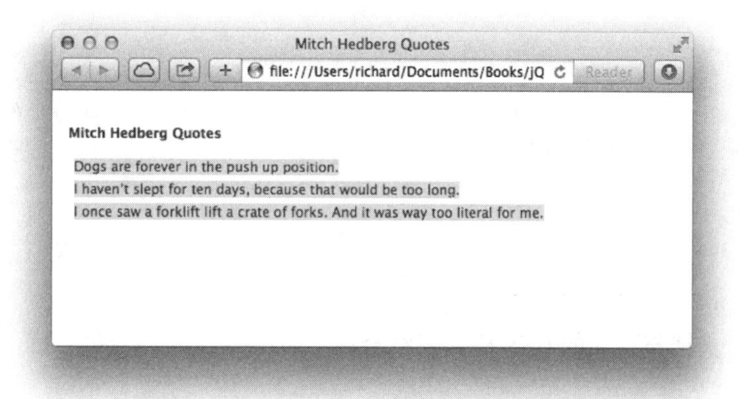

图　4-16

图 4-16 演示的结果显示，wrapInner()方法将选择集中每一个元素所包含的内容分别封装在一个容器元素中。

4. 取消对元素的封装

使用 unwrap()方法取消元素封装意味着从一个或多个元素删除父元素，在原处放置这些元素。下面的示例(Example 4-12)在前面介绍的封装示例的基础上，演示了 jQuery 的 unwrap()方法。

```
<!DOCTYPE HTML>
<html lang='en'>
    <head>
        <meta http-equiv='X-UA-Compatible' content='IE=Edge' />
        <meta charset='utf-8' />
        <title>Mitch Hedberg Quotes</title>
        <script src='../jQuery.js'></script>
        <script src='../jQueryUI.js'></script>
        <script src='Example 4-12.js'></script>
        <link href='Example 4-12.css' rel='stylesheet' />
    </head>
    <body>
        <h4>Mitch Hedberg Quotes</h4>
        <div>
            <p>
                Dogs are forever in the push up position.
```

```
            </p>
        </div>
        <div>
            <p>
                I haven't slept for ten days, because that would be too long.
            </p>
        </div>
        <div>
            <p>
                I once saw a forklift lift a crate of forks. And it was way
                too literal for me.
            </p>
        </div>
    </body>
</html>
```

该 HTML 文档与下面的 CSS 样式表结合在一起：

```
body {
    font: 12px "Lucida Grande", Arial, sans-serif;
    color: rgb(50, 50, 50);
    margin: 0;
    padding: 15px;
}
div {
    padding: 5px;
    border: 1px dashed black;
    background: orange;
    margin: 5px 0;
}
p {
    margin: 5px;
}
```

下面的 JavaScript 脚本从父元素<div>取消对每个<p>元素的封装：

```
$(document).ready(
    function()
    {
        $('p').unwrap();
    }
);
```

JavaScript 从文档中删除每个<div>元素，得到如图 4-17 所示的 HTML 结构。

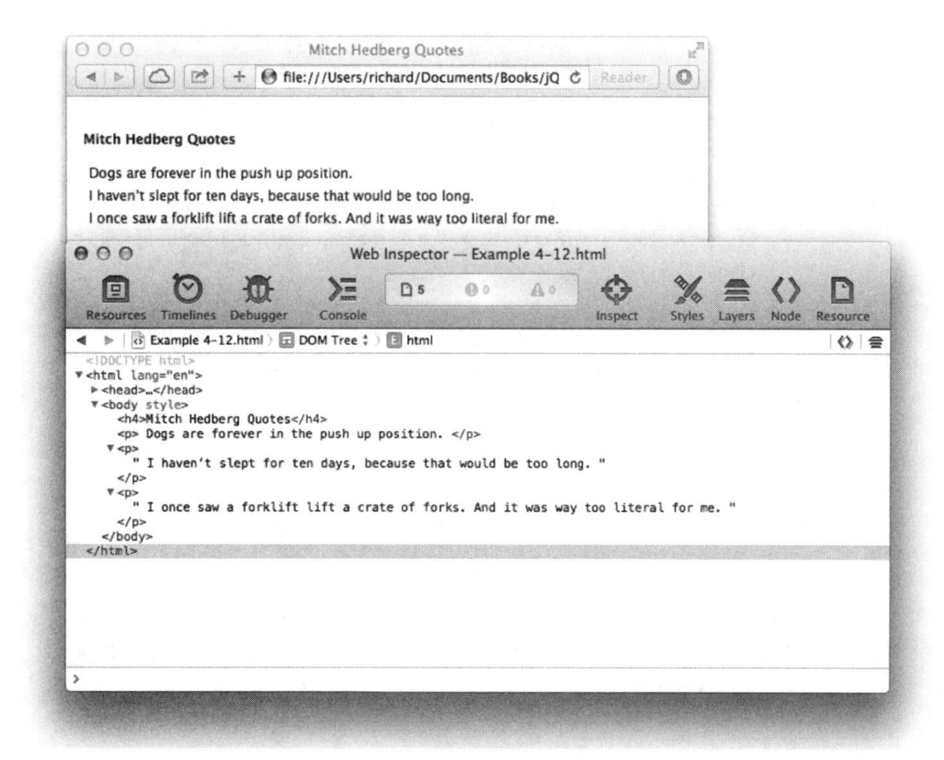

图　4-17

4.5　替换元素

本节讨论两个方法，即 jQuery 的 replaceWith()和 replaceAll()方法。jQuery 的 replaceWith()方法将使用指定的任意 HTML 内容替换选中的元素，使用方式与 jQuery 的 html()方法非常类似，但 html()方法仅设置元素的内容，而 jQuery 的 replaceWith()方法则替换元素及元素的内容。replaceWith()方法的作用与 Microsoft 的事实标准属性 outerHTML 类似，outerHTML 属性的一部分作用是设置或替换内容。

replaceAll()方法的使用方式与前面介绍的 insertBefore()和 insertAfter()方法类似，但逻辑是相反的，用于文档中已经存在的 HTML 内容(例如可作为模板重用的 HTML)。

下面的标记文档(Example 4-13)演示了 jQuery 的 replaceWith()和 replaceAll()方法的用法：

```
<!DOCTYPE HTML>
<html lang='en'>
    <head>
        <meta http-equiv='X-UA-Compatible' content='IE=Edge' />
        <meta charset='utf-8' />
        <title>Mitch Hedberg Quotes</title>
        <script src='../jQuery.js'></script>
        <script src='../jQueryUI.js'></script>
        <script src='Example 4-13.js'></script>
```

```
        <link href='Example 4-13.css' rel='stylesheet' />
    </head>
    <body>
        <div id='mitchHedbergQuoteTemplate'>
            <p id='mitchHedbergQuote3'>
                I'm sick of following my dreams. I&rsquo;m just going
                to ask them where they're goin', and hook up with
                them later.
            </p>
            <p id='mitchHedbergQuote4'>
                My fake plants died because I did not pretend to water them.
            </p>
        </div>
        <h4>Mitch Hedberg Quotes</h4>
        <p>
            <input type='submit' id='mitchHedbergQuoteReveal1'
                   value='View Quote' />
        </p>
        <p>
            <input type='submit' id='mitchHedbergQuoteReveal2'
                   value='View Quote' />
        </p>
        <p>
            <input type='submit' id='mitchHedbergQuoteReveal3'
                   value='View Quote' />
        </p>
        <p>
            <input type='submit' id='mitchHedbergQuoteReveal4'
                   value='View Quote' />
        </p>
    </body>
</html>
```

将下面的 CSS 样式表应用于上面的 HTML 代码：

```
body {
    font: 12px "Lucida Grande", Arial, sans-serif;
    color: rgb(50, 50, 50);
    margin: 0;
    padding: 15px;
}
div#mitchHedbergQuoteTemplate {
    display: none;
}
p {
    margin: 5px;
}
```

以下脚本演示了如何使用 jQuery 的 replaceWith()和 replaceAll()方法来替换元素：

```
$(document).ready(
```

```
    function()
    {
        $('input#mitchHedbergQuoteReveal1').click(
            function(event)
            {
                event.preventDefault();

                $(this).replaceWith(
                    "<p>\n" +
                    "   I would imagine that if you could understand \n" +
                    "   Morse code, a tap dancer would drive you crazy.\n" +
                    "</p>\n"
                );
            }
        );

        $('input#mitchHedbergQuoteReveal2').click(
            function(event)
            {
                event.preventDefault();

                $(this).replaceWith(
                    "<p>\n" +
                    " I'd like to get four people who do cart wheels \n" +
                    " very good, and make a cart.\n" +
                    "</p>\n"
                );
            }
        );

        $('input#mitchHedbergQuoteReveal3').click(
            function(event)
            {
                $('p#mitchHedbergQuote3').replaceAll(this);
            }
        );

        $('input#mitchHedbergQuoteReveal4').click(
            function(event)
            {
                $('p#mitchHedbergQuote4').replaceAll(this);
            }
        );
    }
);
```

图 4-18 显示了上述示例的运行结果。当单击页面中的任意一个按钮时，按钮将被 replaceWith()方法所引用的内容替换。

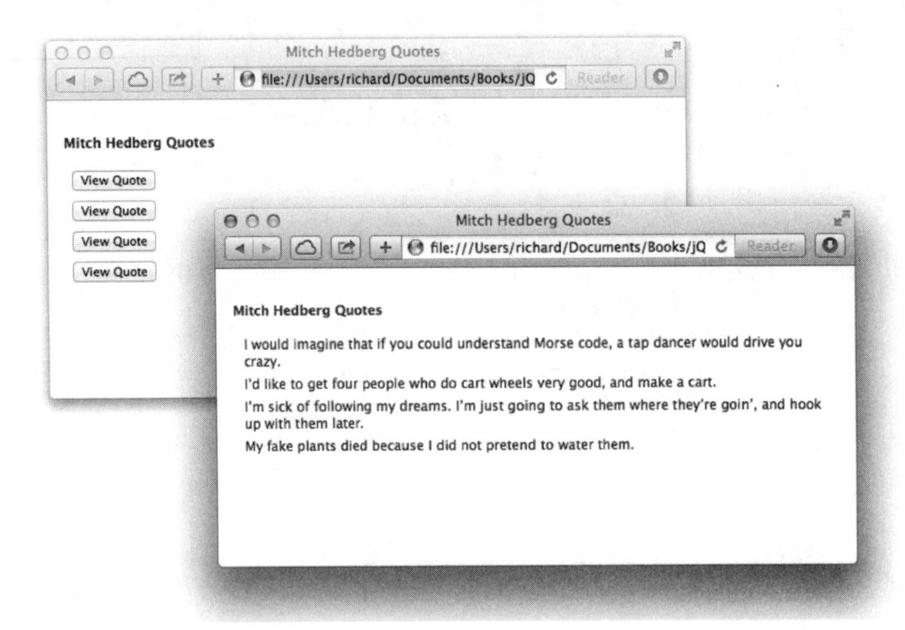

图　4-18

在上述示例中，每一个按钮都挂钩了一个 click 事件，无论单击哪个按钮，按钮都会被引用的内容替换。前两个按钮调用$(this).replaceWith()，该方法会将相应的<input>元素替换为传给 replaceWith()方法的 HTML 内容。

对于后两个按钮，会选择用于替换的内容(而非直接提供)，例如 p#mitchHedbergQuote3。然后调用 replaceAll()方法，将要替换的项作为该方法的参数。在上例中，传入 this 关键字，但也可以使用选择器。本质上，replaceAll()方法的逻辑与前面介绍的 replaceWith()方法的逻辑正好相反。

4.6　删除内容

可采用多种方法来删除内容。例如，可使用 replaceWith()或 html()方法，并以一个空字符串作为参数。但 jQuery 也提供了专门用于删除内容的方法，即 empty()和 remove()方法。下面的文档(Example 4-14)演示了这两个方法的用法：

```
<!DOCTYPE HTML>
<html lang='en'>
    <head>
        <meta http-equiv='X-UA-Compatible' content='IE=Edge' />
        <meta charset='utf-8' />
        <title>John Lennon Albums</title>
        <script src='../jQuery.js'></script>
        <script src='../jQueryUI.js'></script>
        <script src='Example 4-14.js'></script>
        <link href='Example 4-14.css' rel='stylesheet' />
    </head>
```

```
<body>
   <form action='javascript:void(0);' method='get'>
      <h4>John Lennon Albums</h4>
      <table class='johnLennonAlbums'>
         <thead>
            <tr>
               <th>Title</th>
               <th>Year</th>
            </tr>
         </thead>
         <tbody>
            <tr>
               <td>John Lennon/Plastic Ono Band</td>
               <td>1970</td>
            </tr>
            <tr>
               <td>Imagine</td>
               <td>1971</td>
            </tr>
            <tr>
               <td>Some Time in New York City</td>
               <td>1972</td>
            </tr>
            <tr>
               <td>Mind Games</td>
               <td>1973</td>
            </tr>
            <tr>
               <td>Walls and Bridges</td>
               <td>1974</td>
            </tr>
            <tr>
               <td>Rock 'n Roll</td>
               <td>1975</td>
            </tr>
            <tr>
               <td>Double Fantasy</td>
               <td>1980</td>
            </tr>
         </tbody>
      </table>
      <p>
         <button id='documentEmpty'>
            Empty Data
         </button>
         <button id='documentRemove'>
            Remove Content
         </button>
      </p>
   </form>
```

```
    </body>
</html>
```

下面的 CSS 样式表将被应用于上面的标记文档：

```
body {
    font: 12px "Lucida Grande", Arial, sans-serif;
    color: rgb(50, 50, 50);
    margin: 0;
    padding: 15px;
}
table.johnLennonAlbums {
    table-layout: fixed;
    width: 500px;
    border: 1px solid black;
    border-collapse: collapse;
}
table.johnLennonAlbums th,
table.johnLennonAlbums td {
    padding: 3px;
    border: 1px solid black;
}
table.johnLennonAlbums th {
    text-align: left;
    background: lightgreen;
}
table.johnLennonAlbums tbody tr:hover {
    background: lightblue;
}
```

下面的脚本演示了 empty()和 remove()方法的用法：

```
$(document).ready(
    function()
    {
        $('button#documentEmpty').click(
            function(event)
            {
                event.preventDefault();

                $('td').empty();
            }
        );

        $('button#documentRemove').click(
            function(event)
            {
                event.preventDefault();

                $('h4, table').remove();
            }
```

```
        );
    }
);
```

图 4-19 显示了该例的执行结果。

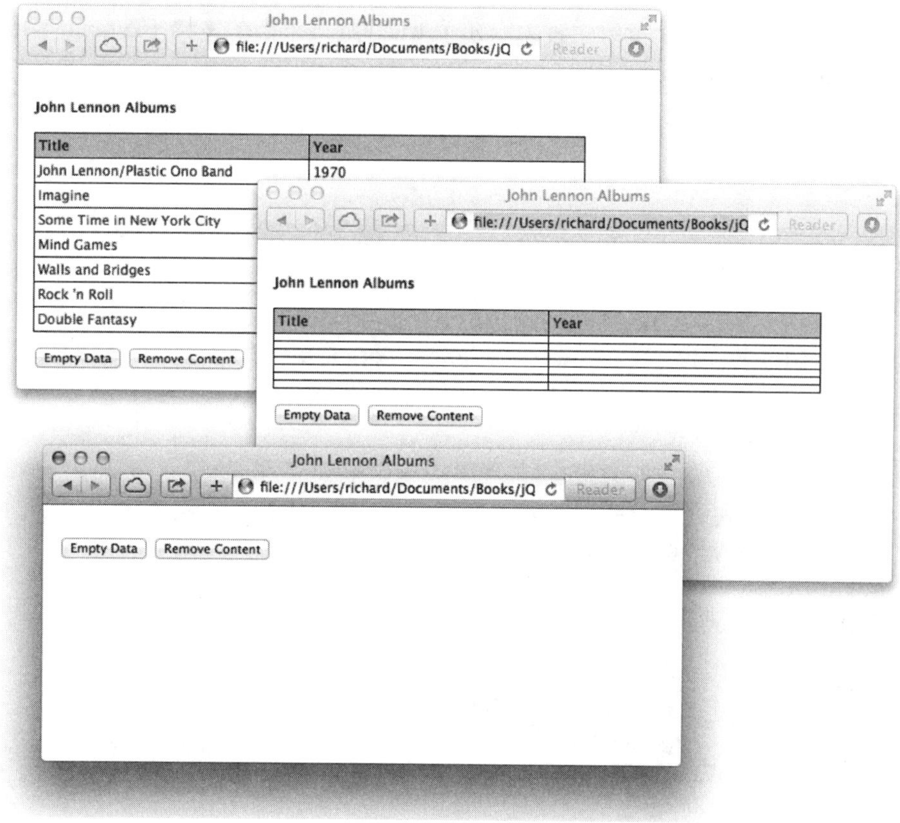

图　4-19

通过上述示例可以看到使用 empty()方法的效果。本质上，这与调用 html()方法并传入一个空字符串的效果相同——元素的所有子元素，无论是 HTML 元素还是文本，都将被删除。

上述示例还演示了 jQuery 的 remove()方法的效果，该方法的功能是删除选择集中的所有元素。值得注意的是，在 jQuery 中这些被删除的元素依然存在，可在 remove()方法之后继续链接其他 jQuery 方法，以便对删除的元素继续进行操作。另外，还可将一个选择器传入 remove()方法，将其作为筛选器来使用。在提供给 remove()方法的选择器中指定的任意元素都将被保留下来，不会从文档中删除。

4.7　克隆内容

jQuery 提供了名为 clone()的方法用于克隆(复制)内容。与 DOM 的 cloneNode()方法不同的是，jQuery 提供的 clone()方法自动假定想复制的内容是元素及其所有后代节点，因此不再需要特别指定是否要克隆元素的后代元素。另一个不同于 DOM 的 cloneNode()方法的地方是：jQuery 的 clone()方法还允许克隆元素的事件处理器(以及后代元素的事件处理器)，这在 JavaScript 的 DOM 操纵方法中是无法实现的。如果要克隆元素的事件处理器，只需在调用 clone()方法时将第一个参数设置为布尔值 true 即可。下面的文档(Example 4-15)演示了 jQuery 中 clone()方法的用法：

```
<!DOCTYPE HTML>
<html lang='en'>
    <head>
        <meta http-equiv='X-UA-Compatible' content='IE=Edge' />
        <meta charset='utf-8' />
        <title>John Lennon Albums</title>
        <script src='../jQuery.js'></script>
        <script src='../jQueryUI.js'></script>
        <script src='Example 4-15.js'></script>
        <link href='Example 4-15.css' rel='stylesheet' />
    </head>
    <body>
        <form action='javascript:void(0);' method='get'>
            <h4>John Lennon Albums</h4>
            <table class='johnLennonAlbums'>
                <thead>
                    <tr>
                        <th>Title</th>
                        <th>Year</th>
                    </tr>
                </thead>
                <tbody>
                    <tr id='johnLennonAlbumTemplate'>
                        <td contenteditable='true'></td>
                        <td contenteditable='true'></td>
                    </tr>
                    <tr>
                        <td>John Lennon/Plastic Ono Band</td>
                        <td>1970</td>
                    </tr>
                    <tr>
                        <td>Imagine</td>
                        <td>1971</td>
                    </tr>
                    <tr>
                        <td>Some Time in New York City</td>
                        <td>1972</td>
                    </tr>
                    <tr>
                        <td>Mind Games</td>
                        <td>1973</td>
```

```
                </tr>
                <tr>
                    <td>Walls and Bridges</td>
                    <td>1974</td>
                </tr>
            </tbody>
        </table>
        <p>
            <button id='documentAddRow'>
                Add a Row
            </button>
        </p>
    </form>
  </body>
</html>
```

将上面的文档链接到下面的 CSS 样式表：

```
body {
    font: 12px "Lucida Grande", Arial, sans-serif;
    color: rgb(50, 50, 50);
    margin: 0;
    padding: 15px;
}
table.johnLennonAlbums {
    table-layout: fixed;
    width: 500px;
    border: 1px solid black;
    border-collapse: collapse;
}
table.johnLennonAlbums th,
table.johnLennonAlbums td {
    padding: 3px;
    border: 1px solid black;
}
table.johnLennonAlbums th {
    text-align: left;
    background: lightgreen;
}
table.johnLennonAlbums tbody tr:hover {
    background: lightblue;
}
tr#johnLennonAlbumTemplate {
    display: none;
}
```

下面的脚本演示了 jQuery 的 clone()方法的用法：

```
$(document).ready(
    function()
    {
```

```
        $('button#documentAddRow').click(
            function(event)
            {
                event.preventDefault();

                var tr = $('tr#johnLennonAlbumTemplate').clone(true);

                tr.removeAttr('id');

                $('table.johnLennonAlbums tbody').append(tr);

                tr.children('td:first').focus();
            }
        );
    }
);
```

图 4-20 显示了以上示例的运行结果。当单击 Add a Row 命令按钮时，会在表格中添加一个新行，供输入 John Lennon 的新专辑。

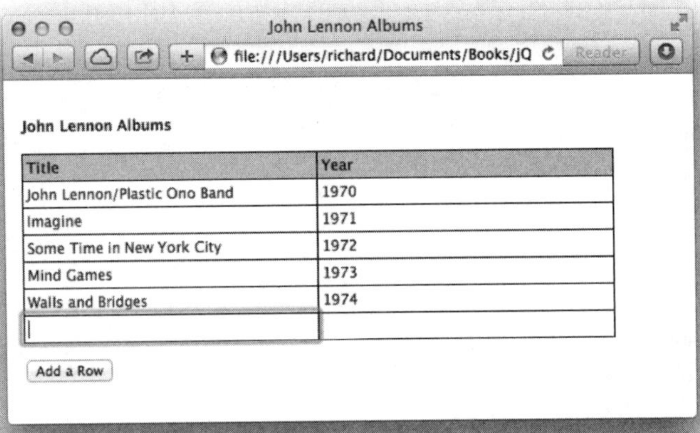

图 4-20

以下代码行克隆 id 名为 johnLennonAlbumTemplate 的<tr>模板元素：

```
var tr = $('tr#johnLennonAlbumTemplate').clone(true);
```

如有任意处理器挂钩到这个<tr>元素或其包含的<td>元素，就会将这些事件处理器继续用于新复制的<tr>元素，因为已将提供给 clone()方法的第一个参数设置为 true。

删除了 id 特性，这样新的<tr>元素的处理方式将不同于模板<tr>元素(模板元素不会在文档中显示)。

```
tr.removeAttr('id');
```

使用 append()方法将新的<tr>元素追加到<tbody>元素：

```
$('table.johnLennonAlbums tbody').append(tr);
```

最后，自动为第一个<td>元素设置焦点，这样不必单击这个单元格即可输入新专辑的数据。

```
tr.children('td:first').focus();
```

4.8　小结

本章介绍了各种用于操纵文档的 jQuery 方法。附录 E 和附录 F 详细记录了本章讨论的内容。本章首先介绍 jQuery 操纵特性的方法 attr()，该方法允许使用多种方式来指定元素特性：既可将特性名作为 attr()方法的第一个参数，将特性值作为第二个参数；也可向 attr()方法传入一个以“键-值”对方式定义的对象字面量作为参数；还可通过回调函数来设置特性的值。使用 jQuery 的 removeAttr()方法则可以彻底删除指定的特性。

jQuery 为操纵元素的类名提供了极大便利。可使用 jQuery 的 addClass()方法为元素添加类名；hasClass()方法可用于检测元素中是否存在某个类名；而 removeClass()方法则用于删除类名；另外，jQuery 还提供了 toggleClass()方法，可切换类名：如果存在类，则删除相应的类；如果类不存在，则添加类。

jQuery 还提供了大量支持操纵文本内容和 HTML 内容的方法。可使用 jQuery 的 text()方法来获取或设置元素的文本内容；也可使用 html()方法来获取或设置元素的 HTML 内容；还可使用 jQuery 的 append()和 prepend()方法将 HTML 内容追加到其他元素之后或之前。jQuery 提供了 after()、before()、insertAfter()和 insertBefore()方法，用于将内容插入到当前选定元素之前或之后。另外，jQuery 的 wrap()、wrapAll()和 wrapInner()方法用于将元素封装到容器元素中，unwrap()方法用于删除父元素。

jQuery 还提供了 replaceWith()和 replaceAll()方法，用于完全地将一个或多个元素替换为其他内容。jQuery 的 empty()方法用于彻底删除一个元素的子元素和后代元素。remove()方法可从文档删除一个元素及其所有内容。jQuery 提供的 clone()方法用于克隆元素，如果向 clone()方法传递布尔值 true，还可用该方法克隆元素包含的事件处理器。

4.9　练习

1. 请编写示例代码，为一个<input>元素设置 value 和 class 特性。
2. 如果想使用 jQuery 将一个<a>元素的 href 特性设置为 www.example.com，应该使用什么样的 jQuery 代码？
3. 可使用哪个 jQuery 方法将特性从元素中彻底删除？
4. 要判断元素中是否存在某个类名，应该使用哪个 jQuery 方法？
5. 如果一个元素包含 HTML 内容，当使用 jQuery 的 text()方法获取该元素的内容时，在返回值中是否包含 HTML 标记？

6. 如果使用 jQuery 的 text()方法来设置一个元素的内容，并且内容中包含 HTML 标记，那么这些 HTML 标记在浏览器所呈现的输出页面中是否可见？

7. 与使用 innerHTML 相比，jQuery 的 append()和 prepend()方法修复了 IE 浏览器的哪个 bug?

8. 与使用 innerHTML 相比，jQuery 的 append()和 prepend()方法修复了 Firefox 浏览器的哪个 bug？

9. 如果要把文档中已存在的内容插入到文档中其他已存在内容之前，jQuery 的哪个方法最适合完成这一任务？

10. 如果想将文档中的多个元素封装在单个元素中，应该使用 jQuery 的哪个方法？

11. jQuery 的 replaceWith()方法与哪个事实标准的 JavaScript 属性最相似？

12. 如果想从文档中完全删除一个元素及其所有子元素，应该使用哪个 jQuery 方法？

13. 如果想复制一个元素以及其事件处理器，并将所复制的元素插入到文档的其他位置，应该使用哪个 jQuery 函数调用？

第 5 章 数组和对象的迭代

本章将讨论 jQuery 所提供的用于查看数组和对象内容的方法。过去在不使用 jQuery 框架时，要在 JavaScript 中使用数组或对象，通常都需要创建自己的辅助方法，并且在每次遍历数组中的元素时都需要编写冗长枯燥的代码；例如，每次遍历数组内容时，都需要创建一个计数器变量。

如第 4 章所述，jQuery 提供了丰富、可靠且有用的 API，可以简化操纵文档元素的各种任务。jQuery 也为数组操作提供了强大的支持。本章将介绍 jQuery 为操纵数组和对象提供的各种方法。

5.1 遍历数组

本节将介绍如何通过 jQuery 调用 each()方法(或直接调用该方法)来遍历或迭代值数组。术语“遍历”是指逐个分析各项，而术语“迭代”是指重复执行某项操作。经常交替使用这些术语来描述查看数组、列表或对象内容的过程。到目前为止，当需要查看数组中的每个值时，通常使用如下循环语句；在诸如 jQuery 的框架得到广泛使用前，一直在 JavaScript 中使用这种方式：

```
var divs = document.getElementsByTagName('div');

for (var counter = 0; counter < divs.length; counter++)
{
   // Do something with each item
   console.log(divs[counter].innerHTML);
}
```

已有元素数组、静态节点列表、动态节点列表或对象(顺便提一下，在 JavaScript 中，所有数组都是对象，但不能认为所有对象都是数组)。然后使用 for 循环，定义一个计数器，接着遍历数组或列表的内容。如果想在一个对象上进行迭代，可改用 for/in 结构来查看对象的属性。

jQuery 提供了一种方式，以便使用函数调用(而非 for 循环)来迭代数组或列表，并为数组或对象中的每个条目调用回调函数；这样一来，就不必再创建 for 结构。在回调函数中，可针对数组、对象或列表中的每个条目执行操作。

jQuery 提供了多个遍历函数，本章将介绍这些函数。jQuery 为基本遍历提供的函数是 each()，下面的示例 Example 5-1 演示了该函数的两种应用方式：

```
<!DOCTYPE HTML>
<html lang='en'>
    <head>
        <meta http-equiv='X-UA-Compatible' content='IE=Edge' />
        <meta charset='utf-8' />
        <title>The Beatles Discography</title>
        <script src='../jQuery.js'></script>
        <script src='../jQueryUI.js'></script>
        <script src='Example 5-1.js'></script>
        <link href='Example 5-1.css' rel='stylesheet' />
    </head>
    <body>
        <h4>The Beatles</h4>
        <ul id='beatles'>

        </ul>
        <h4>Discography</h4>
        <ul id='beatlesAlbums'>

        </ul>
    </body>
</html>
```

将上面的标记文档链接到下面的 CSS 样式表：

```
body {
    font: 12px "Lucida Grande", Arial, sans-serif;
    color: rgb(50, 50, 50);
    margin: 0;
    padding: 0 10px;
}
body ul {
    list-style: none;
    margin: 0 0 10px 0;
    padding: 10px;
    background: yellow;
    width: 250px;
}
h4 {
```

```
        margin: 10px 0;
    }
```

下面的脚本演示了 jQuery 中 each()方法的用法：一种方式是通过 jQuery 调用该方法，另一种方式是直接调用：

```
$(document).ready(
    function()
    {
        var beatles = [
            'John Lennon',
            'Paul McCartney',
            'George Harrison',
            'Ringo Starr'
        ];

        var ul = $('ul#beatles');

        // each() called via jQuery
        $(beatles).each(
            function()
            {
                ul.append('<li>' + this + '</li>');
            }
        );

        var albums = [
            'Please Please Me',
            'With the Beatles',
            'A Hard Day\'s Night',
            'Beatles for Sale',
            'Help!',
            'Rubber Soul',
            'Revolver',
            'Sgt. Pepper\'s Lonely Hearts Club Band',
            'Magical Mystery Tour',
            'The Beatles',
            'Yellow Submarine',
            'Abbey Road',
            'Let It Be'
        ];

        ul = $('ul#beatlesAlbums');

        // each() called directly.
        $.each(
            albums,
            function()
            {
                ul.append('<li>' + this + '</li>');
```

```
            }
        );
    }
);
```

上面的脚本创建了两个数组，一个用于 beatles，另一个用于 albums。在第一个迭代中，将变量 beatles 传给 jQuery 的美元符号方法，然后将 jQuery 的 each()方法链接在美元符号方法之后。将一个回调函数传给 jQuery 的 each()方法，对于数组中的每个条目，该函数都将执行一次。每次执行该函数时，当前条目的值将通过 this 关键字传入回调函数。也可在回调函数中定义参数来获取当前键(对于数组或列表而言是数值偏移)或当前值，如下所示：

```
$(beatles).each(
    function(key, value)
    {
        ul.append('<li>' + value + '</li>');
    }
);
```

图 5-1 显示通过脚本在两个<ul>元素中填充了新的<li>元素。

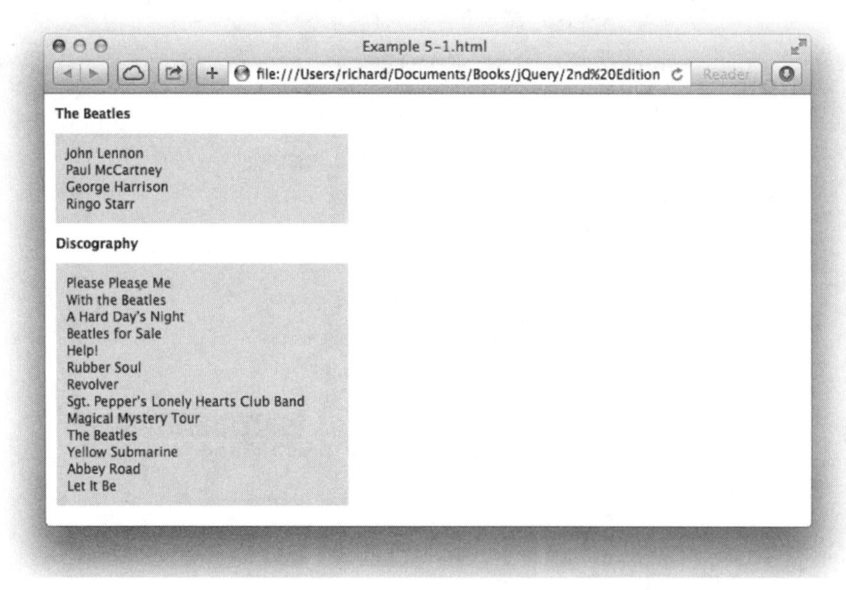

图　5-1

通过上面的示例，可看到 jQuery 是如何消除传统的 for 结构的；在传统的 JavaScript 中，这些 for 结构通常用于遍历数组或列表的内容。实际上，我们只需将数组传给 jQuery 的美元符号方法，以便充分利用 jQuery 的全部能力来尽情处理相应的数组。然后在美元符号方法之后链接 jQuery 的 each()方法，该方法接收一个回调函数作为唯一参数。接着为数组中的每一项执行一次回调函数，而不再需要计数器，因为在每次迭代中，通过 this 关键字将当前项传给该函数。可酌情给回调函数提供两个参数来访问当前索引和值。另外，也可以直接调用 each()方法，将数组作为该方法的第一个参数，将回调函数作为第二个参数。

可惜，遍历对象不像遍历数组那样灵活，详见下一小节。

5.1.1　遍历对象

在 jQuery 中，通过直接调用 each()来遍历对象；当通过 jQuery 调用 each()时，jQuery 不知道如何正确地处理对象，因为 jQuery 会对以这种方式传给它的对象执行其他操作。下面的脚本从另一个角度分析 Example 5-1，但这次将两个数组重写为普通对象，以便查看遍历数组与遍历对象之间的区别。将相同的 HTML 和 CSS 用于 Example 5-1，可访问 www.wrox.com/go/webdevwithjquery 来免费下载该例的资料。该例名为 Example 5-2。

```
$(document).ready(
    function()
    {
        var beatles = {
            john : 'John Lennon',
            paul : 'Paul McCartney',
            george : 'George Harrison',
            ringo : 'Ringo Starr'
        };

        var ul = $('ul#beatles');

        // each() called via jQuery
        $(beatles).each(
            function()
            {
                ul.append('<li>' + this + '</li>');
            }
        );

        var albums = {
            1 : 'Please Please Me',
            2 : 'With the Beatles',
            3 : 'A Hard Day\'s Night',
            4 : 'Beatles for Sale',
            5 : 'Help!',
            6 : 'Rubber Soul',
            7 : 'Revolver',
            8 : 'Sgt. Pepper\'s Lonely Hearts Club Band',
            9 : 'Magical Mystery Tour',
            10 : 'The Beatles',
            11 : 'Yellow Submarine',
            12 : 'Abbey Road',
            13 : 'Let It Be'
        };

        ul = $('ul#beatlesAlbums');
```

```
        if (albums instanceof Array)
        {
           console.log("Albums is an array.");
        }
        else
        {
           console.log("Albums is a plain object.");
        }

        // each() called directly.
        $.each(
           albums,
           function()
           {
              ul.append('<li>' + this + '</li>');
           }
        );
     }
  );
```

在上面的示例中，直接给 jQuery 传送对象，并通过调用 each()尝试遍历对象。在图 5-2 中，可以看到遍历并不成功，只能看到名为[object Object]的项，这意味着 jQuery 将对象传给 each()，而非查看与对象挂钩的 4 个属性。

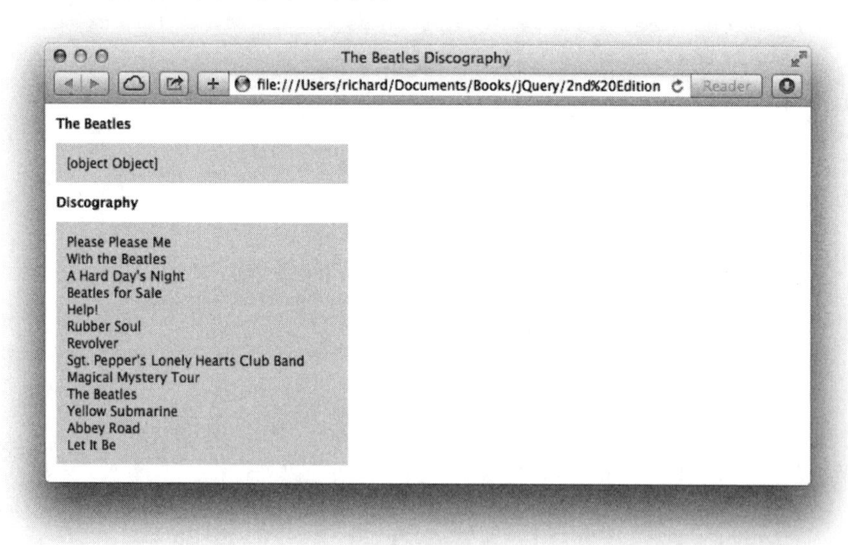

图　5-2

但是，jQuery 可以遍历对象，可以看到，将第二个对象直接作为第一个参数传给 each()方法时，可以成功遍历该对象。如果对象是数组，表达式(variable instanceof Array)的计算结果为 true。在本例中，对象不是 instanceof Array，所以该表达式的计算结果为 false，会将文本 Albums is a plain object 写入 JavaScript 控制台。

注意：在 jQuery 中，可以使用 each()方法以一种非常直观的方式来模拟 break 和 continue 关键字的功能。只需在回调函数中编写一条 return 语句即可。要停止迭代，只需从回调函数返回 false，这与在普通循环语句中使用 break 语句类似。要跳过当前迭代并继续下一轮迭代，只需返回 true 即可，这与在循环语句中使用 continue 语句类似。

5.1.2　迭代选择集中的元素

jQuery 的 each()方法并不仅用于数组或对象，还可用于迭代元素集合。下面的文档(Example 5-3)演示了如何使用 each()方法来遍历元素的选择集：

```
<!DOCTYPE HTML>
<html lang='en'>
   <head>
      <meta http-equiv='X-UA-Compatible' content='IE=Edge' />
      <meta charset='utf-8' />
      <title>Rubber Soul</title>
      <script src='../jQuery.js'></script>
      <script src='../jQueryUI.js'></script>
      <script src='Example 5-3.js'></script>
      <link href='Example 5-3.css' rel='stylesheet' />
   </head>
   <body>
      <h4>Rubber Soul</h4>
      <ul id='rubberSoul'>
         <li>Drive My Car</li>
         <li>Norwegian Wood (This Bird Has Flown)</li>
         <li>You Won't See Me</li>
         <li>Nowhere Man</li>
         <li>Think for Yourself</li>
         <li>The Word</li>
         <li>Michelle</li>
         <li>What Goes On</li>
         <li>Girl</li>
         <li>I'm Looking Through You</li>
         <li>In My Life</li>
         <li>Wait</li>
         <li>If I Needed Someone</li>
         <li>Run for Your Life</li>
      </ul>
   </body>
</html>
```

将下面的 CSS 样式表应用于上面的标记文档：

```
body {
    font: 12px "Lucida Grande", Arial, sans-serif;
    color: rgb(50, 50, 50);
    margin: 0;
    padding: 0 10px;
}
ul {
    list-style: none;
    margin: 0 0 10px 0;
    padding: 10px;
    background: yellow;
    width: 250px;
}
ul li {
    padding: 3px;
}
h4 {
    margin: 10px 0;
}
li.rubberSoulEven {
    background: lightyellow;
}
```

在下面的脚本中可以看到，可像使用其他任何 jQuery 方法那样，将 jQuery 的 each()方法链接在选择集之后，以便对选择集中的元素进行迭代操作：

```
$(document).ready(
    function()
    {
        $('ul#rubberSoul li').each(
            function(key)
            {
                if (key & 1)
                {
                    $(this).addClass('rubberSoulEven');
                }
            }
        );

    }
);
```

对选择集进行迭代与对数组进行迭代在本质上是一样的。唯一不同的是使用回调函数时，this 关键字包含的是选择集中当前迭代的元素。如果想在回调函数中对当前元素使用 jQuery 的方法，就需要将 this 关键字传递给 jQuery 的美元符号方法。在本例中，首先选中页面中的每个<li>元素，然后使用 each()方法对选择集中的每个<li>元素进行迭代，并为编号为偶数的<li>元素添加类名 rubberSoulEven。图 5-3 显示了该例在浏览器中的屏幕截图。

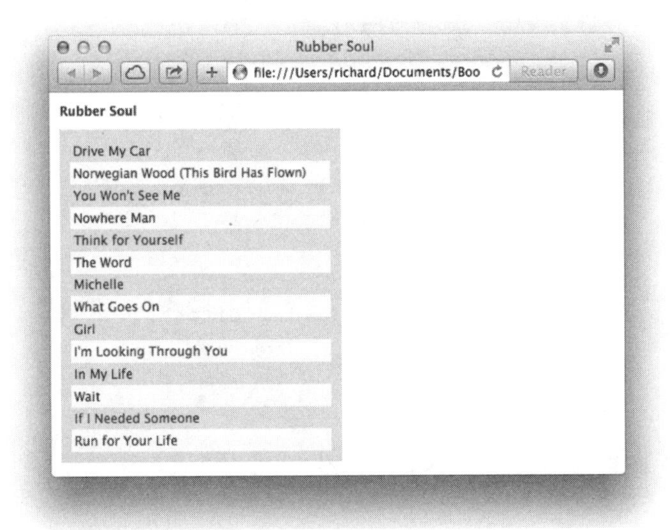

图　5-3

5.2　对选择集和数组进行筛选

jQuery 的 API 中提供了两个用于筛选数组或选择集的方法。第一个方法是 filter()，专门用于筛选选择集中的元素；另一个方法是 grep()，专门用于筛选数组中的元素。

5.2.1　筛选选择集

可在 filter()方法中使用选择器或回调函数从选择集中删除元素。下面的文档(Example 5-4)演示了 filter()方法如何使用选择器来减少选择集中元素的数量，以及 end()方法如何删除前面用过的筛选器：

```
<!DOCTYPE HTML>
<html lang='en'>
   <head>
      <meta http-equiv='X-UA-Compatible' content='IE=Edge' />
      <meta charset='utf-8' />
      <title>Rubber Soul</title>
      <script src='../jQuery.js'></script>
      <script src='../jQueryUI.js'></script>
      <script src='Example 5-4.js'></script>
      <link href='Example 5-4.css' rel='stylesheet' />
   </head>
   <body>
      <h4>Rubber Soul</h4>
      <ul id='rubberSoul'>
         <li class='Paul'>Drive My Car</li>
         <li class='John'>Norwegian Wood (This Bird Has Flown)</li>
         <li class='Paul'>You Won't See Me</li>
         <li class='John'>Nowhere Man</li>
```

```
            <li class='George'>Think for Yourself</li>
            <li class='John'>The Word</li>
            <li class='Paul'>Michelle</li>
            <li class='John'>What Goes On</li>
            <li class='John'>Girl</li>
            <li class='Paul'>I'm Looking Through You</li>
            <li class='John'>In My Life</li>
            <li class='John'>Wait</li>
            <li class='George'>If I Needed Someone</li>
            <li class='John'>Run for Your Life</li>
        </ul>
    </body>
</html>
```

上面的标记文档将链接到如下 CSS 样式表：

```
body {
    font: 12px "Lucida Grande", Arial, sans-serif;
    color: rgb(50, 50, 50);
    margin: 0;
    padding: 0 10px;
}
ul {
    list-style: none;
    margin: 0 0 10px 0;
    padding: 10px;
    background: yellow;
    width: 250px;
}
ul li {
    padding: 3px;
}
h4 {
    margin: 10px 0;
}
li.rubberSoulJohn {
    background: lightblue;
}
li.rubberSoulPaul {
    background: lightgreen;
}
li.rubberSoulGeorge {
    background: lightyellow;
}
```

以下脚本演示了如何在 filter()方法中使用选择器来筛选选择集中的元素：

```
$(document).ready(
    function()
    {
        $('ul#rubberSoul li')
```

```
            .filter('li.George')
               .addClass('rubberSoulGeorge')
               .end()
            .filter('li.John')
               .addClass('rubberSoulJohn')
               .end()
            .filter('li.Paul')
               .addClass('rubberSoulPaul')
               .end();
      }
   );
```

在上面的脚本中，选择器“li.George”缩小选择集，使选择集中仅包含类名为 George 的<li>元素，然后将类名 rubberSoulGeorge 添加到其中的每个<li>元素；类名为 Paul 和 John 的<li>元素的处理方式与此类似。在使用新的 filter()之前，会调用 end()来删除应用于选择集的最后一个筛选器。图 5-4 显示了在 Safari 浏览器中运行本例后的效果。

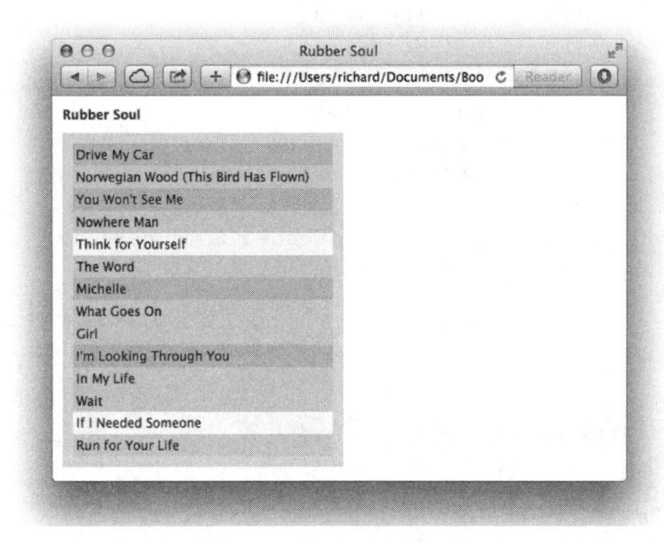

图　5-4

5.2.2　使用回调函数来筛选选择集

与 each()方法类似，也可以在 filter()方法中使用回调函数。当使用回调函数来筛选选择集时，filter()方法的工作原理与 each()方法类似。在 each()方法中，对于选择集中的每个元素项，回调函数将按元素顺序分别被执行一次。

使用 each()方法时，还可以返回布尔值来模拟 continue 语句和 break 语句。使用 filter()方法时，也可通过返回布尔值来决定元素是否应保留在选择集中。如果返回 true，相应元素项将被保留在选择集中；如果返回 false，相应元素项将从选择集中删除。下面的文档(Example 5-5)演示了如何在 filter()方法中使用回调函数：

```
<!DOCTYPE HTML>
<html lang='en'>
```

```
    <head>
        <meta http-equiv='X-UA-Compatible' content='IE=Edge' />
        <meta charset='utf-8' />
        <title>Rubber Soul</title>
        <script src='../jQuery.js'></script>
        <script src='../jQueryUI.js'></script>
        <script src='Example 5-5.js'></script>
        <link href='Example 5-5.css' rel='stylesheet' />
    </head>
    <body>
        <h4>Rubber Soul</h4>
        <ul id='rubberSoul'>
            <li class='Paul'>Drive My Car</li>
            <li class='John'>Norwegian Wood (This Bird Has Flown)</li>
            <li class='Paul'>You Won't See Me</li>
            <li class='John'>Nowhere Man</li>
            <li class='George'>Think for Yourself</li>
            <li class='John'>The Word</li>
            <li class='Paul'>Michelle</li>
            <li class='John'>What Goes On</li>
            <li class='John'>Girl</li>
            <li class='Paul'>I'm Looking Through You</li>
            <li class='John'>In My Life</li>
            <li class='John'>Wait</li>
            <li class='George'>If I Needed Someone</li>
            <li class='John'>Run for Your Life</li>
        </ul>
    </body>
</html>
```

上面的标记文档将链接到下面的 CSS 样式表：

```
body {
    font: 12px "Lucida Grande", Arial, sans-serif;
    color: rgb(50, 50, 50);
    margin: 0;
    padding: 0 10px;
}
ul {
    list-style: none;
    margin: 0 0 10px 0;
    padding: 10px;
    background: yellow;
    width: 250px;
}
ul li {
    padding: 3px;
}
h4 {
    margin: 10px 0;
}
```

```
li.rubberSoulJohnAndPaul {
    background: lightblue;
}
```

以下脚本演示了如何在 jQuery 的 filter()方法中通过使用回调函数来压缩选择集中的元素数量：

```
$(document).ready(
    function()
    {
        $('ul#rubberSoul li')
            .filter(
                function()
                {
                    return $(this).hasClass('John') || $(this).hasClass('Paul');
                }
            )
            .addClass('rubberSoulJohnAndPaul');
    }
);
```

在上面的脚本中，filter()方法将迭代初始选择集中的每个元素。将分别迭代每个<li>元素，并检查相应的<li>元素是否具有类名 John 或 Paul。如果相应的<li>元素包含其中任意一个类名，回调函数将返回 true 值，以指示该元素应保留在选择集中。将为保留在选择集中的每个元素添加类名 rubberSoulJohnAndPaul。图 5-5 显示了该例在 Safari 浏览器中运行时的屏幕截图。由 John 或 Paul 主创的每首歌曲都有浅蓝色的背景。

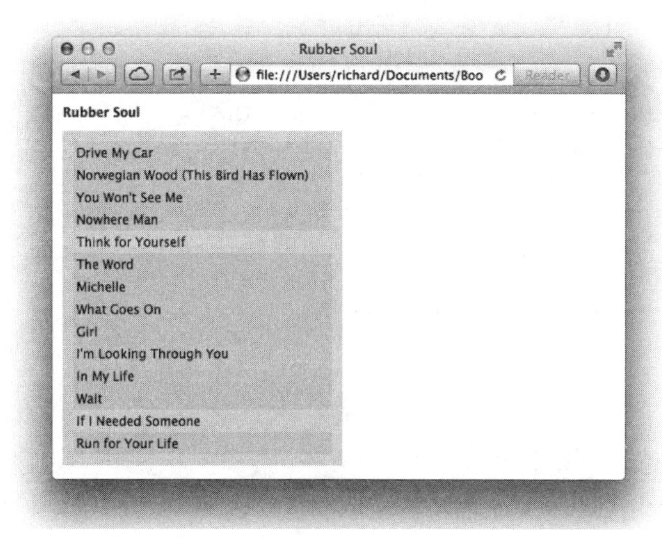

图　5-5

5.2.3　筛选数组

如前所述，对数组的筛选是通过使用名为 grep()的方法来实现的。只能直接调用 grep()

方法，也就是说，只能以$.grep()或 jQuery.grep()的方式来调用 grep()方法。如果首先将一个数组封装在美元符号方法中，然后调用 grep()方法，则该方法不能生效。代码中的 grep()方法通常用于直接筛选一些条目数组，而非筛选 DOM 中的选择集，因为 filter()方法明确用于筛选选择集。在下面的示例 Example 5-6 中，通过从选择集创建条目数组来演示使用 grep()方法来筛选数组，从而帮助你了解 grep()的工作方式：

```
<!DOCTYPE HTML>
<html lang='en'>
    <head>
        <meta http-equiv='X-UA-Compatible' content='IE=Edge' />
        <meta charset='utf-8' />
        <title>Rubber Soul</title>
        <script src='../jQuery.js'></script>
        <script src='../jQueryUI.js'></script>
        <script src='Example 5-6.js'></script>
        <link href='Example 5-6.css' rel='stylesheet' />
    </head>
    <body>
        <h4>Rubber Soul</h4>
        <ul id='rubberSoul'>
            <li class='Paul'>Drive My Car</li>
            <li class='John'>Norwegian Wood (This Bird Has Flown)</li>
            <li class='Paul'>You Won't See Me</li>
            <li class='John'>Nowhere Man</li>
            <li class='George'>Think for Yourself</li>
            <li class='John'>The Word</li>
            <li class='Paul'>Michelle</li>
            <li class='John'>What Goes On</li>
            <li class='John'>Girl</li>
            <li class='Paul'>I'm Looking Through You</li>
            <li class='John'>In My Life</li>
            <li class='John'>Wait</li>
            <li class='George'>If I Needed Someone</li>
            <li class='John'>Run for Your Life</li>
        </ul>
        <ul id='rubberSoulFiltered'>

        </ul>
    </body>
</html>
```

将上面的标记文档链接到下面的 CSS 样式表：

```
body {
    font: 12px "Lucida Grande", Arial, sans-serif;
    color: rgb(50, 50, 50);
    margin: 0;
    padding: 0 10px;
}
```

```
ul {
    list-style: none;
    margin: 0 0 10px 0;
    padding: 10px;
    background: yellow;
    width: 250px;
}
ul li {
    padding: 3px;
}
h4 {
    margin: 10px 0;
}
li.rubberSoulJohnAndPaul {
    background: lightblue;
}
ul#rubberSoulFiltered {
    display: none;
}
```

下面的脚本演示了 grep()方法的用法：

```
$(document).ready(
    function()
    {
        var songs = [];

        $('ul#rubberSoul li').each(
            function()
            {
                songs.push(
                    $(this).text()
                );
            }
        );

        var filteredSongs = $.grep(
            songs,
            function(value, key)
            {
                return value.indexOf('You') != -1;
            }
        );

        var ul = $('ul#rubberSoulFiltered');

        $('ul#rubberSoul').hide();
        ul.show();
```

```
            $(filteredSongs).each(
                function()
                {
                    ul.append('<li>' + this + '</li>');
                }
            );
        }
    );
```

在上面的脚本中，首先创建一个新数组，将该数组赋给变量 songs。然后选取<ul>元素中所有 id 名为 rubberSoul 的<li>元素，并使用 push()方法将每个<li>元素的文本作为新的数组项添加到 songs 数组中。结果，songs 数组中包含 Rubber Soul 音乐专辑中所有歌曲的名称。

接下来创建一个名为 filteredSongs 的新变量，它包含筛选之后的新数组。然后通过$.grep()直接调用 grep()方法，将 songs 数组作为 grep()方法的第一个参数，并将一个回调函数作为该方法的第二个参数。回调函数通过返回布尔值来指示一个条目是否应该被保留在数组中。返回 true 指示相应值应被保留，而返回 false 则指示相应值将从数组中删除。另外，还可修改保留在数组中的值——只需返回想要使用的替换值，用它替换以前的值。

在本例中，回调函数将使用 JavaScript 的 indexOf()方法来检查每一首歌曲的名称中是否包含 you 这个单词。如若包含，歌曲名称将被保留在数组中，否则将从数组中删除。

接下来的代码选择 id 为 rubberSoul 的<ul>元素，然后调用 jQuery 的 hide()方法将相应元素隐藏起来。

最后使用 each()方法来遍历新的 filteredSongs 数组，包含词语 you 的 4 首歌曲名称将作为新的<li>元素被添加到 id 为 rubberSoulFiltered 的<ul>元素中。图 5-6 显示了在浏览器中加载该例时的效果。

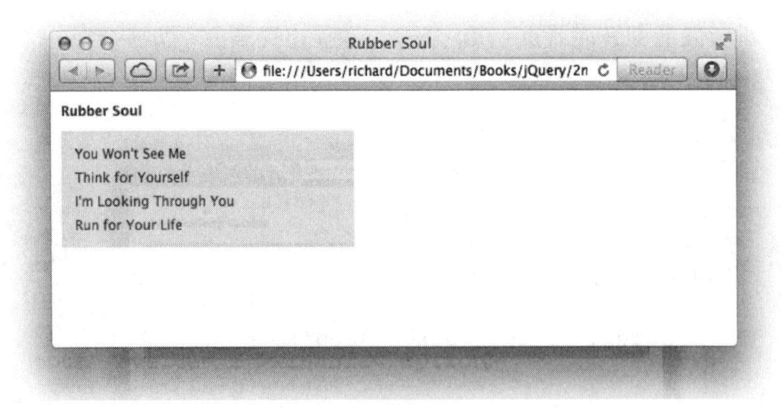

图　5-6

grep()方法还允许使用第 3 个可选的参数 invert；如将该参数设置为 true，筛选后的数组的值将被颠倒。

注意：提供给$.grep()回调函数的参数的顺序是颠倒的；value 是第一个参数，而 key 是第二个参数。另外，在使用$.grep()时，value 参数并非也在 this 中提供。

5.3　映射选择集或数组

与筛选时的情况类似，需要在“选择集”和“任意条目数组”这两种不同的上下文中，将条目集合映射(map)到另一个集合。但 jQuery 为这两种上下文使用了同一个方法，即 map()。下面将介绍如何将 map()方法运用于上面两种上下文。

5.3.1　映射选择集

映射的概念是：对于一个值集，修改其中的一个或多个值，从而创建一个新的集合。在映射过程中，不会删除集合中的任何条目。因此可以断定的是：在完成映射后，所获得的新集合的条目个数将保持不变，即与进行映射前的集合长度完全相同。可将映射大致理解为：根据需要用新值替换旧值，可能修改旧集合的一些值，也可能修改所有值。下面的文档 Example 5-7 演示了如何使用 jQuery 的 map()方法将一个选择集映射为一个新的集合：

```
<!DOCTYPE HTML>
<html lang='en'>
    <head>
        <meta http-equiv='X-UA-Compatible' content='IE=Edge' />
        <meta charset='utf-8' />
        <title>Rubber Soul</title>
        <script src='../jQuery.js'></script>
        <script src='../jQueryUI.js'></script>
        <script src='Example 5-7.js'></script>
        <link href='Example 5-7.css' rel='stylesheet' />
    </head>
    <body>
        <h4>Rubber Soul</h4>
        <ul id='rubberSoul'>
            <li class='Paul'>Drive My Car</li>
            <li class='John'>Norwegian Wood (This Bird Has Flown)</li>
            <li class='Paul'>You Won't See Me</li>
            <li class='John'>Nowhere Man</li>
            <li class='George'>Think for Yourself</li>
            <li class='John'>The Word</li>
            <li class='Paul'>Michelle</li>
            <li class='John'>What Goes On</li>
            <li class='John'>Girl</li>
```

```
            <li class='Paul'>I'm Looking Through You</li>
            <li class='John'>In My Life</li>
            <li class='John'>Wait</li>
            <li class='George'>If I Needed Someone</li>
            <li class='John'>Run for Your Life</li>
        </ul>
        <ul id='rubberSoulMapped'>

        </ul>
    </body>
</html>
```

上面的标记文档使用下面的 CSS 样式表来设置样式：

```
body {
    font: 12px "Lucida Grande", Arial, sans-serif;
    color: rgb(50, 50, 50);
    margin: 0;
    padding: 0 10px;
}
ul {
    list-style: none;
    margin: 0 0 10px 0;
    padding: 10px;
    background: yellow;
    width: 350px;
}
ul li {
    padding: 3px;
}
h4 {
    margin: 10px 0;
}
ul#rubberSoulMapped {
    display: none;
}
```

以下脚本演示了如何将一个选择集映射为一个新的数组：

```
$(document).ready(
    function()
    {
        var mappedSongs = $('ul#rubberSoul li').map(
            function(key)
            {
                if ($(this).hasClass('John'))
                {
                    return $(this).text() + ' <i>John Lennon</i>';
                }

                if ($(this).hasClass('Paul'))
```

```
            {
               return $(this).text() + ' <i>Paul McCartney</i>';
            }

            if ($(this).hasClass('George'))
            {
               return $(this).text() + ' <i>George Harrison</i>';
            }
         }
      );

      $('ul#rubberSoul').hide();

      var ul = $('ul#rubberSoulMapped');
      ul.show();

      $(mappedSongs).each(
         function()
         {
            ul.append('<li>' + this + '</li>');
         }
      );
   }
);
```

在上面的脚本中，首先选取了文档中的所有<li>元素。然后在该选择集后链接调用 map()方法，在 map()方法中使用回调函数作为第一个参数。

与本章介绍的其他方法一样，提供给 map()方法的回调函数使用 this 关键字将当前选择集的每一项传给回调函数。可通过 index、key 或 counter(可随意选择名称)对集合中的条目进行访问。每个条目的偏移都从 0 开始编号，该计数器可作为回调函数的第一个参数。在上面的示例中，将回调函数的第一个参数命名为 key。

在回调函数内部，使用几个表达式来检查每个<li>元素具有的类名。例如，如果一个<li>元素具有类名 John，回调函数将返回相应歌曲的名称，并将 HTML 标记<i>John Lennon</i>追加到歌名之后。对于每首歌，回调函数将把该歌曲的较主要作者的姓名追加在歌曲名之后，从而创建一个新数组，并将其赋值给变量 mappedSongs。

选择 id 为 rubberSoul 的第一个<ul>列表，然后调用 jQuery 的 hide()方法将其隐藏。通过调用 show()，显示 id 名为 rubberSoulMapped 的<ul>元素。

然后使用 each()方法来迭代 mappedSongs 变量中的内容，并将每个映射值追加到 id 名为 rubberSoulMapped 的第二个<ul>元素。图 5-7 显示了最终结果。

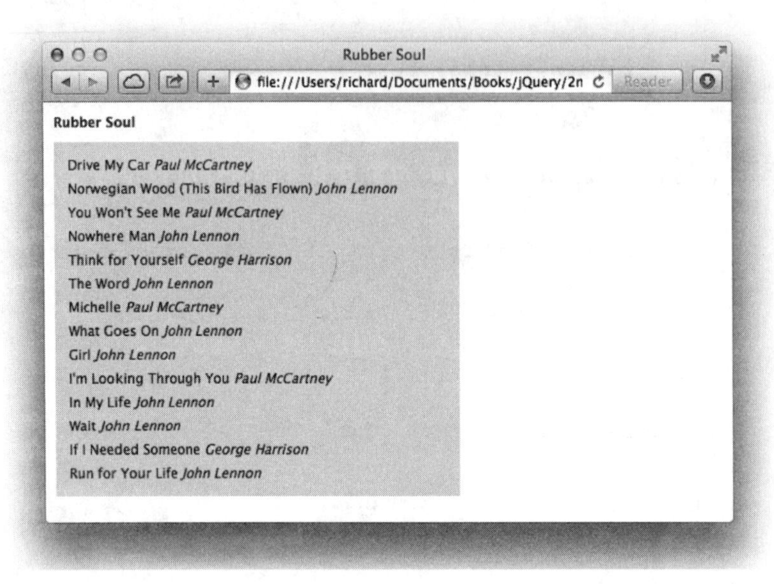

图 5-7

5.3.2 映射数组

映射数组的逻辑与 Example 5-7 中映射选择集的逻辑基本相同——只是这里使用数组代替了选择集。因此，可对数组调用 jQuery 的 map()方法，就像对数组调用 each()方法那样。既可以先将数组传给美元符号方法，也可以直接调用 map()方法，并将数组作为第一个参数，将回调函数作为第二个参数。下面的文档 Example 5-8 演示了如何使用 map()方法来映射数组：

```
<!DOCTYPE HTML>
<html lang='en'>
   <head>
      <meta http-equiv='X-UA-Compatible' content='IE=Edge' />
      <meta charset='utf-8' />
      <title>Revolver</title>
      <script src='../jQuery.js'></script>
      <script src='../jQueryUI.js'></script>
      <script src='Example 5-8.js'></script>
      <link href='Example 5-8.css' rel='stylesheet' />
   </head>
   <body>
      <h4>Revolver</h4>
      <ul id='revolver'>

      </ul>
   </body>
</html>
```

将下面的 CSS 样式表应用于上面的标记文档：

```
body {
```

```
    font: 12px "Lucida Grande", Arial, sans-serif;
    color: rgb(50, 50, 50);
    margin: 0;
    padding: 0 10px;
}
ul {
    list-style: none;
    margin: 0 0 10px 0;
    padding: 10px;
    background: yellow;
    width: 350px;
}
ul li {
    padding: 3px;
}
h4 {
    margin: 10px 0;
}
```

以下脚本演示了如何使用 jQuery 的 map()方法来映射数组(而非选择集):

```
$(document).ready(
    function()
    {
        var songs = [
            'Taxman',
            'Eleanor Rigby',
            'I\'m Only Sleeping',
            'Love You To',
            'Here, There and Everywhere',
            'Yellow Submarine',
            'She Said, She Said',
            'Good Day Sunshine',
            'And Your Bird Can Sing',
            'For No One',
            'Doctor Robert',
            'I Want to Tell You',
            'Got to Get You into My Life',
            'Tomorrow Never Knows'
        ];

        var mappedSongs = $(songs).map(
            function(key)
            {
                var track = key + 1;

                return (track < 10? '0' + track : track) + ' ' + this;
            }
        );

        $(mappedSongs).each(
```

```
                function()
                {
                    $('ul#revolver').append('<li>' + this + '</li>');
                }
            );
        }
    );
```

上面的脚本首先将披头士的 Revolver 唱片中的一组歌曲名称定义为一个数组，并将该数组赋给变量 songs。

接下来将变量 songs 作为参数传递给美元符号方法，并调用 jQuery 的 map()方法。

在传递给 map()方法的回调函数中，创建了变量 track，其值等于键值加 1，该变量用作歌曲编号计数器。回调函数接着使用一个三元表达式来检查 track 的值是否小于 10，如果小于 10，就为相应的值添加前导 0；否则不添加。这部分成为曲目编号。

然后在歌曲名称和曲目编号之间插入一个空格，新数组将包含曲目编号前缀和歌曲名称，并被赋给变量 mappedSongs。

最后使用 each()方法来遍历赋给 mappedSongs 变量的数组，映射后的歌曲名称包含曲目编号前缀和歌曲名称，它们将作为<li>元素追加到文档的<ul>元素中。该例的运行结果如图 5-8 所示。

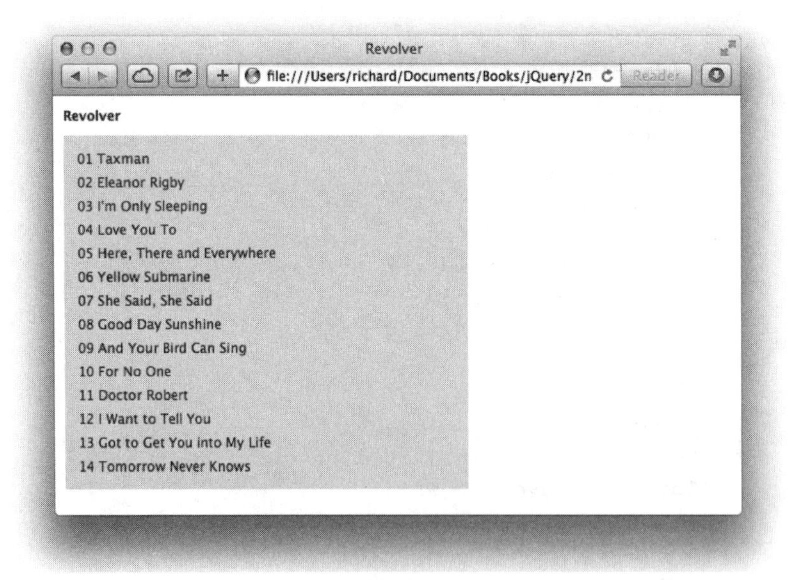

图　5-8

5.4　数组实用方法

jQuery 还提供了一些非常有用的实用方法，用于处理数组中的信息。下面将简要介绍以下每种 jQuery 实用方法：

- $.makeArray(data)——将任何数据转换为真正的数组。
- $.inArray(needle, haystack)——在 haystack 中查找与第一个 needle 实例相关的索引。
- $.merge(first, second)——将 second 数组合并到 first 数组中。

jQuery 的大部分数组实用方法都必须使用“美元符号.方法名”(即$.functionname)的形式直接进行调用，就像在前面示例中看到的那样。附录 I 和附录 C 为本章中介绍的各种方法提供了快速参考。附录 I 列出了实用方法，附录 C 列出了用于筛选或遍历选择集的 jQuery 方法。

5.4.1　生成数组

顾名思义，jQuery 的 makeArray()方法的功能是接受任何数据，并将其转换为真正的数组。下面的示例 Example 5-9 演示了如何使用 makeArray()方法将字符串、对象或数字转换为数组：

```
<!DOCTYPE HTML>
<html lang='en'>
    <head>
        <meta http-equiv='X-UA-Compatible' content='IE=Edge' />
        <meta charset='utf-8' />
        <title>$.makeArray()</title>
        <script src='../jQuery.js'></script>
        <script src='../jQueryUI.js'></script>
        <script src='Example 5-9.js'></script>
    </head>
    <body>

    </body>
</html>
```

将下面的 JavaScript 添加到上面的标记文档中：

```
$(document).ready(
    function()
    {
        var name = 'The Beatles';

        var madeArray = $.makeArray(name);

        console.log('Transforming a string.');
        console.log('Type: ' + typeof(madeArray));
        console.log('Is Array? ' + (madeArray instanceof Array? 'yes' : 'no'));
        console.log(madeArray);

        var madeArray = {
            band1 : "The Beatles",
            band2 : "Electric Light Orchestra",
            band3 : "The Moody Blues",
            band4 : "Radiohead"
```

```
        };

        madeArray = $.makeArray(madeArray);

        console.log('Transforming an object.');
        console.log('Type: ' + typeof(madeArray));
        console.log('Is Array? ' + (madeArray instanceof Array? 'yes' : 'no'));
        console.log(madeArray);

        var madeArray = 1;

        madeArray = $.makeArray(madeArray);

        console.log('Transforming a number.');
        console.log('Type: ' + typeof(madeArray));
        console.log('Is Array? ' + (madeArray instanceof Array? 'yes' : 'no'));
        console.log(madeArray);
    }
);
```

上面的代码将数据写入 JavaScript 控制台，如图 5-9 所示。

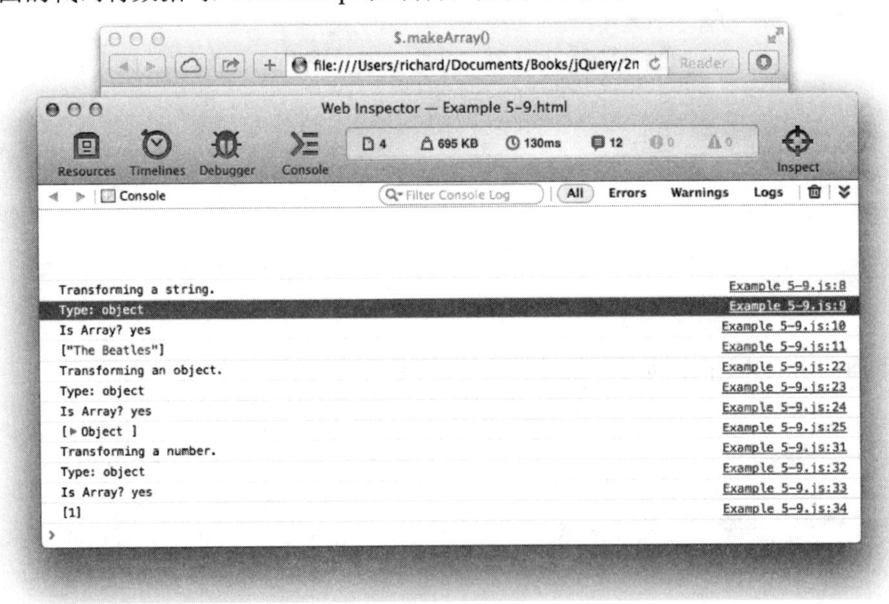

图 5-9

上面的脚本首先将字符串 The Beatles 赋给变量 name，然后把变量 name 传给 makeArray()方法，将结果赋给变量 madeArray。最后检查 madeArray 的对象类型，madeArray 现在是对象而非字符串。表达式 madeArray instanceof Array 还将报告 true，此后将 madeArray 的内容转储到控制台以供查看。

对数字和对象重复该过程，每次都会得到一个数组。

5.4.2　在数组中查找值

jQuery 的 inArray()方法的功能与 JavaScript 的 indexOf()方法类似。该方法返回一个条目在数组中的位置。如果数组中包含指定条目，将返回指定条目在数组中的索引位置(从零开始算起)。否则，inArray()方法将返回-1。下面的示例 Example 5-10 演示了如何使用 jQuery 的 inArray()方法：

```
<!DOCTYPE HTML>
<html lang='en'>
  <head>
    <meta http-equiv='X-UA-Compatible' content='IE=Edge' />
    <meta charset='utf-8' />
    <title>$.inArray()</title>
    <script src='../jQuery.js'></script>
    <script src='../jQueryUI.js'></script>
    <script src='Example 5-10.js'></script>
  </head>
  <body>

  </body>
</html>
```

以下 JavaScript 脚本演示了$.inArray()的用法：

```
$(document).ready(
  function()
  {
    var songs = [
        'Taxman',
        'Eleanor Rigby',
        'I\'m Only Sleeping',
        'Love You To',
        'Here, There and Everywhere',
        'Yellow Submarine',
        'She Said, She Said',
        'Good Day Sunshine',
        'And Your Bird Can Sing',
        'For No One',
        'Doctor Robert',
        'I Want to Tell You',
        'Got to Get You into My Life',
        'Tomorrow Never Knows'
    ];

    console.log(
      'Love You To: ' + (
        $.inArray('Love You To', songs)
      )
    );
```

```
        console.log(
            'Strawberry Fields Forever: ' + (
                $.inArray('Strawberry Fields Forever', songs)
            )
        );
    }
);
```

上面的脚本将消息输出到控制台，如图 5-10 所示。

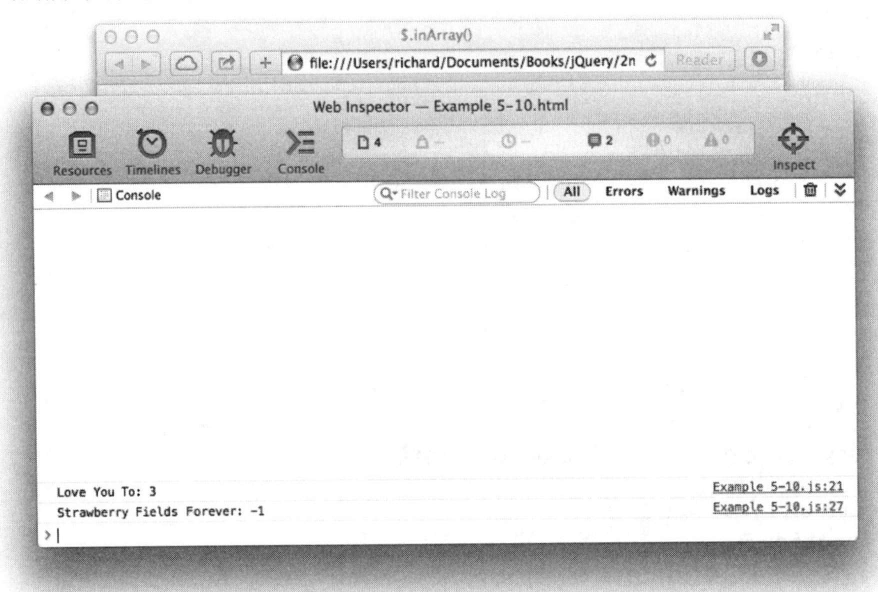

图 5-10

5.4.3 合并两个数组

jQuery 的$.merge()方法用于将两个数组合并成单个数组。下面的脚本 Example 5-11 演示了$.merge()方法的用法：

```
<!DOCTYPE HTML>
<html lang='en'>
    <head>
        <meta http-equiv='X-UA-Compatible' content='IE=Edge' />
        <meta charset='utf-8' />
        <title>$.merge()</title>
        <script src='../jQuery.js'></script>
        <script src='../jQueryUI.js'></script>
        <script src='Example 5-11.js'></script>
    </head>
    <body>

    </body>
</html>
```

将下面的 JavaScript 添加到上面的标记文档中：

```
$(document).ready(
    function()
    {
        var rubberSoul = [
            'Drive My Car',
            'Norwegian Wood (This Bird Has Flown)',
            'You Won\'t See Me',
            'Nowhere Man',
            'Think for Yourself',
            'The Word',
            'Michelle',
            'What Goes On',
            'Girl',
            'I\'m Looking Through You',
            'In My Life',
            'Wait',
            'If I Needed Someone',
            'Run for Your Life'
        ];

        var revolver = [
            'Taxman',
            'Eleanor Rigby',
            'I\'m Only Sleeping',
            'Love You To',
            'Here, There and Everywhere',
            'Yellow Submarine',
            'She Said, She Said',
            'Good Day Sunshine',
            'And Your Bird Can Sing',
            'For No One',
            'Doctor Robert',
            'I Want to Tell You',
            'Got to Get You into My Life',
            'Tomorrow Never Knows'
        ];

        var songs = $.merge(rubberSoul, revolver);

        console.log('Songs :', songs);
    }
);
```

以上脚本将生成如图 5-11 所示的控制台输出。

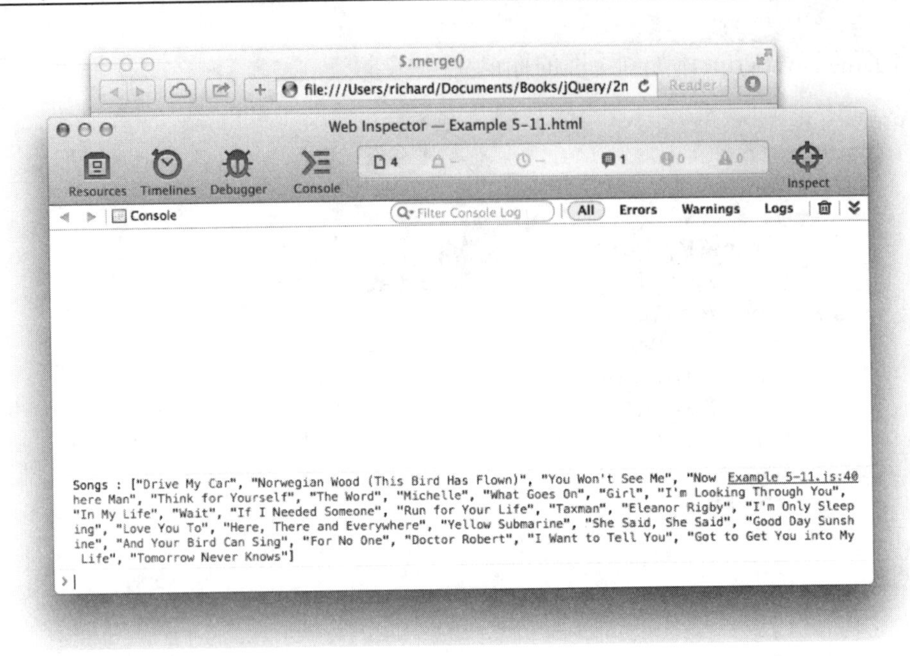

图 5-11

可以看到，jQuery 的 merge()方法非常简单，只是将第二个数组参数的内容追加到前一个数组参数的内容之后。

5.5 小结

本章主要介绍了一些与迭代和操作数组以及选择集相关的方法。

本章首先介绍了 jQuery 的 each()方法。在迭代数组、对象或选择集时，与使用 for 结构、计数器以及对象的 for/in 结构相比，each()方法更加简洁易用。另外，还介绍了如何在 each()方法中通过返回布尔值来模拟 break 和 continue 关键字。既可以直接调用 jQuery 的 each()方法，也可在选择集或数组(封装在对美元符号方法的调用中)之后链接 each()方法。

通过使用 jQuery 的 filter()方法，并传入一个选择器或回调函数作为参数，可以对选择集进行筛选。使用 jQuery 的 grep()方法可以对数组进行筛选，但必须直接调用 grep()方法。

通过使用 jQuery 的 map()方法，可将一个数组映射成另一个数组，也可将选择集映射成数组。map()方法的作用是将一个值集转换为另一个值集。

最后介绍了 jQuery 的各种数组实用方法。$.makeArray()方法用于将任何数据转换为一个真正的数组。$.inArray()方法用于查找指定值在数组中的索引位置，数组中元素的索引位置从 0 开始计算。$.inArray()方法的工作原理与 JavaScript 中的 indexOf()方法类似，当数组中不包含指定的值时，$.inArray()方法将返回-1。$.merge()方法用于将两个单独的数组合并成单个数组。

5.6　练习

1. 如果使用 jQuery 的 each()方法来迭代下面的元素集合，应该编写什么样的代码？

```
nodes = document.getElementsByTagName('div');
```

2. 在 jQuery 的 each()方法中，如果想模拟一条 break 语句，在回调函数中应该编写什么语句？

3. 当使用 jQuery 的 filter()方法来筛选选择集时，向 filter()方法传入选择器的作用是什么？

4. 当使用 filter()方法时，可传入回调函数来筛选选择集，那么回调函数返回 true 的作用是什么？

5. 在使用 jQuery 的 grep()方法时，为将数据项保留在数组中，应该向 grep()方法的回调函数传入什么样的值？

6. 在使用 jQuery 的 map()方法时，回调函数的返回值有什么作用？

7. 当 jQuery 的$.inArray()方法返回-1 时，表示什么意思？

第6章 CSS

在 JavaScript 中操作 CSS 时，还存在一些烦琐和不一致的地方，jQuery 对此进行了改进。首先，jQuery 使得在 JavaScript 中操作 CSS 变得更加简单。jQuery 既允许一次定义多个 CSS 属性，也允许每次只定义一个 CSS 属性。利用 jQuery 可一次性将样式应用于一个或多个元素，而不必像原来在 JavaScript 中那样，每次只能将 CSS 属性应用于一个元素。

如第 1 章和第 4 章所述，应避免将样式(CSS)与行为(JavaScript)和结构(HTML)混合在一起，这通常是良好的编程实践。这需要将 CSS、JavaScript 和 HTML 尽可能清楚地分开，成为各自独立的文档。

但某些情况下，将表示层的内容带入 JavaScript 程序设计中是不可避免的；例如，早在你接手前，已经采用了错误或更难维护的方式。此类情况下需要对样式进行动态修改，这时将 CSS 仅定义在样式表中已经不再合理，并且想不直接使用 JavaScript 以编程方式来修改样式也已经不切合实际。本章将介绍 jQuery 提供的用于操作样式表属性和样式值的各种方法。

6.1 使用 CSS 属性

当访问或修改样式信息时，传统的 JavaScript 主要使用 style 属性来操作样式。与之不同的是，在 jQuery 中则使用 jQuery 的 css()方法来访问或修改样式。可用 3 种不同方式来使用 CSS()方法：

- 返回选择集中第一个匹配元素的一个属性值。
- 为一个或多个元素设置一个属性值。
- 为一个或多个元素设置多个属性。

如果只想获取某个元素的一个属性值，可使用下面的代码：

```
var backgroundColor = $('div').css('backgroundColor');
```

注意，由于通过 JavaScript 作为字符串访问属性，因此可以像在样式表中那样，使用骆驼拼写法(camelCase)或连字符指定属性名，下面的代码也是有效的：

```
var backgroundColor = $('div').css('background-color');
```

一旦创建了选择集，就可将 css()方法链接在选择集之后。在 css()方法中，将需要了解其值的属性作为参数。这里的代码段为选择集的第一个<div>元素返回 backgroundColor；因此，如果文档中具有 5 个<div>元素，那么上面的代码将返回第一个<div>元素的背景色。

如果要检索多个属性，可指定要检索属性的数组，从相应元素检索属性/值对的对象。

```
var properties = $('div').css([
    'background-color',
    'color',
    'padding',
    'box-shadow'
]);
```

上面的示例返回一个包含指定属性的对象。记住，如果想要了解一个变量所包含的值，可以随时使用 console.log()方法，将相应变量的内容转储到 JavaScript 控制台。

如果要设置一个属性的值，可使用如下代码：

```
$('div').css('background-color', 'lightblue');
```

在上例中，文档中所有<div>元素的 backgroundColor 属性被设置为 lightblue。

要为多个元素一次性设置多个样式属性，可采用如下代码：

```
$('div').css({
    backgroundColor : 'lightblue',
    border : '1px solid lightgrey',
    padding : '5px'
});
```

也可以使用如下代码：

```
$('div').css({
    'background-color' : 'lightblue',
    border : '1px solid lightgrey',
    padding : '5px'
});
```

将多个属性和属性值以“键-值”对的形式组成对象字面量，传给 css()方法。在上面的示例中，我们将文档中所有<div>元素的 background-colo 属性设置为 lightblue，将 border 属性设置为 1px solid lightgrey，并将 padding 属性设置为 5px。也可以像这样使用带有连字符的属性名，但必须在包含连字符的属性名周围加上引号。

6.2 jQuery 的伪类

在 CSS 中，伪类(pseudo-class)是条件或状态。例如，:hover 伪类用于在鼠标指针悬停在某个元素上时，设置相应元素的样式。仅当鼠标指针悬停在相应元素上时，为:hover 状态指定的样式才会生效。jQuery 添加了多个伪类，与 JavaScript 和 CSS 相比，这些伪类更加合理有效。

jQuery 提供的一些伪类不能用于 CSS。例如，jQuery 的:parent 伪类将选择范围从一个或多个元素移到相应元素的父元素。考虑到递增渲染规则，这在 CSS 中是无法完成的。必须在将样式表下载到正在创建的 DOM(也可能正在下载)之时应用样式表。为使浏览器疾速加载页面，递增渲染规则起到了一定作用，而该规则的存在使得必须在 DOM 中后退一步，其带来的技术问题宛如河水倒流。如果所有一切的本意都是从下而上沿一个方向流动，那么从上到下流动难免会引入障碍和潜在的故障。出于这个原因，W3C 的 CSS 工作组拒绝引入任何类型的父选择器或上级选择器。

但在 JavaScript 中，并不存在此类限制。在使用文档前，极可能会等待 DOM 乃至相关联的样式表的下载。

注意： 附录 B 列出了所有 jQuery 伪类扩展以及 jQuery 支持的各类标准选择器。

6.3 获取外部尺寸

在传统的 JavaScript 中，要获得元素的宽度——此宽度包含 CSS 的 width、border 和 paddingwidth——通常会使用 offsetWidth 属性。当使用 jQuery 时，可以通过调用 outerWidth()方法来获得这些信息，将返回选择集中第一个元素的 offsetWidth 值。outerWidth()方法的返回值是以像素(pixel)为单位的宽度，包括元素的 width、border 和 paddingwidth。outerHeight()方法的作用与 outerWidth()类似，只不过处理的是高度而已，包含 CSS 的 height、border 和 paddingheight。

注意： 通过将 outerWidth()或 outerHeight()的第一个参数设置为 true，也可在返回值中包含边距(margin)长度。

为演示如何使用 css()、outerWidth()和 outerHeight()方法，下面的示例 Example 6-1 将

介绍如何利用这些方法来创建自定义的上下文菜单，这些方法用来设置自定义上下文菜单在文档中的位置。所谓“上下文菜单”就是当用户单击三键鼠标的右键时，或当在 Mac 系统中使用双指按下手势时，或当在 Mac 系统中按住 Ctrl 键并单击时浏览器所提供的菜单。考虑到不同操作系统以不同方式生成上下文菜单，后文将生成上下文菜单的操作称为“上下文单击”。在鼠标指针位置弹出该菜单。首先分析下面的 XHTML：

```
<!DOCTYPE HTML>
<html lang='en'>
    <head>
        <meta http-equiv='X-UA-Compatible' content='IE=Edge' />
        <meta charset='utf-8' />
        <title>Context Menu Example</title>
        <script src='../jQuery.js'></script>
        <script src='../jQueryUI.js'></script>
        <script src='Example 6-1.js'></script>
        <link href='Example 6-1.css' rel='stylesheet' />
    </head>
    <body>
        <h4>Context Menu Example</h4>
        <div id='contextMenu'>

        </div>
    </body>
</html>
```

使用下面的样式表来设置上述标记文档的样式：

```
body {
    font: 12px "Lucida Grande", Arial, sans-serif;
    color: rgb(50, 50, 50);
    margin: 0;
    padding: 0 10px;
}
div#contextMenu {
    width: 150px;
    height: 150px;
    background: yellowgreen;
    border: 1px solid gold;
    padding: 10px;
    position: absolute;
    left: 0;
    right: 0;
    display: none;
}
```

下面的 JavaScript 定义行为，使上下文菜单生效：

```
$(document).ready(
    function()
```

```
{
    var contextMenuOn = false;

    $(document).on(
        'contextmenu',
        function(event)
        {
            event.preventDefault();

            var contextMenu = $('div#contextMenu');

            contextMenu.show();

            // The following bit gets the dimensions of the viewport
            // Thanks to quirksmode.org
            var vpx, vpy;

            if (self.innerHeight)
            {
                // all except Explorer
                vpx = self.innerWidth;
                vpy = self.innerHeight;
            }
            else if (document.documentElement &&
                    document.documentElement.clientHeight)
            {
                // Explorer 6 Strict Mode
                vpx = document.documentElement.clientWidth;
                vpy = document.documentElement.clientHeight;
            }
            else if (document.body)
            {
               // other Explorers
               vpx = document.body.clientWidth;
               vpy = document.body.clientHeight;
            }

            // Reset offset values to their defaults
            contextMenu.css({
                top : 'auto',
                right : 'auto',
                bottom : 'auto',
                left : 'auto'
            });


            // If the height or width of the context menu is greater than
            // the amount of pixels from the point of click to the right or
```

```
                // bottom edge of the viewport adjust the offset accordingly
                if (contextMenu.outerHeight() > (vpy - event.pageY))
                {
                    contextMenu.css('bottom', (vpy - event.pageY) + 'px');
                }
                else
                {
                    contextMenu.css('top', event.pageY + 'px');
                }

                if (contextMenu.outerWidth() > (vpx - event.pageX))
                {
                    contextMenu.css('right', (vpx - event.pageX) + 'px');
                }
                else
                {
                    contextMenu.css('left', event.pageX + 'px');
                }
            }
        );

        $('div#contextMenu').hover(
            function()
            {
                contextMenuOn = true;
            },
            function()
            {
                contextMenuOn = false;
            }
        );

        $(document).mousedown(
            function()
            {
                if (!contextMenuOn)
                {
                    $('div#contextMenu').hide();
                }
            }
        );
    }
);
```

上面的例子生成如图 6-1 所示的输出。

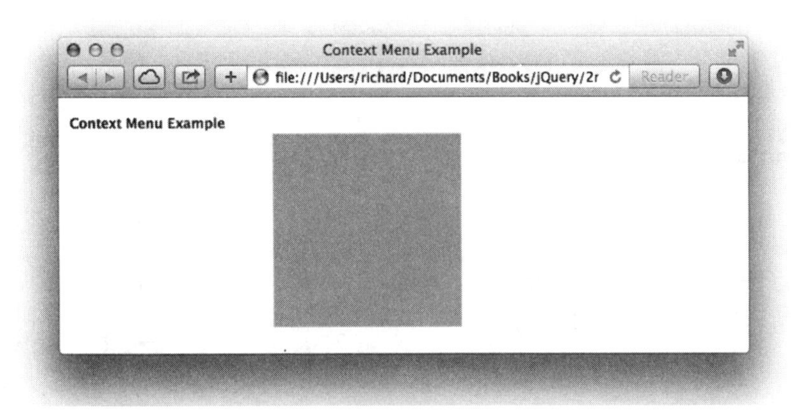

图　6-1

注意：需要记住一点，可从 www.wrox.com/go/webdevwithjquery 免费下载本书的所有示例。

在开始讲解示例中的概念之前，先提出如下警告：虽然使用自定义的上下文菜单来替换浏览器提供的上下文菜单可以提供一些有用的功能，而且这些功能在很大程度上使 Web 应用程序看起来更像桌面应用程序，但对于调用自定义上下文菜单功能的情形，应该谨慎考虑。浏览器用户常使用上下文菜单来完成一些简单功能，如从当前位置向前或向后导航、重新加载当前页面或完成一些与浏览器有关的常见任务等。如果 Web 应用程序冒失地控制上下文菜单，可能惹恼用户，因为 Web 应用程序阻止用户以他们惯用的方式来访问和使用浏览器的上下文菜单。另外，禁用浏览器的上下文菜单并不能防止用户查看应用程序的源代码，因为用户仍可以通过浏览器主菜单中的“查看源代码”选项来查看页面的源代码。

某些头脑聪明的用户还可通过禁用 JavaScript 来绕过 JavaScript 代码，甚至可以通过其他途径(例如通过浏览器缓存或直接使用命令行工具或脚本)来访问源代码。如果因此想禁用上下文菜单，应重新考虑哪些内容可以通过 Web 应用程序向外公布，因为试图通过这种方式来阻止访问网站的源代码是无效的，而且会影响到许多其他方面的工作。记住，根据 Web 设计原理，放在 Web 上的内容是公开的，并且可以传送到任何平台的任何类型的浏览器中。需要记住的要点是，对标记的呈现和对 JavaScript 代码的执行完全是可选的。

上面的示例采用一个正方形的<div>元素来代替浏览器默认的上下文菜单。当在文档中进行上下文单击时(在浏览器窗口的任意位置单击)，将弹出一个作为替代上下文菜单的<div>，其位置取决于单击位置。

上面的代码首先设置当用户访问上下文菜单时触发的事件。由于 jQuery 并未提供 contextmenu()方法，因此本例采用 jQuery 的 on()方法。也要注意，尽管默认启用 contextmenu 事件，但在 Firefox 浏览器中可禁用该事件。

当用户在文档窗口中使用鼠标访问上下文菜单时，下面的代码用于禁用浏览器默认的上下文菜单：

```
$(document).on(
    'contextmenu',
    function(event)
    {
       event.preventDefault();
```

接下来选中用作上下文菜单的<div>元素，并赋给 contextMenu 变量，然后调用 jQuery 的 show()方法将该<div>元素设置为可见。

```
var contextMenu = $('div#contextMenu');

contextMenu.show();
```

在创建自定义的上下文菜单时，需要根据单击时鼠标指针在浏览器窗口中单击的位置来调整上下文菜单出现的位置。如果用户在单击鼠标打开上下文菜单时，鼠标指针位置靠近浏览器窗口的左边和上边，那么自定义上下文菜单应该位于左上角。如果用户从靠近浏览器窗口底边和右边的位置访问上下文菜单，那么自定义上下文菜单应智能地从右下角来定位，这样就可将自定义上下文菜单完全显示出来。

为使上下文菜单可以根据鼠标指针单击的位置来动态定位，还需要一点简单的算术运算。首先要计算出浏览器视口的尺寸。浏览器视口的尺寸将用于决定相对于鼠标指针单击位置应该如何定位上下文菜单。但要获得浏览器视口的尺寸，不同浏览器提供的标准却各不相同。像 jQuery 之类的框架也没有提供简洁、统一的方法来弥补这一差异。当今，这样的问题已不那么严重了，因为较新的 Internet Explorer 版本都更符合通用标准。下面的代码可根据不同浏览器的具体实现智能地获得视口大小：

```
// The following bit gets the dimensions of the viewport
// Thanks to quirksmode.org
var vpx, vpy;

if (self.innerHeight)
{
    // all except Explorer
    vpx = self.innerWidth;
    vpy = self.innerHeight;
}
else if (document.documentElement &&
         document.documentElement.clientHeight)
{
    // Explorer 6 Strict Mode
    vpx = document.documentElement.clientWidth;
    vpy = document.documentElement.clientHeight;
}
else if (document.body)
{
   // other Explorers
```

```
    vpx = document.body.clientWidth;
    vpy = document.body.clientHeight;
}

// Reset offset values to their defaults
contextMenu.css({
    top : 'auto',
    right : 'auto',
    bottom : 'auto',
    left : 'auto'
});
```

在实际定位上下文菜单之前，需将上下文菜单的偏移位置复位为默认值。4 个方向的偏移都需要重置，因为下面的代码段将至少把两个方向的偏移位置设置为正确的值。到底是哪两个方向的偏移需要设置，取决于用户在单击访问上下文菜单时鼠标指针的位置。例如，上一次用户访问上下文菜单时的位置并不需要保存到下一次访问时，因为这样可能造成定位冲突。为重置每个方向上的偏移，代码中使用 jQuery 的 css()方法将 top、right、bottom 和 left 这 4 个偏移属性重置为它们的默认值 auto。

```
// Reset offset values to their defaults
contextMenu.css({
    top : 'auto',
    right : 'auto',
    bottom : 'auto',
    left : 'auto'
});
```

接下来，就可以计算自定义上下文菜单的合适弹出位置。要获得正确的定位坐标，就需要知道作为上下文菜单的<div>元素的 outerHeight()是否超出了浏览器视口的高度(在 vpy 变量中指定)减去鼠标指针相对于文档的纵坐标值(在 event.pageY 中提供)。如果 outerHeight()大于这个计算值，就说明该菜单应该从底边(而非顶边)来定位；否则，上下文菜单将因超出视口范围而被剪切。

```
// If the height or width of the context menu is greater than
// the amount of pixels from the point of click to the right
// or bottom edge of the viewport adjust the offset accordingly
if (contextMenu.outerHeight() > (vpy - event.pageY))
{
    contextMenu.css('bottom', (vpy - event.pageY) + 'px');
}
else
{
    contextMenu.css('top', event.pageY + 'px');
}
```

对于水平坐标也应该执行相同的计算。如果上下文菜单的 outerWidth()大于浏览器视口宽度(在 vpy 变量中指定)减去鼠标指针相对于文档的横坐标值(在 event.pageX 中提供)，则说明该菜单应该从右边(而非左边)来定位；否则，上下文菜单将因超出视口范围在水平方向上被剪切。

```
if (contextMenu.outerWidth() > (vpx - event.pageX))
{
   contextMenu.css('right',  (vpx - event.pageX) + 'px');
}
else
{
   contextMenu.css('left', event.pageX + 'px');
}
```

以上就是根据用户在文档中的单击位置正确定位上下文菜单所需的代码。下面的代码则用于在正确时机显示或隐藏上下文菜单。在文档开头声明了以下变量：

```
var contextMenuOn = false;
```

当激活上下文菜单时，上面这个变量用于跟踪用户的鼠标指针是否位于上下文菜单中。当用户的鼠标指针离开上下文菜单时，该变量将被设置为 false；当用户的鼠标指针位于上下文菜单内时，该变量将被设置为 true。然后将该布尔值用于切换上下文菜单的打开和关闭状态，当用户在上下文菜单之外单击时，上下文菜单将被关闭；而当用户在上下文菜单之内单击时，上下文菜单则保持激活状态。

以下代码通过为 jQuery 的 hover()方法传入两个事件处理器，将 contextMenuOn 变量的值设置为 true 或 false：

```
$('div#contextMenu').hover(
    function()
    {
       contextMenuOn = true;
    },
    function()
    {
       contextMenuOn = false;
    }
);
```

当用户在上下文菜单之外的任何地方单击时，该变量的值将被设置为 false。此时，下面的代码将会隐藏上下文菜单。只有当用户确实在上下文菜单上单击时才需要保持上下文菜单的显示状态。

```
$(document).mousedown(
    function()
    {
       if (!contextMenuOn)
       {
          $('div#contextMenu').hide();
       }
```

```
        }
    );
```

jQuery 中与 CSS 相关的 API 都包含在附录 H 中。

6.4　小结

本章首先介绍了如何使用 jQuery 的 css()方法来获取元素的 CSS 属性。本章还介绍了如何使用 css()方法来操作元素的样式，既可将属性名和属性值以两个字符串参数的形式传入 css()方法，也可将一个或多个“属性-值”对组成的对象字面量传入 css()方法。

jQuery 通过调用 outerHeight()和 outerWidth()方法来提供 offsetHeight 和 offsetWidth 属性。这两个方法返回的是以像素为单位的宽度值或高度值，其中包含 padding 和 border 值，还可指定这两个方法的返回值将 margin 值也计算在内。

最后，本章用一个面向实际应用的例子复习了这些方法的使用。在该例中，我们演示了如何使用自定义的上下文菜单来替换浏览器默认的上下文菜单。这种情形下，需要使用 jQuery 的 css()方法来动态设置 CSS 属性的值，而不是将样式定义在样式表中，因为此时属性值需要在代码运行时动态进行设置。

6.5　练习

1. 如果想使用 jQuery 来获取<div>元素的颜色属性的值，应该使用什么脚本代码？

2. 如果想使用 jQuery 来设置 Web 页面的背景色(background)，应该使用什么代码？

3. 对于<div>元素的集合，如果想使用 jQuery 来设置这些<div>元素的 padding、margin 和 border 属性，应该使用什么代码？

4. jQuery 的哪个方法可返回表示元素的宽度、以像素为单位并且包含 border 和 padding 的值？

5. 如果想获得<div>元素的以像素为单位的高度，并且包含 border、padding 和 margin 在内，应该使用什么样的 jQuery 代码？

第 7 章

AJAX

AJAX 技术的核心是：使用由 JavaScript 发起的 HTTP 请求来获取数据，而不必重新加载整个页面。AJAX 是“Asynchronous JavaScript and XML”(异步 JavaScript 和 XML)的简称。这一名称可能引起误导，因为实际上并非一定要使用 XML，而且请求并非一定是同步的。同步请求(从服务器收到回复前，请求将导致代码停止执行)可以是 JSON 格式。要将数据从服务器端传递给客户端 JavaScript，可采用多种数据格式，XML 仅是可选的数据格式之一。

通过使用 AJAX 技术，可使 Web 文档看起来更像完全独立的桌面应用程序，而不仅是文档。有了基于 Web 的应用程序，更新信息更容易传播，因为每个人在下次访问网站时都能立即更新信息。公司不必再考虑维护遗留软件和用户问题，有了基于 Web 的应用程序，所有人看到的都是最新版本。用户对这些应用程序的访问也变得更容易，因为不必再为需要使用该应用程序的每台计算机都单独安装应用程序，只需运行在中等水平硬件上运行的具有一定功能的浏览器即可。浏览器努力进一步模糊桌面应用程序和基于 Web 的应用程序之间的界限，诸如 Firefox 和 Google Chrome 之类的浏览器可将代表 Web 应用程序的图标放在用户的桌面、停靠栏、开始菜单或快速启动栏中，这样可以使 Web 应用程序像桌面应用程序一样更加易于访问。在 Firefox 浏览器中，该功能仍是试验性的，但 Chrome 浏览器已实现了这一功能。另外还有 Adobe 公司的 AIR 运行时技术，它允许用户利用现有的 Web 技术标准来开发桌面应用程序。由于 AIR 构建在 WebKit 引擎之上——WebKit 是一个渲染引擎，Safari 和 iOS 等系统都使用 WebKit 作为渲染引擎。AIR 具有诸多优势，其中一个优势是允许用户在开发复杂的桌面应用程序时，使用遵循标准的、可靠的渲染引擎。综上所述，在这些公司的努力下，基于 Web 的应用程序将会变得越来越流行，并会逐渐承担一些过去由桌面应用程序完成的任务。

开发基于 Web 的应用程序还有一个优势，即至少在传统意义上，基于 Web 的应用程序对盗版具有天生的免疫能力，某些盗版者可能会对此深恶痛绝。对于没有付费的用户，Web

应用程序可以直接将其拒之门外。因此，要想不付费就获得 Web 应用程序所提供的服务在原则上是不可能的，而且只允许每次在一个登录会话中使用应用程序。然而到目前为止，这并不是什么问题，因为基于 Web 的应用程序通常依靠广告来支撑运营，因此会提供各种免费服务。

Web 应用程序的另一个优势在于：与独立的桌面应用程序相比，基于 Web 的应用程序适用于更多操作系统和浏览器。Web 应用程序适用于 Safari、Chrome、Firefox、Internet Explorer 和 Opera 等浏览器，可轻松地覆盖超过 99%的浏览器用户。不同浏览器之间存在的不一致性及其他一些令人头疼的跨浏览器问题，是跨浏览器的 Web 应用程序开发过程中常遇到的拦路石，但诸如 jQuery 的框架已经消除了上述问题，使得开发跨浏览器的 Web 应用程序的过程变得更轻松。

当然，基于 Web 的应用程序也有一些缺点，在此有必要讨论一下。由于基于 Web 的应用程序极易改变，一些用户心生报怨，甚至有些用户干脆拒绝使用此类程序。另外，基于 Web 的应用程序的速度尚不能接近本地程序的速度。速度是个问题，因为 JavaScript 是解释型语言，虽然大多数浏览器可将 JavaScript 快速转换为机器码并进行缓存，而且速度已得到极大提升，但也不能完全扭转局势。JavaScript 以及(X)HTML 和 CSS 仍存在网络延迟问题，仍承袭解释型语言的缺点(即动态处理)，而不像日常使用的大多数桌面应用程序那样进行编译。在移动领域，速度问题导致大多数开发不愿意采用基于 Web 的语言和浏览器；相反，大多数移动开发都使用本地编译的语言，如 Objective-C、Swift、Java 或.NET。最后，作为基于 Web 的技术，虽然在一些开发场景中，可采用适当方法规避网络断开的情况，但网络或服务器问题确实可能导致用户根本无法访问应用程序。

但无论如何，在 Web 开发中，AJAX 已成为强大的、日趋重要的关键技术。本章将介绍 jQuery 用于发起 AJAX 请求的内置方法。正如你所期望的那样，jQuery 把 AJAX 中一些冗长而复杂的内容提炼为更加简单和易于掌握的 API，这样可以更加快速地编写具有 AJAX 功能的 Web 应用程序。

7.1　向服务器发起请求

我们已经知道，Web 运行于被称为 HTTP 的协议之上。当导航到一个 Web 页面时，浏览器使用 HTTP 通信协议向一个远程 HTTP 服务器发起请求，该服务器运行着 Apache、nginx、Microsoft IIS 以及其他一些 HTTP 服务器软件。AJAX 技术以编程方式发起 HTTP 请求，而不必重新加载整个 Web 页面。浏览器一旦用 JavaScript 代码发起 HTTP 请求并接收到响应之后，就可以根据接收到的响应来获取数据，并操纵已呈现在用户页面中的内容。在使用 HTTP 协议时，可采用多种方法向服务器发起数据请求。在 HTTP 服务器和客户端之间传输信息的最常见方式是 GET 和 POST 方法；但也可将其他很多方法实现为 REST 风格的服务的一部分。如果已将服务器或应用程序配置为支持 REST 风格的调用，也可使用诸如 PUT 和 DELETE 的方法，具体信息可参阅 7.4.3 节。在分析 REST 之前，首先要熟练掌握最常用的传输 HTTP 请求的方法：使用简单的 GET 或 POST 请求。

7.1.1 GET 方法和 POST 方法的区别

从表面看，GET 方法和 POST 方法是相同的：这两个方法都允许对 Web 页面发起请求，并根据请求向 Web 页面发送数据。对于 AJAX 请求来说，大多数情况下将使用 GET 方法，因为出于对 AJAX 性能的考虑，GET 方法的速度将会略快一些。但是这两个方法也存在一些值得注意的差别，这些差别不但表明这两个方法语义上的不同，也表明两者在技术和安全方面的差异。下面列出了 GET 方法和 POST 方法的主要差别：

- GET 方法用于那些对任何状态都没有实际的持续性影响的请求(HTTP 规范将此类请求称为安全请求)。例如，当发起一个请求时，如果该请求只是简单地从数据库中获取数据，GET 方法将非常适合。如果请求的结果将执行插入、更新或删除操作，导致数据库发生改变——例如管理内容、下订单或上传数据——那么 POST 方法是最适合的。然而这仅是语义上的差别。
- 当用户使用浏览器的 Back 按钮回退到提交表单时，使用 POST 方法将导致浏览器自动阻止表单被再次提交，因为 POST 方法适用于这种操作数据的情形。这一技术差别可用于阻止表单数据的重复提交。但这种自动阻止是无效的，因为我们仍需对服务器端程序进行设计，以便处理表单数据可能被重复提交的问题，毕竟任何疏漏都可能出现问题！用户可能失去耐心，多次单击 Submit 按钮，或忽略浏览器的警告信息对已提交的表单进行页面刷新。另一方面，GET 方法并未提供自动保护机制来阻止表单的重复提交。对于 AJAX 程序设计来说，几乎不必考虑 GET 方法和 POST 方法的这一差别，因为如果在 AJAX 程序中没有专门设计这一功能的话，用户将无法重复提交 POST 请求。
- 与 POST 方法相比，GET 方法对请求的数据长度方面的限制更少。这是一个可能影响应用程序的技术差别。GET 请求的长度限制因浏览器而异，但 RFC 2068 指明对于长度超过 255 字节的 URI，服务器应该谨慎地进行处理。由于 GET 请求的数据是作为 URI 的一部分被包含在 URI(即 Web 页面的地址)中，因此 GET 请求将受限于浏览器所支持的 URI 长度。IE 浏览器可以支持最大 2083 个字符的 URI，这已经相当长了。另一方面，除了服务器所配置的可接收请求数据的长度限制之外，POST 方法从理论上来说在数据长度上并没有任何限制。例如，默认情况下，PHP 被配置为可接受 8MB 或小于 8MB 的 POST 请求。服务器的配置及其他一些条件，如可以执行多长的脚本、可以使用多大的内存等，这些因素共同定义了在服务器端语言上下文中，POST 请求所能携带的数据长度。在客户端，除客户端计算机的硬件、网络和处理能力的限制之外，POST 请求并没有什么硬性限制。
- POST 方法和 GET 方法的另一个技术差异是它们可采用不同方式进行编码，本书并不打算详细讨论这一问题，因为这超出了本书的范畴。当试图使用 POST 方法上传文件时，这一差别就会体现出来。第 11 章将讨论如何通过 POST 上传文件。如第 11 章所述，当通过浏览器提供的 AJAX API 上传文件时，浏览器可自动编码。

当从 AJAX 脚本中发起请求时，GET 方法与 POST 方法之间的区别并不明显。由于在 AJAX 中用户的工作并不会涉及请求的细节，因此已经不再需要 POST 方法自动阻止重复提交表单的功能，这两种方法的差别，仅仅停留在语义上和请求所携带数据长度的限制上。绝大多数情况下，都可以使用 GET 请求来完成一切，并且 GET 方法在性能上要比 POST 方法稍有优势。根据笔者个人的经验，出于多年来从事 Web 客户端表单设计的简单习惯，更倾向于尊重这两个方法的语义差别。

注意：要了解更多性能方面的信息，可访问 Yahoo 开发网站：http://developer.yahoo.com/performance/rules.html。

7.1.2　REST 风格的请求

REST(Representational State Transfer，表示性状态传输)允许根据指定的 HTTP 传输方法区分不同的操作。前面已介绍了 GET 和 POST HTTP 传输方法。如上一节所述，GET 和 POST 的区别主要体现在语义层面，因为每个 HTTP 服务器都可以处理 GET 和 POST 方法。REST 是架构决策，确定如何选择实施 Web 服务。不要纠结于 GET 和 POST 方法在语义上的差异，也可以施加技术约束。例如，服务器端应用程序根据使用的是 GET 还是 POST 方法做出不同反应，以不同方式处理数据。除了 GET 和 POST 外，REST 架构还可以实现 PUT 和 DELETE 方法。最后，除了这 4 种方法外，某些实现方式更进一步，还定义了其他方法，例如 PATCH。

指定的 HTTP 传输方法(GET、POST、PUT 或 DELETE)之间的差异可在服务器端加以处理。例如，可向同一个 URI 地址发送 GET、POST、PUT 或 DELETE 请求，在请求正文中以 JSON 形式指定信息；此后，服务器端应用程序路由请求，并根据指定的方法执行不同代码。很多开发人员使用 URL 完成同样的操作，而且只选用 GET 或 POST 方法。然而，以下风气日趋流行：使用 HTTP 清晰定义请求的作用，使用 HTTP 错误码响应请求。通过使用 HTTP 协议中定义的基本被忽略的功能，REST 方法使 AJAX 应用程序更好地融入已制定的标准中。

7.4.3 节有个例子，演示了如何在 jQuery 中使用 REST 方法来发送和接收数据。

7.1.3　AJAX 请求中所传递数据的格式

尽管 AJAX 这个名字似乎暗示了应使用 XML 作为 AJAX 请求所传递数据的格式，但实际上是否使用 XML 完全是可选的。除了 XML，还有另外两种常用的数据格式用于从服务器向客户端 JavaScript 应用程序传递数据：JSON(JavaScript Object Notation，JavaScript 对象表示法)和 HTML 格式。但并不仅仅局限于使用这 3 种数据格式，实际上完全可以使用自己喜欢的任何数据格式将数据从服务器传递到客户端。这 3 种数据格式之所以非常流行，是因为 JavaScript 提供了一些相应的工具来处理这些类型的数据。使用 DOM 工具和方法，以及 jQuery 的各种遍历、筛选和检索方法，可以非常方便地查询 XML。使用 jQuery 的 html()方法，可轻松地将 HTML 作为不完全的标记片段插入文档中。

还可从服务器端向客户端传递 JavaScript 代码，客户端应用程序将“计算”这些 JavaScript 代码、执行这些代码并使得其中的任何变量、函数和对象等都处于可用状态。

由于 JSON 格式是 JavaScript 对象字面量所支持语法的子集，因此也是 JavaScript 本身的子集。人们通常认为 JSON 是 JavaScript 自己特有的数据传递格式，但实际上很多流行的程序设计语言都支持读取和发送 JSON 格式的数据。

当使用 JSON 格式的数据时，应该考虑到使用 eval()方法执行来自服务器的 JavaScript 代码时有可能带来的潜在的安全问题。只有当已经确保有待“计算”的数据不能被操作，并且其中不包含恶意代码时，才能使用 eval()方法执行从服务器传递过来的 JavaScript 代码。在 Web 应用程序中，在使用 eval()方法执行用户提供的任何数据之前，都应该采取必要的预防措施，因为用户可能怀有恶意操纵的企图。就源代码而言，一部分源代码对于客户端的所有用户都是可见的，任何用户都可以发现用于接收和传送数据的各个方法。如果使用 JSON 来传递用户在输入表单中提供的数据，那么用户就可以恶意地编造提交的数据，并使之随着 JSON 格式的代码一起被执行。如果恶意用户充分利用这一方法，就可能会存在如下漏洞：使用其他用户的会话数据来执行 JavaScript 代码，并将数据回传给恶意用户的服务器。这类漏洞就是著名的 XSS，即 Cross-Site Scripting vulnerability(跨站式脚本攻击)，又称为 Cross-Site Scripting Forgery(跨站式脚本伪造)。原因在于会话数据并非绑定于用户的计算机，而是依赖于一个难以用算术方法重新生成的、由数字和字母构成的长字符串，一旦恶意用户获得了其他用户的会话 ID，恶意用户就有可能假冒其他用户，并盗取服务器中其他用户的敏感数据或日志等机密信息。因此，对于使用 eval()方法“计算的”JavaScript 代码来说，哪些代码是安全的，而哪些代码是不安全的，必须非常仔细地加以考虑。

7.1.4　使用 jQuery 发起 GET 请求

对于什么是 AJAX 请求，上面已经讨论了许多细节问题，下面将具体介绍在 AJAX 中如何使用 jQuery 来发起首个 GET 请求。

当然，AJAX 通常用于创建动态 Web 应用程序。在服务器端，这种 Web 应用程序具有使用诸如 PHP、Java、.NET、Ruby 或其他语言编写的服务器端组件。由于本书并不打算介绍服务器端应用程序的内容，因此下面的示例并不将 AJAX 请求链接到服务器端应用程序，而将这些请求链接到每次提供相同响应的本地文档。如果想学习相关服务器端组件的知识，可参阅 Wrox 出版社出版的大量优秀书籍，这些书籍介绍了各种服务器端 Web 应用程序语言的知识。

jQuery 提供了几种用于向服务器发起 GET 请求的方法，所用方法取决于我们想要获取的数据。常用方法简称为 get()方法，使用 get()方法可以发起任何类型的 GET 请求。由于发起请求的每个方法都是 jQuery 对象的成员，因此应该采用下列方式来调用 get()方法：$.get()。

1. 请求 XML 格式的数据

下面的第一个示例将演示如何向服务器发起请求，服务器将返回 XML 格式的数据作为响应。下列源代码演示了一个表示地址信息的输入表单，在该表单中，当 Country 下拉列表框中选中的国家名称发生改变时，State 下拉列表框中的选项将动态更新，国旗图案也随之改变。每个国家所包含的 State 列表都使用 AJAX 请求从服务器端动态获取。但在本例中，由于所请求的信息是从静态 XML 文件(而非数据库驱动的服务器)获取的，本例仅提供了分别代表美国、加拿大和英国的 3 个 XML 文件，因此仅当在 Country 下拉列表框中选中这 3 个国家时，动态更新 State 列表和国旗图标才会有效。如果要为所有 200 多个国家选项都创建相应的 XML 文件，那么即使在某些国家中并没有类似美国的“州”这样的行政管理区域，也至少能够根据选中的国家同步更新该国的国旗图标。下面的代码是 Example 7-1 的 HTML 代码部分：

```
<!DOCTYPE HTML>
<html lang='en'>
   <head>
      <meta http-equiv='X-UA-Compatible' content='IE=Edge' />
      <meta charset='utf-8' />
      <title>Context Menu Example</title>
      <script src='../jQuery.js'></script>
      <script src='../jQueryUI.js'></script>
      <script src='Example 7-1.js'></script>
      <link href='Example 7-1.css' rel='stylesheet' />
   </head>
   <body>
      <form action='javascript:void(0);' method='post'>
         <fieldset>
            <legend>Address</legend>
<div id='addressCountryWrapper'>
   <label for='addressCountry'>
      <img src='flags/us.png' alt='Country' />
   </label>
   <select id='addressCountry' size='1' name='addressCountry'>
      <option value='0'>Please select a country</option>
      <option value='1'>Afghanistan</option>
      <option value='2'>Albania</option>
      <option value='3'>Algeria</option>
      <option value='4'>American Samoa</option>
      <option value='5'>Andorra</option>
```

这里略去了冗长的国家列表，可从 www.wrox.com/go/webdevwithjquery 免费下载完整的源代码文件。

```
        <option value='222'>United Kingdom</option>
        <option value='223' selected='selected'>United States</option>
        <option value='224'>United States Minor Outlying Islands</option>
        <option value='225'>Uruguay</option>
        <option value='226'>Uzbekistan</option>
        <option value='227'>Vanuatu</option>
        <option value='228'>Vatican City State (Holy See)</option>
        <option value='229'>Venezuela</option>
        <option value='230'>Vietnam</option>
        <option value='231'>Virgin Islands (British)</option>
        <option value='232'>Virgin Islands (U.S.)</option>
        <option value='233'>Wallis and Futuna Islands</option>
        <option value='234'>Western Sahara</option>
        <option value='235'>Yemen</option>
        <option value='236'>Yugoslavia</option>
        <option value='237'>Zaire</option>
        <option value='238'>Zambia</option>
        <option value='239'>Zimbabwe</option>
    </select>
</div>
<div>
    <label for='addressStreet'>Street Address:</label>
    <textarea name='addressStreet'
              id='addressStreet'
              rows='2'
              cols='50'></textarea>
</div>
<div>
    <label for='addressCity'>City:</label>
    <input type='text' name='addressCity' id='addressCity' size='25' />
</div>
<div>
    <label for='addressState'>State:</label>
    <select name='addressState' id='addressState'>
    </select>
</div>
<div>
    <label for='addressPostalCode'>Postal Code:</label>
    <input type='text'
          name='addressPostalCode'
          id='addressPostalCode'
          size='10' />
</div>
<div id='addressButtonWrapper'>
    <input type='submit'
          id='addressButton'
          name='addressButton'
          value='Save' />
</div>
          </fieldset>
```

```
        </form>
    </body>
</html>
```

将下面的 CSS 样式表应用于上面的 HTML 文档：

```
body {
    font: 16px sans-serif;
}
fieldset {
    background: #93cdf9;
    border: 1px solid rgb(200, 200, 200);
}
fieldset div {
    padding: 10px;
    margin: 5px;
}
fieldset label {
    float: left;
    width: 200px;
    text-align: right;
    padding: 2px 5px 0 0;
}
div#addressCountryWrapper img {
    position: relative;
    top: -4px;
}
div#addressButtonWrapper {
    text-align: right;
}
```

接下来的 JavaScript 代码将包含在上面的 HTML 文档中：

```
$(document).ready(
    function()
    {
        $('select#addressCountry').click(
            function()
            {
                $.get(
                    'Example 7-1/' + this.value + '.xml',
                    function(xml)
                    {
                        // Make the XML query-able with jQuery
                        xml = $(xml);

                        // Get the ISO2 value, that's used for the
                        // file name of the flag.
                        var iso2 = xml.find('iso2').text();

                        // Swap out the flag image
```

```
                    $('div#addressCountryWrapper img').attr({
                        alt : xml.find('name'),
                        src : 'flags/' + iso2.toLowerCase() + '.png'
                    });

                    // Remove all of the options
                    $('select#addressState').empty();

                    // Set the states...
                    xml.find('state').each(
                        function()
                        {
                            $('select#addressState').append(
                                $('<option/>')
                                    .attr('value', $(this).attr('id'))
                                    .text($(this).text())
                            );
                        }
                    );

                    // Change the label
                    $('label[for="addressState"]').text(
                        xml.find('label').text() + ':'
                    );
                },
                'xml'
            );
        }
    );

    $('select#addressCountry').click();
  }
);
```

接下来，要使 AJAX 请求成功执行，还需创建几个相应的 XML 文档作为响应内容。当<select>元素中选中的国家发生改变时，JavaScript 代码将通过 GET 方法向名为 Example 7-1/<addressCountry>.xml 的文件发起 AJAX 请求；这里的<addressCountry>是 Country 下拉列表框中所选国家的数字 id。本例创建了 id 分别为 38、222 和 223 的 3 个 XML 文件，这 3 个 XML 文件分别代表加拿大、英国和美国。下面是表示加拿大的 XML 文件，每个国家的 XML 文件都与之类似：

```
<?xml version="1.0" encoding="UTF-8" standalone="yes"?>
<country>
    <name>Canada</name>
    <iso2>CA</iso2>
    <iso3>CAN</iso3>
    <label>Province</label>
    <state id='0'> </state>
    <state id="66">Alberta</state>
```

```
    <state id="67">British Columbia</state>
    <state id="68">Manitoba</state>
    <state id="69">Newfoundland</state>
    <state id="70">New Brunswick</state>
    <state id="71">Nova Scotia</state>
    <state id="72">Northwest Territories</state>
    <state id="73">Nunavut</state>
    <state id="74">Ontario</state>
    <state id="75">Prince Edward Island</state>
    <state id="76">Quebec</state>
    <state id="77">Saskatchewan</state>
    <state id="78">Yukon Territory</state>
</country>
```

每个 XML 文件的结构都是相同的，其中分别提供了一个 ISO2 和 ISO3 格式的国家编码、一个标签以及一个表示该国所包含行政管理区域的列表。前面简单地将这样的行政管理区域称为“州”，但这一称呼因各个国家的具体情况而不同。加拿大称之为“省”，而英国称之为“郡”。

运行该例，当从 Country 下拉列表框中选择 United Kingdom 时，页面将如图 7-1 所示。

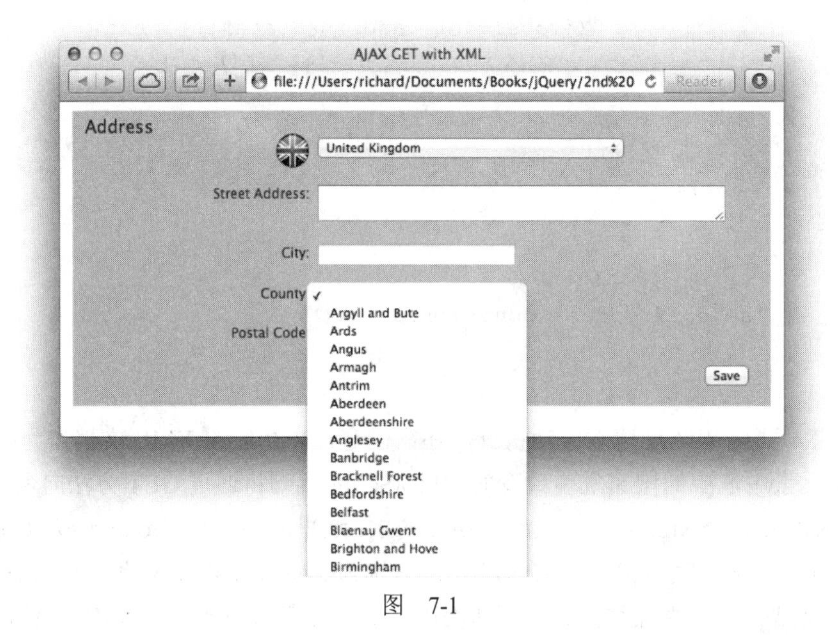

图　7-1

在 JavaScript 文件中，首先为 id 为 addressCountry 的<select>元素添加了一个 click 事件。该 click 事件的处理函数将使用 jQuery 的$.get()方法来发起 AJAX 请求。$.get()方法的第 1 个参数指定了要请求的文件路径，本例中请求的是一个 XML 文件，动态替换为文件名中的国家 id。$.get()方法的第 2 个参数是一个回调函数，当脚本代码收到来自服务器的响应后，会执行该回调函数。$.get()方法的第 3 个参数是 AJAX 请求的类型。关于$.get()方法 API 的详细介绍，请参阅附录 G。

在本例的 JavaScript 代码中指定的回调方法只有一个参数，即 xml。该变量包含从服务器发回的 XML 数据，接下来脚本代码将这些数据封装为一个 jQuery 对象，以便从中抽取相应的数据：

```
// Make the XML query-able with jQuery
xml = $(xml);
```

接下来的代码用于从服务器返回的 XML 文档中获取 ISO2 编码，该编码将用于获得所选国家的更新后的国旗图标。

```
// Get the ISO2 value, that's used for the
// file name of the flag.
var iso2 = xml.find('iso2').text();
```

与操作普通 HTML 文档相似，可使用 jQuery 的 find()方法来查找 XML 元素<iso2>，并通过 jQuery 的 text()方法来获取元素的文本内容。本例仅为 3 个国家创建了相应的 XML 文件，对于加拿大，变量$iso2 将包含字符串 CA；对于英国，变量$iso2 将包含字符串 GB；对于美国则包含字符串 US。下面的代码用于设置表示国旗图标的<img>元素的 alt 和 src 特性：

```
// Swap out the flag image
$('div#addressCountryWrapper img').attr({
    alt : xml.find('name'),
    src : 'flags/' + iso2.toLowerCase() + '.png'
});
```

通过在 DOM 中查询 id 特性值为 addressCountryWrapper 的< div>元素，然后找到其中的<img>元素，就可以定位到这个表示国旗图标的<img>元素。在定位到该<img>元素后，需要使用 jQuery 的 attr()方法来设置该<img>元素的 src 和 alt 特性，定义国旗图标文件的路径时采用了本书源代码资料中的文件结构。由于每个国旗图标的文件名都是小写字母的，因此需要将 ISO2 编码转换为小写之后才能追加文件名。对于某些服务器而言，文件名采用大写还是小写并不是什么问题。例如，Windows 或某些 Mac 服务器都是不区分文件名的大小写的，但 UNIX 和 Linx 服务器以及某些 Mac 服务器(取决于对 Mac 的配置)则区分文件名的大小写，文件名中不正确的大小写形式将导致无法加载国旗图标。

接下来的代码用于移除 State 下拉列表框中的所有选项。首先查询 id 为 addressState 的<select>元素，然后调用 jQuery 的 empty()方法移除所有选项。相应代码如下所示：

```
// Remove all of the options
 $('select#addressState').empty();
```

接下来，将 XML 文件中包含的行政管理区域作为列表项，添加到 State 下拉列表框中。下面的代码首先使用 jQuery 的 find()方法来查找 XML 文件中的所有<state>元素，然后使用 each()方法来遍历每个<state>元素。

```
// Set the states...
xml.find('state').each(
```

```
    function()
    {
```

下面的代码用于创建每个<option>元素，并将每个元素追加到表示“州”的<select>元素中：

```
$('select#addressState').append(
    $('<option/>')
        .attr('value', $(this).attr('id'))
        .text($(this).text())
);
```

由于上述代码被包含在 each()方法的回调函数中，因此每个<state>元素都会被作为 this 关键字传递给该回调函数。要访问 jQuery 提供的方法，就必须将 this 封装在对 jQuery 对象的调用中，即封装为$(this)对象。上面的代码将每个<option>元素的 value 特性设置为在每个<state>元素中传递的唯一数字 id，例如，id="0"中的 0 就是唯一编号。要获得这个 id 值，只需调用 jQuery 的 attr()方法，并将特性名作为该方法的第一个参数即可。然后设置列表项的名称标签，只需调用 jQuery 的 text()方法即可，该方法将获取当前<state>元素包含的文本内容。

最后一个步骤，就是设置“州”的标签。由于加拿大称之为省，英国称之为郡，而美国则称之为州，因此需要根据选中国家的情况来正确地更新行政管理区域的标签，该标签在 XML 文件中由<label>元素提供。要找到需要更新的<label>元素，只需在文档的 DOM 中查询 for 特性值为 addressState 的<label>元素。然后使用 XML 文档中<label>元素的文本内容来设置该<label>元素的文本内容。相应代码如下所示：

```
// Change the label
$('label[for="addressState"]').text(
    xml.find('label').text() + ':'
);
```

通过上述示例可以看到，jQuery 提供的细致周详的 AJAX 处理能力并未令我们失望。如果使用传统的 JavaScript 和 DOM 方法，要编写实现上面这些功能的代码将会非常烦琐，而且相当困难。jQuery 将本身的功能绑定到 XML 响应中，这样可以像解析和处理 HTML 文档一样来解析和处理 XML 文档，真的非常方便！

提示：本书可供下载的源代码中包含的 iTunes 风格的图标源于以下网址：www.bartelme.at/journal/archive/flag_button_devkit/，还可以从该网站获得更高品质的图片。

2. 在请求中发送数据

在前例中，假如我们实际使用的是一台数据库驱动的服务器，那么又该如何构造 AJAX

请求呢？显然这个 AJAX 请求将与前面例子中的请求有所不同。这种情况下，不能再使用想要选中的国家的 id 来动态创建 XML 文件名，而应在请求中将当前选中国家的 id 作为单独的信息传递给服务器。jQuery 支持在$.get()方法中向服务器传递数据。在前面示例的上下文中，首先调用$.get()方法发起 AJAX 请求，$.get()方法的代码如下所示(为使$.get()方法的代码简洁易懂，这里略去了附加的代码片段)：

```
$.get(
    'Example 7-1/38.xml',
    function(xml)
    {
        // snip
    },
    'xml'
);
```

$.get()方法的第 1 个参数是我们想要请求的文件——可以是任意的 URL 值。通常情况下，该 URL 将引用某个服务器端的脚本，该脚本用于向客户端输出响应数据。第 2 个参数是一个回调函数，服务器响应的 XML 文件将传递给该回调函数。第 3 个参数是请求的类型，该参数的值为 xml、html、script、json、jsonp 或 text，该参数的设置取决于从服务器端返回的数据的类型。

如果想在请求中向服务器传递额外数据，需要添加另一个参数：

```
$.get(
    'Example 7-1/38.xml', {
        countryId : 223,
        iso2 : 'US',
        iso3 : 'USA',
        label : 'State'
    },
    function(xml)
    {
        // snip
    },
    'xml'
);
```

这个新参数位于文件名之后、回调函数之前。该参数是一个对象字面量，其中包含了想在 GET 请求中向服务器传递的数据。在上例中，已将文件名修改为 Example 7-1/38.xml，并创建了一个具有以下 4 个属性的对象字面量：countryId、iso2、iso3 和 label。因此，这一改变在后台将导致发给服务器的请求形如：

```
Example%207-1/38.xml?countryId=223&iso2=US&iso3=USA&label=State
```

jQuery 将获取对象字面量参数中的数据项，并用于构造 GET 请求。GET 请求将数据作为 URL 的一部分包含在所请求的 URL 中，向服务器传递的数据将被追加到所请求 URL

的末尾。URL 中的问号用于指明位于问号之后的是 GET 请求将传递给服务器的数据。数据以“名/值”对的形式传递，数据的名称和值之间用一个等号(=)进行分隔。如果要传递多个值，可将后续的数据按顺序追加到当前数据之后，并在两个数据之间添加一个&字符。然后将数据编码以便传给 HTTP 服务器。在 HTTP 服务器中，如何读取这些数据则取决于用于读取数据的服务器端程序设计语言的类型。

3. 请求 JSON 格式的数据

本小节将继续讨论上一小节介绍的示例，但这里将使用 JSON 作为数据的传递格式，而不采用 XML 格式。我们仍可用相同的 jQuery 方法$.get()来完成这一功能，只需将$.get()方法的最后一个参数由 xml 改成 json 即可。实际上，jQuery 还提供了一个名为$.getJSON()的方法，专门用于获取 JSON 格式的数据。除非明确要求从服务器端返回的数据应该使用 JSON 格式之外，$.getJSON()方法与$.get()方法基本相同。

与使用 XML 格式相比，使用 JSON 作为数据传递格式可使相应代码变得更加直观和简单，还可以显著减少从服务器返回的响应数据的大小。下面的示例与上一小节介绍过的例子相同，当用户在表示国家列表的下拉列表框中选择 Canada、United States 或 United Kingdom 时，该国的国旗图标、行政管理区域的列表及行政管理区域标签都会随之做相应的变更，以显示所选中国家的相关数据。本例中的 HTML 部分保持不变，仅对 JavaScript 代码部分做少量修改。可从源代码资料 Example 7-2 获得该例。

```
$(document).ready(
    function()
    {
        $('select#addressCountry').click(
            function()
            {
                $.getJSON(
                    'Example 7-2/' + this.value + '.json',
                    function(json)
                    {
                        // Swap out the flag image
                        $('div#addressCountryWrapper img').attr({
                            alt : json.name,
                            src : 'flags/' + json.iso2.toLowerCase() + '.png'
                        });

                        // Remove all of the options
                        $('select#addressState').empty();

                        // Set the states...
                        $.each(
                            json.states,
                            function(id, state)
                            {
                                $('select#addressState').append(
```

```
                                    $('<option/>')
                                        .attr('value', id)
                                        .text(state)
                                );
                            }
                        );

                        // Change the label
                        $('label[for="addressState"]').text(
                            json.label + ':'
                        );
                    }
                );
            }
        );

        $('select#addressCountry').click();
    }
);
```

上面的 JavaScript 代码所完成的功能与前一示例相同，不同之处在于前一示例使用 XML 作为响应数据格式，而本例则使用 JSON 格式的响应数据。本例使用$.getJSON()方法而不是$.get()方法来初始化 AJAX 请求。图 7-2 显示了结果。

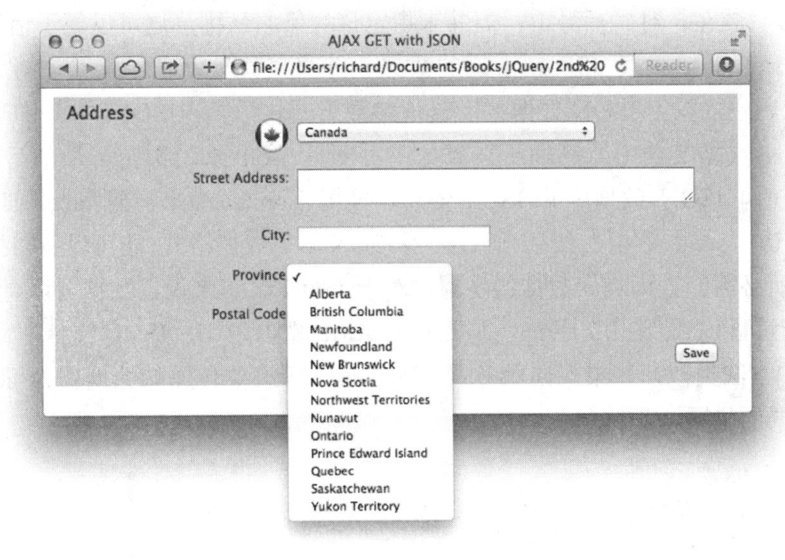

图　7-2

除了在使用$.getJSON()方法时，不必定义第 3 个参数来声明服务器响应的数据格式之外，这两个方法是非常类似的。另一个差别在于，当使用$.getJSON()方法时，所请求的文件的扩展名为.json 而不是.xml。页面的功能与前一示例完全相同，用户从表示国家的下拉列表框中选中了哪个国家，脚本代码就向表示该国家的 JSON 文件发起请求。所请求文件中的 JSON 对象将具有如下所示的格式：

```
{
    "name" : "Canada",
    "iso2" : "CA",
    "iso3" : "CAN",
    "label" : "Province",
    "states" : {
        "0" : " ",
        "66" : "Alberta",
        "67" : "British Columbia",
        "68" : "Manitoba",
        "69" : "Newfoundland",
        "70" : "New Brunswick",
        "71" : "Nova Scotia",
        "72" : "Northwest Territories",
        "73" : "Nunavut",
        "74" : "Ontario",
        "75" : "Prince Edward Island",
        "76" : "Quebec",
        "77" : "Saskatchewan",
        "78" : "Yukon Territory"
    }
}
```

可以看到，JSON 格式使用的是 JavaScript 中我们早已熟知的对象字面量语法。整个 JSON 对象被封装在一对大括号中，但并未指定该对象的名称，这可以便于诸如 jQuery 之类的 JavaScript 框架获取 JSON 格式的数据，并直接将其赋值给一个对象。在本例的 JavaScript 代码中，以上 JSON 数据被以 json 参数形式传给$.getJSON()方法的事件处理器。在以上 JSON 数据文档中看到的所有数据，对变量 json 来说都是可用的。可直接使用 json.iso2 来访问 JSON 数据中的 ISO2 信息，使用 json.label 来访问 label 信息，并使用 json.states 来访问 states 数组的信息。通过使用 JSON 作为数据格式，还可以省略掉使用 XML 数据格式时所必需的查询响应数据的步骤。对于 JSON 格式来说，数据可以直接传递给一个对象，并且可供立即使用。另外，与冗长的 XML 文档相比，JSON 文件非常简洁。

与$.get()方法类似，如果想向服务器传递数据，可将要传递的数据作为可选的数据参数，放在相同的位置。

```
$.getJSON(
    'Example 7-2/38.json', {
        countryId : 223,
        iso2 : 'US',
        iso3 : 'USA',
        label : 'State'
    },
    function(json)
    {

    }
);
```

4. 发起 POST 请求

除了方法名不同外，POST 请求与 GET 请求在使用方式上是相同的，POST 请求将使用$.post()方法来发起请求，而不是$.get()方法。由于 POST 方法请求用于以某种方式来修改数据的状态，因此大多会在 POST 请求中传递一些数据，并且这些数据通常来源于某种表单。jQuery 正好提供了这样的功能，它使从表单中提取数据并传递给服务器的工作变得非常简单。jQuery 提供了一个名为 serialize()的方法来完成这一功能，serialize()方法用于从由表单定义的输入元素(包括<input>、<textarea>和<select>)中获取数据，并将这些输入元素的值加工为一个查询字符串。如果没有为序列化选择任意元素，可改而选择<form>元素，jQuery 将自动序列化在<form>元素中找到的所有<input>、<textarea>和<select>元素。下面的示例(Example 7-3)是更新后的 JavaScript 代码：

```
$(document).ready(
    function()
    {
        $('select#addressCountry').click(
            function()
            {
                $.getJSON(
                    'Example 7-3/' + this.value + '.json',
                    function(json)
                    {
                        // Swap out the flag image
                        $('div#addressCountryWrapper img').attr({
                            alt : json.name,
                            src : 'flags/' + json.iso2.toLowerCase() + '.png'
                        });

                        // Remove all of the options
                        $('select#addressState').empty();

                        // Set the states...
                        $.each(
                            json.states,
                            function(id, state)
                            {
                                $('select#addressState').append(
                                    $('<option/>')
                                        .attr('value', id)
                                        .text(state)
                                );
                            }
                        );

                        // Change the label
                        $('label[for="addressState"]').text(
                            json.label + ':'
```

```
                    );
                }
            );
        }
    );

    $('select#addressCountry').click();

    $('input#addressButton').click(
        function(event)
        {
            event.preventDefault();

            $.post(
                'Example 7-3/POST.json',
                $('form').serialize(),
                function(json)
                {
                    if (parseInt(json) > 0)
                    {
                        alert('Data posted successfully.');
                    }
                },
                'json'
            );
        }
    );
  }
);
```

完成上面的修改后，加载新文档，单击 Save 按钮，将看到如图 7-3 所示的页面。

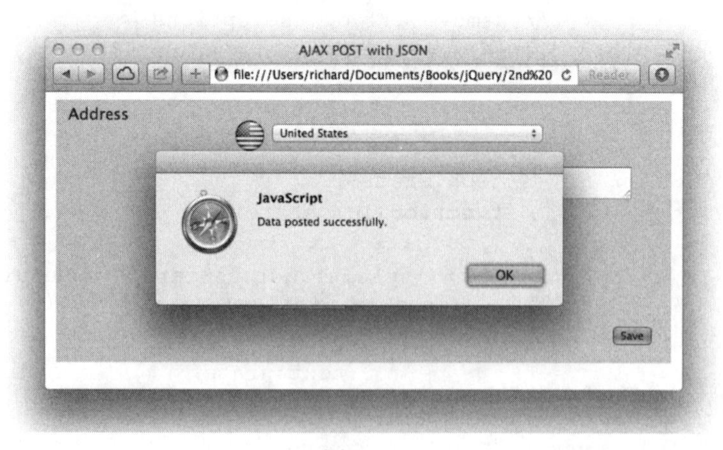

图　7-3

上面的代码为 id 为 addressButton 的<input>元素添加了一个新事件。当单击该<input>元素时，代码将使用 jQuery 的$.post()方法来初始化 POST 请求。当然，由于并未将 HTTP 服务器设置为接受此 POST 数据请求，因此在代码中只是简单地引用了一个静态的 JSON

文件，以便在请求这个指定的文档时让你知道该 POST 请求已经发送成功。$.post()方法的第 2 个参数指定想要传给服务器的数据，与像前面例子中使用$.get()和$.getJSON()方法向服务器传递数据的方式相同。但是，除了支持对象字面量外，还可以提供 URL 编码的键-值对的序列化字符串。这是 serialize()提供的功能；编码键-值对，从中创建 URL 编码的字符串。当选择<form>元素时，自动在<form>元素中查找所有的<input>、<textarea>和<select>元素。也可以进行显式选择，明确指定想要序列化哪些<input>、<textarea>和<select>元素。选择内容并传给 jQuery 的 serialize()方法，该方法从各种输入元素中查找正确的名称和值，并将它们格式化为如下形式：

```
addressCountry=223
&addressStreet=123+Main+Street
&addressCity=Springfield
&addressState=23
&addressPostalCode=12345
```

传给 serialize()方法的数据是一个连续行；这里添加了一些换行符，目的是便于阅读。现在，要传给服务器的数据已经准备就绪，只需将这些格式化的数据作为数据参数传给$.post()方法即可。用 serialize()方法来格式化数据的方式也适用于 jQuery 的其他 AJAX 请求方法，jQuery 能智能识别出所传递的数据是对象字面量(如上例所示)还是格式化的查询字符串(如本例所示)。在服务器端，只需访问传递给服务器的数据即可，就像通常情况下处理 POST 请求数据那样。

7.2 从服务器加载 HTML 片段

前几节介绍了如何向服务器发送请求，以请求远程的 XML 格式或 JSON 格式的数据。还有一种从服务器向客户端异步地传递数据的流行方法，即传递 HTML 片段。使用这一方法时，将根据需要向服务器请求 HTML 代码的小片段，但这些 HTML 片段中并不包含<html>、<head>和<body>标记。

下面的示例(Example 7-4)演示了如何使用 jQuery 的 load()方法来加载 HTML 片段：

```
<!DOCTYPE HTML>
<html lang='en'>
    <head>
        <meta http-equiv='X-UA-Compatible' content='IE=Edge' />
        <meta charset='utf-8' />
        <title>Folder Tree</title>
        <script src='../jQuery.js'></script>
        <script src='../jQueryUI.js'></script>
        <script src='Example 7-4.js'></script>
        <link href='Example 7-4.css' rel='stylesheet' />
    </head>
    <body>
        <div id='folderTree'>
```

```
<ul class='folderTree'>
    <li>
        <div class='folderTreeDirectory folderTreeRoot'
            data-id='1'
            title='/'>
          <span>Macintosh HD</span>
        </div>
        <ul class='folderTreeDirectoryBranchOn' data-id='1'>
          <li class='folderTreeDirectoryBranch'>
            <div class='folderTreeDirectory'
                data-id='5175'
                title='/Applications'>
              <div class='folderTreeIcon'></div>
              <span>Applications</span>
            </div>
            <img src='tree/right.png'
                class='folderTreeHasChildren'
                data-id='5175'
                alt='+'
                title='Click to expand.' />
            <div class='folderTreeBranchWrapper'>
            </div>
          </li>
          <li class='folderTreeDirectoryBranch folderTreeServer'>
            <div class='folderTreeDirectory'
                data-id='5198'
                title='/Library'>
              <div class='folderTreeIcon'></div>
              <span>Library</span>
            </div>
            <img src='tree/right.png'
                class='folderTreeHasChildren'
                data-id='5198'
                alt='+'
                title='Click to expand.' />
            <div class='folderTreeBranchWrapper'></div>
          </li>
          <li class='folderTreeDirectoryBranch'>
            <div class='folderTreeDirectory'
                data-id='3667'
                title='/System'>
              <div class='folderTreeIcon'></div>
              <span>System</span>
            </div>
            <img src='tree/right.png'
                class='folderTreeHasChildren'
                data-id='5198'
                alt='+'
                title='Click to expand.' />
            <div class='folderTreeBranchWrapper'></div>
```

```
                </li>
                <li class='folderTreeDirectoryBranch'>
                    <div class='folderTreeDirectory'
                         data-id='5185'
                         title='/Users'>
                        <div class='folderTreeIcon'></div>
                        <span>Users</span>
                    </div>
                    <img src='tree/right.png'
                         class='folderTreeHasChildren'
                         data-id='5185'
                         alt='+'
                         title='Click to expand.' />
                    <div class='folderTreeBranchWrapper'></div>
                </li>
            </ul>
        </li>
    </ul>
  </div>
 </body>
</html>
```

下面的 CSS 样式表用于格式化上面的标记文档：

```
body {
    font: 13px "Lucida Grande", Arial, sans-serif;
    color: rgb(50, 50, 50);
    background: rgb(214, 221, 229);
    margin: 0;
    padding: 10px;
}
div#folderTree ul {
    list-style: none;
    padding: 0;
    margin: 0;
}
div.folderTreeRoot {
    height: 28px;
    background: url('tree/internal.png') no-repeat left 1px;
    padding: 4px 0 0 28px;
}
li.folderTreeDirectoryBranch {
    position: relative;
    padding: 0 0 0 20px;
    zoom: 1;
}
img.folderTreeHasChildren {
    position: absolute;
    top: 3px;
    left: 0;
}
```

```
div.folderTreeIcon {
    background: url('tree/folder.png') no-repeat left;
    width: 16px;
    height: 16px;
    margin: 0 5px 0 0;
    float: left;
}
div.folderTreeBranchWrapper {
    display: none;
}
```

以下 JavaScript 脚本演示如何在树型目录结构中异步加载文件夹。每个目录实际上是一个从服务器单独加载的 HTML 片段。通过异步加载这些 HTML 片段，可使页面在初始加载时所需下载的数据量更少，还可以提高整体应用程序的效率。

```
$(document).ready(
    function()
    {
        $('img.folderTreeHasChildren').click(
            function()
            {
                var arrow = 'tree/down.png';

                if (!$(this).next().children('ul').length)
                {
                    $(this).next().load(
                        'Example%207-4/' +
                            $(this)
                                .prev()
                                .data('id') + '.html',
                        function()
                        {
                            $(this)
                                .show()
                                .prev()
                                .attr('src', arrow);
                        }
                    );
                }
                else
                {
                    $(this).next().toggle();

                    if ($(this).attr('src').indexOf('down') != -1)
                    {
                        arrow = 'tree/right.png';
```

```
                    }

                    $(this).attr('src', arrow);
                }
            }
        );

    }
);
```

将上述文件放在同一文件夹中，并在浏览器中进行测试，可得到如图 7-4 所示的页面。

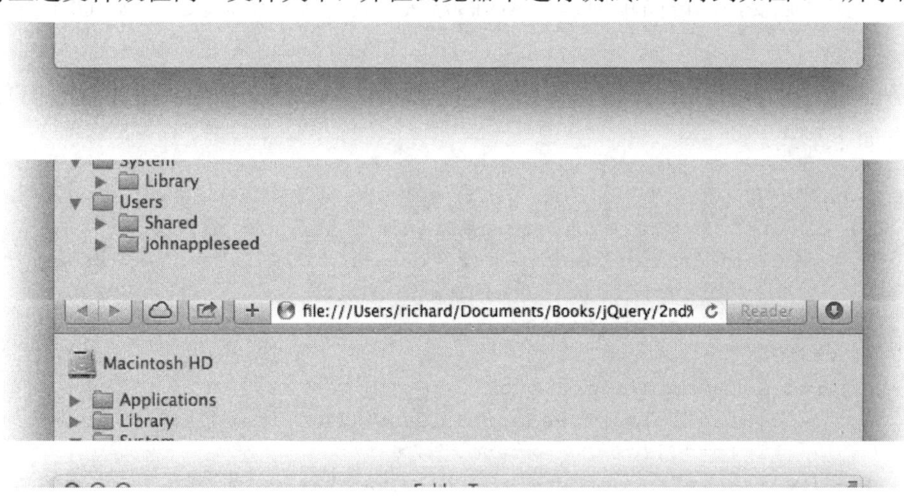

图　7-4

上面的脚本代码为 HTML 文档中的每个<img>元素挂钩一个 click 事件。当用户单击<img>元素(该<img>元素是一个灰色箭头)时，脚本代码将首先检查该文件夹下的内容是否已经被请求过。脚本代码通过检查<img>元素的下一个同级元素——类名为 folderTreeBranch-Wrapper 的<div>元素——是否包含<ul>子元素，以此来判断文件夹下的内容是否已经被请求过。通过以下表达式来确定相应的<ul>元素是否存在：

```
if (!$(this).next().children('ul').length)
{
```

上面这行代码首先使用 next()方法来选择<img>元素的下一兄弟节点，即类名为 folderTreeBranchWrapper 的<div>元素，然后使用 children()方法以查找该<div>元素的子元素，最后使用 length 属性来检查该<div>元素下有多少个<ul>子元素。如果该<div>元素中已经有<ul>子元素，则表示已经向服务器请求过该文件夹的内容，并且已经将其加载到当前文档中。如果该<div>元素中没有<ul>子元素，代码将向服务器发起请求，以获得该文件夹的内容。

可根据所选的选择集，直接将 HTML 片段加载到文档中。本例的脚本代码通过

$(this).next()方法选择类名为 folderTreeBranchWrapper 的<div>元素。这里 this 关键字引用的是当前单击的<img>元素，next()方法则用于选中该<img>元素的下一个同级元素，即<div>元素。在该选择集之后链接了 load()方法，通过将 load()方法链接到这个选择集，就可以告诉 jQuery 希望将 HTML 片段插入到 DOM 文档的哪个位置。

load()方法的工作原理与 jQuery 提供的其他用于发起 AJAX 请求的方法类似。load()方法将要请求目标文档的 URL 作为第 1 个参数。load()方法的第 2 个参数是可选的，可在第 2 个参数中包含通过 GET 请求发送给服务器的数据。第 3 个参数则是一个回调函数，当 load()请求成功时将执行该回调函数。随 GET 请求发送给服务器的数据和指定的回调函数都是可选的——如有必要，也可简单地调用 load()方法，只需传入所请求文档的 URL 作为参数即可。

服务器将对一个 HTML 片段做响应，它将被直接加载到文档中。所加载的 HTML 片段将具有如下形式：

```
<ul data-id="31490s">
    <li class="folderTreeDirectoryBranch">
        <div class="folderTreeDirectory" data-id="31491s" title="/Users/Shared">
            <div class="folderTreeIcon"></div>
            <span>Shared</span>
        </div>
        <img src="tree/right.png"
             class="folderTreeHasChildren" data-id="31491s" alt="+"
             title="Click to expand." />
        <div class="folderTreeBranchWrapper"></div>
    </li>
    <li class="folderTreeDirectoryBranch folderTreeServer">
        <div class="folderTreeDirectory" data-id="698482s"
              title="/Users/johnappleseed">
            <div class="folderTreeIcon"></div>
            <span>johnappleseed</span>
        </div>
        <img src="tree/right.png"
             class="folderTreeHasChildren" data-id="698482s" alt="+"
             title="Click to expand." />
        <div class="folderTreeBranchWrapper"></div>
    </li>
</ul>
```

上面是当用户单击/Users 文件夹的箭头时加载的 HTML 片段。在下载的源代码中，已分别为每个顶层文件夹准备好 HTML 片段，每个 HTML 片段都使用一个以数字表示的目录 id 来命名。例如，/Applications 文件夹的 id 为 5175，/Library 文件夹的 id 为 5198。每个文件夹的名称都被嵌入到类名为 folderTreeDirectory 的<div>元素的 data-id 特性中，在页面中该<div>元素用于表示每个文件夹的结构。在请求文件夹的内容时，嵌入的数字 id 将使用以下代码来抽取：

```
$(this).prev().data('id')
```

上面这行代码首先使用$(this)来选择用户所单击的那个<img>元素，然后使用 prev()方法导航到该<img>元素的前一个同级元素，并通过 attr('id')来访问该元素的 id 特性。这用于构造将要被加载的 HTML 片段的文件名；通常情况下，所请求的并不是静态 HTML 文件，要实现上述功能，还需要使用一个服务器端脚本来完成一些繁重工作。每个 HTML 片段都位于一个名为 Example 7-4 的子文件夹中。

一旦请求成功，将执行下面的回调函数：

```
function()
{
    $(this)
        .show()
        .prev()
        .attr('src', arrow);
}
```

该回调函数将在类名为 folderTreeBranchWrapper 的<div>元素的上下文中执行，回调函数中的 this 关键字引用了该<div>元素。默认情况下，由于在样式表中将该 CSS 类设置为 display: none，因此所有类名为 folderTreeBranchWrapper 的<div>元素在初始状态下都是被隐藏的。通过调用 jQuery 的 show()方法可使该<div>元素变为可见状态。余下的工作就是改变文件夹名称前面的箭头图标，使之从指向右方变为指向下方，以指示该文件夹已经打开。回调函数中的第二部分代码将完成这一功能——通过修改该<div>元素的前一同级元素的 src 特性——用于显示箭头图标的<img>元素的 src 特性，即可将原来指向右方的箭头图标更换为指向下方的箭头图标。

如果该文件夹已经加载，将执行下面的代码分支：

```
}
else
{
    $(this).next().toggle();

    if ($(this).attr('src').indexOf('down') != -1)
    {
        arrow = 'tree/right.png';
    }

    $(this).attr('src', arrow);
}
```

如果该文件夹存在，只需随着单击箭头图标事件，即可切换该文件夹的展开和折叠状态。这段代码通过调用$(this).next().toggle()方法来完成这一状态切换功能：如果表示文件夹内容的<div>元素已经可见，将其设置为不可见状态；如果<div>元素处于不可见状态，将其设置为显示状态。上面这段代码的第二部分通过切换 right.pn 和 down.png 这两个图片文件，以实现箭头图标在指向右方和指向下方之间的切换。

7.3　动态加载 JavaScript

jQuery 还提供一个非常有用的创新功能，即可使用 jQuery 的 AJAX API 以异步方式动态加载 JavaScript 文档。第 1 章已介绍过，将 JavaScript 开发分解为多个易于理解、功能专一的更小模块是值得推荐的最佳编程实践。另一个与模块化 JavaScript 开发关系密切的技术，是在页面加载初始时使载入的 JavaScript 代码尽可能少，然后在需要时通过 AJAX 来动态加载其他 JavaScript，这一技术可缩短页面加载时间，并使 Web 应用程序具有更强的响应能力。

除了支持模块化 JavaScript 开发外，通过 AJAX 动态加载 JavaScript 的另一个好处是，可根据用户的行为来动态改变所加载的 JavaScript，或根据用户的输入或上下文环境来动态加载完全不同的复杂 Web 应用程序。

可使用动态加载 JavaScript 技术来实现自己所需的功能，本节将介绍 jQuery 通过 AJAX 接口为加载 JavaScript 所提供的 API，即 jQuery 的$.getScript()方法。下面的示例演示如何异步加载整个 jQuery UI API，并使用该 API 来生成在两种颜色之间过渡的动画。下面的文档 Example 7-5 演示了这一点：

```
<!DOCTYPE HTML>
<html lang='en'>
   <head>
      <meta charset='utf-8' />
      <title>November 2013</title>
      <script type='text/javascript' src='../jQuery.js'></script>
      <script type='text/javascript' src='Example 7-5.js'></script>
      <link type='text/css' href='Example 7-5.css' rel='stylesheet' />
   </head>
   <body>
      <table class="calendarMonth" data-year="2013" data-month="11">
         <thead>
            <tr class="calendarHeading">
               <th colspan="7">
                  <span class="calendarMonth">November</span>
                  <span class="calendarDay"></span>
                  <span class="calendarYear">2013</span>
               </th>
            </tr>
            <tr class="calendarWeekdays">
               <th>Sunday</th>
               <th>Monday</th>
               <th>Tuesday</th>
               <th>Wednesday</th>
               <th>Thursday</th>
               <th>Friday</th>
```

```
            <th>Saturday</th>
        </tr>
    </thead>
    <tbody>
        <tr>
            <td class="calendarLastMonth">27</td>
            <td class="calendarLastMonth">28</td>
            <td class="calendarLastMonth">29</td>
            <td class="calendarLastMonth">30</td>
            <td class="calendarLastMonth calendarLastMonthLastDay">31</td>
            <td class="calendarFirstDay">1</td>
            <td>2</td>
        </tr>
        <tr>
            <td>3</td>
            <td>4</td>
            <td>5</td>
            <td>6</td>
            <td>7</td>
            <td>8</td>
            <td>9</td>
        </tr>
        <tr>
            <td>10</td>
            <td>11</td>
            <td>12</td>
            <td>13</td>
            <td>14</td>
            <td>15</td>
            <td>16</td>
        </tr>
        <tr>
            <td>17</td>
            <td>18</td>
            <td>19</td>
            <td class="calendarToday">20</td>
            <td>21</td>
            <td>22</td>
            <td>23</td>
        </tr>
        <tr>
            <td>24</td>
            <td>25</td>
            <td>26</td>
            <td>27</td>
            <td>28</td>
            <td>29</td>
            <td class="calendarLastDay">30</td>
        </tr>
        <tr>
```

```
                <td colspan="7" class="calendarEmptyWeek"></td>
            </tr>
        </tbody>
    </table>
  </body>
</html>
```

使用下面的 CSS 样式表来设置上述 HTML 标记的样式：

```
html,
body {
   width: 100%;
   height: 100%;
}
body {
   font: 14px Helvetica, Arial, sans-serif;
   margin: 0;
   padding: 0;
   color: rgb(128, 128, 128);
}
table.calendarMonth {
   table-layout: fixed;
   width: 100%;
   height: 100%;
   border-collapse: collapse;
   empty-cells: show;
}
table.calendarMonth tbody {
   user-select: none;
   -webkit-user-select: none;
   -moz-user-select: none;
   -ms-user-select: none;
}
table.calendarMonth th {
   font-weight: 200;
   border: 1px solid rgb(224, 224, 224);
   padding: 10px;
}
tr.calendarHeading th {
   font: 24px Helvetica, Arial, sans-serif;
}
table.calendarMonth td {
   border: 1px solid rgb(224, 224, 224);
   vertical-align: top;
   padding: 10px;
}
td.calendarLastMonth,
td.calendarNextMonth {
   color: rgb(204, 204, 204);
   background: rgb(244, 244, 244);
}
```

```
td.calendarDaySelected {
    background: yellow;
}
tr.calendarWeekSelected {
    background: lightyellow;
}
td.calendarToday {
    background: gold;
}
```

接着应用下面的 JavaScript 代码：

```
$(document).ready(
    function()
    {
        $.getScript(
            '../jQueryUI.js',
            function()
            {
                $('table.calendarMonth td:not(td.calendarLastMonth,
                   td.calendarNextMonth)').click(
                    function()
                    {
                        if ($(this).css('background-color') != 'rgb(200, 200, 200)')
                        {
                            $(this).animate({
                                    'background-color' : 'rgb(200, 200, 200)'
                                },
                                1000
                            );
                        }
                        else
                        {
                            $(this).animate({
                                    'background-color' : 'rgb(255, 255, 255)'
                                },
                                1000
                            );
                        }
                    }
                );
            }
        );
    }
);
```

上面的 JavaScript 代码演示了如何使用 jQuery 的$.getScript()方法来加载外部脚本文件。与 jQuery 的其他 AJAX 请求方法类似，$.getScript()方法接收两个参数。第 1 个参数是我们要加载的脚本的路径；第 2 个参数则是一个回调函数，当脚本已经成功加载并执行后，将执行该回调函数中的代码。

图 7-5 显示当在日历中单击某一天后，生成的动画的屏幕截图。背景色以动画方式从白色过渡为 rgb(200, 200, 200)，即灰色阴影；当再次单击时，以动画方式从 rgb(200, 200, 200) 过渡回白色，即 rgb(255, 255, 255)。关于 jQuery 动画的更多细节，请参阅第 8 章。

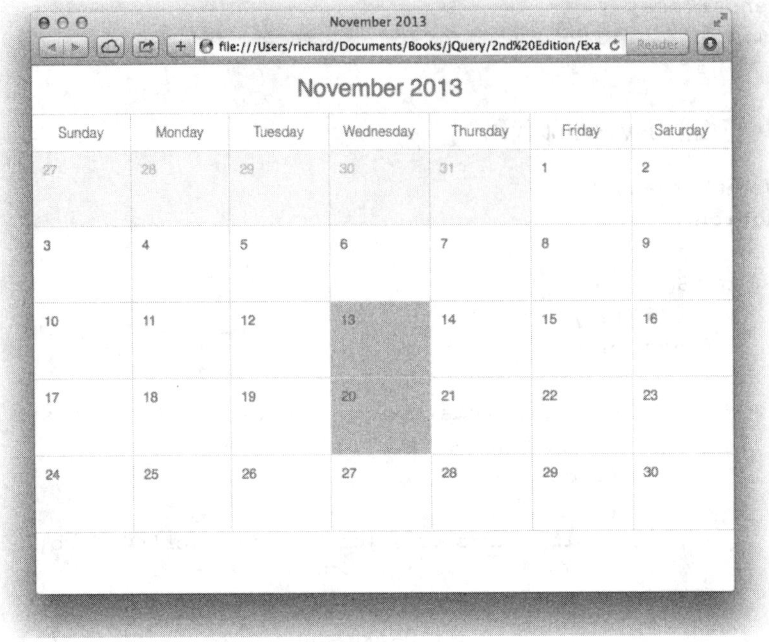

图　7-5

可访问 www.wrox.com/go/webdevwithjquery 以下载本书的源代码资料，其中包含本例中加载的脚本文件 jQueryUI.js 以及源代码。

7.4　AJAX 事件

本节将介绍 jQuery 中的 AJAX 事件。AJAX 事件是发生在 AJAX 请求期间的各个阶段的标志性事件，AJAX 事件可以为我们提供关于 AJAX 请求状态的反馈信息，或者允许我们在每一个重要事件发生时执行相应的代码。AJAX 请求的标志性事件有：请求开始时、请求结束时、请求已发送时、请求失败时、请求已完成时或完全执行成功时。本节不打算全面详尽地介绍每个 AJAX 事件；附录 G 中列出了 jQuery 支持的全部 AJAX 方法、属性和 AJAX 事件。

一个例子是当使用 AJAX 请求获取远端内容的同时，在页面上实现显示活动指示条(activity indicator)。活动指示条是动画，向用户表明正在执行某项活动，并指示用户等待某事的发生。为此可采用三种方式。其中两种方式使用 jQuery 的 AJAX 方法，对所有 AJAX 请求设置全局性的 AJAX 事件，还有一种方式是使用 jQuery 的 ajax()方法为每个请求单独设置 AJAX 事件。本节将分别介绍如何通过使用这 3 种方法，使 AJAX 在获取数据时显示一条加载消息。

添加 jQuery 的全局 AJAX 事件的过程非常简单——只需调用 jQuery 的 ajaxSetup()方法即可。首先需要一个活动指示条，指示正在发生某种活动。通常情况下，GIF 动画就能很好地完成这一工作。下面的代码段 Example 7-6 源于前面呈现的文件夹树，此处添加了一个 GIF 动画以显示 AJAX 事件的发生：

```
<!DOCTYPE HTML>
<html lang='en'>
    <head>
        <meta http-equiv='X-UA-Compatible' content='IE=Edge' />
        <meta charset='utf-8' />
        <title>Folder Tree</title>
        <script src='../jQuery.js'></script>
        <script src='../jQueryUI.js'></script>
        <script src='Example 7-6.js'></script>
        <link href='Example 7-6.css' rel='stylesheet' />
    </head>
    <body>
        <div id='folderTree'>
            <ul class='folderTree'>
                <li>
                    <div class='folderTreeDirectory folderTreeRoot'
                         data-id='1'
                         title='/'>
                        <span>Macintosh HD</span>
                    </div>
                    <ul class='folderTreeDirectoryBranchOn' data-id='1'>
                        <li class='folderTreeDirectoryBranch'>
                            <div class='folderTreeDirectory'
                                 data-id='5175'
                                 title='/Applications'>
                                <div class='folderTreeIcon'></div>
                                <span>Applications</span>
                            </div>
                            <img src='tree/right.png'
                                 class='folderTreeHasChildren'
                                 data-id='5175'
                                 alt='+'
                                 title='Click to expand.' />
                            <div class='folderTreeBranchWrapper'>
                            </div>
                        </li>
                        <li class='folderTreeDirectoryBranch folderTreeServer'>
                            <div class='folderTreeDirectory'
                                 data-id='5198'
                                 title='/Library'>
                                <div class='folderTreeIcon'></div>
                                <span>Library</span>
                            </div>
```

```
                        <img src='tree/right.png'
                            class='folderTreeHasChildren'
                            data-id='5198'
                            alt='+'
                            title='Click to expand.' />
                        <div class='folderTreeBranchWrapper'></div>
                    </li>
                    <li class='folderTreeDirectoryBranch'>
                        <div class='folderTreeDirectory'
                            data-id='3667'
                            title='/System'>
                           <div class='folderTreeIcon'></div>
                           <span>System</span>
                        </div>
                        <img src='tree/right.png'
                            class='folderTreeHasChildren'
                            data-id='5198'
                            alt='+'
                            title='Click to expand.' />
                        <div class='folderTreeBranchWrapper'></div>
                    </li>
                    <li class='folderTreeDirectoryBranch'>
                        <div class='folderTreeDirectory'
                            data-id='5185'
                            title='/Users'>
                           <div class='folderTreeIcon'></div>
                           <span>Users</span>
                        </div>
                        <img src='tree/right.png'
                            class='folderTreeHasChildren'
                            data-id='5185'
                            alt='+'
                            title='Click to expand.' />
                        <div class='folderTreeBranchWrapper'></div>
                    </li>
                </ul>
            </li>
        </ul>
    </div>
    <div id='folderActivity'>
        <img src='tree/activity.gif' alt='Activity Indicator' />
    </div>
  </body>
</html>
```

接下来为该例添加一些 CSS 代码，将活动指示条放在窗口底部的右侧。

```
body {
    font: 13px "Lucida Grande", Arial, sans-serif;
    color: rgb(50, 50, 50);
    background: rgb(214, 221, 229);
```

```
    margin: 0;
    padding: 10px;
}
div#folderTree ul {
    list-style: none;
    padding: 0;
    margin: 0;
}
div.folderTreeRoot {
    height: 28px;
    background: url('tree/internal.png') no-repeat left 1px;
    padding: 4px 0 0 28px;
}
li.folderTreeDirectoryBranch {
    position: relative;
    padding: 0 0 0 20px;
    zoom: 1;
}
img.folderTreeHasChildren {
    position: absolute;
    top: 3px;
    left: 0;
}
div.folderTreeIcon {
    background: url('tree/folder.png') no-repeat left;
    width: 16px;
    height: 16px;
    margin: 0 5px 0 0;
    float: left;
}
div.folderTreeBranchWrapper {
    display: none;
}
div#folderActivity {
    position: absolute;
    bottom: 5px;
    right: 5px;
    display: none;
}
```

最后，对 JavaScript 代码进行一些修改，以便在发生 AJAX 请求时动态地将指示器显示出来，在请求结束时将指示器隐藏起来：

```
$(document).ready(
    function()
    {
        $.ajaxSetup({
            beforeSend : function(event, request, options)
            {
                $('div#folderActivity').show();
```

```
            },
            success : function(response, status, request)
            {
                $('div#folderActivity').hide();
            },
            error : function(request, status, error)
            {
                $('div#folderActivity').hide();
            }
        });

        $('img.folderTreeHasChildren').click(
            function()
            {
                var arrow = 'tree/down.png';

                if (!$(this).next().children('ul').length)
                {
                    $(this).next().load(
                        'Example%207-6/' +
                            $(this)
                                .prev()
                                .data('id') + '.html',
                        function()
                        {
                            $(this)
                                .show()
                                .prev()
                                .attr('src', arrow);
                        }
                    );
                }
                else
                {
                    $(this).next().toggle();

                    if ($(this).attr('src').indexOf('down') != -1)
                    {
                        arrow = 'tree/right.png';
                    }

                    $(this).attr('src', arrow);
                }
            }
        );

    }
);
```

当发起 AJAX 请求时，修改后的示例页面将如图 7-6 所示。由于在本例中，AJAX 请求是向本地计算机发起的文件请求，因此活动指示条在显示后将很快隐藏起来。显然，这一技术更适合用在向远端服务器发起内容请求的场合，那时 AJAX 请求将带来一定的延迟。

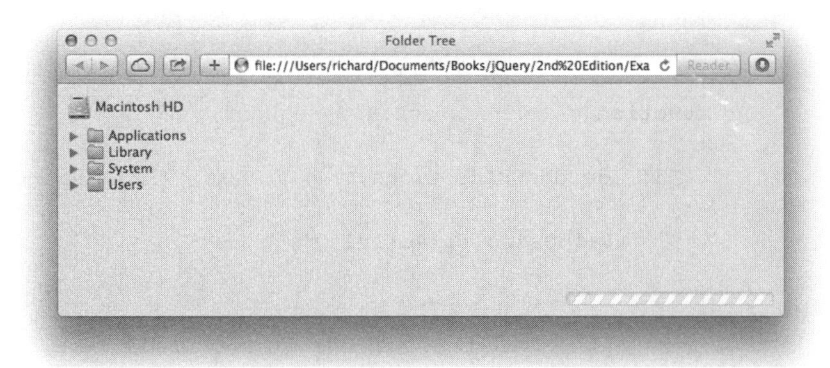

图　7-6

在上面的 JavaScript 代码中，我们调用$.ajaxSetup()方法分别定义了名为 beforeSend、success 和 error 的事件。每个事件都定义在一个 JavaScript 对象字面量中，并且该对象字面量被作为参数传入$.ajaxSetup()方法。通过将一个回调函数挂钩到 beforeSend 属性，可让 jQuery 在发起每个 AJAX 请求之前执行我们指定的回调函数。本例通过调用 jQuery 的 show()方法，将表示请求正在执行的活动指示条显示出来。然后将一个回调函数挂钩到 success 和 error 事件(分别在请求成功或失败时执行)，一旦 AJAX 请求成功完成，jQuery 将执行该回调函数，将活动指示条隐藏起来。另一种方式是挂钩到 AJAX complete 事件，当请求完成时(无论成功还是失败)，都将执行该事件。在 jQuery 中可采用$.ajaxSetup()方法为 AJAX 请求定义一些全局默认属性，这些属性只是其中的几个。附录 G 详尽列出了这里指定的所有选项。

当然，jQuery 中的 AJAX 事件并不仅限于上述用途，还可以使用该事件来修改 HTTP 头信息，这些头信息既可以用在所发送的请求中，也可以用来在 jQuery 的 AJAX API 中完成其他一些底层功能。

7.4.1　使用 AJAX 事件方法

上面的示例介绍了如何使用$.ajaxSetup()方法来定义全局性 AJAX 事件。下面的示例 Example 7-7 演示如何使用单独的 jQuery AJAX 事件方法来实现与上例中相同的功能，这里仅对 Example 7-6 中的脚本做了修改，其余代码保持不变：

```
$(document).ready(
    function()
    {
        $(document)
            .ajaxSend(
                function(event, request, options)
                {
                    if (decodeURI(options.url).indexOf('Example 7-7') != -1)
```

```
                {
                    $('div#folderActivity').show();
                }
            }
        )
        .ajaxSuccess(
            function(response, status, request)
            {
                if (decodeURI(options.url).indexOf('Example 7-7') != -1)
                {
                    $('div#folderActivity').hide();
                }
            }
        )
        .ajaxError(
            function(request, status, error)
            {
                if (decodeURI(options.url).indexOf('Example 7-7') != -1)
                {
                    $('div#folderActivity').hide();
                }
            }
        );

    $('img.folderTreeHasChildren').click(
        function()
        {
            var arrow = 'tree/down.png';

            if (!$(this).next().children('ul').length)
            {
                $(this).next()
                    .load(
                        'Example%207-7/' +
                            $(this)
                                .prev()
                                .data('id') + '.html',
                        function()
                        {
                            $(this)
                                .show()
                                .prev()
                                .attr('src', arrow);
                        }
                    );
            }
            else
            {
                $(this).next().toggle();
```

```
                    if ($(this).attr('src').indexOf('down') != -1)
                    {
                        arrow = 'tree/right.png';
                    }

                    $(this).attr('src', arrow);
                }
            }
        );

    }
);
```

上面的修改与 Example 7-6 的输出结果相同，只是这里使用 jQuery 的 AJAX 事件方法，而非$.ajaxSetup()方法来挂钩用于显示和隐藏活动指示条的函数。该例更进一步，查看 options.url 属性，调用 decodeURI()来解码 URL 编码的字符，然后基于 AJAX 请求的 URI 来限制活动指示条的应用。设置方式类似于 Example 7-6；不同之处在于，将 beforeSend 属性的回调函数移至 ajaxSend()方法调用的内部，将 success 属性的回调函数移至 ajaxSend()方法内部，最后将 error 属性的调用移至 ajaxError()方法内部。当然，这些方法的链接方式与其他大多数方法类似，但这些方法只能应用于 document 对象，不能挂钩到任意 HTML 元素对象。

7.4.2　将 AJAX 挂钩到单独请求

最后一种办法，是通过调用 jQuery 中处于更底层的 ajax()方法来挂钩 AJAX 事件。在 jQuery 内部，为 jQuery 的其他 AJAX 请求方法——如$.get()、$getJSON()和$.post()方法等——所发起的 AJAX 请求，正是通过 ajax()方法来构造的。通过$.ajax()方法可以根据需要设置大量的底层 AJAX 请求选项。Example 7-8 演示了如何使用$.ajax()方法来模拟出与前面两个示例完全相同的结果：

```
$(document).ready(
    function()
    {
        $('img.folderTreeHasChildren').click(
            function()
            {
                var arrow = 'tree/down.png';

                if (!$(this).next().children('ul').length)
                {
                    var tree = $(this);

                    var file = (
                        $(this)
                            .prev()
                            .data('id') + '.html'
                    );
```

```
                    $.ajax({
                        beforeSend : function(event, request, options)
                        {
                            $('div#folderActivity').show();
                        },
                        success : function(response, status, request)
                        {
                            $('div#folderActivity').hide();

                            tree.attr('src', arrow)
                                .next()
                                .html(response)
                                .show();
                        },
                        error : function(request, status, error)
                        {
                            $('div#folderActivity').hide();
                        },
                        url : 'Example%207-8/' + file,
                        dataType : 'html'
                    });
                }
                else
                {
                    $(this).next().toggle();

                    if ($(this).attr('src').indexOf('down') != -1)
                    {
                        arrow = 'tree/right.png';
                    }

                    $(this).attr('src', arrow);
                }
            }
        );

    }
);
```

上面这个示例的功能与本节介绍的前两个示例完全相同。与前面两个示例一样，每个AJAX 请求在请求每个文件夹的内容；当发起 AJAX 请求时，页面将显示出活动指示条，当 AJAX 请求结束时，将隐藏指示条。由于$.ajax()方法是通过直接调用 jQuery 对象来实现的，因此在代码中需要改变对 load()方法的使用方式。首先，由于需要加载 HTML 片段，因此首先要明确哪个元素是用于载入 HTML 片段的容器元素。

```
var tree = $(this);
```

将$(this)赋给 tree 变量，这样在为$.ajax()方法的各个选项指定的回调函数中，就可以引用 tree 变量。在图 7-4 所示的示例中，this 引用的是包含箭头图标的<img>元素，该元素出现在每个文件夹的旁边。$.ajax()方法可以接收定义为对象字面量的各个选项，附录 G 详细列出了这些选项。本例再次定义了 beforeSend、success 和 error 选项，这些选项包含用于显示和隐藏活动指示条的函数。但在本例中，这三个事件处于当前 AJAX 请求的上下文中，而不是处于全局 AJAX 请求的上下文中。

如果请求成功，其余执行代码与 Example 7-4 完全相同。<img>元素包含在 tree 变量中。<img>元素的 src 改成'tree/down.png'。success 方法中的 response 变量包含响应的 HTML 文本内容(包含子文件夹)。如果代码中使用的是 XML 请求，应该相应地使用 XML 对象；如果使用的是 JSON 请求，应该使用 JSON 对象。HTML 片段将加载到<img>元素之后的下一个同级<div>元素，随后的 show()方法将使该<div>元素显示出来。

```
success : function(response, status, request)
{
    $('div#folderActivity').hide();

    tree.attr('src', arrow)
        .next()
        .html(response)
        .show();
},
```

jQuery 的$.ajax()方法允许对请求进行大量定制，当其他 AJAX 方法未提供所需的选项时，可以采用这种方式。

7.4.3 发送 REST 请求

最后一个使用$.ajax()方法的例子演示了如何构建和发送 REST 请求。使用 jQuery 发送 REST 请求非常简单；要设置 REST 调用，必须配置 type、contentType、dataType 和 data 属性。另外，还必须恰当地配置服务器，使其接受对 REST 服务的调用。这包括在服务器端设置 Access-Control-Allow-Methods HTTP 头，从而允许使用 HTTP 请求方法，而禁用 GET 和 POST。恰当地设置和配置 Web 服务器来提供 REST 服务超出了本书的讨论范畴。但可以了解一下对于此类利用 jQuery $.ajax()方法的请求，需要在客户端进行哪些配置。下面的文档 Example 7-9 演示了这一点：

```
<!DOCTYPE HTML>
<html lang='en'>
    <head>
        <meta http-equiv='X-UA-Compatible' content='IE=Edge' />
        <meta charset='utf-8' />
        <title>REST Requests</title>
        <script src='../jQuery.js'></script>
        <script src='../jQueryUI.js'></script>
        <script src='Example 7-9.js'></script>
        <link href='Example 7-9.css' rel='stylesheet' />
    </head>
```

```
    <body>
      <form action='javascript:void(0);' method='post'>
        <fieldset>
          <legend>Address</legend>
  <div id='addressCountryWrapper'>
    <label for='addressCountry'>
      <img src='flags/us.png' alt='Country' />
    </label>
    <select id='addressCountry' size='1' name='addressCountry'>
      <option value='0'>Please select a country</option>
      <option value='1'>Afghanistan</option>
      <option value='2'>Albania</option>
      <option value='3'>Algeria</option>
      <option value='4'>American Samoa</option>
      <option value='5'>Andorra</option>
```

此处有删节，仅显示了部分国家/地区。可下载本书免费源代码资料，在其中找到完整文件。

```
      <option value='222'>United Kingdom</option>
      <option value='223' selected='selected'>United States</option>
      <option value='224'>United States Minor Outlying Islands</option>
      <option value='225'>Uruguay</option>
      <option value='226'>Uzbekistan</option>
      <option value='227'>Vanuatu</option>
      <option value='228'>Vatican City State (Holy See)</option>
      <option value='229'>Venezuela</option>
      <option value='230'>Vietnam</option>
      <option value='231'>Virgin Islands (British)</option>
      <option value='232'>Virgin Islands (U.S.)</option>
      <option value='233'>Wallis and Futuna Islands</option>
      <option value='234'>Western Sahara</option>
      <option value='235'>Yemen</option>
      <option value='236'>Yugoslavia</option>
      <option value='237'>Zaire</option>
      <option value='238'>Zambia</option>
      <option value='239'>Zimbabwe</option>
    </select>
  </div>
  <div>
    <label for='addressStreet'>Street Address:</label>
    <textarea name='addressStreet'
              id='addressStreet'
              rows='2'
              cols='50'></textarea>
  </div>
  <div>
    <label for='addressCity'>City:</label>
    <input type='text' name='addressCity' id='addressCity' size='25' />
  </div>
```

```
<div>
   <label for='addressState'>State:</label>
   <select name='addressState' id='addressState'>
   </select>
</div>
<div>
   <label for='addressPostalCode'>Postal Code:</label>
   <input type='text'
          name='addressPostalCode'
          id='addressPostalCode'
          size='10' />
</div>
<div id='addressButtonWrapper'>
   <input type='submit'
          id='addressButton'
          name='addressButton'
          value='Save' />
</div>
           </fieldset>
       </form>
   </body>
</html>
```

将上面的标记与如下 CSS 样式表结合使用：

```
body {
   font: 12px "Lucida Grande", Arial, sans-serif;
   color: rgb(50, 50, 50);
   margin: 0;
   padding: 0 10px;
}
fieldset {
   background: orange;
   border: 1px solid rgb(200, 200, 200);
}
legend {
   position: relative;
   top: 13px;
   font-size: 16px;
}
fieldset div {
   padding: 5px;
   margin: 3px;
   clear: left;
}
fieldset label {
   float: left;
   width: 200px;
   text-align: right;
   padding: 2px 5px 0 0;
}
```

```
div#addressCountryWrapper img {
    position: relative;
    top: -4px;
}
div#addressButtonWrapper {
    text-align: right;
}
```

最后，下面的 JavaScript 脚本演示了一个使用 ADD 方法的 REST 请求：

```
$(document).ready(
    function()
    {
        $('select#addressCountry').click(
            function()
            {
                $.getJSON(
                    'Example 7-9/' + this.value + '.json',
                    function(json)
                    {
                        // Swap out the flag image
                        $('div#addressCountryWrapper img').attr({
                            alt : json.name,
                            src : 'flags/' + json.iso2.toLowerCase() + '.png'
                        });

                        // Remove all of the options
                        $('select#addressState').empty();

                        // Set the states...
                        $.each(
                            json.states,
                            function(id, state)
                            {
                                $('select#addressState').append(
                                    $('<option/>')
                                        .attr('value', id)
                                        .text(state)
                                );
                            }
                        );

                        // Change the label
                        $('label[for="addressState"]').text(
                            json.label + ':'
                        );
                    }
                );
            }
        );
```

```
        $('select#addressCountry').click();

        $('input#addressButton').click(
            function(event)
            {
                event.preventDefault();

                var data = {
                    country : $('select#addressCountry').val(),
                    street : $('textarea#addressStreet').val(),
                    city : $('input#addressCity').val(),
                    state : $('select#addressState').val(),
                    postalCode : $('input#addressPostalCode').val()
                };

                $.ajax({
                    url : 'Example%207-9/ADD.json',
                    contentType : "application/json; charset=utf-8",
                    type : 'ADD',
                    dataType : 'json',
                    data : JSON.stringify(data),
                    success : function(json, status, request)
                    {
                        if (parseInt(json) > 0)
                        {
                            alert('Data added successfully.');
                        }
                    },
                    error : function(request, status)
                    {

                    }
                });
            }
        );
    }
);
```

在使用本例时，如果服务器配置得当，将可以看到，请求与 JSON 格式的数据负载一同被发送到服务器，JSON 格式的数据可在服务器端解码为对象。该图显示了通过 ADD 方法将数据提交到作者自己的服务器，已在该服务器上配置了 Access-Control-Allow-Methods HTTP 头，以便从客户端提交 REST 请求。图 7-7 显示了地址表单。

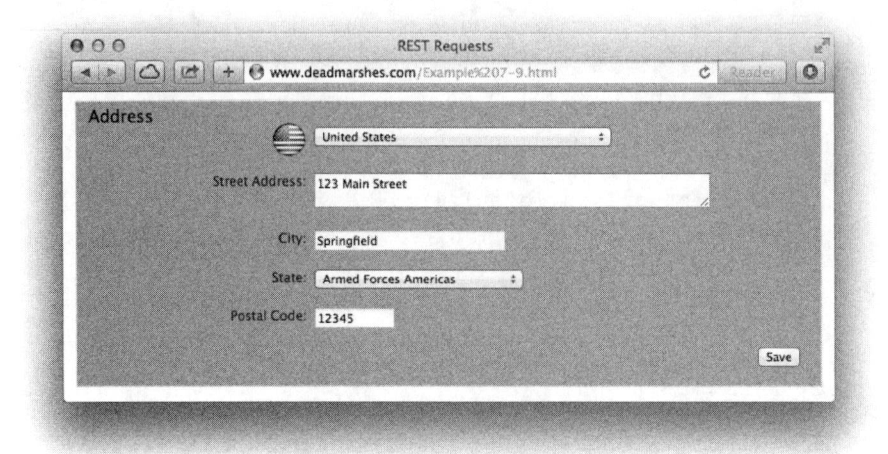

图　7-7

图 7-8 显示了 Safari 的 Web Inspector，其中显示了发送给服务器的请求数据。

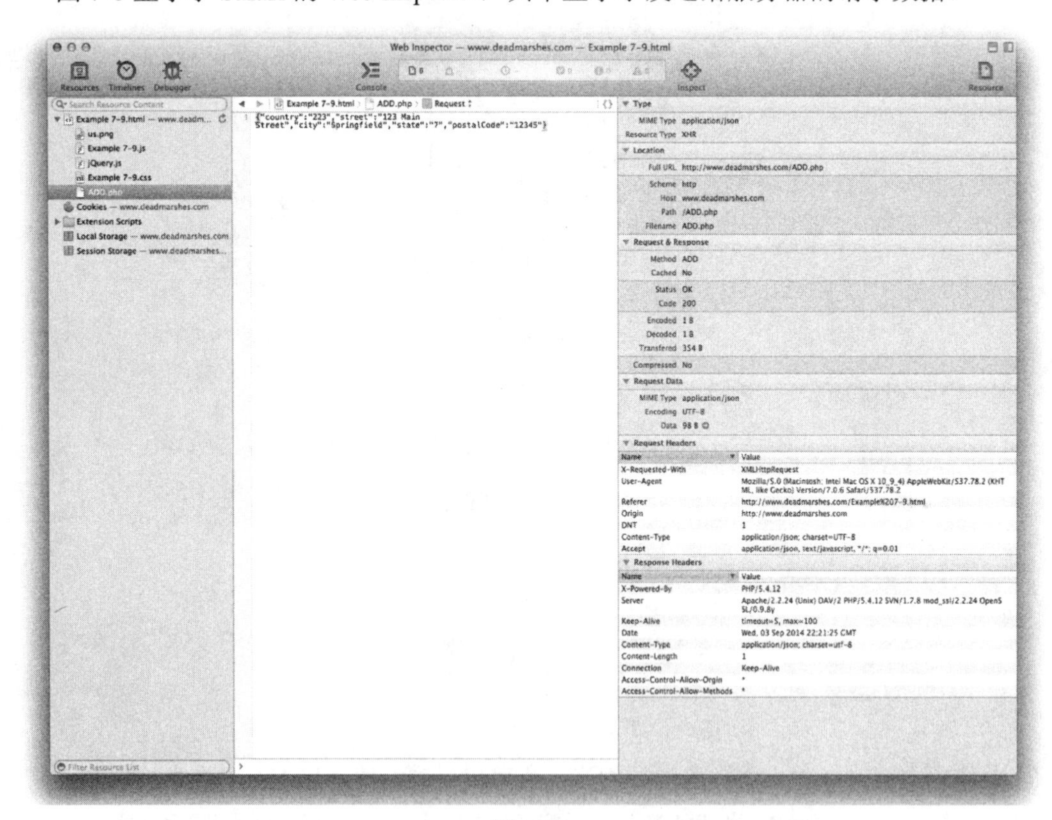

图　7-8

图 7-9 更进一步，显示了 Web Inspector 的 HTTP 请求和服务器响应的详明视图。

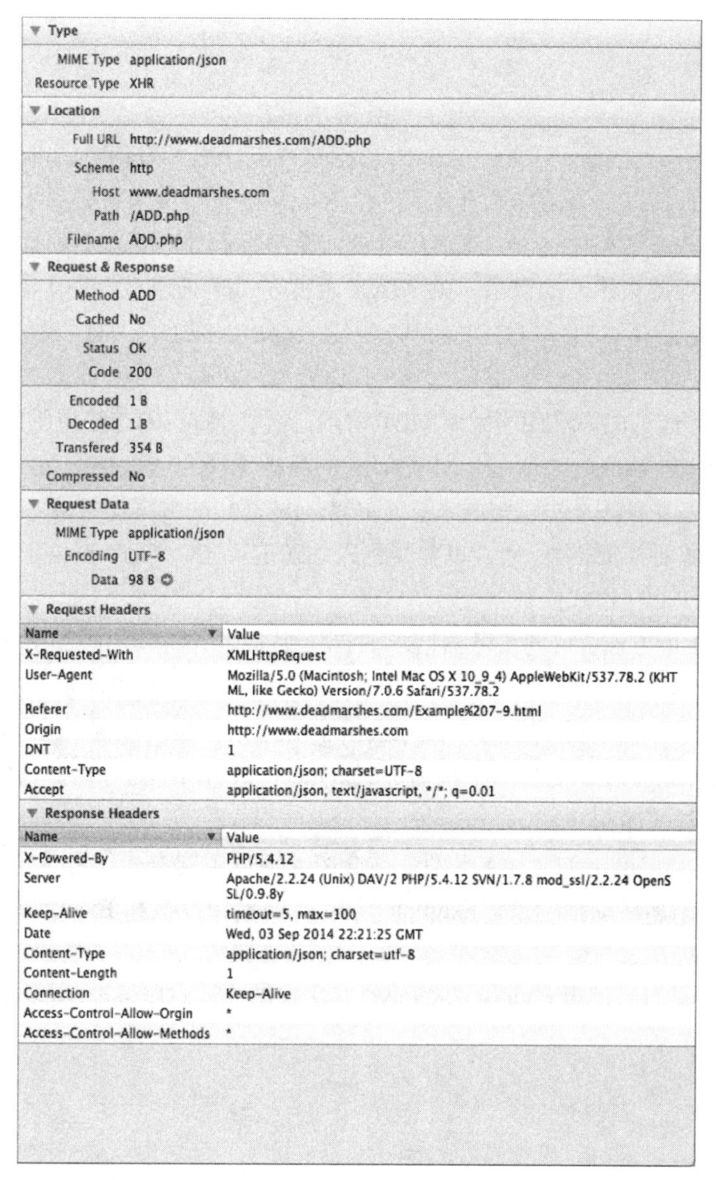

图　7-9

从本例可看到，在客户端设置 REST 请求十分简单，但只有正确配置了服务器端，才能完成实现。要实现 REST 服务调用，只需将客户端应用程序指向服务器(将服务器配置为处理 REST 提供的其他请求方法)。需要设置请求来指定正确方法，如 GET、POST、DELETE 或 ADD，这是通过$.ajax()方法使用 jQuery 的 type 属性来完成的。如果要在服务器和客户端之间传送 JSON 数据，还需要设置 contentType、dataType 和 data 属性。contentType 将请求正文的类型告知服务器。dataType 将服务器响应中的数据类型告知 jQuery，data 属性与放在 HTTP 请求正文中的数据被一起发给给服务器。此后，就可以在服务器端访问指定给 data 属性的数据。在服务器端，需要将 JSON 格式的数据解码为对象。

7.5 小结

本章简要介绍了 jQuery 内置的 AJAX 功能。首先介绍了 HTTP 请求中 GET 与 POST 的不同之处，由于 GET 请求在长度上有限制，因此从语义角度来说适用于对服务器没有持久改变或影响的请求。相比之下，POST 请求则专门用于处理那些不随意重复发起，并且对服务器具有某种持久影响的请求。就 AJAX 而言，GET 请求在性能上略有优势。另外，可利用 REST，在已有 GET 和 POST 的基础上添加 ADD 或 DELETE 等方法谓词，给请求赋予更多语义。

jQuery 提供的$.get()方法用于发起 GET 请求，提供的$.post()方法用于发起 POST 请求。当处理 XML 类型的响应时，通过使用 jQuery 的各种选择方法来查询 XML 响应，从而使抽取 XML 响应文档信息的过程变得非常简单。JSON 格式的数据比 XML 使用起来更简单，但使用 JSON 格式时需要格外小心，以免受到跨站伪造攻击。jQuery 提供了名为$.getJSON()的方法用于处理 JSON 格式的数据。

通过使用 load()方法，可向服务器请求 HTML 片段，并将其加载到由 jQuery 选择的元素中。

本章还介绍了如何使用 jQuery 的$.getScript()方法来异步地加载 JavaScript 脚本。为演示这一点，在 Example 7-5 的日历中按需加载 jQuery UI API，当单击日历中的某天时，将生成美观的动画过渡效果。

本章还讨论了 jQuery 的 AJAX 事件，并介绍如何以不同方式使用 AJAX 事件机制。例如，为文件夹树添加活动指示条，Example 7-6、Example 7-7 和 Example 7-8 演示了使用 AJAX 事件的不同方式。

本章最后介绍如何使用 jQuery 的$.ajax()方法来创建针对服务器(实现了 REST 服务)的请求。

7.6 练习

1. 就 AJAX 请求而言，GET 请求和 POST HTTP 请求之间存在什么差别？
2. REST 服务有哪些作用？
3. 当使用 jQuery 的$.get()方法时，如何在发起的请求中向服务器传递额外的数据？
4. 在$.getJSON()方法的回调函数中，如何访问 JSON 对象？
5. 对于下面的 XML 文档，假如使用 jQuery 的$.get()方法来请求该 XML 文档，如何访问<response>元素中的内容？

```
<?xml version="1.0" encoding="UTF-8" standalone="yes"?>
<response>Yes!</response>
```

6. 如果想将一个 HTML 片段加载到所选元素中，请问应该使用 jQuery 的哪个方法？

7. 在下面的JavaScript代码中，描述每个属性的回调函数的作用：

```
$.ajaxSetup({
    beforeSend : function()
    {

    },
    success : function()
    {

    },
    error : function()
    {

    },
    complete : function()
    {

    }
});
```

8. 如果仅想将AJAX事件挂钩到单独的AJAX请求上下文中，而不是挂钩到全局，应该使用jQuery的哪个AJAX事件挂钩方法？

9. 如果想获取某个表单中所有输入元素的值，应该使用jQuery的哪个方法？

10. 如何实现对REST服务的客户端请求(提供DELETE方法)，在请求中将JSON对象一并传给服务器？描述所需的配置，然后提供示例代码。

第 8 章 动画和缓动效果

jQuery 为我们承担了大量工作，使开发人员的工作变得更轻松。使用 jQuery 可很轻松地遍历、操纵或迭代 DOM 元素，以及实现前面各个章节中介绍的各种实用功能。但 jQuery 并未就此止步，jQuery 还提供了大量工具，通过创建一些动画效果和大量特效，使文件看起来不但非常精美，而且非常专业。本章将介绍如何使用 jQuery 提供的用于处理各种特效的 API。

通过前面章节的示例可以看到，jQuery 可使用 show()和 hide()方法来切换元素的隐藏和显示状态。但是前面的章节并未详细介绍的是，这些方法还具有动画功能，可使用这些方法在元素的隐藏和显示状态之间创建简短动画。

jQuery 还支持通过动态改变元素的高度，从而在元素的隐藏和显示状态之间产生动画效果。此外，支持通过改变元素的不透明度(opacity)来创建元素淡入(fade on)或淡出(fade off)的动画效果。要实现所有这些功能，只需调用一个简单的普通函数即可。

最后，jQuery 还支持在任意数值样式之间为文档对象生成动画效果，这一功能可用来创建用户自定义的动画效果。

8.1 显示和隐藏元素

jQuery 提供了 3 个方法用于显示和隐藏元素——show()、hide()和 toggle()方法。前面的章节已经列举了使用 show()和 hide()方法的示例。默认情况下，这三个方法通过启用或禁用相应元素的 CSS 属性 display 来显示或隐藏对象。这些方法允许非常简便地显示或隐藏元素。但就这些属性前面并未详细介绍的是，还可为这些方法提供参数，通过缓动(easing)来自定义从显示到隐藏，以及从隐藏到显示的过渡动画效果。缓动是算法，用于控制动画随时间的进展状况。例如，动画可快速启动，随后，转换速度可变快或变慢。算法确定了时间与动画的关系。可将缓动视为图中的一条线，表示在动画持续期间，时间的变化和应用方式。缓动也可更改动画。例如，包含弹跳(bouncing)的动画可生成过渡效果，即对象转换似乎在弹跳。当动态改变对象宽度时，可明显看到弹跳缓动：宽度缩小，骤然扩大后，再次急速变小，产生一种弹跳般的动感。这种情况下，缓动应用了一种算法来控制对象宽度随时间的变化；在持续时间(duration)内的时间点上，动画临时后退，然后再次前进，以便产生弹跳观感。

jQuery 预先将这些缓动效果打包在预设(preset)中，通过在脚本中调用 jQuery 方法，而方法参数或选项引用缓动预设名来使用这些预设。默认 jQuery 下载包并未囊括所有缓动预设，只包含'linear'和'swing'。要获得其他缓动预设，必须访问 jQuery UI 网站 www.jqueryui.com/download/来单独下载。本章示例添加的 jQuery UI 包含所有可选缓动和 UI 组件。在从 www.wrox.com/go/webdevwithjquery 免费下载的源代码资料中可找到 jQuery UI 文件 jQueryUI.js。

可能的动画有褪色、滑动、摇摆以及一整套其他效果。除了内置动画以及 jQuery 包含的动画外，还可以使用 jQuery 的 animate()方法，完全按自己的想法创建自定义动画，如本章的 8.4 节“自定义动画”所述。

还可为任意 jQuery 动画方法提供回调函数(在动画完成时执行)。如果觉得仍不够灵活，也可提供配置对象，这些对象支持完整的选项列表，涵盖了其他回调函数场景，可调整对画的方方面面。

以下示例演示如何使用 jQuery 的 show()、hide()和 toggle()方法来动态显示和隐藏元素，产生过渡效果。顾名思义，toggle()方法在单个方法中纳入 show()和 hide()功能，动画启动时，根据元素是否可见来回切换。

```
<!DOCTYPE HTML>
<html lang='en'>
    <head>
        <meta charset='utf-8' />
        <title>Animation and Effects</title>
        <script src='../jQuery.js'></script>
        <script src='../jQueryUI.js'></script>
        <script src='Example 8-1.js'></script>
        <link href='Example 8-1.css' rel='stylesheet' />
    </head>
    <body>
        <div id='exampleDialogCanvas'>
            <div id='exampleDialog'>
                <h4>Integer Feugiat Fringilla</h4>
                <p>
                    Lorem ipsum dolor sit amet, consectetuer adipiscing elit.
                    Ut vestibulum ornare augue. Fusce non purus vel libero
                    mattis aliquet. Vivamus interdum consequat risus. Integer
                    feugiat fringilla est. Vivamus libero. Vestibulum
                    imperdiet arcu vitae nunc. Nunc est velit, varius sed,
                    faucibus quis.
                </p>
```

```
    </div>
</div>
<form method='get' action='#'>
    <fieldset>
        <legend>Animation Options</legend>
        <div>
            <label for='exampleAnimationEasing'>
                Easing:
            </label>
            <select name='exampleAnimationEasing'
                    id='exampleAnimationEasing'>
                <option value='linear'>linear</option>
                <option value='swing'>swing</option>
                <option value='easeInQuad'>easeInQuad</option>
                <option value='easeOutQuad'>easeOutQuad</option>
                <option value='easeInOutQuad'>easeInOutQuad</option>
                <option value='easeInCubic'>easeInCubic</option>
                <option value='easeOutCubic'>easeOutCubic</option>
                <option value='easeInOutCubic'>easeInOutCubic</option>
                <option value='easeInQuart'>easeInQuart</option>
                <option value='easeOutQuart'>easeOutQuart</option>
                <option value='easeInOutQuart'>easeInOutQuart</option>
                <option value='easeInQuint'>easeInQuint</option>
                <option value='easeOutQuint'>easeOutQuint</option>
                <option value='easeInOutQuint'>easeInOutQuint</option>
                <option value='easeInExpo'>easeInExpo</option>
                <option value='easeOutExpo'>easeOutExpo</option>
                <option value='easeInOutExpo'>easeInOutExpo</option>
                <option value='easeInSine'>easeInSine</option>
                <option value='easeOutSine'>easeOutSine</option>
                <option value='easeInOutSine'>easeInOutSine</option>
                <option value='easeInCirc'>easeInCirc</option>
                <option value='easeOutCirc'>easeOutCirc</option>
                <option value='easeInOutCirc'>easeInOutCirc</option>
                <option value='easeInElastic'>easeInElastic</option>
                <option value='easeOutElastic'>easeOutElastic</option>
                <option value='easeInOutElastic'>easeInOutElastic</option>
                <option value='easeInBack'>easeInBack</option>
                <option value='easeOutBack'>easeOutBack</option>
                <option value='easeInOutBack'>easeInOutBack</option>
                <option value='easeInBounce'>easeInBounce</option>
                <option value='easeOutBounce'>easeOutBounce</option>
                <option value='easeInOutBounce'>easeInOutBounce</option>
            </select>
            <label for='exampleAnimationDuration'>
                Duration:
            </label>
            <input type='range'
                   value='5000'
                   min='100'
```

```
                        max='10000'
                        step='100'
                        name='exampleAnimationDuration'
                        id='exampleAnimationDuration' />
                    <input type='submit'
                        name='exampleAnimationShow'
                        id='exampleAnimationShow'
                        value='Show' />
                    <input type='submit'
                        name='exampleAnimationHide'
                        id='exampleAnimationHide'
                        value='Hide' />
                    <input type='submit'
                        name='exampleAnimationToggle'
                        id='exampleAnimationToggle'
                        value='Toggle' />
                </div>
            </fieldset>
        </form>
    </body>
</html>
```

将下面的 CSS 样式表应用于上面的标记文档：

```
body {
    font: 12px 'Lucida Grande', Arial, sans-serif;
    background: #fff;
    color: rgb(50, 50, 50);
}
div#exampleDialogCanvas {
    height: 400px;
    position: relative;
    overflow: hidden;
}
div#exampleDialog {
    box-shadow: 0 7px 100px rgba(0, 0, 0, 0.7);
    border-radius: 4px;
    width: 300px;
    height: 200px;
    position: absolute;
    padding: 10px;
    top: 50%;
    left: 50%;
    z-index: 1;
    margin: -110px 0 0 -160px;
    background: #fff;
}
div#exampleDialog h4 {
    border: 1px solid rgb(50, 50, 50);
    background: lightblue;
    border-radius: 4px;
```

```
    padding: 5px;
    margin: 0 0 10px 0;
}
div#exampleDialog p {
    margin: 10px 0;
}
input#exampleAnimationDuration {
    vertical-align: middle;
}
```

下面的脚本代码演示了如何使用 jQuery 的 show()、hide()和 toggle()方法来产生动画效果：

```
$(document).ready(
    function()
    {
        var animating = false;

        $('input#exampleAnimationShow').click(
            function(event)
            {
                event.preventDefault();

                if (!animating)
                {
                    animating = true;

                    var easing = $('select#exampleAnimationEasing').val();
                    var duration =
                        parseInt($('input#exampleAnimationDuration').val());

                    $('div#exampleDialog').show(
                        duration,
                        easing,
                        function()
                        {
                            animating = false;
                        }
                    );
                }
            }
        );

        $('input#exampleAnimationHide').click(
            function(event)
            {
                event.preventDefault();

                if (!animating)
                {
```

```
                animating = true;

                var easing = $('select#exampleAnimationEasing').val();
                var duration =
                   parseInt($('input#exampleAnimationDuration').val());

                $('div#exampleDialog').hide(
                    duration,
                    easing,
                    function()
                    {
                        animating = false;
                    }
                );

            }
        }
    );

    $('input#exampleAnimationToggle').click(
        function(event)
        {
            event.preventDefault();

            if (!animating)
            {
                animating = true;

                var easing = $('select#exampleAnimationEasing').val();
                var duration =
                   parseInt($('input#exampleAnimationDuration').val());

                $('div#exampleDialog').toggle(
                    duration,
                    easing,
                    function()
                    {
                        animating = false;
                    }
                );
            }
        }
    );

    $('input#exampleAnimationDuration').change(
        function()
        {
            $(this).attr('title', $(this).val());
        }
    );
```

```
    }
);
```

下面的示例 Example 8-1 位于可下载的源代码资料中。图 8-1 显示了在浏览器中加载 Example 8-1.html 的结果。

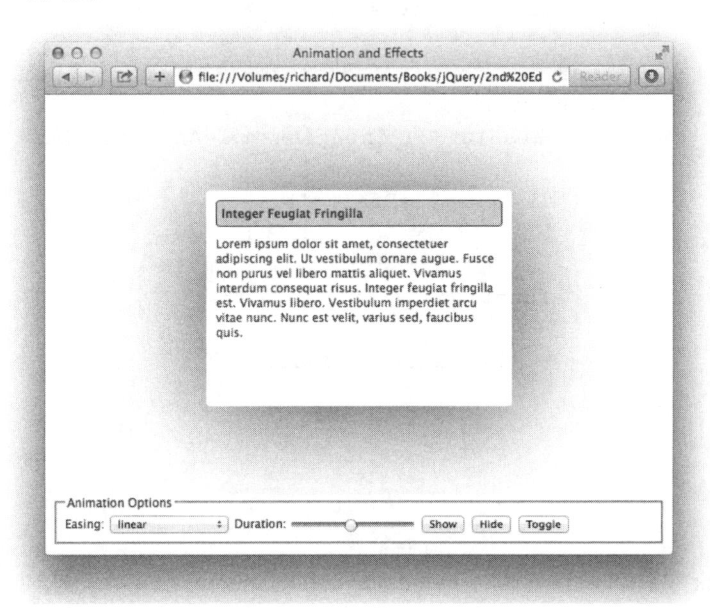

图　8-1

Example 8-1 创建的应用程序允许测试 show()、hide()和 toggle()方法的最常用方面，测试了默认 jQuery 和 jQuery UI 的缓动扩展中提供的每种缓动类型。jQuery 提供的所有缓动在<select>元素中指定；通过创建该元素，可方便地测试每个缓动。

除了缓动外，还通过<input>范围元素提供每个方法的持续时间。持续时间参数用毫秒指定，1000 毫秒等于 1 秒。除了提供表示毫秒数的整数值外，还可提供持续时间预设字符串。jQuery 提供三个持续时间预设字符串：'slow'、'normal'和'fast'。如果未指定持续时间，默认使用'normal'预设。

这里创建的脚本首先设置一个变量来跟踪是否正在运行动画。该变量旨在阻止由于在动画持续期间重复单击任意按钮，累积并一个接一个地运行多个动画。启动动画时，将 animating 变量设置为 true，以免在初始动画正在运行时运行额外动画。当动画完成时，会执行为每个方法提供的回调函数，将 animating 变量重置为 false，从而允许运行新动画。

```
$(document).ready(
    function()
    {
        var animating = false;
```

接下来，在 id 为 exampleAnimationShow 的<input>元素上设置 click()事件。

```
        $('input#exampleAnimationShow').click(
            function(event)
```

```
        {
            event.preventDefault();

            if (!animating)
            {
                animating = true;

                var easing = $('select#exampleAnimationEasing').val();
                var duration =
                    parseInt($('input#exampleAnimationDuration').val());

                $('div#exampleDialog').show(
                    duration,
                    easing,
                    function()
                    {
                        animating = false;
                    }
                );
            }
        }
    );
```

当发生 click 事件时，首先执行 event.preventDefault()方法。该方法阻止<form>提交到在 action 特性中指定的 URL。

```
animating = true;
```

然后检查 animating 变量，确保动画并未运行。如果 animating 变量的值为 false，将执行基于该条件的下一条语句。如果 animating 变量的值为 true，则什么都不做，提供给 click()方法的回调函数停止执行。

```
var easing = $('select#exampleAnimationEasing').val();
```

将 id 名为 exampleAnimationEasing 的<select>元素的值赋给 easing 变量，再将该变量提供给 show()方法的 easing 参数。

```
var duration = parseInt($('input#exampleAnimationDuration').val());
```

同样，使用 parseInt()，将 id 名为 exampleAnimationDuration 的<input>元素的值转换为整型数据类型，再赋给 duration 变量。再将 duration 变量提供给 show()方法的 duration 参数。

```
$('div#exampleDialog').show(
    duration,
    easing,
    function()
    {
        animating = false;
```

```
        }
    );
```

将 show()方法应用于 id 名为 exampleDialog 的<div>。

为 show()提供的所有参数都是可选的。如果调用 show()时未提供任何参数，则不会执行动画，只将 CSS 属性设置为显示该元素；对于<div>元素，会将 display 属性设置为 block。如果仅指定 duration 参数，则通过提供的持续时间(默认缓动设置为'swing')以动画方式显示元素。

提供给 show()方法的回调函数在动画完成时执行。此例中，回调函数将 animating 变量重置为 false，以便可以执行其他动画。

脚本的其余部分将指定给 id 名为 exampleAnimationShow 的<input>元素的 click()事件的逻辑重复，分别用于另外两个<input>元素。id 名为 exampleAnimationHide 的<input>元素接收类似的 click()事件，但将 show() 方法替换为 hide()方法。与此类似，id 名为 exampleAnimationToggle 的<input>元素接收的 click()事件将 show()方法替换为 toggle()方法；这样就演示了 show()、hide()和 toggle()方法。

8.2　滑入或滑出元素

jQuery 还支持元素滑入和滑出(sliding)的动画效果。在 jQuery 中，滑入和滑出效果是通过改变元素高度来定义的。因此，滑入(sliding down)指动态显示元素，从高度 0 开始，到元素正常高度时为止；而滑出(sliding up)则正好相反，从元素正常高度开始，到高度 0 为止。使用 slideDown()、slideUp()和 slideToggle()方法完成这两个操作。

滑入和滑出是另一种显示和隐藏元素的方式——只是使用不同动画来完成任务而已。下面的示例演示 slideDown()、slideUp()和 slideToggle()方法，修改了 Example 8-1 创建的文档。该文档在可下载源代码资料 Example 8-2 中。为节省篇幅，下例仅显示 Example 8-1 和 Example 8-2 之间的差异。

```
            <input type='submit'
                   name='exampleAnimationShow'
                   id='exampleAnimationShow'
                   value='Slide Down' />
            <input type='submit'
                   name='exampleAnimationHide'
                   id='exampleAnimationHide'
                   value='Slide Up' />
            <input type='submit'
                   name='exampleAnimationToggle'
                   id='exampleAnimationToggle'
                   value='Toggle Slide' />
        </div>
    </fieldset>
```

该 HTML 文档仅修改了 submit <input>元素的 value 特性，以反映更新后的操作。

对样式表的唯一修改之处是对话框中<h4>元素的背景色，这样，在浏览器中测试脚本时，更容易看到 Example 8-1 和 Example 8-2 之间的差异。

```
div#exampleDialog h4 {
    border: 1px solid rgb(50, 50, 50);
    background: lightgreen;
    border-radius: 4px;
    padding: 5px;
    margin: 0 0 10px 0;
}
```

以下脚本使用 slideDown()、slideUp()和 slideToggle()方法替换 Example 8-1 中的 show()、hide()和 toggle()方法：

```
$(document).ready(
    function()
    {
        var animating = false;

        $('input#exampleAnimationShow').click(
            function(event)
            {
                event.preventDefault();

                if (!animating)
                {
                    animating = true;

                    var easing = $('select#exampleAnimationEasing').val();
                    var duration =
                     parseInt($('input#exampleAnimationDuration').val());

                    $('div#exampleDialog').slideDown(
                        duration,
                        easing,
                        function()
                        {
                            animating = false;
                        }
                    );
                }
            }
        );

        $('input#exampleAnimationHide').click(
            function(event)
            {
                event.preventDefault();
```

```
        if (!animating)
        {
            animating = true;

            var easing = $('select#exampleAnimationEasing').val();
            var duration =
               parseInt($('input#exampleAnimationDuration').val());

            $('div#exampleDialog').slideUp(
                duration,
                easing,
                function()
                {
                    animating = false;
                }
            );

        }
    }
);

$('input#exampleAnimationToggle').click(
    function(event)
    {
        event.preventDefault();

        if (!animating)
        {
            animating = true;

            var easing = $('select#exampleAnimationEasing').val();
            var duration =
             parseInt($('input#exampleAnimationDuration').val());

            $('div#exampleDialog').slideToggle(
                duration,
                easing,
                function()
                {
                    animating = false;
                }
            );
        }
    }
);

$('input#exampleAnimationDuration').change(
    function()
    {
```

```
                $(this).attr('title', $(this).val());
            }
        );
    }
);
```

上述脚本代码产生的文档如图 8-2 所示。

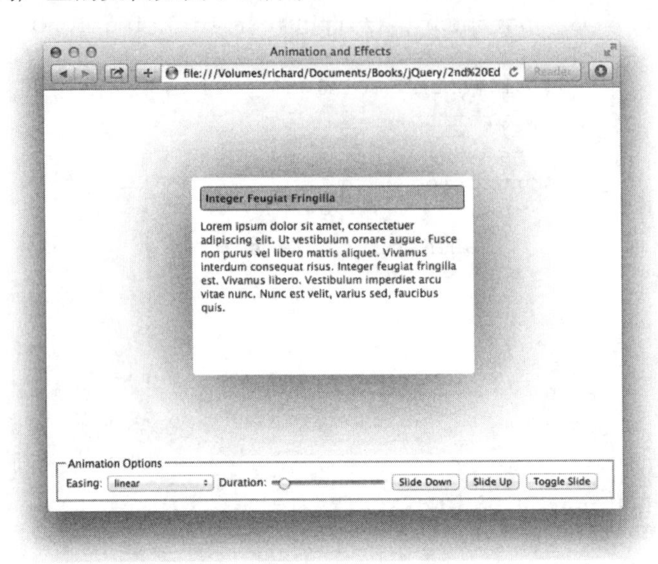

图　8-2

上面的示例重复了 Example 8-1 中的逻辑，使用 slideDown()、slideUp()和 slideToggle()方法替换了 show()、hide()和 toggle()方法。设置完全相同，只是动画效果不同而已。为这三个方法提供的参数与为 show()、hide()和 toggle()提供的参数完全相同。Example 8-2 允许在自己的脚本中使用 slideDown()、slideUp()和 slideToggle()来测试每个可能的变体。

这里不再对 Example 8-2 中的逻辑进行详细解释，具体解释可参见 Example 8-1。下一节演示为显示和隐藏元素提供动画的内置 jQuery 方法的最后一个三重组合：fadeIn()、fadeOut()和 fadeToggle()方法。

8.3　淡入和淡出元素

淡入和淡出元素是 jQuery 提供的另一种显示和隐藏元素的动画效果，即将元素的透明度从完全透明调整为完全不透明，或将元素的透明度从完全不透明调整为完全透明。启动淡入或完成淡出后，会切换 CSS 显示属性，使已淡出元素不再占用文档空间，或者使正在淡入的元素在文档中变得可见。

该 API 与前两节介绍的方法相似，不同之处仅在于方法名称以及这些方法使用的动画。jQuery 为淡入和淡出元素提供了三个方法：fadeIn()、fadeOut()和 fadeToggle()。

下例演示 jQuery 提供的三个淡入淡出方法。与上面一样，该例呈现的概念与 Example

8-1 和 Example 8-2 相同，只是做了几处调整，以便了解可使用 jQuery 的淡入和淡出动画实现哪些效果。下例 Example 8-3 位于可下载的源代码资料中。为节省篇幅，此处仅摘录了每个文档中发生了变化的部分。

```
        <input type='submit'
               name='exampleAnimationShow'
               id='exampleAnimationShow'
               value='Fade In' />
        <input type='submit'
               name='exampleAnimationHide'
               id='exampleAnimationHide'
               value='Fade Out' />
        <input type='submit'
               name='exampleAnimationToggle'
               id='exampleAnimationToggle'
               value='Toggle Fade' />
    </div>
</fieldset>
```

在 Example 8-3.html 中，仅更改了 submit <input>元素的 value 特性。这些指定的标签反映了按下 submit <input>元素时发生的淡入淡出操作。

CSS 文档的唯一更改之处也是对话框中<h4>元素的背景色，这里将 background 设置为 yellow。

```
div#exampleDialog h4 {
    border: 1px solid rgb(50, 50, 50);
    background: yellow;
    border-radius: 4px;
    padding: 5px;
    margin: 0 0 10px 0;
}
```

以下脚本演示了 fadeIn()、fadeOut()和 fadeToggle()方法的用法：

```
$(document).ready(
    function()
    {
        var animating = false;

        $('input#exampleAnimationShow').click(
            function(event)
            {
                event.preventDefault();

                if (!animating)
                {
                    animating = true;

                    var easing = $('select#exampleAnimationEasing').val();
```

```
                var duration =
                  parseInt($('input#exampleAnimationDuration').val());

                $('div#exampleDialog').fadeIn(
                    duration,
                    easing,
                    function()
                    {
                        animating = false;
                    }
                );
            }
        }
    );

    $('input#exampleAnimationHide').click(
        function(event)
        {
            event.preventDefault();

            if (!animating)
            {
                animating = true;

                var easing = $('select#exampleAnimationEasing').val();
                var duration =
                  parseInt($('input#exampleAnimationDuration').val());

                $('div#exampleDialog').fadeOut(
                    duration,
                    easing,
                    function()
                    {
                        animating = false;
                    }
                );

            }
        }
    );

    $('input#exampleAnimationToggle').click(
        function(event)
        {
            event.preventDefault();

            if (!animating)
            {
                animating = true;
```

```
                var easing = $('select#exampleAnimationEasing').val();
                var duration =
                  parseInt($('input#exampleAnimationDuration').val());

                $('div#exampleDialog').fadeToggle(
                    duration,
                    easing,
                    function()
                    {
                        animating = false;
                    }
                );
            }
        }
    );

    $('input#exampleAnimationDuration').change(
        function()
        {
            $(this).attr('title', $(this).val());
        }
    );
  }
);
```

上面的脚本代码所产生的结果如图 8-3 所示。

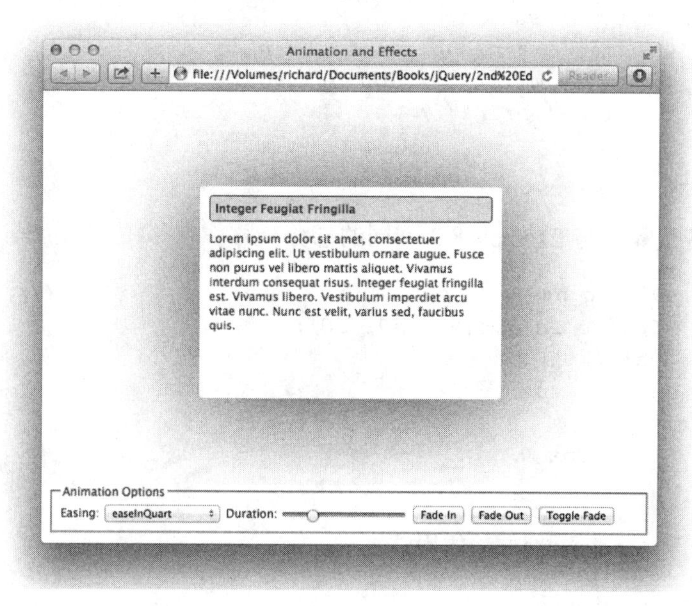

图　8-3

8.4 自定义动画

jQuery 还提供了支持用户自定义动画的 API，即一个名为 animate()的方法。jQuery 的 animate()方法可使具有数字值的 CSS 属性在指定的持续时间内逐渐变换，从而动态显示 width、height、margin、padding、border-width 或其他任何具有数值的属性。animate()方法在动画启动时，从当前样式属性自动提取起始值，然后使用指定的缓动算法，在指定持续时间逐渐变换这些属性。

下例 Example 8-4 使用与前三个例子相同的示例，演示了 animate()方法的用法。与 Example 8-3 和 Example 8-2 类似，这里仅呈现与其他示例不同的 HTML 文档部分。

```
        <label for='exampleAnimationDuration'>
           Duration:
        </label>
        <input type='range'
               value='5000'
               min='100'
               max='10000'
               step='100'
               name='exampleAnimationDuration'
               id='exampleAnimationDuration' />
        <input type='submit'
               name='exampleAnimationGrow'
               id='exampleAnimationGrow'
               value='Grow' />
        <input type='submit'
               name='exampleAnimationShrink'
               id='exampleAnimationShrink'
               value='Shrink' />
    </div>
</fieldset>
```

下面的 CSS 仅显示与 Example 8-3 不同的部分：

```
div#exampleDialog h4 {
    border: 1px solid rgb(50, 50, 50);
    background: pink;
    border-radius: 4px;
    padding: 5px;
    margin: 0 0 10px 0;
}
```

以下脚本演示了 animate()方法的用法：

```
$(document).ready(
    function()
    {
        var animating = false;
```

```
$('input#exampleAnimationGrow').click(
    function(event)
    {
        event.preventDefault();

        if (!animating)
        {
            animating = true;

            var easing = $('select#exampleAnimationEasing').val();
            var duration =
              parseInt($('input#exampleAnimationDuration').val());

            $('div#exampleDialog').animate(
                {
                    width : '400px',
                    height : '350px',
                    marginLeft : '-210px',
                    marginTop : '-185px'
                },
                duration,
                easing,
                function()
                {
                    animating = false;
                }
            );
        }
    }
);

$('input#exampleAnimationShrink').click(
    function(event)
    {
        event.preventDefault();

        if (!animating)
        {
            animating = true;

            var easing = $('select#exampleAnimationEasing').val();
            var duration =
              parseInt($('input#exampleAnimationDuration').val());

            $('div#exampleDialog').animate(
                {
                    width : '300px',
                    height : '200px',
                    marginLeft : '-160px',
```

```
                        marginTop : '-110px'
                    },
                    duration,
                    easing,
                    function()
                    {
                        animating = false;
                    }
                );

            }
        }
    );

    $('input#exampleAnimationDuration').change(
        function()
        {
            $(this).attr('title', $(this).val());
        }
    );
  }
);
```

在以下示例中，当单击 Grow 按钮时，将生成如图 8-4 所示的结果。

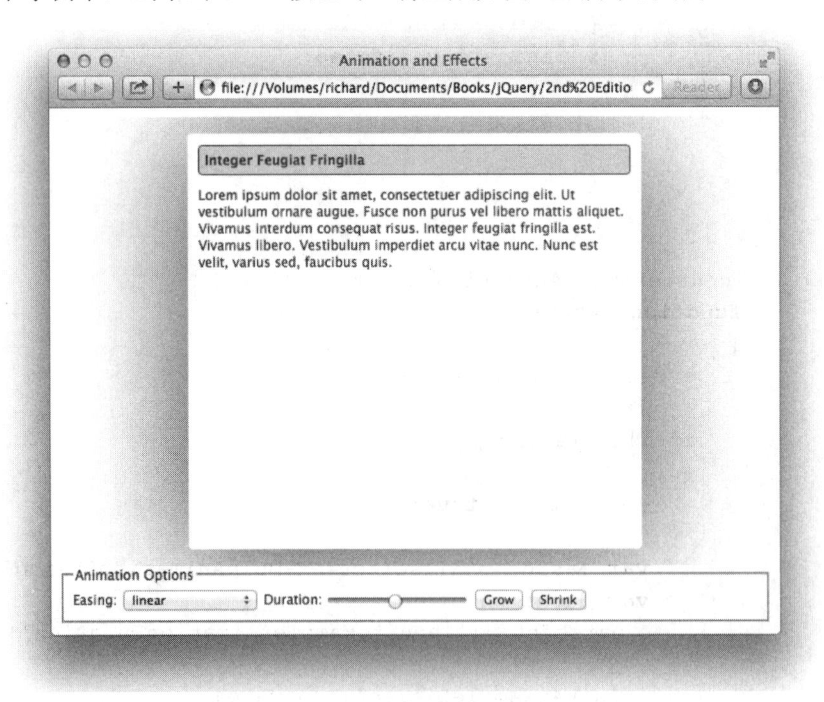

图　8-4

当单击 Grow 按钮时，animate()方法从样式表中指定的 width、height 和 margin 开始，在 id 为 exampleDialog 的<div>中应用过渡动画效果。

```
$('div#exampleDialog').animate(
    {
        width : '400px',
        height : '350px',
        marginLeft : '-210px',
        marginTop : '-185px'
    },
    duration,
    easing,
    function()
    {
        animating = false;
    }
);
```

在动画效果中，width 从 300px 过渡到 400px，height 从 200px 过渡到 350px，margin-left 从-160px 过渡到-210px，margin-top 从-110px 过渡到-185px。对这 4 个属性同时应用动画效果，速率相同，都由 duration 和 easing 选项决定。这里的 animate()方法与前面几节介绍的方法类似，区别仅在于要动态显示的自定义 CSS 属性规范。

虽然 animate()方法仅限于动态显示数值 CSS 属性，但 jQuery UI 提供了 jQuery Color 插件，可在颜色以及数值之间实现过渡动画效果。

下一节介绍可提供给任意 jQuery 动画方法的选项；利用这些选项，可以更精细地控制 jQuery 动画。

8.5　动画选项

所有 jQuery 动画方法，即 animate()、show()、hide()、toggle()、slideIn()、slideDown()、slideToggle()、fadeIn()、fadeOut()和 fadeToggle()，都允许用简单的键值对 JavaScript 对象替代 duration、easing 和 callback function 参数，从而使你可以精细控制动画的所有方面。

下面描述用 options 参数替代 duration、easing 和 callback function 参数时，上面这些方法的方法签名：

- animate(*properties, options*)
- show(*options*)、hide(*options*)和 toggle(*options*)
- slideDown(*options*)、slideUp(*options*)和 slideToggle(*options*)
- fadeIn(*options*)、fadeOut(*options*)和 fadeToggle(*options*)

提供这些选项时，可使用以下备用 *options* 参数：

- duration——动画长度。其值可以是一个整数值(单位为毫秒)，也可以是以下字符串之一：'slow'、'normal'或'fast'。
- easing——动画随着时间推移的过渡方式。其值是一个字符串，该字符串引用一个 jQuery 内置缓动函数。

- queue——一个布尔值，指示是否将动画放在 jQuery 动画队列中。如果为 queue 提供的值是 false，动画不加入队列，而是立即启动。如果提供的值是一个字符串，将动画放在以所提供字符串命名的队列中。如果使用自定义队列名，不会自动启动动画，要启动自定义队列，需要调用 dequeue(*queueName*)方法。
- specialEasing——仅适用于 animate()方法。由一个对象将 properties 参数中提供的 CSS 属性映射到缓动。这样便可以使用不同的缓动来动态显示不同属性。
- step function((number) *now*, (tween) *tween*——一个回调函数，在动画的每个步骤中，为每个动画元素的每个动画属性执行一次。
- progress function((promise) *animation*, (number) *progress*, (number) *remainingMilliseconds*)——一个回调函数，在动画的每个步骤之后执行，但仅为每个动画元素执行一次，而不考虑动画属性。
- complete function()——一个回调函数，在动画完成时执行。
- start function((promise) *animation*) ——一个回调函数，在动画启动时执行。
- done function((promise) *animation*, (Boolean) *jumpedToTheEnd*) ——一个回调函数，在动画完成并解析其 Promise 对象时执行。
- fail function((promise) *animation*, (Boolean) *jumpedToTheEnd*) ——一个回调函数，在动画未能成功完成并放弃其 Promise 对象时执行。
- always function((promise) *animation*, (Boolean) *jumpedToTheEnd*) ——一个回调函数；如果动画已完成，或虽未完成但已停止，而且其 Promise 对象被解析或放弃，将执行该函数。

8.6 小结

本章介绍了如何通过 jQuery 的动画方法，使用 jQuery 内置的各种动画或自定义动画来隐藏、显示或过渡呈现元素。

从本章可了解到，可为 jQuery 的 hide()、show()、toggle()以及所有 7 个附加的动画方法提供 duration 参数，其值可以是字符串'slow'、'normal'或'fast'，也可以是代表时间的整数(单位为毫秒)。如果使用时不带参数，jQuery 的 hide()、show()和 toggle()方法仅通过切换 CSS display 属性来显示和隐藏元素，不会产生动画效果。如果指定一个或多个参数，这些方法将在隐藏状态和显示状态之间实现过渡动画效果。

jQuery 还提供了一些交替性动画效果，它们的功能在本质上与 hide()、show()和 toggle()方法相同。slideDown()、slideUp()和 slideToggle()方法可通过动态改变元素的高度来隐藏和显示元素，而 fadeIn()、fadeOut()和 fadeToggle()方法则通过动态改变元素的不透明度来隐藏和显示元素。

本章最后介绍了如何使用 jQuery 的 animate()方法，该方法在“元素已有样式”与“在 animate()方法的第一个参数中指定的样式”之间进行过渡。可动态更改的样式都是允许使用数值的各种 CSS 属性。

附录 M 详细列出了 jQuery 提供的各种特效。

8.7　练习

1. 指定动画的持续时间时，允许使用哪些值？
2. jQuery 的 slideDown()方法的作用是什么？
3. 要使用元素的不透明度制作动画效果来隐藏或显示元素，应该使用 jQuery 的哪个方法？
4. 要创建用户自定义动画，应该使用 jQuery 的哪个方法？
5. jQuery core 提供哪些缓动？

第 9 章

插　件

jQuery 使许多脚本编写任务变得轻松；另外，也可以用新功能方便地对 jQuery 自身进行扩展。要扩展 jQuery 的功能，只需使用便于理解的 Plugin API 即可。使用 jQuery 的 Plugin API，不仅可创建自定义的、可链式调用的 jQuery 方法，甚至可将十分复杂的客户端应用程序完全编写为 jQuery 插件。

可使用插件实现很多功能。jQuery 的 UI 库提供了一些非常有用的优秀插件，详见第 12 章。jQuery UI 库中的插件有助于实现诸如拖放或选择元素之类的功能，以及其他各种功能。此外，还有一个新兴的第三方开发社区为 jQuery 开发插件，来完成你所能想到的各种功能。在本书第 II 部分“jQuery UI”中，将分析一些第三方 jQuery 插件，甚至将编写一个插件。由于为 jQuery 编写插件的过程非常简单，造就了如雨后春笋般涌现的 jQuery 插件开发社区。

本章将演示如何使用 jQuery 的 Plugin API，并讲述开始编写自定义插件时需要理解的各个基本概念。在学习了 jQuery 插件的基础知识后，本书后续章节将列举一些使用 jQuery 的 Plugin API 的例子。

9.1　编写插件

jQuery 插件实现起来非常简便。只需将用于扩展 jQuery 的方法包含在一个对象字面量中，并将该对象字面量传递给$.fn.extend()方法即可。

9.1.1　编写简单的 jQuery 插件

Example 9-1 演示了如何编写一个简单的 jQuery 插件。如果想自行尝试此例，可查看从 www.wrox.com/go/webdevwithjquery 下载的资料；其中包含与本例对应的 Chapter 9 文件夹以及其他示例。

```
<!DOCTYPE HTML>
<html xmlns="http://www.w3.org/1999/xhtml">
    <head>
        <meta http-equiv="content-type"
            content="application/xhtml+xml; charset=utf-8" />
        <meta http-equiv="content-language" content="en-us" />
        <title>John Candy Movies</title>
        <script type='text/javascript' src='../jQuery.js'></script>
        <script type='text/javascript' src='Example 9-1.js'></script>
        <link type='text/css' href='Example 9-1.css' rel='stylesheet' />
    </head>
    <body>
        <h2>John Candy Movies</h2>
        <ul class='movieList'>
            <li>The Great Outdoors</li>
            <li>Uncle Buck</li>
            <li>Who&rsquo;s Harry Crumb?</li>
            <li>Canadian Bacon</li>
            <li>Home Alone</li>
            <li>Spaceballs</li>
            <li>Planes, Trains, and Automobiles</li>
        </ul>
        <p>
            <a href='javascript:void(0);' id='movieSelectAll'>Select All</a>
        </p>
    </body>
</html>
```

下面的 CSS 为支持 jQuery 插件的 XHTML 5 文档设置一些基本样式，这样当单击电影列表中的项时，将可以看到所发生的操作：

```
body {
    font: 200 16px Helvetica, Arial, sans-serif;
}
h2 {
    font: 200 18px Helvetica, Arial, sans-serif;
    text-decoration: underline;
}
ul.movieList {
    list-style: none;
    margin: 10px;
    padding: 0;
}
ul.movieList li {
    padding: 3px;
}
ul.movieList li.movieSelected {
    background: forestgreen;
    color: white;
}
```

```
a {
    text-decoration: none;
    color: green;
}
a:hover {
    text-decoration: underline;
}
```

下面的JavaScript代码简明扼要地演示了如何使用jQuery Plugin API来编写用户自定义的jQuery插件：

```
$.fn.extend({

    select : function()
    {
        // In a jQuery plugin; 'this' is already a jQuery ready object
        // Performing an operation like addClass() works on one
        // or more items, depending on the selection.
        return this.addClass('movieSelected');
    },

    unselect : function()
    {
        return this.removeClass('movieSelected');
    }
});

var movies = {

    ready : function()
    {
        $('a#movieSelectAll').click(
            function(event)
            {
                event.preventDefault();

                $('ul.movieList li').select();
            }
        );

        $(document).on(
            'click.movieList',
            'ul.movieList li',
            function()
            {
                if ($(this).hasClass('movieSelected'))
                {
                    $(this).unselect();
                }
                else
```

```
                {
                    $(this).select();
                }
            }
        );
    }
};

$(document).ready(
    function()
    {
        movies.ready();
    }
);
```

运行上述代码，当单击各个电影标题时，将看到如图 9-1 所示的屏幕截图。

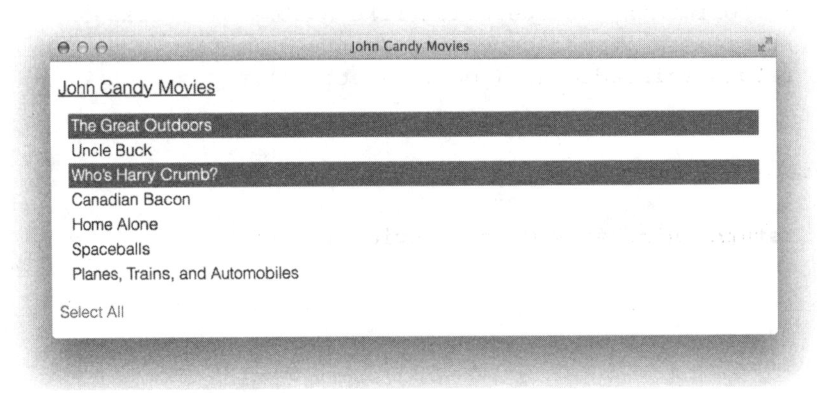

图 9-1

上述示例演示了如何使用$.fn.extend()方法来编写 jQuery 插件。本质上，jQuery 插件扩展了处理对象(代表 HTML 元素)的能力。这里创建了两个 jQuery 插件，一个用于选择元素，另一个用于取消选择元素。选择本身依赖于为一个<li>元素应用类名。如果选中该<li>元素，就应用类名 movieSelected。如果未选中该<li>元素，则撤消类名 movieSelected。这样你可以看到选择了一个条目，movieSelected 类名应用 forestgreen 背景，并使文本显示为 white。这是一个十分简单的例子，演示了可使用 jQuery 插件完成哪些操作。可以获取一个或多个 HTML 元素，然后直接对这些元素进行操纵，执行一些操作。在本例中，执行的是选择操作，不过也可以使用 jQuery 插件执行更复杂的操作。可使用插件为输入元素添加日历，可使用插件使元素成为拖放操作的放置区。在本书后续章节中，你将看到很多使用 jQuery 插件的例子；其中一些插件由 jQuery Foundation 开发，如 jQuery UI；其他一些是卓越的第三方插件，这些插件添加了一些有用的功能，如表格排序，详见第 20 章。

分析 jQuery 插件

jQuery 插件的首要目的是对 DOM 中的元素执行某些操作。在插件中，特殊关键字 this

代表正在处理的一个或多个元素。Example 9-1 中有两个插件，分别是 select()和 unselect()。可通过 jQuery 在 DOM 的任意 HTML 元素上调用这些 jQuery 插件。插件作用于一个或多个元素之上。

```
$.fn.extend({

    select : function()
    {
        // In a jQuery plugin; 'this' is already a jQuery ready object
        // Performing an operation like addClass() works on one
        // or more items, depending on the selection.
        return this.addClass('movieSelected');
    },

    unselect : function()
    {
        return this.removeClass('movieSelected');
    }
});
```

正如本书第 I 部分反复介绍的，如果拥有如下 jQuery 选择集：

```
$('ul.movieList li')
```

在这个表达式之后，可链接 jQuery 支持的任意方法。例如，可调用 addClass()，为选择集匹配的每个<li>元素添加类名。使用 jQuery 插件以及 jQuery 支持的所有方法，如 find()、addClass()和 each()等，也可采用适用于自定义插件的任意方式来扩展 jQuery。在 Example 9-1 中，可看到一个补充性示例，只是为选择集中的每个元素添加类名。关键字 this 代表由选择集中的元素组成的数组。在 John Candy 电影例子中，this 代表的数组由 7 个<li>元素组成。由此，当执行以下插件时：

```
select : function()
{
    // In a jQuery plugin; 'this' is already a jQuery ready object
    // Performing an operation like addClass() works on one
    // or more items, depending on the selection.
    return this.addClass('movieSelected');
}
```

将在以下<li>元素集中执行操作：

```
<li>The Great Outdoors</li>
<li>Uncle Buck</li>
<li>Who&rsquo;s Harry Crumb?</li>
<li>Canadian Bacon</li>
<li>Home Alone</li>
<li>Spaceballs</li>
<li>Planes, Trains, and Automobiles</li>
```

为这些元素添加 movieSelected 类名，具体取决于是直接单击一个<li>元素，还是使用列表下的<a>元素将它们全部选中。

9.1.2　检查文档对象模型

在传统 JavaScript 中，HTML 元素对象始终有一些内置的属性和方法。这些属性和方法使得操纵 DOM 以及与 DOM 交互成为可能。jQuery 位于传统的 JavaScript 内置 DOM 和如下 API 之间：这些 API 由 JavaScript 内置 DOM 提供并与之交互。正如你在前面看到的，jQuery 减少了为查询和操纵 DOM 需要编写的代码量。jQuery 提供的大多数方法都提供与传统 JavaScript DOM API 类似的功能。在传统 DOM 中，你可能遇到 appendChild()等方法，该方法在最后一个元素或文本节点之后添加新的子元素或文本节点。还可能遇到 getAttribute()，该方法返回特性值。在这个示例的上下文中，jQuery 提供了类似方法。不要使用 appendChild()，而可以获得一套完整的元素放置和 DOM 操纵方法，如 after()、insertAfter()、before()、insertBefore()以及第 4 章介绍的其他所有方法。

不使用 getAttribute()、setAttribute()或 hasAttributes()，因为拥有 attr()和一整套 CSS 特性选择器。但要注意，jQuery 插件概念基于 DOM 及其公开的用于操纵元素的属性和方法的概念之上。jQuery 插件扩展了元素操纵能力，允许构建完全自定义的方法。

在 Example 9-2 中，用传统 JavaScript 调整了 Example 9-1。查看有哪些属性和方法挂钩到 HTML 文档中的<a>元素。

首先来看下面这个 XHTML 5 文档：

```
<!DOCTYPE HTML>
<html xmlns="http://www.w3.org/1999/xhtml">
    <head>
        <meta http-equiv="content-type"
            content="application/xhtml+xml; charset=utf-8" />
        <meta http-equiv="content-language" content="en-us" />
        <title>John Candy Movies</title>
        <script type='text/javascript' src='Example 9-2.js'></script>
        <link type='text/css' href='Example 9-2.css' rel='stylesheet' />
    </head>
    <body>
        <h2>John Candy Movies</h2>
        <ul class='movieList'>
            <li>The Great Outdoors</li>
            <li>Uncle Buck</li>
            <li>Who&rsquo;s Harry Crumb?</li>
            <li>Canadian Bacon</li>
            <li>Home Alone</li>
            <li>Spaceballs</li>
            <li>Planes, Trains, and Automobiles</li>
        </ul>
        <p>
            <a href='javascript:void(0);' id='movieSelectAll'>Select All</a>
        </p>
```

```
    </body>
</html>
```

虽然看似重复，但下面将添加与 Example 9-1 相同的 CSS，以便明白无误地查看该文档的所有组件：

```
body {
    font: 200 16px Helvetica, Arial, sans-serif;
}
h2 {
    font: 200 18px Helvetica, Arial, sans-serif;
    text-decoration: underline;
}
ul.movieList {
    list-style: none;
    margin: 10px;
    padding: 0;
}
ul.movieList li {
    padding: 3px;
}
ul.movieList li.movieSelected {
    background: forestgreen;
    color: white;
}
a {
    text-decoration: none;
    color: green;
}
a:hover {
    text-decoration: underline;
}
```

最后列出 JavaScript 文档 *Example 9-2.js*：

```
document.addEventListener(
    'DOMContentLoaded',
    function()
    {
        var a = document.getElementById('movieSelectAll');

        for (var property in a)
        {
            console.log(property);
        }
    }
);
```

在 Example 9-2 中，暂时离开 jQuery，而是分析传统的 JavaScript 文档对象模型。从文档获取<a>元素，将其放在 for/in 循环中，查看哪些方法和属性挂钩到<a>元素。

通过在 JavaScript 文件中添加一些内容(Example 9-3)，可以查看 jQuery 自身的结构：

```
$.fn.extend({

    select : function()
    {
        // In a jQuery plugin; 'this' is already a jQuery ready object
        // Performing an operation like addClass() works on one
        // or more items, depending on the selection.
        return this.addClass('movieSelected');
    },

    unselect : function()
    {
        return this.removeClass('movieSelected');
    }
});

console.log($.fn);
```

通过调用 console.log()，可检查 jQuery 本身的结构，分析内置插件和自定义的第三方插件。在 Firefox 的 Web 控制台中，当单击代表 console.log($.fn)的控制台条目时，将看到右列的列表扩大了，显示了 jQuery 插件名称，既有内置插件，也有通过$.fn.extend()添加的自定义插件。

9.1.3 编写上下文菜单 jQuery 插件

在 Example 9-4 中，编写一个更复杂的 jQuery 插件，它具有 jQuery 插件通常具有的一些特点，通过应用特定的 HTML 结构和 CSS，能为准备用于 jQuery 插件的元素应用行为；另外，该插件是独立的。在本例中，可以看到如何将无序列表转换为自定义的上下文菜单。首先下载或输入如下 XHTML 5 文档：

```
<!DOCTYPE HTML>
<html xmlns="http://www.w3.org/1999/xhtml">
    <head>
        <meta http-equiv="content-type"
              content="application/xhtml+xml; charset=utf-8" />
        <meta http-equiv="content-language" content="en-us" />
        <title>Context Menu Plugin</title>
        <script type='text/javascript' src='../jQuery.js'></script>
        <script type='text/javascript' src='Example 9-4.js'></script>
        <link type='text/css' href='Example 9-4.css' rel='stylesheet' />
    </head>
    <body class='contextMenuContainer'>
        <div id='applicationContainer'>
            <p>
              jQuery plugins give you the ability to extend jQuery's functionality,
              quickly and seamlessly.  In this example you see how to make a context
```

```
            menu plugin.  It demonstrates some of what you might need to make a
            context menu widget as a self-contained jQuery plugin.
          </p>
          <p class='applicationContextMenuToggles'>
            <span id='applicationContextMenuDisable'>Disable Context Menu</span> |
            <span id='applicationContextMenuEnable'>Enable Context Menu</span>
          </p>
          <div id='applicationContextMenu'>
            <ul>
              <li><span>Open</span></li>
              <li class='contextMenuSeparator'><div></div></li>
              <li><span>Save</span></li>
              <li><span>Save As...</span></li>
              <li class='contextMenuSeparator'><div></div></li>
              <li class='contextMenuDisabled'><span>Edit</span></li>
            </ul>
          </div>
        </div>
      </body>
    </html>
```

上面的XHTML 5文档设置必需的标记结构，以便开始编写自定义菜单插件。有一小段文本，有几个<span>元素可切换上下文菜单的启用和禁用，还有上下文菜单本身的结构。这段标记与以下CSS结合使用，CSS设置该上下文菜单的样式，使其极像Mac OS X系统的上下文菜单：

```
html,
body {
    padding: 0;
    margin: 0;
    width: 100%;
    height: 100%;
}
body {
    font: 12px 'Lucida Grande', Helvetica, Arial, sans-serif;
    background: #fff;
    color: rgb(50, 50, 50);
    line-height: 1.5em;
    -webkit-user-select: none;
    -moz-user-select: none;
    -ms-user-select: none;
    user-select: none;
}
div#applicationContainer {
    width: 400px;
    padding: 20px;
}
div.contextMenu {
    display: none;
```

```
        position: absolute;
        z-index: 10;
        top: 0;
        left: 0;
        width: 200px;
        font-size: 14px;
        background: #fff;
        background: rgba(255, 255, 255, 0.95);
        border: 1px solid rgb(150, 150, 150);
        border: 1px solid rgba(150, 150, 150, 0.95);
        padding: 4px 0;
        box-shadow: 0 5px 25px rgba(100, 100, 100, 0.9);
        border-radius: 5px;
        border-radius: 5px;
        color: #000;
    }
    div.contextMenu ul {
        list-style: none;
        margin: 0;
        padding: 0;
    }
    div.contextMenu ul li {
        padding: 2px 0 2px 21px;
        margin: 0;
        height: 15px;
        overflow: hidden;
    }
    div.contextMenu ul li span {
        position: relative;
        top: -2px;
    }
    div.contextMenu ul li.contextMenuSeparator {
        padding: 5px 0 8px 0;
        font-size: 0;
        line-height: 0;
        height: auto;
    }
    li.contextMenuSeparator div {
        font-size: 0;
        line-height: 0;
        padding-top: 1px;
        background: rgb(200, 200, 200);
        margin: 0 1px;
    }
    body div.contextMenu ul li.contextMenuHover {
        /* Old browsers */
        background: rgb(82, 117, 243);
        /* FF3.6+ */
        background: -moz-linear-gradient(top,  rgb(82, 117, 243) 0%, rgb(3, 57,
242) 100%);
```

```
        /* Chrome,Safari4+ */
        background: -webkit-gradient(
            linear, left top, left bottom,
            color-stop(0%, rgb(82, 117, 243)),
            color-stop(100%, rgb(3, 57, 242))
        );
        /* Chrome10+,Safari5.1+ */
        background: -webkit-linear-gradient(top, rgb(82,117,243) 0%, rgb(3, 57,
242) 100%);
        background: -o-linear-gradient(top, rgb(82, 117, 243) 0%, rgb(3, 57, 242)
100%);
        /* IE10+ */
        background: -ms-linear-gradient(top,  rgb(82, 117, 243) 0%, rgb(3, 57,
242) 100%);
        /* W3C */
        background: linear-gradient(to bottom, rgb(82, 117, 243) 0%, rgb(3, 57,
242) 100%);
        color: white;
    }
    li.contextMenuDisabled {
        opacity: 0.5;
    }
    p.applicationContextMenuToggles {
        color: green;
    }
    p.applicationContextMenuToggles span:hover {
        text-decoration: underline;
        cursor: pointer;
    }
```

最后，下面的JavaScript将各个部分组合在一起，为原本静止不动的HTML文档注入了活力：

```
$.fn.extend({

    contextMenu : function()
    {
        var options = arguments[0] !== undefined ? arguments[0] : {};

        var contextMenuIsEnabled = true;

        var contextMenu = this;

        if (typeof options == 'string')
        {
            switch (options)
            {
                case 'disable':
                {
                    contextMenuIsEnabled = false;
```

```
                break;
            }
        }
    }
    else if (typeof options == 'object')
    {
        // You can pass in an object containing options to
        // further customize your context menu.

    }

    function getViewportDimensions()
    {
        var x, y;

        if (self.innerHeight)
        {
            x = self.innerWidth;
            y = self.innerHeight;
        }
        else if (document.documentElement &&
                document.documentElement.clientHeight)
        {
            x = document.documentElement.clientWidth;
            y = document.documentElement.clientHeight;
        }
        else if (document.body)
        {
            x = document.body.clientWidth;
            y = document.body.clientHeight;
        }

        return {
            x : x,
            y : y
        };
    }

    if (contextMenuIsEnabled)
    {
        // If this is attaching a context menu to multiple elements,
        // iterate over each of them.
        this.find('li')
            .not('li.contextMenuDisabled, li.contextMenuSeparator')
            .bind(
                'mouseover.contextMenu',
                function()
                {
                    $(this).addClass('contextMenuHover');
                }
```

```
    )
    .bind(
        'mouseout.contextMenu',
        function()
        {
            $(this).removeClass('contextMenuHover');
        }
    );

if (!this.data('contextMenu'))
{
    this.data('contextMenu', true)
        .addClass('contextMenu')
        .bind(
            'mouseover.contextMenu',
            function()
            {
                $(this).data('contextMenu', true);
            }
        )
        .bind(
            'mouseout.contextMenu',
            function()
            {
                $(this).data('contextMenu', false);
            }
        );

    this.parents('.contextMenuContainer:first')
        .bind(
            'contextmenu.contextMenu',
            function(event)
            {
                event.preventDefault();

                var viewport = getViewportDimensions();

                contextMenu.show();

                contextMenu.css({
                    top : 'auto',
                    right : 'auto',
                    bottom : 'auto',
                    left : 'auto'
                });

                if (contextMenu.outerHeight() >
                    (viewport.y - event.pageY))
                {
                    contextMenu.css(
```

```
                    'bottom',
                    (viewport.y - event.pageY) + 'px'
                );
            }
            else
            {
                contextMenu.css(
                    'top',
                    event.pageY + 'px'
                );
            }

            if (contextMenu.outerWidth() >
                (viewport.x - event.pageX))
            {
                contextMenu.css(
                    'right',
                    (viewport.x - event.pageX) + 'px'
                );
            }
            else
            {
                contextMenu.css(
                    'left',
                    event.pageX + 'px'
                );
            }
        }
    );
}

if (!$('body').data('contextMenu'))
{
    $('body').data('contextMenu', true);

    $(document).bind(
        'mousedown.contextMenu',
        function()
        {
            $('div.contextMenu').each(
                function()
                {
                    if (!$(this).data('contextMenu'))
                    {
                        $(this).hide();
                    }
                }
            );
        }
    );
```

```
            }
        }
        else
        {
            this.find('li')
                .not('li.contextMenuDisabled, li.contextMenuSeparator')
                .unbind('mouseover.contextMenu')
                .unbind('mouseout.contextMenu');

            this.data('contextMenu', false)
                .removeClass('contextMenu')
                .unbind('mouseover.contextMenu')
                .unbind('mouseout.contextMenu');

            this.parents('.contextMenuContainer:first')
                .unbind('contextmenu.contextMenu');

            $('body').data('contextMenu', false);

            $(document).unbind('mousedown.contextMenu');
        }

        return this;
    }
});

$(document).ready(
    function()
    {
        $('span#applicationContextMenuDisable').click(
            function(event)
            {
                $('div#applicationContextMenu').contextMenu('disable');
                $('div#applicationContextMenu').hide();
            }
        );

        $('span#applicationContextMenuEnable').click(
            function()
            {
                $('div#applicationContextMenu').contextMenu();
            }
        );

        $('div#applicationContextMenu').contextMenu();
    }
);
```

这三个文档就绪后，当将文档加载到支持(并已启用)contextmenu 事件的浏览器(除了旧式的基于 Presto 引擎的 Opera，其他所有浏览器都支持该事件；但在 Firefox 的高级首选项

中，可禁用该事件)时，就有了一个支持 jQuery 的极佳交互例子。你大概已经猜到，contextMenu 事件会替换默认菜单(通过鼠标右键或上下文菜单手势在网页中弹出的默认菜单)。在 Mac 上，当在 Apple 无线触控板或 MacBook 触控板上双指轻按时(假定已在 System Preferences|Trackpad 中启用了手势)，可使用上下文菜单手势弹出该上下文菜单。结果如图 9-2 所示。

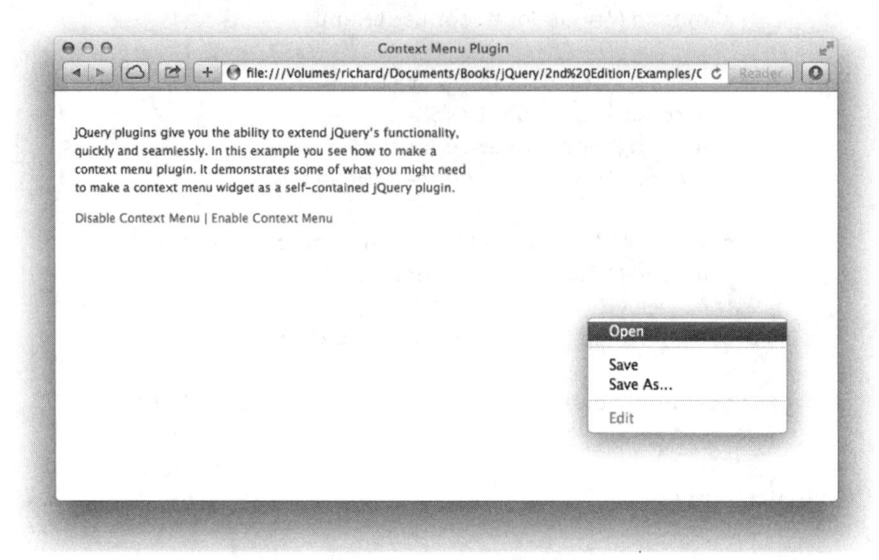

图 9-2

如果按下 Disable Context Menu，将看到默认的上下文菜单。默认的上下文菜单如图 9-3 所示。

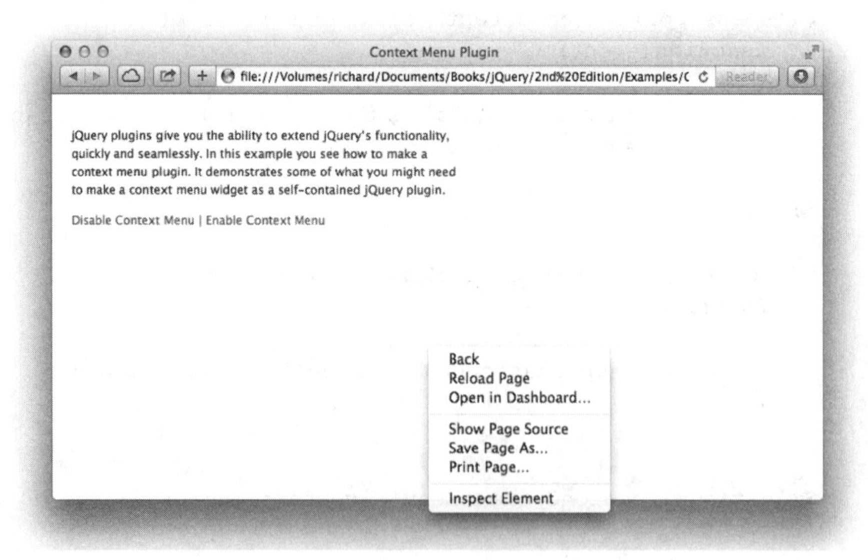

图 9-3

本节剩余部分逐行分析 Example 9-4 中的 JavaScript 代码，并解释其工作方式和原因。

```
        var options = arguments[0] !== undefined ? arguments[0] : {};

        var contextMenuIsEnabled = true;

        var contextMenu = this;

        if (typeof options == 'string')
        {
            switch (options)
            {
                case 'disable':
                {
                    contextMenuIsEnabled = false;
                    break;
                }
            }
        }
        else if (typeof options == 'object')
        {
            // You can pass in an object containing options to
            // further customize your context menu.

        }
```

第一个代码块可支持传入一些选项。要禁用该上下文菜单，传入字符串'disabled'，如contextMenu('disabled')。要启用该上下文菜单，调用无参的contextMenu()方法。

如有必要，可扩展该例，添加一些自定义选项。下面的函数调用是起点：

```
$('div#applicationContextMenu').contextMenu();
```

在HTML中，设置和构建包含<ul>元素的<div>元素，这称为上下文菜单：

```
<div id='applicationContextMenu'>
    <ul>
        <li><span>Open</span></li>
        <li class='contextMenuSeparator'><div></div></li>
        <li><span>Save</span></li>
        <li><span>Save As...</span></li>
        <li class='contextMenuSeparator'><div></div></li>
        <li class='contextMenuDisabled'><span>Edit</span></li>
    </ul>
</div>
```

与一些CSS代码结合在一起，该上下文菜单几乎与真正的Mac OS X系统的上下文菜单别无二致。另外在HTML文档中，为这个上下文菜单定义了边界。该上下文菜单仅显示在该界限之内。在这里的文档中，该容器是<body>元素，因为为其赋予了contextMenuContainer类名。要使该插件生效，可将该上下文菜单放在任意容器中，只要其父元素或上级元素包含contextMenuContainer类名即可。从HTML结构角度看，只需一个包含

contextMenuContainer 类名的容器元素以及包含<ul>元素的<div>元素。每个<li>元素都代表一个上下文菜单选项。

JavaScript 中的下一个代码块是一个可重用函数，用于获取视口尺寸。这与较旧的 Internet Explorer 版本(使用不同方式来获取视口尺寸)兼容。符合标准的最新浏览器使用的方法显示在第一个代码段中：

```
function getViewportDimensions()
{
    var x, y;

    if (self.innerHeight)
    {
        x = self.innerWidth;
        y = self.innerHeight;
    }
    else if (document.documentElement &&
            document.documentElement.clientHeight)
    {
        x = document.documentElement.clientWidth;
        y = document.documentElement.clientHeight;
    }
    else if (document.body)
    {
        x = document.body.clientWidth;
        y = document.body.clientHeight;
    }

    return {
        x : x,
        y : y
    };
}
```

需要了解视口的尺寸，以便根据用户在视口中的单击位置，重新定位上下文菜单。如果用户单击视口左侧，上下文菜单定位于左侧；如果用户在视口顶部附近单击，上下文菜单定位于顶部；如果用户在底部附近单击，上下文菜单定位于底部。经过少量数学计算，可以避免用于上下文菜单的元素超出屏幕。相反，通过分析用户单击位置，以及与视口边缘的距离，可以基于相应的数据重新确定位置。

```
if (contextMenuIsEnabled)
{
```

上面的代码检测是否调用了无参 contextMenu()方法，换言之，是否启用了该上下文菜单。

首先为<li>元素设置一些 mouseover 和 mouseout 事件，但排除了禁用的元素或分隔栏元素。

```
            this.find('li')
                .not('li.contextMenuDisabled, li.contextMenuSeparator')
                .bind(
                    'mouseover.contextMenu',
                    function()
                    {
                        $(this).addClass('contextMenuHover');
                    }
                )
                .bind(
                    'mouseout.contextMenu',
                    function()
                    {
                        $(this).removeClass('contextMenuHover');
                    }
        );
```

调用 find('li')时，会在用作上下文菜单的元素中查找<li>元素。它们接收 mouseover 和 mouseout 事件，对于这个 contextMenu 插件，为这两个事件使用了命名空间。事件全名是 mouseover.contextMenu。mouseover 部分是要挂钩的标准事件，contextMenu 部分是应用 mouseover 事件的命名空间。在前面的章节中已经了解到，为事件命名是正确之举，因为会将应用的事件隔离到命名空间中，允许更方便地酌情启用和禁用事件；例如在这里，便根据事件和事件名来绑定事件和取消绑定事件。因此，对于除类名为 contextMenuDisabled 和 contextMenuSeparator 之外的每个<li>元素(使用 not()进行筛选)，当用户在上下文菜单的这些<li>元素上悬停时，将为这些元素添加类名 contextMenuHover。如果查看 CSS 就会发现，在 mouseover 期间，将应用 CSS 渐变。

```
            if (!this.data('contextMenu'))
            {
                this.data('contextMenu', true)
                    .addClass('contextMenu')
                    .bind(
                        'mouseover.contextMenu',
                        function()
                        {
                            $(this).data('contextMenu', true);
                        }
                    )
                    .bind(
                        'mouseout.contextMenu',
                        function()
                        {
                            $(this).data('contextMenu', false);
                        }
          );
```

如前所述，this 指当前选中的元素，这里的 this 直接指代以下选择集：

```
$('div#applicationContextMenu')
```

如果在 Safari 或 Chrome 中执行 console.log(this)，将看到 HTML 源代码<div id="applicationContextMenu">。上面的代码块首先检查名为 contextMenu 的 data 是否已挂钩到<div>元素。

```
if (!this.data('contextMenu'))
{
```

如果找不到数据，就创建数据：

```
this.data('contextMenu', true)
```

将数据挂钩到 jQuery 中的 jQuery 元素，但不可见。
然后为该<div>元素添加类名 contextMenu。

```
.addClass('contextMenu')
```

当前的<div>元素如下所示：

```
<div id='applicationContainer' class='contextMenu'>
```

同一个<div>元素接收 mouseover 和 mouseout 事件，这两个事件本身在<div>元素上设置同样的 data，data 用于跟踪上下文菜单是否处于活动状态。如果鼠标指针未悬停在上下文菜单之上，则认为该菜单处于未激活状态；如果在鼠标指针未处于上下文菜单顶部的情况下发生了单击，将隐藏该上下文菜单。

接下来应用 contextmenu 事件，为此，从当前<div>元素开始沿 DOM 树上移，直至到达第一个具有 contextMenuContainer 类名的元素。

```
    this.parents('.contextMenuContainer:first')
        .bind(
            'contextmenu.contextMenu',
            function(event)
 {
```

上面的代码将 contextmenu 事件绑定到类名为 contextMenuContainer 的元素，contextmenu 事件使用插件名作为命名空间。当然，当激活 contextmenu 事件时，将执行所提供的 function。该函数的第一行取消了默认操作(即显示默认的系统上下文菜单)。使用前面定义的函数来检索视口尺寸。通过调用 show()来显示 contextMenu；然后将 top、right、bottom 和 left 这 4 个 CSS 位置属性都重置为默认值 auto。这些设置很重要，因为这里的代码不会同时设置 4 个，只会成对设置其中的两个。

```
            event.preventDefault();

            var viewport = getViewportDimensions();

            contextMenu.show();
```

```
            contextMenu.css({
                top : 'auto',
                right : 'auto',
                bottom : 'auto',
                left : 'auto'
        });
```

contextmenu 事件回调函数的其余代码根据用户在视口中的单击位置，定义上下文菜单相对于视口的位置。

```
            if (contextMenu.outerHeight() >
                (viewport.y - event.pageY))
            {
                contextMenu.css(
                    'bottom',
                    (viewport.y - event.pageY) + 'px'
                );
            }
            else
            {
                contextMenu.css(
                    'top',
                    event.pageY + 'px'
                );
            }

            if (contextMenu.outerWidth() >
                (viewport.x - event.pageX))
            {
                contextMenu.css(
                    'right',
                    (viewport.x - event.pageX) + 'px'
                );
            }
            else
            {
                contextMenu.css(
                    'left',
                    event.pageX + 'px'
                );
        }
```

经过一些简单的数据计算和比较，确定最好是将上下文菜单布置在左侧、右侧、顶部还是底部。考虑上下文菜单的大小，以及鼠标单击位置与视口边缘的关系。event.pageX 和 event.pageY 属性明显是为其他所有事件提供的，是鼠标单击点相对于文档的(x,y)坐标。viewport.x 和 viewport.y 包含视口的宽度和高度。最后，outerHeight()是一个 jQuery 方法，用于获取上下文菜单的高度，包括以下 CSS 属性：height、padding、border-width 和 margin。

同样，outerWidth()提供类似的宽度尺寸。

接下来，将事件挂接到 document 来跟踪发生在上下文菜单以外的单击操作。

```
if (!$('body').data('contextMenu'))
{
    $('body').data('contextMenu', true);

    $(document).bind(
        'mousedown.contextMenu',
        function()
        {
            $('div.contextMenu').each(
                function()
                {
                    if (!$(this).data('contextMenu')
                    {
                        $(this).hide();
                    }
                }
            );
        }
    );
}
```

如果<body>元素不包含数据 contextMenu，或者 contextMenu 已设置为 false，则挂钩该事件。这样一来，就不能多次挂钩该事件，在<body>元素上将 contextMenu 数据设置为 true 以表明相应的事件已经挂钩。

```
$('body').data('contextMenu', true);
```

mousedown 事件被挂钩到 document，mousedown 事件的命名空间也是 contextMenu。每当发生 mousedown 事件时，将迭代每一个类名为 contextMenu 的<div>元素。

```
$(document).bind(
        'mousedown.contextMenu',
        function()
        {
            $('div.contextMenu').each(
                function()
                {
                    if (!$(this).data('contextMenu'))
                    {
                        $(this).hide();
                    }
                }
            );
        }
    );
```

如果其中的任意<div>元素未将其 contextMenu 数据设置为 true，则隐藏相应的<div>元素。在该脚本开头处，曾将 mouseover 和 mouseout 事件挂钩到该上下文菜单，以跟踪上下文菜单是否处于活动状态，当时为 contextMenu 数据设置了布尔值。这一段代码完成了相应的实现，并允许单击上下上菜单以外的任意位置来关闭上下文菜单。

在禁用上下文菜单时执行最后一个代码块，即在单击 Disable Context Menu 时执行。

```
$('span#applicationContextMenuDisable').click(
    function(event)
    {
        $('div#applicationContextMenu').contextMenu('disable');
        $('div#applicationContextMenu').hide();
    }
);
```

上面的代码导致执行最后的代码块来禁用上下文菜单。

```
else
{
    this.find('li')
        .not('li.contextMenuDisabled, li.contextMenuSeparator')
        .unbind('mouseover.contextMenu')
        .unbind('mouseout.contextMenu');

    this.data('contextMenu', false)
        .removeClass('contextMenu')
        .unbind('mouseover.contextMenu')
        .unbind('mouseout.contextMenu');

    this.parents('.contextMenuContainer:first')
        .unbind('contextmenu.contextMenu');

    $('body').data('contextMenu', false);

    $(document).unbind('mousedown.contextMenu');
}
```

该代码块删除了事件，将 data 设置为 false，撤消了为启用上下文菜单而实施的所有文档更改。由于这些事件的命名空间是 contextMenu，因此只删除明确挂钩的事件。如果其他人在其他脚本中使用其他名称来挂钩 click、mouseover 或其他事件，那些事件将完好无损，可正常运行。

9.2　开发 jQuery 插件的正确做法

当开发 jQuery 插件时，请注意下列几个要点：

- 最好始终允许将一项或多项传入插件(位于调用插件之前的 jQuery 选择集中)，而且插件应始终返回 jQuery 对象(如果 jQuery 对象能够返回且有意义的话)，这样可将多个方法调用链接在一起。
- 如果打算使用第三方 jQuery 插件，就必须考虑以某种方法为自己创建的 jQuery 插件添加命名空间，以免与第三方插件的名称发生冲突。为此，有时需要在自己的插件名之前添加某类名称前缀，例如公司名或组织名。在自定义菜单插件环境中，如果该插件由 Example 公司开发，最终应将该插件命名为 exampleContextMenu()。
- 避免影响全局命名空间。将自己的所有函数调用和变量都放在 jQuery 插件中。这有另外一个好处，可使自己的私有 API 不对外公开，只能自己才能调用。阻止他人使用自己的私有 API，这样在必要时可以更改它们，因为不必考虑如何支持使用这些 API 的开发人员。
- 如果有兴趣开发正式的第三方 jQuery 插件，使这些插件遵循 jQuery 开发者提出和推荐的所有最佳实践，可参阅以下位置的文档：http://docs.jquery.com/Plugins/Authoring。

9.3 小结

本章介绍了开发自定义 jQuery 插件所需的基本概念。只需将一个对象字面量传给 jQuery 的$.fn.extend()方法，就可以创建一个自定义的 jQuery 插件。

你了解到 jQuery 插件如何接受传入的一项或多项，这些项始终出现在 this 关键字中。

编写 jQuery 插件时，应返回 jQuery 对象(如果 jQuery 对象能够返回且有意义的话)，这样可以沿袭 jQuery 将多个方法调用链接在一起的能力。

你通过创建一个上下文菜单插件，了解到如何编写更复杂、更贴近实际的 jQuery 示例插件。

9.4 练习

1. 要为 jQuery 添加新的插件，应该使用哪个方法？
2. 在 jQuery 中，如何列出使用的所有插件？
3. 在自己的 jQuery 插件中，如何创建私有 API 供自己使用？
4. 在自定义的插件中，如何访问使用 jQuery 选取的选择集中的元素？
5. jQuery 插件的返回值是什么？
6. 为什么有必要为事件名使用命名空间？
7. 对 jQuery contextMenu 插件示例进行自定义，以提供以下一个或多个选项：
   a. 在打开和定位菜单时，使 contextMenu 插件执行一个回调函数。
   b. 使 contextMenu 插件为自定义菜单本身使用的条目列表提供选项。

第10章 滚动条

jQuery 提供了与可滚动 DOM 元素进行交互的功能。如前一章所述，插件可以扩展 jQuery，使其具备更多功能。只需在 Web 上简单搜索一下，即可找到一批支持滚动功能的插件。这些插件可用于特殊目的，而 jQuery 可以满足大多数常见需求。

本章重点介绍 jQuery 核心框架提供的交互功能。这些功能包括确定可滚动元素的当前滚动位置，以及设置滚动条位置。与预想的一样，虽然可以结合使用 JavaScript 和 DOM 特性来完成这些任务，但与通常的情况一样，jQuery 可以更简便、更规范地完成这些任务。

10.1 获取滚动条的位置

与大多数 jQuery 功能类似，可以十分简便地获取滚动条的位置：

```
$('div#aScrollableElement').scrollTop();
$('div#aScrollableElement').scrollLeft();
```

如上面的代码行所示，滚动位置包括两个维度：垂直位置和水平位置。垂直滚动位置指距顶边的距离，单位为像素；而水平滚动位置指距左边的距离，单位也为像素。

为演示这些函数的输出结果，下例挂钩一个滚动事件处理器，以便在滚动期间显示滚动位置。首先列出 XHTML 5 代码，如下面的标记文档所示。示例 Example 10-1 位于可从 www.wrox.com/go/webdevwithjquery 下载的源代码资料中：

```
<!DOCTYPE HTML>
<html xmlns='http://www.w3.org/1999/xhtml'>
    <head>
        <meta http-equiv='content-type'
            content='application/xhtml+xml; charset=utf-8' />
        <meta http-equiv='content-language' content='en-us' />
        <title>Scrollbar Position</title>
```

```
        <script src='../jQuery.js'></script>
        <script src='Example 10-1.js'></script>
        <link href='Example 10-1.css' rel='stylesheet' />
    </head>
    <body>
        <div id='container'>
            <div class='filler'>
                Lorem ipsum dolor sit amet, consectetur adipisicing elit,
                sed do eiusmod tempor incididunt ut labore et dolore magna aliqua.
                Ut enim ad minim veniam, quis nostrud exercitation ullamco laboris
                nisi ut aliquip ex ea commodo consequat. Duis aute irure dolor in
                reprehenderit in voluptate velit esse cillum dolore eu fugiat nulla
                pariatur. Excepteur sint occaecat cupidatat non proident, sunt in
                culpa qui officia deserunt mollit anim id est laborum.
            </div>
        </div>
        <div class='status-bar'>
            <span id='vertical-scroll-label'>
                Current Vertical Scrollbar Position:
            </span>
            <span id='vertical-scroll-value'>0</span>
        </div>
        <div class='status-bar'>
            <span id='horizontal-scroll-label'>
                Current Horizontal Scrollbar Position:
            </span>
            <span id='horizontal-scroll-value'>0</span>
        </div>
    </body>
</html>
```

下面的 CSS 代码设置滚动条示例的样式：

```
html,
body {
    width: 100%;
    height: 100%;
}
body {
    font: 12px "Lucida Grande", Arial, sans-serif;
    background: rgb(189, 189, 189);
    color: rgb(50, 50, 50);
    margin: 0;
    padding: 0;
}
div#container {
    border: 1px solid rgb(64, 64, 64);
    background: #fff;
    padding: 5px;
    margin: 0 20px 0 20px;
    width: 200px;
```

```
        height: 100px;
        overflow: auto;
    }
    div.filler {
        margin: 10px;
        padding: 5px;
        width: 400px;
        height: 150px;
        background: rgb(200, 200, 255);
    }
    div.status-bar {
        margin: 5px 20px 5px 20px;
    }
```

上面的 XHTML 和 CSS 代码与下面的 JavaScript 脚本结合使用：

```
$(document).ready(
    function()
    {
        $('div#container')
            .scroll(
                function()
                {
                    $('span#vertical-scroll-value')
                        .text($(this).scrollTop());

                    $('span#horizontal-scroll-value')
                        .text($(this).scrollLeft());
                }
            );
    }
);
```

运行上面的源代码，将得到如图 10-1 所示的文档。

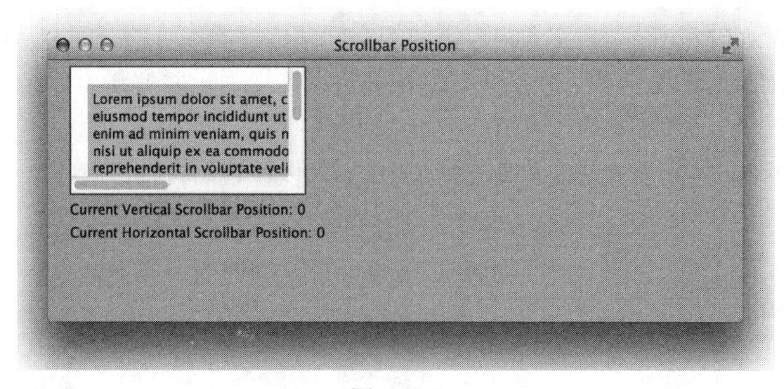

图　10-1

上面的示例创建了一个可滚动的<div>元素，该元素中的内容比容器更大。当滚动容器来查看其内容时，会检索滚动条的位置并显示在页面上。

本例中的标记代码十分简单。可滚动的内容位于 id 为 container 的<div>元素中；需要这个容器元素，使内容大小超出容器大小，从而允许进行滚动。

```
<div id='container'>
```

在该容器中，类名为 filler 的<div>元素包含示例文本，这样在滚动容器时，有助于显示移动效果。

```
<div class='filler'>
   Lorem ipsum dolor sit amet, consectetur adipisicing elit,
   sed do eiusmod tempor incididunt ut labore et dolore magna aliqua.
   Ut enim ad minim veniam, quis nostrud exercitation ullamco laboris
   nisi ut aliquip ex ea commodo consequat. Duis aute irure dolor in
   reprehenderit in voluptate velit esse cillum dolore eu fugiat nulla
   pariatur. Excepteur sint occaecat cupidatat non proident, sunt in
   culpa qui officia deserunt mollit anim id est laborum.
</div>
```

除了可滚动的内容，标记代码中还包含两个类名为 status-bar 的<div>元素，用于显示滚动条位置值。

```
<div class='status-bar'>
   <span id='vertical-scroll-label'>
      Current Vertical Scrollbar Position:
   </span>
   <span id='vertical-scroll-value'>0</span>
</div>
<div class='status-bar'>
   <span id='horizontal-scroll-label'>
      Current Horizontal Scrollbar Position:
   </span>
   <span id='horizontal-scroll-value'>0</span>
</div>
```

样式表呈现该标记时，使容器内容需要的空间超出容器本身的空间，从而使浏览器为容器提供有用的滚动条。下面将分析样式表中的每条规则，并解释为什么需要定义这些规则。

<html>和<body>元素的宽度和高度都是 100%，以便它们自动占满整个视口。

```
html,
body {
   width: 100%;
   height: 100%;
}
```

下一条规则指定文档使用 Lucida Grande 字体，这是 Mac 应用程序常用的 Mac 字体。如果无法使用该字体，也可以使用 Windows 中的 Arial 字体。另外，如果 Arial 字体也不可用，可使用通用的 sans-serif 字体。将 background 设置为灰色阴影，将字体的 color 设置为深灰色。最后，从<body>元素中删除了默认的padding和margin，这样可以避免以下情况：由于在前面的样式表规则中应用了100%的宽度和高度，导致滚动条出现在视口中。

```
body {
    font: 12px "Lucida Grande", Arial, sans-serif;
    background: rgb(189, 189, 189;
    color: rgb(50, 50, 50);
    margin: 0;
    padding: 0;
}
```

下一条规则定义id为container的<div>元素的位置，该元素包含可滚动内容。将该<div>元素设置得小一些，宽度为200像素，高度为100像素，并应用少量内边距(padding)和水平外边距(margin)。将background设置为白色；容器周围有深灰色边框；最后添加overflow: auto;声明，这样当该元素的内容超过指定尺寸时，将显示滚动条。

```
div#container {
    border: 1px solid rgb(64, 64, 64);
    background: #fff;
    padding: 5px;
    margin: 0 20px 0 20px;
    width: 200px;
    height: 100px;
    overflow: auto;
}
```

下一条规则设置类名为filler的<div>元素的显示效果，设置较小的外边距和内边距，使用蓝色背景。更重要的是，元素的宽度为400像素，高度为150像素，大于容器尺寸。

```
div.filler {
    margin: 10px;
    padding: 5px;
    width: 400px;
    height: 150px;
    background: rgb(200, 200, 255);
}
```

接下来的规则只是为类名为status-bar的<div>元素添加少量外边距，以便在元素之间添加少量空间，并与可滚动容器对齐。

```
div.status-bar {
    margin: 5px 20px 5px 20px;
}
```

与通常一样，本例的JavaScript脚本十分简洁。首先为scroll事件添加一个处理函数。

```
$('div#container')
    .scroll(
```

在 scroll 事件中编写一些逻辑，通过获取滚动条位置来更新状态栏。首先从滚动的元素获取 scrollTop()值，然后使用其值来设置 span#vertical-scroll-value 元素的 innerText。然后采用类似方式，从滚动的元素获取 scrollLeft()值，并使用该值来设置 span#horizontal-scroll-value 元素的 innerText。

```
function()
{
    $('span#vertical-scroll-value')
        .text($(this).scrollTop());

    $('span#horizontal-scroll-value')
        .text($(this).scrollLeft());
}
```

在这个简短的 jQuery 中，获取了滚动的 DOM 元素的滚动条位置值，并更新了其他 DOM 元素来显示这些值。本章其余示例都建立在这个已经创建的结构之上。

10.2　滚动到可滚动<div>中的特定元素

如本章开头所述，在 jQuery 中，用于获取值的同一方法通常也可用于设置值。因此，设置可滚动元素的滚动位置将十分简单：

```
$('div#aScrollableElement').scrollTop(100);
$('div#aScrollableElement').scrollLeft(100);
```

同样，在设置滚动条位置时，值的单位应该是像素；因此，如果要在可滚动容器中直接滚动到某个元素，就必须计算像素值。Example 10-2 显示了可滚动<div>元素中的多个元素，列出了直接滚动到每个元素所需的代码：

```
<!DOCTYPE HTML>
<html xmlns='http://www.w3.org/1999/xhtml'>
    <head>
        <meta http-equiv='content-type'
            content='application/xhtml+xml; charset=utf-8' />
        <meta http-equiv='content-language' content='en-us' />
        <title>Scrollbar Position</title>
        <script src='../jQuery.js'></script>
        <script src='Example 10-2.js'></script>
        <link href='Example 10-2.css' rel='stylesheet' />
    </head>
    <body>
        <div id='container'>
            <div class='filler'>
                Lorem ipsum dolor sit amet, consectetur adipisicing elit,
                sed do eiusmod tempor incididunt ut labore et dolore magna aliqua.
                Ut enim ad minim veniam, quis nostrud exercitation ullamco laboris
```

```
                nisi ut aliquip ex ea commodo consequat. Duis aute irure dolor in
                reprehenderit in voluptate velit esse cillum dolore eu fugiat nulla
                pariatur. Excepteur sint occaecat cupidatat non proident, sunt in
                culpa qui officia deserunt mollit anim id est laborum.
            </div>
            <div id='block1' class='block'>Block 1</div>
            <div id='block2' class='block'>Block 2</div>
        </div>
        <div class='button-bar'>
            <button class='block-button' data-block='block1'>
                Go to Block 1
            </button>
            <button class='block-button' data-block='block2'>
                Go to Block 2
            </button>
        </div>
        <div class='status-bar'>
            <span id='vertical-scroll-label'>
                Current Vertical Scrollbar Position:
            </span>
            <span id='vertical-scroll-value'>0</span>
        </div>
        <div class='status-bar'>
            <span id='horizontal-scroll-label'>
                Current Horizontal Scrollbar Position:
            </span>
            <span id='horizontal-scroll-value'>0</span>
        </div>
    </body>
</html>
```

将上面的HTML代码与下面的CSS样式表结合使用：

```
html,
body {
    width: 100%;
    height: 100%;
}
body {
    font: 12px "Lucida Grande", Arial, sans-serif;
    background: rgb(189, 189, 189);
    color: rgb(50, 50, 50);
    margin: 0;
    padding: 0;
}
div#container {
    border: 1px solid rgb(64, 64, 64);
    background: #fff;
    padding: 5px;
    margin: 0 20px 0 20px;
    width: 200px;
```

```
        height: 100px;
        overflow: auto;
    }
    div.filler {
        margin: 10px;
        padding: 5px;
        width: 400px;
        height: 150px;
        background: rgb(200, 200, 255);
    }
    div.status-bar,
    div.button-bar {
        margin: 5px 20px 5px 20px;
    }
    div.block {
        margin: 10px;
        padding: 5px;
        width: 400px;
        height: 70px;
        background-color: rgb(255, 140, 0);
    }
```

最后应用下面的 JavaScript 代码，用新代码扩展 Example 10-1，启用 click 事件处理器来设置滚动位置。

```
$(document).ready(
    function()
    {
        $('div#container')
            .scroll(
                function()
                {
                    $('span#vertical-scroll-value')
                        .text($(this).scrollTop());

                    $('span#horizontal-scroll-value')
                        .text($(this).scrollLeft());
                }
            );
        $('button.block-button')
            .click(
                function()
                {
                    $('div#container')
                        .scrollTop($('div#' + $(this).data().block).offset().top
                            - $('div#container').offset().top
                            + $('div#container').scrollTop())
                        .scrollLeft($('div#' + $(this).data().block).offset().left
                            - $('div#container').offset().left
                            + $('div#container').scrollLeft());
```

```
                }
            );

        }
    );
```

上述源代码在 Mac OS X 上的 Safari 浏览器中的输出如图 10-2 所示。

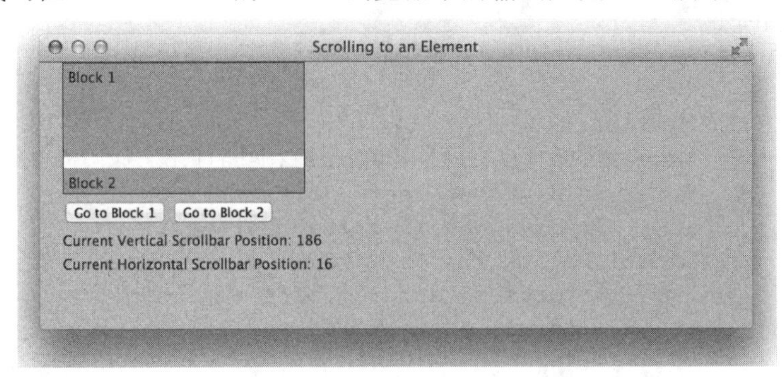

图　10-2

在上面的示例中，在可滚动容器中添加了两个元素，添加了引用这些新元素的按钮，并挂钩了这些按钮的 click 事件来设置可滚动容器的滚动条位置。

将两个新的<div>元素添加到可滚动容器(即 id 为 container 的<div>元素)中。

```
<div id='block1' class='block'>Block 1</div>
<div id='block2' class='block'>Block 2</div>
```

这些按钮及其所属的<div>元素被添加到可滚动容器之外，放在状态栏之前。在 click 事件处理器中使用这些按钮的 data-block 特性来引用所单击按钮的对应块。

```
<div class='button-bar'>
    <button class='block-button' data-block='block1'>Go to Block 1</button>
    <button class='block-button' data-block='block2'>Go to Block 2</button>
</div>
```

要设置该例的文档，在样式表中为新元素添加规则。除了大小和间距外，将这些元素设置为深橙色，与填充文本的颜色区分开。

```
div.block {
    margin: 10px;
    padding: 5px;
    width: 400px;
    height: 70px;
    background-color: rgb(255, 140, 0);
}
```

此外，为新 button-bar 元素重用 status-bar 样式规则，以便维持一致性。

```
div.status-bar,
```

```
div.button-bar {
    margin: 5px 20px 5px 20px;
}
```

接下来为新按钮添加 click 事件处理器，将可滚动容器滚动到可滚动容器中的引用位置。

```
$('button.block-button')
    .click(
        function()
        {
            $('div#container')
                .scrollTop($('div#' + $(this).data().block).offset().top
                    - $('div#container').offset().top
                    + $('div#container').scrollTop())
                .scrollLeft($('div#' + $(this).data().block).offset().left
                    - $('div#container').offset().left
                    + $('div#container').scrollLeft());

        }
    );
```

在这个事件处理器中，使用计算的值设置 id 为 container 的<div>元素的 scrollTop()值。首先是按钮的 data-block 特性指定的块元素的顶边值(相对于文档顶部)：

```
$('div#' + $(this).data().block).offset().top
```

从这个值减去可滚动容器顶边的值。

```
$('div#container').offset().top
```

最后加上可滚动容器的当前滚动位置(该值将会对计算公式中的第一个值产生影响)。

```
$('div#container').scrollTop()
```

采用相同的方式，使用 scrollLeft()设置水平滚动条位置。

10.3　滚动到顶部

上面的示例演示使用计算值来设置滚动条位置的功能。滚动到可滚动容器的顶部是特例，此时将值设置为 0。在 jQuery 中，要滚动容器，显示最靠左、最靠上的内容，只需编写一行代码即可：

```
$('div#aScrollableElement').scrollTop(0).scrollLeft(0);
```

jQuery 的 scrollTop()和 scrollLeft()能接受超出合理范围的值。当计算值时，这是有用的。例如，小数值被截断；对于大多数超过滚动条位置上限的值，都会得到最大有效值；

而负值或无效值将得到 0。结果，下面的代码行也会滚动容器，使其显示最靠左、最靠上的内容：

```
$('div#aScrollableElement').scrollTop('red').scrollLeft('blue');
```

要滚动容器，使其显示最靠下、最靠右的内容，可以计算出超过上限的值，或使用足够大的一定能超过上限的值(但不能超出有效范围)。下面的代码行演示了这两种方法：

```
$('div#aScrollableElement').scrollTop($('div#aScrollableElement')
.prop('scrollHeight')).scrollLeft($('div#aScrollableElement')
.prop('scrollWidth'));
$('div#aScrollableElement').scrollTop(999999999).scrollLeft(999999999);
```

最后这个方法看似荒谬，但从技术角度看，与从 DOM 选择元素然后读取其属性相比，这种方法更高效。

10.4 小结

本章介绍了如何检索和更新可滚动内容的滚动位置。

本章从头至尾都在构建页面，以便在内容滚动时显示当前滚动位置，可以指定事件处理器在滚动操作期间执行代码。你还扩展了页面，基于可滚动内容中的元素来设置滚动位置。

最后学习了如何滚动容器，以显示容器边界极限处的内容；包括最常见的滚动到顶部的情形。你熟悉了 jQuery 的 scrollTop()和 scrollLeft()的一些怪异之处，即允许使用超出合理范围的值。

10.5 练习

1. 如果要检索可滚动元素的当前滚动位置，应该使用哪些 jQuery 函数？
2. 如果要执行滚动操作，在可滚动容器中显示特定元素的顶部，需要哪三个坐标？
3. 编写一个函数调用，用来将一个可滚动元素滚动到顶部。
4. 描述两种将可滚动元素滚动到底部的常用方法。
5. 如果在设置 scrollTop()或 scrollLeft()时指定了无效值，函数将使用哪个值？

10.4 小结

10.5 练习

第11章 HTML5 拖放

本章介绍如何将 HTML5 规范用于 jQuery。与将在第 12 章中介绍的 jQuery UI 实现的 Draggable 和 Droppable 插件相比，HTML5 拖放规范可实现更强大的功能。HTML5 拖放规范允许在多个浏览器窗口之间拖放元素，甚至允许在完全不同的浏览器之间的多个浏览器窗口中拖放元素。例如，可在 Safari 中拖动元素，将其投放到 Chrome 或 Firefox 中。也可使用 HTML5 拖放功能，从桌面或文件管理器上传文档。可从桌面、Finder、Windows 资源管理器等处，将文件拖放到浏览器窗口；在浏览器窗口中，可以访问通过 JavaScript 上传的文档，并显示缩略图和上传进度指示器。

jQuery 没有提供任何内置功能来帮助使用 HTML5 拖放规范，但可在 HTML5 拖放 API 实现中使用 jQuery 来挂钩事件，并操纵 HTML 特性或 CSS 来启用拖放功能。下一节将介绍 HTML5 拖放 API 的工作方式，并列举一个实现示例。

11.1 实现拖放功能

可大致将 HTML5 拖放功能归结为一组 JavaScript 事件。还有一些 CSS/HTML 特性支持拖放操作，具体的特性因浏览器而异。这个附加的 CSS/HTML 部分常受诟病，原因是该部分只有使用浏览器提供商已经选好的怪异的、违背惯例的方法，才能启动拖放功能。Peter-Paul Koch 在 quirksmode.org 站点(http://www.quirksmode.org/blog/archives/2009/09/the_html5_drag.html)上发布的博客便是一例，作者在博客中大发牢骚，宣泄积压在心中的不满情绪。

Koch 很好地总结了 HTML5 拖放 API 中存在的问题；归根结底，该 API 是一个组装品，它基于 IE 的旧式实现方式，进行了反向工程。另外，Safari 浏览器团队曾新增了偏离规范的 CSS 代码来实现拖放行为。不过，Safari 现在已经更改了实现方式，使其符合官方 HTML5 规范。

Koch 的评论是否恰当值得商榷，但他在博客中披露的在学习使用拖放 API 时遭遇的挫折确实是十分常见的。但愿你通过学习本章的知识，可以极大地减少在首次使用拖放 API 时遇到的烦恼。

拖放 API 适用于所有现代浏览器，此外，通过添加一两行支持旧式浏览器的代码，甚至可以支持这些旧式浏览器。拖放 API 起源于 IE5。最新的 API 只对原始的 IE5 API 稍微做了一些修改。该 API 最初由 WHATWG(Web Hypertext Application Technology Working Group)列入规范，后来 W3C 从 WHATWG 手里接管了 HTML5，将该 API 纳入早先的 W3C HTML5 规范中。采纳该 IE API 时做一些调整，以便可以较轻松地使用已经存在的代码。

下面列出 JavaScript 拖放事件：

- dragstart——在启动拖动的元素上，当开始拖动时触发该事件。
- dragend——在启动拖动的元素上，当拖动结束时触发该事件。
- dragenter——当一个元素进入与该事件挂钩的元素的空间时，会触发该事件。这用于识别拖动元素的适当投放区。
- dragleave——当一个元素离开与该事件挂钩的元素的空间时，会触发该事件。这也用于识别拖动元素的适当投放区。
- dragover——当一个可拖动元素位于与该事件挂钩的元素的空间时，会连续触发该事件。这也用于投放区。
- drag——在正在拖动的元素上，当拖动元素时，会连续触发该事件。
- drop——将可拖动元素投放到与该事件挂钩的元素上时，会触发该事件。

要使其中的大多数事件在文档中实现拖放功能，需要实现事件侦听器。下面的示例在文件管理器(支持基于浏览器的 Mac OS Finder)中实现拖放 API。记住，可从 www.wrox.com/go/webdevwithjquery 免费下载本书的源代码。该例是 Example 11-1.html。

```
<!DOCTYPE HTML>
<html lang='en'>
    <head>
        <meta http-equiv='X-UA-Compatible' content='IE=Edge' />
        <meta charset='utf-8' />
        <title>Finder</title>
        <script src='../jQuery.js'></script>
        <script src='../jQueryUI.js'></script>
        <script src='Example 11-1.js'></script>
        <link href='Example 11-1.css' rel='stylesheet' />
    </head>
    <body>
        <div id='finderFiles'>
            <div class='finderDirectory' data-path='/Applications'>
                <div class='finderIcon'></div>
                <div class='finderDirectoryName'>
                    <span>Applications</span>
                </div>
            </div>
```

```
          <div class='finderDirectory' data-path='/Library'>
              <div class='finderIcon'></div>
              <div class='finderDirectoryName'>
                  <span>Library</span>
              </div>
          </div>
          <div class='finderDirectory' data-path='/Network'>
              <div class='finderIcon'></div>
              <div class='finderDirectoryName'>
                  <span>Network</span>
              </div>
          </div>
          <div class='finderDirectory' data-path='/Sites'>
              <div class='finderIcon'></div>
              <div class='finderDirectoryName'>
                  <span>Sites</span>
              </div>
          </div>
          <div class='finderDirectory' data-path='/System'>
              <div class='finderIcon'></div>
              <div class='finderDirectoryName'>
                  <span>System</span>
              </div>
          </div>
          <div class='finderDirectory' data-path='/Users'>
              <div class='finderIcon'></div>
              <div class='finderDirectoryName'>
                  <span>Users</span>
              </div>
          </div>
      </div>
  </body>
</html>
```

使用下面的 CSS 样式表来设置以上 HTML 文档的样式：

```
html,
body {
    width: 100%;
    height: 100%;
}
body {
    font: 12px "Lucida Grande", Arial, sans-serif;
    background: rgb(189, 189, 189) url('images/Bottom.png') repeat-x bottom;
    color: rgb(50, 50, 50);
    margin: 0;
    padding: 0;
}
div#finderFiles {
    border-bottom: 1px solid rgb(64, 64, 64);
    background: #fff;
```

```
    position: absolute;
    top: 0;
    right: 0;
    bottom: 23px;
    left: 0;
    overflow: auto;
    user-select: none;
    -webkit-user-select: none;
    -moz-user-select: none;
    -ms-user-select: none;
}
div.finderDirectory {
    float: left;
    width: 150px;
    height: 100px;
    overflow: hidden;
}
div.finderDirectory:-webkit-drag {
    opacity: 0.5;
}
div.finderIcon {
    background: url('images/Folder 48x48.png') no-repeat center;
    background-size: 48px 48px;
    height: 56px;
    width: 54px;
    margin: 10px auto 3px auto;
}
div.finderIconSelected,
div.finderDirectoryDrop div.finderIcon  {
    background-color: rgb(204, 204, 204);
    border-radius: 5px;
}
div.finderDirectoryDrop div.finderIcon {
    background-image: url('images/Open Folder 48x48.png');
}
div.finderDirectoryName {
    text-align: center;
}
span.finderDirectoryNameSelected,
div.finderDirectoryDrop div.finderDirectoryName span {
    background: rgb(56, 117, 215);
    border-radius: 8px;
    color: white;
    padding: 1px 7px;
}
```

最后使用下面的 JavaScript 来生成动态页面：

```
$.fn.extend({
    outerHTML : function()
    {
```

```
            var temporary = $("<div/>").append($(this).clone());
            var html = temporary.html();

            temporary.remove();
            return html;
        },

        enableDragAndDrop : function()
        {
            return this.each(
                function()
                {
                    if (typeof this.style.WebkitUserDrag != 'undefined')
                    {
                        this.style.WebkitUserDrag = 'element';
                    }

                    if (typeof this.draggable != 'undefined')
                    {
                        this.draggable = true;
                    }

                    if (typeof this.dragDrop == 'function')
                    {
                        this.dragDrop();
                    }
                }
            );
        }
    });

    $(document).ready(
        function()
        {
            $(document).on(
                'mousedown.finder',
                'div.finderDirectory, div.finderFile',
                function(event)
                {
                    $(this).enableDragAndDrop();

                    $('div.finderIconSelected')
                        .removeClass('finderIconSelected');

                    $('span.finderDirectoryNameSelected')
                        .removeClass('finderDirectoryNameSelected');

                    $(this).find('div.finderIcon')
                        .addClass('finderIconSelected');
```

```
                $(this).find('div.finderDirectoryName span')
                    .addClass('finderDirectoryNameSelected');
            }
        );

        $('div.finderDirectory, div.finderFile')
            .on(
                'dragstart.finder',
                function(event)
                {
                    event.stopPropagation();

                    var html = $(this).outerHTML();

                    var dataTransfer = event.originalEvent.dataTransfer;

                    dataTransfer.effectAllowed = 'copyMove';

                    try
                    {
                        dataTransfer.setData('text/html', html);
                        dataTransfer.setData('text/plain', html);
                    }
                    catch (error)
                    {
                        dataTransfer.setData('Text', html);
                    }
                }
            )
            .on(
                'dragend.finder',
                function(event)
                {
                    if ($('div.finderDirectoryDrop').length)
                    {
                        $(this).removeClass('finderDirectoryDrop');
                        $(this).remove();
                    }
                }
            )
            .on(
                'dragenter.finder',
                function(event)
                {
                    event.preventDefault();
                    event.stopPropagation();
                }
            )
            .on(
                'dragover.finder',
```

```
    function(event)
    {
        event.preventDefault();
        event.stopPropagation();

        if ($(this).is('div.finderDirectory'))
        {
            $(this).addClass('finderDirectoryDrop');
        }
    }
)
.on(
    'dragleave.finder',
    function(event)
    {
        event.preventDefault();
        event.stopPropagation();

        $(this).removeClass('finderDirectoryDrop');
    }
)
.on(
    'drop.finder',
    function(event)
    {
        event.preventDefault();
        event.stopPropagation();

        var dataTransfer = event.originalEvent.dataTransfer;

        try
        {
            var html = dataTransfer.getData('text/html');
        }
        catch (error)
        {
            var html = dataTransfer.getData('Text');
        }

        html = $(html);
        var drop = $(this);

        var dontAcceptTheDrop = (
            drop.data('path') == html.data('path') ||
            drop.is('div.finderFile')
        );

        if (dontAcceptTheDrop)
        {
            // Prevent file from being dragged onto itself
```

```
                    drop.removeClass('finderDirectoryDrop');
                    return;
                }

                if (html.hasClass('finderDirectory finderFile'))
                {
                    // Do something with the dropped file
                    console.log(html);
                }
            }
        );
    }
);
```

图 11-1 显示了以上示例的结果。

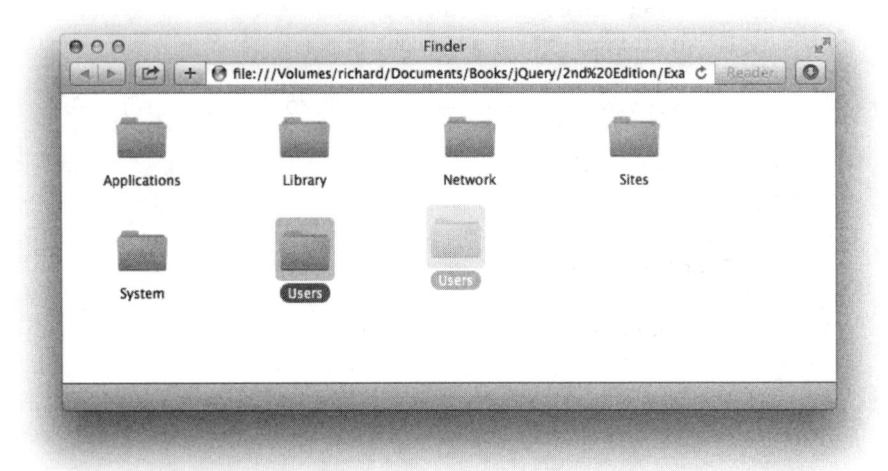

图　11-1

提示：要在 Internet Explorer 中运行该例，应将该文档上传到 Web 服务器。

11.1.1　预先准备的插件

该例首先创建两个 jQuery 插件，即 $.outerHTML() 和 $.enableDragAndDrop()。$.outerHTML()插件用于将 IE 的本地 outerHTML 属性实现为 jQuery 插件。该插件的目的是使用拖放 API，轻易地将 HTML 代码段粘贴到系统剪贴板。使用 jQuery 现有的 html()方法仅能获取元素的内容，例如：

```
<div class='finderIcon'></div>
<div class='finderDirectoryName'>
    <span>Sites</span>
```

```
</div>
```

要使用拖放功能重新定位整个元素，最好拥有外部<div>元素及其内容。

```
<div class='finderDirectory' data-path='/Sites'>
   <div class='finderIcon'></div>
   <div class='finderDirectoryName'>
      <span>Sites</span>
   </div>
</div>
```

此处提供的$.outerHTML()插件在尚未实现该 IE 属性的浏览器(如 Safari)中实现该 IE 属性的功能。可从 DOM 取出这些代码段，然后在成功执行拖放操作时重新插入。

```
$.fn.extend({
   outerHTML : function()
   {
      var temporary = $("<div/>").append($(this).clone());
      var html = temporary.html();

      temporary.remove();
      return html;
   },
```

这段代码的开头是$.fn.extend()，如第 9 章所述，$.fn.extend()用于创建 jQuery 插件。outerHTML : function()是第一个插件的开端，用于实现 outerHTML 功能。使用$(this).clone()来克隆从中检索 outerHTML 的标记块，然后插入到临时<div>元素中。使用"<div/>"字符串创建临时<div>，jQuery 在内部将其转换为<div>元素对象。使用 append()方法将克隆的对象插入该<div>元素中。然后使用 html()方法从新创建的<div>元素检索新插入的对象，并赋给变量 html。html()方法在内部使用 innerHTML 属性，这在所有浏览器中都已经实现。然后调用 remove()从内存中清除这个临时<div>元素，从而删除它，并将 HTML 源代码作为字符串返回。现在，返回的 HTML 代码段是可移植的，可移到支持渲染 HTML 的任意位置，或作为普通文本使用操作系统的拖放剪贴板进行移动。本节稍后将进一步介绍拖放剪贴板。

你创建的第二个插件使用三种不同方法来启用拖放功能；自从 Microsoft IE5 首次创建拖放 API 以来，陆续出现了这三种方法。

```
   enableDragAndDrop : function()
   {
      return this.each(
         function()
         {
            if (typeof this.style.WebkitUserDrag != 'undefined')
            {
               this.style.WebkitUserDrag = 'element';
            }
```

```
                if (typeof this.draggable != 'undefined')
                {
                    this.draggable = true;
                }

                if (typeof this.dragDrop == 'function')
                {
                    this.dragDrop();
                }
            }
        );
    }
```

该插件并未假定你仅处理一个元素。因为可能需要在多个元素上一次性启动拖放，所以该插件使用 each()来迭代 this 中存在的可能的元素集合。jQuery 始终将元素作为数组(而非单个元素)传给插件，从而使你更方便地处理 jQuery 和编写 jQuery 插件。

首先在较旧的基于 WebKit 的浏览器(如 Safari 和 Chrome)中启用拖放功能。有必要指出，这些方法的顺序无关紧要。要在基于 WebKit 的旧式浏览器中启用拖放功能，将专用 CSS 属性-webkit-user-drag 设置为值 element。但在设置该值前，首先通过查看 typeof 是不是 undefined 来测试该 CSS 属性是否存在。如果存在该属性，typeof 将不会是 undefined，而是 string。

```
if (typeof this.style.WebkitUserDrag != 'undefined')
{
    this.style.WebkitUserDrag = 'element';
}
```

在 JavaScript 中设置专用 CSS 属性时，会忽略连字符，第一个字母大写，因此–webkit-user-drag 成为 WebkitUserDrag。如果这是 Firefox 中实现的属性，将改用–moz-user-drag 和 MozUserDrag。

接着检查是否存在 draggable 特性。W3C HTML5 拖放规范推荐将 draggable 特性作为启用拖放的正式方式。Safari、Chrome、Firefox 和 Internet Explorer 的最新版本都支持该特性。与 CSS 属性类似，必须通过确认 typeof 不是 undefined 来查看浏览器中是否实现了该特性。

```
if (typeof this.draggable != 'undefined')
{
    this.draggable = true;
}
```

draggable 是一个布尔特性。如果将其设置为 true，则可启用元素的拖放功能；而如果将其设置为 false，将禁用拖放功能。通过设置 CSS 属性 WebkitUserDrag 或 draggable 特性获得的行为是默认行为。通常情况下，可来回移动元素，但投放时什么也不会发生，原因是必须在 JavaScript 中定义该行为。

最后一种启用拖放的方法用于较旧的 Internet Explorer 版本。Internet Explorer 9 及更新版本实现了较新的 HTML5 拖放规范，需要使用 draggable 特性，而非此处使用的旧方法。要在 IE8 及更早版本中启动拖放功能，首先测试是否存在 dragDrop 方法。通过测试 dragDrop 方法的类型是不是 function 来确定是否可以使用它；如果喜欢，也可以像 CSS 属性和 HTML 特性那样，确认类型不是 undefined。

```
if (typeof this.dragDrop == 'function')
{
    this.dragDrop();
}
```

如果存在 dragDrop 方法，只需在相应的元素上调用该方法，这样就可以在 IE8 及更早版本中在相应元素上启用拖放功能。

11.1.2　事件设置

前面定义了这两个 jQuery 插件，现在设置所需的事件来实现拖放 API。

```
$(document).ready(
    function()
    {
        $(document).on(
            'mousedown.finder',
            'div.finderDirectory, div.finderFile',
            function(event)
            {
                $(this).enableDragAndDrop();

                $('div.finderIconSelected')
                    .removeClass('finderIconSelected');

                $('span.finderDirectoryNameSelected')
                    .removeClass('finderDirectoryNameSelected');

                $(this).find('div.finderIcon')
                    .addClass('finderIconSelected');

                $(this).find('div.finderDirectoryName span')
                    .addClass('finderDirectoryNameSelected');
            }
        );
```

创建的第一个事件是 mousedown，该事件允许在类名为 finderDirectory 和 finderFile 的每个<div>元素上启用拖放功能。因为使用 on()方法，所以将包含这些类名的新<div>元素添加到 DOM 时，会自动应用。在本章后面的 Example 11-2 中，将继续扩展动态应用事件的概念来处理将文件(或其他文件夹)添加到正在查看的文件夹中的情形。mousedown 事件应用了事件命名空间 finder，有关事件命名空间的介绍，请参阅第 3 章。通过使用 jQuery

的事件命名空间，可对绑定和取消绑定事件处理器进一步加以控制。使用命名空间 finder，可在必要时仅取消 finder 命名空间中的事件绑定，不会影响其他命名空间中的事件。

接下来开始给每个文件和文件夹<div>元素应用拖放事件。结合 CSS 属性 WebkitUserDrag、HTML 特性 draggable 和 dragDrop()方法，使用这些事件来控制当用户拖放元素时发生的操作。在所拖动的元素上，按以下顺序触发拖放事件：

(1) dragstart

(2) drag

(3) dragend

在投放元素上，按以下顺序触发拖放事件：

(1) dragenter

(2) dragover

(3) drop 或 dragleave

大多数拖放事件都需要 event.preventDefault()和/或 event.stopPropagation()来阻止默认操作或阻止事件在 DOM 树中向上传播。

dragstart 事件设置操作系统的拖放剪贴板的内容，也提供设置 effectAllowed 属性的机会。effectAllowed 属性的作用几乎就是更改鼠标指针，向用户提示拖动元素时可能发生的事情。因为正在处理文件和文件夹，effectAllowed 的最合理设置是'copyMove'。

```
$('div.finderDirectory, div.finderFile')
    .on(
        'dragstart.finder',
        function(event)
        {
            event.stopPropagation();

            var html = $(this).outerHTML();

            var dataTransfer = event.originalEvent.dataTransfer;

            dataTransfer.effectAllowed = 'copyMove';

            try
            {
                dataTransfer.setData('text/html', html);
                dataTransfer.setData('text/plain', html);
            }
            catch (error)
            {
                dataTransfer.setData('Text', html);
            }
        }
    )
```

effectAllowed 属性的可能值如下所示：

- none——不允许任何拖放操作
- copy——仅允许执行拖放复制
- move——仅允许执行拖放移动
- link——仅允许执行拖放链接
- copyMove——允许复制和移动
- copyLink——允许复制和链接
- linkMove——允许链接和移动
- all——允许复制、链接和移动等所有操作

当 effectAllowed 属性支持两个或三个操作时，通常按下键盘上的键来纳入第二个或第三个操作。

也可在 dragstart 事件中设置系统拖放剪贴板。要设置系统拖放剪贴板，首先检索元素的 outerHTML()，然后将 HTML 复制到剪贴板，在剪贴板上根据 MIME 类型来识别。此处设置了 MIME 类型 text/plain 和 text/html。通过设置 MIME 类型，将允许计算机上的其他应用程序使用复制到系统剪贴板的数据。例如，在 dragstart 事件中将 HTML 复制到剪贴板后，可将元素拖动到浏览器窗口之外，放入其他应用程序。支持 text/html 或 text/plain 的任意应用程序可使用复制到剪贴板的数据。可将元素从浏览器拖放到包括仅支持 text/plain MIME 类型的编辑器在内的文本编辑器中。可在完全不同的浏览器中执行拖放操作。

在 try/catch 异常块中，setData()方法使用不同的 Internet Explorer 的方法和 HTML5 标准方法。IE 仅支持两个选项：'Text'和'URL'。其他所有浏览器都使用 MIME 类型。通过异常块，当使用 MIME 类型失败并抛出异常时，将自动切换到 IE 方法。

下一个挂钩的事件是 dragend。

```
.on(
    'dragend.finder',
    function(event)
    {
        if ($('div.finderDirectoryDrop').length)
        {
            $(this).removeClass('finderDirectoryDrop');
            $(this).remove();
        }
    }
)
```

完成拖动时，将在被拖动的元素上触发 dragend 事件。dragend 事件有一个问题十分棘手，甚至根本没办法解决。当从一个浏览器窗口将元素拖放到另一个浏览器窗口或外部应用程序时，无法确定到可接受投放区的拖动是何时完成的。可能的权宜之计是从接收投放的一端向服务器发送 AJAX 请求，然后在发起拖动的一端使用 Web socket 来侦听发生的投放。但对于本例演示的简单拖放 API 而言，该方法实在是离题太远了。

对于发起和终止于同一浏览器窗口的拖放而言，dragend 事件查看类名为

finderDirectoryDrop 的<div>元素是否存在。如果检测到该<div>元素，就表明拖放是在可接受的投放区完成的，这意味着可从 DOM 删除正在拖动的元素。由于从 DOM 删除了该元素，使用拖放的默认操作是 move。如果希望保留原始元素，实现 copy 操作，可在执行拖放操作时按下 Option (Mac)或 Ctrl (Windows)键。在 dragstart 事件侦听器中，通过检查 event.altKey 的结果是否为 true 来查看 Option/Alt 键。其他选项包括 Control 键 event.ctrlKey、Shift 键 event.shiftKey 或 Command/Windows 键 event.metaKey。

下一个挂钩的事件是 dragenter：

```
.on(
    'dragenter.finder',
    function(event)
    {
        event.preventDefault();
        event.stopPropagation();
    }
)
```

dragenter 事件中的代码只是阻止默认操作，并阻止事件传播。dragover 事件执行的操作与其类似：

```
.on(
    'dragover.finder',
    function(event)
    {
        event.preventDefault();
        event.stopPropagation();

        if ($(this).is('div.finderDirectory'))
        {
            $(this).addClass('finderDirectoryDrop');
        }
    }
)
```

dragover 事件也需要取消默认操作，并阻止事件传播。此外，如果元素是类名为 finderDirectory 的<div>元素，就添加类名 finderDirectoryDrop，这将更改目录使用的图标，从闭合的文件夹改为打开的文件夹。

同样，dragleave 也取消默认操作，并阻止事件传播。

```
.on(
    'dragleave.finder',
    function(event)
    {
        event.preventDefault();
        event.stopPropagation();

        $(this).removeClass('finderDirectoryDrop');
```

```
        }
    )
```

然后从该<div>元素删除类名 finderDirectoryDrop，表明拖动中的元素不再越过这个元素。

最后应用 drop 事件，该事件的开头也是取消默认操作，并阻止事件传播。

```
    .on(
        'drop.finder',
        function(event)
        {
            event.preventDefault();
            event.stopPropagation();

            var dataTransfer = event.originalEvent.dataTransfer;

            try
            {
                var html = dataTransfer.getData('text/html');
            }
            catch (error)
            {
                var html = dataTransfer.getData('Text');
            }

            html = $(html);
            var drop = $(this);

            var dontAcceptTheDrop = (
                drop.data('path') == html.data('path') ||
                drop.is('div.finderFile')
            );

            if (dontAcceptTheDrop)
            {
                // Prevent file from being dragged onto itself
                drop.removeClass('finderDirectoryDrop');
                return;
            }

            if (html.hasClass('finderDirectory finderFile'))
            {
                // Do something with the dropped file
                console.log(html);
            }
        }
    );
```

此后，drop 事件侦听器将 event.originalEvent.dataTransfer 的 dataTransfer 对象赋给

dataTransfer，以免代码变得过宽。使用 getData()方法以及相同的 MIME 类型 text/html，从系统剪贴板检索 dragstart 事件期间作为 text/html MIME 类型复制到系统剪贴板的 HTML。来自剪贴板的 HTML 作为普通文本赋给 html 变量。通过将 HTML 片段传给 jQuery 方法，即$(html)，将 html 变量转换成可供 jQuery 处理的 DOM 对象。 这样一来，对于从系统剪贴板检索的<div>元素，便可以使用 jQuery 方法加以处理。

对 getData()方法使用另一个 try/catch 异常，区分 Internet Explorer 从剪贴板检索数据的方法以及从剪贴板检索数据的标准方法。与 setData()一样，IE 需要'Text'(而非 MIME 类型)来检索数据；使用此处的异常将自动从 MIME 类型方法切换到 IE 方法。

注意：为安全起见，在触发这些拖放事件处理器时，只能从拖放事件处理器访问 dataTransfer 对象。这样做可以防止用户未经授权访问系统剪贴板。对 dataTransfer 对象的访问进一步受到域名源的限制(类似于框架和 AJAX 跨域安全限制)。

接着通过 jQuery 传递投放元素，即$(this)，并赋给变量 drop。

dontAcceptTheDrop 变量检查以确认元素不在自身上投放，而且投放目标是目录而非文件。如果 dontAcceptTheDrop 为 true，则删除 finderDirectoryDrop 类名，调用 return 来终止事件侦听器的执行。

最后检查从 HTML 片段创建的<div>对象，确认它是否有类名 finderDirectory 或 finderFile，最后确认该 HTML 片段是你要处理的 HTML。

下一节将介绍如何进一步扩展该例，除了在文件夹窗口上实现拖放，还允许以拖放方式上传文件。你将扩展示例，以便将事件动态地重新应用于拖放的文件或文件夹。

11.2　以拖放方式上传文件

最近几年，以拖放方式上传文件的功能不断演变和发展；起初只允许以拖放方式上传一个或多个文件，此后扩展到允许以拖放方式进行下载。后来又扩展了文件上传功能，允许以拖放方式上传文件和文件夹。目前，所有主流浏览器的最新版本都支持通过拖放上传文件。Chrome 支持上传文件和文件夹，也允许以拖放方式进行下载。

下面的示例基于 Example 11-1，为其添加了功能，支持以拖放方式进行上传；还做了其他一些调整来完善拖放体验。以拖放方式进行上传时，配有图像文件的预览缩略图以及上传进度栏。为实际测试下面的示例，需要添加服务器端脚本来接收上传的文件。本例不涉及服务器端部分，但作者提供了一个补充性的 PHP 脚本，可用于检查所上传文件的元数据。本例位于可下载源代码资料的 Example 11-2 中。

```
<!DOCTYPE HTML>
<html lang='en'>
```

```
<head>
    <meta http-equiv='X-UA-Compatible' content='IE=Edge' />
    <meta charset='utf-8' />
    <title>Finder</title>
    <script src='../jQuery.js'></script>
    <script src='../jQueryUI.js'></script>
    <script src='Example 11-2.js'></script>
    <link href='Example 11-2.css' rel='stylesheet' />
</head>
<body>
    <div id='finderFiles' data-path='/'>
        <div class='finderDirectory' data-path='/Applications'>
            <div class='finderIcon'></div>
            <div class='finderDirectoryName'>
                <span>Applications</span>
            </div>
        </div>
        <div class='finderDirectory' data-path='/Library'>
            <div class='finderIcon'></div>
            <div class='finderDirectoryName'>
                <span>Library</span>
            </div>
        </div>
        <div class='finderDirectory' data-path='/Network'>
            <div class='finderIcon'></div>
            <div class='finderDirectoryName'>
                <span>Network</span>
            </div>
        </div>
        <div class='finderDirectory' data-path='/Sites'>
            <div class='finderIcon'></div>
            <div class='finderDirectoryName'>
                <span>Sites</span>
            </div>
        </div>
        <div class='finderDirectory' data-path='/System'>
            <div class='finderIcon'></div>
            <div class='finderDirectoryName'>
                <span>System</span>
            </div>
        </div>
        <div class='finderDirectory' data-path='/Users'>
            <div class='finderIcon'></div>
            <div class='finderDirectoryName'>
                <span>Users</span>
            </div>
        </div>
    </div>
    <div id='finderDragAndDropDialogue'>
        <div id='finderDragAndDropDialogueWrapper'>
```

```
                <h4>File Upload Queue</h4>
                <div id='finderDragAndDropDialogueProgress'>
                    <span>0</span>%
                </div>
                <img id='finderDragAndDropDialogueActivity'
                     src='images/Upload Activity.gif'
                     alt='Upload Activity' />
                <div id='finderDragAndDropDialogueProgressMeter'>
                    <div></div>
                </div>
                <div id='finderDragAndDropDialogueFiles'>
                    <table>
                        <thead>
                            <tr>
                                <th class='finderDragAndDropDialogueFileIcon'>
                                </th>
                                <th class='finderDragAndDropDialogueFile'>
                                    File
                                </th>
                                <th class='finderDragAndDropDialogueFileSize'>
                                    Size
                                </th>
                            </tr>
                        </thead>
                        <tbody>
                            <tr class='finderDragAndDropDialogueTemplate'>
                                <td class='finderDragAndDropDialogueFileIcon'>
                                </td>
                                <td class='finderDragAndDropDialogueFile'>
                                </td>
                                <td class='finderDragAndDropDialogueFileSize'>
                                </td>
                            </tr>
                        </tbody>
                    </table>
                </div>
            </div>
        </div>
    </body>
</html>
```

上面的文件名为 Example 11-2.html，使用下面的 CSS 来设置其样式：

```
html,
body {
    width: 100%;
    height: 100%;
}
body {
    font: 12px "Lucida Grande", Arial, sans-serif;
    background:
```

```
        rgb(189, 189, 189)
        url('images/Bottom.png')
        repeat-x bottom;
    color: rgb(50, 50, 50);
    margin: 0;
    padding: 0;
}
div#finderFiles {
    border-bottom: 1px solid rgb(64, 64, 64);
    background: #fff;
    position: absolute;
    top: 0;
    right: 0;
    bottom: 23px;
    left: 0;
    overflow: auto;
    user-select: none;
    -webkit-user-select: none;
    -moz-user-select: none;
    -ms-user-select: none;
}
div.finderDirectory {
    float: left;
    width: 150px;
    height: 100px;
    overflow: hidden;
}
div.finderDirectory:-webkit-drag {
    opacity: 0.5;
}
div.finderIcon {
    background:
        url('images/Folder 48x48.png')
        no-repeat center;
    background-size: 48px 48px;
    height: 56px;
    width: 54px;
    margin: 10px auto 3px auto;
}
div.finderIconSelected,
div.finderDirectoryDrop > div.finderIcon  {
    background-color: rgb(204, 204, 204);
    border-radius: 5px;
}
div.finderDirectoryDrop > div.finderIcon {
    background-image: url('images/Open Folder 48x48.png');
}
div.finderDirectoryName {
    text-align: center;
}
```

```
span.finderDirectoryNameSelected,
div.finderDirectoryDrop > div.finderDirectoryName > span {
    background: rgb(56, 117, 215);
    border-radius: 8px;
    color: white;
    padding: 1px 7px;
}
div#finderDragAndDropDialogue {
    position: fixed;
    width: 500px;
    height: 500px;
    top: 50%;
    left: 50%;
    margin: -250px 0 0 -250px;
    box-shadow: 0 7px 100px rgba(0, 0, 0, 0.6);
    background: #fff;
    padding: 1px;
    border-radius: 4px;
    display: none;
}
div#finderDragAndDropDialogue h4 {
    margin: 0;
    padding: 10px;
}
img#finderDragAndDropDialogueActivity {
    position: absolute;
    top: 8px;
    right: 50px;
}
div#finderDragAndDropDialogueProgressMeter {
    position: absolute;
    top: 11px;
    right: 55px;
    width: 210px;
    height: 11px;
    border-radius: 3px;
    border: 1px solid rgb(181, 187, 200);
    display: none;
}
div#finderDragAndDropDialogueProgressMeter div {
    position: absolute;
    top: 0;
    left: 0;
    height: 11px;
    font-size: 0;
    line-height: 0;
    border-top-left-radius: 3px;
    border-bottom-left-radius: 3px;
    background: rgb(225, 228, 233);
    width: 0;
```

```
        display: none;
    }
    div#finderDragAndDropDialogueProgress {
        position: absolute;
        top: 10px;
        right: 10px;
    }
    div#finderDragAndDropDialogueFiles table {
        table-layout: fixed;
        border-collapse: collapse;
        margin: 0;
        padding: 0;
        width: 100%;
        height: 100%;
    }
    div#finderDragAndDropDialogueFiles {
        position: absolute;
        overflow: auto;
        top: 35px;
        right: 5px;
        bottom: 5px;
        left: 5px;
        border: 1px solid rgb(222, 222, 222);
    }
    div#finderDragAndDropDialogueFiles table th {
        background: rgb(233, 233, 233);
        border: 1px solid rgb(222, 222, 222);
        text-align: left;
        padding: 5px;
    }
    div#finderDragAndDropDialogueFiles table td {
        padding: 5px;
        border-left: 1px solid rgb(222, 222, 222);
        border-right: 1px solid rgb(222, 222, 222);
        overflow: hidden;
        text-overflow: ellipsis;
        vertical-align: top;
    }
    td.finderDragAndDropDialogueFileIcon img {
        max-height: 100px;
    }
```

该 CSS 文件名为 Example 11-2.css。最后列出这个 HTML 拖放 API 示例的脚本代码：

```
$.fn.extend({

    outerHTML : function()
    {
        var temporary = $("<div/>").append($(this).clone());
        var html = temporary.html();
```

```
            temporary.remove();
            return html;
        },

        enableDragAndDrop : function()
        {
            return this.each(
                function()
                {
                    if (typeof this.style.WebkitUserDrag != 'undefined')
                    {
                        this.style.WebkitUserDrag = 'element';
                    }

                    if (typeof this.draggable != 'undefined')
                    {
                        this.draggable = true;
                    }

                    if (typeof this.dragDrop == 'function')
                    {
                        this.dragDrop();
                    }
                }
            );
        }
    });

    dragAndDrop = {

        path : null,

        files : [],

        openProgressDialogue : function(files, path)
        {
            this.path = path;

            $('div#finderDragAndDropDialogue')
                .fadeIn('fast');

            this.files = [];

            $(files).each(
                function(key, file)
                {
                    dragAndDrop.addFileToQueue(file);
                }
            );
```

```
    if (this.files.length)
    {
        this.upload();
    }
    else
    {
        this.closeProgressDialogue();
    }
},

closeProgressDialogue : function()
{
    // Uncomment this section to automatically close the
    // dialogue after upload

    //$('div#finderDragAndDropDialogue')
    //    .fadeOut('fast');

    //$('div#finderDragAndDropDialogue tbody tr')
    //    .not('tr.finderDragAndDropDialogueTemplate')
    //    .remove();
},

addFileToQueue : function(file)
{
    if (!file.name && file.fileName)
    {
        file.name = file.fileName;
    }

    if (!file.size && file.fileSize)
    {
        file.size = file.fileSize;
    }

    this.files.push(file);

    var tr = $('tr.finderDragAndDropDialogueTemplate').clone(true);

    tr.removeClass('finderDragAndDropDialogueTemplate');

    // Preview image uploads by showing a thumbnail of the image
    if (file.type.match(/^image\/.*$/) && FileReader)
    {
        var img = document.createElement('img');
        img.file = file;

        tr.find('td.finderDragAndDropDialogueFileIcon')
          .html(img);
```

```
            var reader = new FileReader();

            reader.onload = function(event)
            {
                img.src = event.target.result;
            };

            reader.readAsDataURL(file);
        }

        tr.find('td.finderDragAndDropDialogueFile')
          .text(file.name);

        tr.find('td.finderDragAndDropDialogueFileSize')
          .text(this.getFileSize(file.size));

        tr.attr('title', file.name);

        $('div#finderDragAndDropDialogueFiles tbody').append(tr);
    },

    http : null,

    upload : function()
    {
        this.http = new XMLHttpRequest();

        if (this.http.upload && this.http.upload.addEventListener)
        {
            this.http.upload.addEventListener(
                'progress',
                function(event)
                {
                    if (event.lengthComputable)
                    {
                        $('div#finderDragAndDropDialogueProgressMeter')
                            .show();

                        $('div#finderDragAndDropDialogueProgressMeter div')
                            .show();

                        var progress = Math.round(
                            (event.loaded * 100) / event.total
                        );

                        $('div#finderDragAndDropDialogueProgress span')
                            .text(progress);

                        $('div#finderDragAndDropDialogueProgressMeter div')
                            .css('width', progress + '%');
```

```
                }
            },
            false
        );

        this.http.upload.addEventListener(
            'load',
            function(event)
            {
                $('div#finderDragAndDropDialogueProgress span')
                    .text(100);

                $('div#finderDragAndDropDialogueProgressMeter div')
                    .css('width', '100%');
            }
        );
    }

    this.http.addEventListener(
        'load',
        function(event)
        {
            // This event is fired when the upload completes and
            // the server-side script /file/upload.json sends back
            // a response.
            dragAndDrop.closeProgressDialogue();

            // If the server-side script sends back a JSON response,
            // this is how you'd access it and do something with it.
            var json = $.parseJSON(dragAndDrop.http.responseText);
        },
        false
    );

    if (typeof FormData !== 'undefined')
    {
        var form = new FormData();

        // The form object invoked here is a built-in object, provided
        // by the browser; it allows you to specify POST variables
        // in the request for the file upload.
        form.append('path', this.path);

        $(this.files).each(
            function(key, file)
            {
                form.append('file[]', file);
                form.append('name[]', file.name);
                form.append('replaceFile[]', 1);
            }
```

```
            );

            // This sends a POST request to the server at the path
            // /file/upload.php. This is the server-side file that will
            // handle the file upload.
            this.http.open('POST', 'file/upload.json');
            this.http.send(form);
        }
        else
        {
            console.log(
                'This browser does not support HTML 5 ' +
                'drag and drop file uploads.'
            );

            this.closeProgressDialogue();
        }
    },

    getFileSize : function(bytes)
    {
        switch (true)
        {
            case (bytes < Math.pow(2,10)):
            {
                return bytes + ' Bytes';
            }
            case (bytes >= Math.pow(2,10) && bytes < Math.pow(2,20)):
            {
                return Math.round(
                    bytes / Math.pow(2,10)
                ) +' KB';
            }
            case (bytes >= Math.pow(2,20) && bytes < Math.pow(2,30)):
            {
                return Math.round(
                    (bytes / Math.pow(2,20)) * 10
                ) / 10 + ' MB';
            }
            case (bytes > Math.pow(2,30)):
            {
                return Math.round(
                    (bytes / Math.pow(2,30)) * 100
                ) / 100 + ' GB';
            }
        }
    },

    applyEvents : function()
    {
```

```
var context = null;

if (arguments[0])
{
    context = arguments[0];
}
else
{
    context = $('div.finderDirectory, div.finderFile');
}

context
    .on(
        'dragstart.finder',
        function(event)
        {
            event.stopPropagation();

            var html = $(this).outerHTML();

            var dataTransfer = event.originalEvent.dataTransfer;

            dataTransfer.effectAllowed = 'copyMove';

            try
            {
                dataTransfer.setData('text/html', html);
                dataTransfer.setData('text/plain', html);
            }
            catch (error)
            {
                dataTransfer.setData('Text', html);
            }
        }
    )
    .on(
        'dragend.finder',
        function(event)
        {
            if ($('div.finderDirectoryDrop').length)
            {
                $(this).removeClass('finderDirectoryDrop');
                $(this).remove();
            }
        }
    )
    .on(
        'dragenter.finder',
        function(event)
        {
```

```
            event.preventDefault();
            event.stopPropagation();
        }
    )
    .on(
        'dragover.finder',
        function(event)
        {
            event.preventDefault();
            event.stopPropagation();

            if ($(this).is('div.finderDirectory'))
            {
                $(this).addClass('finderDirectoryDrop');
            }
        }
    )
    .on(
        'dragleave.finder',
        function(event)
        {
            event.preventDefault();
            event.stopPropagation();

            $(this).removeClass('finderDirectoryDrop');
        }
    )
    .on(
        'drop.finder',
        function(event)
        {
            event.preventDefault();
            event.stopPropagation();

            var dataTransfer = event.originalEvent.dataTransfer;
            var drop = $(this);

            if (drop.hasClass('finderDirectory'))
            {
                if (dataTransfer.files && dataTransfer.files.length)
                {
                    // Files dropped from outside the browser
                    dragAndDrop.openProgressDialogue(
                        dataTransfer.files,
                        node.data('path')
                    );
                }
                else
                {
                    try
```

```
                        {
                            var html = dataTransfer.getData('text/html');
                        }
                        catch (error)
                        {
                            var html = dataTransfer.getData('Text');
                        }

                        html = $(html);

                        var dontAcceptTheDrop = (
                            html.data('path') == drop.data('path') ||
                            drop.is('div.finderFile')
                        );

                        if (dontAcceptTheDrop)
                        {
                            // Prevent file from being dragged onto itself
                            drop.removeClass('finderDirectoryDrop');
                            return;
                        }

                        if (html.hasClass('finderDirectory finderFile'))
                        {
                            // Do something with the dropped file
                            console.log(html);
                        }
                    }
                }
            }
        );
    }
};

$(document).ready(
    function()
    {
        $(document).on(
            'mousedown.finder',
            'div.finderDirectory, div.finderFile',
            function(event)
            {
                $(this).enableDragAndDrop();

                $('div.finderIconSelected')
                    .removeClass('finderIconSelected');

                $('span.finderDirectoryNameSelected')
                    .removeClass('finderDirectoryNameSelected');
```

```
        $(this).find('div.finderIcon')
            .addClass('finderIconSelected');

        $(this).find('div.finderDirectoryName span')
            .addClass('finderDirectoryNameSelected');
    }
);

dragAndDrop.applyEvents();

$('div#finderFiles')
    .on(
        'dragenter.finder',
        function(event)
        {
            event.preventDefault();
            event.stopPropagation();
        }
    )
    .on(
        'dragover.finder',
        function(event)
        {
            event.preventDefault();
            event.stopPropagation();

            $(this).addClass('finderDirectoryDrop');
        }
    )
    .on(
        'dragleave.finder',
        function(event)
        {
            event.preventDefault();
            event.stopPropagation();

            $(this).removeClass('finderDirectoryDrop');
        }
    )
    .on(
        'drop.finder',
        function(event)
        {
            event.preventDefault();
            event.stopPropagation();

            var dataTransfer = event.originalEvent.dataTransfer;
            var drop = $(this);

            if (dataTransfer.files && dataTransfer.files.length)
```

```
{
    dragAndDrop.openProgressDialogue(
        dataTransfer.files,
        drop.data('path')
    );
}
else
{
    try
    {
        var html = dataTransfer.getData('text/html');
    }
    catch (error)
    {
        var html = dataTransfer.getData('Text');
    }

    html = $(html);

    if (drop.data('path') == html.data('path'))
    {
        // Prevent file from being dragged onto itself
        drop.removeClass('finderDirectoryDrop');
        return;
    }

    if (!html.hasClass('finderDirectory finderFile'))
    {
        return;
    }

    var fileExists = false;

    $('div.finderFile, div.finderDirectory').each(
        function()
        {
            if ($(this).data('path') == html.data('path'))
            {
                fileExists = true;
                return false;
            }
        }
    );

    if (!fileExists)
    {
        dragAndDrop.applyEvents(html);
        drop.append(html);
    }
}
```

```
                }
            );
        }
    );
```

上面的 JavaScript 脚本名为 Example 11-2.js。在 Safari 中加载 Example 11-2.html，将一些文件拖动到浏览器窗口时，将看到如图 11-2 所示的屏幕截图。

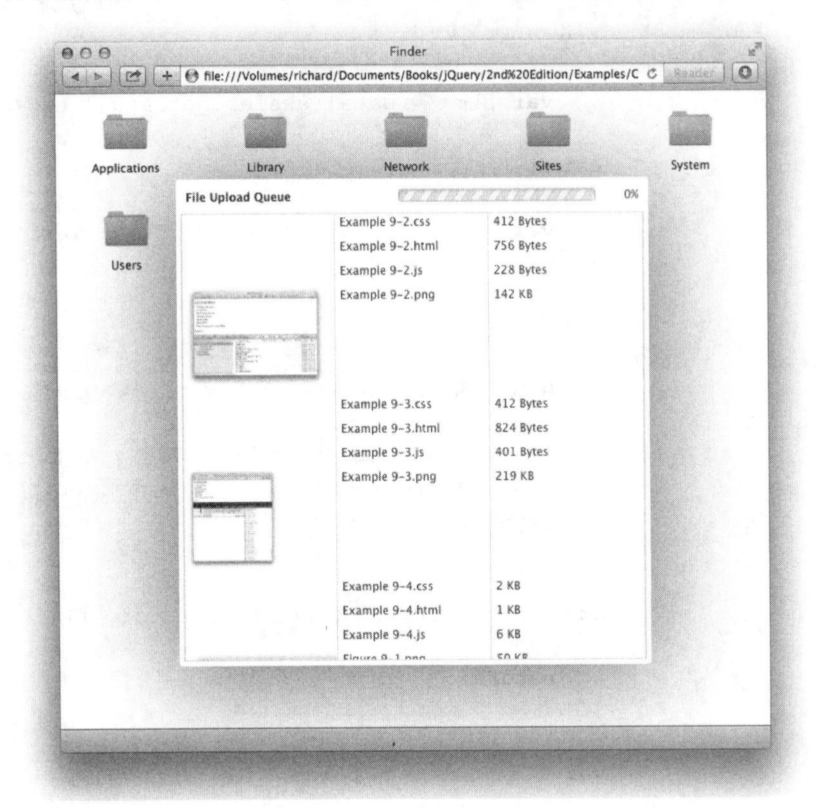

图　11-2

Example 11-2 中的示例比 Example 11-1 长得多，在基于 Web 的文件/文件夹管理器范例中更完整地实现了拖放 API。下面分析 Example 11-2 中不同于 Example 11-1 的新代码。

11.2.1　添加文件信息数据对象

第一段新代码创建新 JavaScript 对象 dragAndDrop。这个新对象保存着以拖放方式实现文件上传所需的大多数逻辑。定义了两个新属性 path 和 files，跟踪上传到的当前文件路径，以及上传到该位置的路径。在新建的 dragAndDrop 对象上调用的第一个方法是 openProgressDialogue()。

```
dragAndDrop = {

    path : null,

    files : [],
```

```
openProgressDialogue : function(files, path)
{
    this.path = path;

    $('div#finderDragAndDropDialogue')
        .fadeIn('fast');

    this.files = [];

    $(files).each(
        function(key, file)
        {
            dragAndDrop.addFileToQueue(file);
        }
    );

    if (this.files.length)
    {
        this.upload();
    }
    else
    {
        this.closeProgressDialogue();
    }
},
```

在 openProgressDialogue()方法中，将 path 参数复制到 this.path，path 参数指示文件上传路径。通过在类名为 finderDragAndDropDialogue 的<div>元素上调用 fadeIn('fast')方法来显示进度对话框。被拖放的、用于上传的文件在 files 参数中传输。files 变量是一个数组(无论上传一个文件还是多个文件，它都是一个数组)，并使用 jQuery 的 each()方法进行迭代。dragAndDrop.addFileToQueue()调用将文件添加到 this.files 数组，还将相应文件添加到进度对话框的表中，以便用户预览上传进度。如果 this.files 的长度大于 0，调用 this.upload()来上传文件。如果 this.files 的长度为 0，调用 this.closeProgressDialogue()来关闭进度对话框。从逻辑上讲，只有当上传一个或多个文件时，才会打开该对话框，因此 this.closeProgressDialogue()路径是不会用到的。但此处包含此路径，以便涵盖在实现可重用文件上传 API 时的所有基本要素。

dragAndDrop 对象实现的下一个方法是 closeProgressDialogue()。

```
closeProgressDialogue : function()
{
    // Uncomment this section to automatically close the
    // dialogue after upload

    //$('div#finderDragAndDropDialogue')
    //    .fadeOut('fast');
```

```
        //$('div#finderDragAndDropDialogue tbody tr')
        //    .not('tr.finderDragAndDropDialogueTemplate')
        //    .remove();
    },
```

上传完文件后，将自动调用 closeProgressDialogue()方法。该方法包含一些要取消注释的代码(在实现服务器端部分时)，用于关闭和重置进度对话框。

下面的方法 addFileToQueue()设置进度对话框中的<table>，汇总了上传的每个文件的信息，以便用户查看上传状况。为上传的文件创建缩略图，并将文件添加到 this.files 数组。

```
addFileToQueue : function(file)
{
    if (!file.name && file.fileName)
    {
        file.name = file.fileName;
    }

    if (!file.size && file.fileSize)
    {
        file.size = file.fileSize;
    }
```

第一部分标准化 file 对象，在厂商更喜欢使用较长属性名的浏览器中，将 file.fileName 属性移到 file.name，将 file.fileSize 属性移到 file.size。然后调用 push()，将文件对象添加到 this.files。

```
this.files.push(file);
```

下一行代码调用 clone(true)，克隆类名为 finderDragAndDropDialogueTemplate 的<tr>元素，最终添加到<table>表，在该表中显示出每个上传文件的汇总数据。

```
var tr = $('tr.finderDragAndDropDialogueTemplate').clone(true);
```

从模板中删除 finderDragAndDropDialogueTemplate 类名。该类名向用户隐藏该模板，并将该<tr>元素识别为模板。

```
tr.removeClass('finderDragAndDropDialogueTemplate');
```

下一行代码使用正则表达式，检查 MIME 类型是否以字符串'image/'开头来分析上传文件的 MIME 类型，并确认 FileReader 对象是否存在，FileReader 对象用于将上传文件的缩略图显示给用户。目前，只能显示图像文件的缩略图。

```
// Preview image uploads by showing a thumbnail of the image
if (file.type.match(/^image\/.*$/) && FileReader)
{
```

要创建缩略图，首先创建一个新的<img />元素。将文件赋给<img />元素的 file 属性。

```
var img = document.createElement('img');
```

```
img.file = file;
```

调用 html()，将<img />元素添加到类名为 finderDragAndDropDialogueFileIcon 的<td>元素。

```
tr.find('td.finderDragAndDropDialogueFileIcon')
  .html(img);
```

实例化 FileReader 对象，该对象在读取文件然后显示图像的过程中扮演重要角色，文件图像最终通过样式表缩小为缩略图。

```
var reader = new FileReader();
```

创建 onload 事件来提供<img />元素的 src 特性；使用数据 URI 来创建每个图像 src。FileReader 对象提供 base64 编码的数据 URL 表示的图像，并赋给 src 特性，从而可以预览每个图像文件。

```
      reader.onload = function(event)
      {
         img.src = event.target.result;
      };

      reader.readAsDataURL(file);
   }
```

每个文件名都放在类名为 finderDragAndDropDialogueFile 的<td>元素中。

```
tr.find('td.finderDragAndDropDialogueFile')
  .text(file.name);
```

通过调用 dragAndDrop.getFileSize()，根据每个文件的大小，将大小单位从字节转换为 bytes、KB 和 MB 中的一个，以便用户查看这些数字。最终值放在类名为 finderDragAndDropDialogueFileSize 的<td>元素中。

```
tr.find('td.finderDragAndDropDialogueFileSize')
  .text(this.getFileSize(file.size));
```

将 file.name 赋给<tr>元素的 title 特性。

```
tr.attr('title', file.name);
```

最后，将完成的<tr>模板添加到<tbody>元素。

```
    $('div#finderDragAndDropDialogueFiles tbody').append(tr);
},
```

11.2.2　使用自定义 XMLHttpRequest 对象

接下来的属性和方法为上传的文件提供数据传输功能，这包括设置自定义 XMLHttpRequest 对象，将该对象赋给 this.http。

```
http : null,

upload : function()
{
    this.http = new XMLHttpRequest();
```

设置一系列事件来监视上传进度，并观察上传过程是否完成。首先检查 XMLHttpRequest 是否存在 upload 对象(此后，将 XMLHttpRequest 对象简单地称为 http)，并检查 upload 对象上是否存在 addEventListener 方法。

```
if (this.http.upload && this.http.upload.addEventListener)
{
```

接着在 upload 对象上设置 progress 事件的事件侦听器。这最终将告知文件上传的总体进度，上传的是一个文件还是多个文件。

```
this.http.upload.addEventListener(
    'progress',
    function(event)
    {
```

event.lengthComputable 属性指示是否有需要报告的进度。

```
if (event.lengthComputable)
{
```

显示 id 为 finderDragAndDropDialogueProgressMeter 的<div>，以及包含在其中的<div>元素。

```
$('div#finderDragAndDropDialogueProgressMeter')
    .show();

$('div#finderDragAndDropDialogueProgressMeter div')
    .show();
```

根据 event.loaded 和 event.total 属性(在 event 对象中提供)进行舍入计算，得到一个百分比值，计算出文件上传进度。

```
var progress = Math.round(
    (event.loaded * 100) / event.total
);
```

将得到的进度数字添加到一个<span>元素中，该元素内嵌于 id 为 finderDragAndDropDialogueProgress 的<div>元素。

```
$('div#finderDragAndDropDialogueProgress span')
    .text(progress);
```

然后来看一个<div>元素，该元素内嵌于 id 为 finderDragAndDropDialogueProgressMeter

的<div>元素中；为该<div>元素指定宽度百分比以及进度。

```
            $('div#finderDragAndDropDialogueProgressMeter div')
                .css('width', progress + '%');
        }
    },
    false
);
```

接下来，将 load 事件挂钩到 upload 对象来涵盖当到达 100%上传进度时发生的事情。

```
    this.http.upload.addEventListener(
        'load',
        function(event)
        {
            $('div#finderDragAndDropDialogueProgress span')
                .text(100);

            $('div#finderDragAndDropDialogueProgressMeter div')
                .css('width', '100%');
        }
    );
}
```

将 load 事件也挂钩到 http 对象，当服务器端响应了上传请求时，将触发该事件。

```
this.http.addEventListener(
    'load',
    function(event)
    {
        // This event is fired when the upload completes and
        // the server-side script /file/upload.json sends back
        // a response.
```

上传请求完成时，将调用 dragAndDrop.closeProgressDialogue()来关闭进度对话框。

```
dragAndDrop.closeProgressDialogue();

// If the server-side script sends back a JSON response,
// this is how you'd access it and do something with it.
```

如果服务器发回 JSON 响应，可从 http.responseText 属性来读取和解析；应用程序能使用适当的 JSON 响应来响应数据。

```
        var json = $.parseJSON(dragAndDrop.http.responseText);
    },
    false
);
```

检查 FormData 对象是否存在，查看浏览器是否支持拖放上传的较新版本。FormData 对象由浏览器提供，有助于创建 HTTP 请求(最终通过 Internet 传送上传的文件数据)。在本例中，FormData 对象创建使用 multipart/form-data 编码的 POST 请求。在传统的文件上传中，必须将 multipart/form-data 添加到<form>元素的 enctype 特性。FormData 对象负责自动完成该操作。

```
if (typeof FormData !== 'undefined')
{
    var form = new FormData();

    // The form object invoked here is a built-in object, provided
    // by the browser; it allows you to specify POST variables
    // in the request for the file upload.
```

可使用 append()方法，将参数追加到 FormData 对象。追加的第一个参数是 path。这将在服务器端创建一个称为 path 的 POST 变量，并告知服务器端脚本将文件上传到何处。

```
form.append('path', this.path);
```

通过将 this.files 数组传给 each()方法的方式遍历每个文件。这些文件将使用 file[]数组的形式传递到服务器端。PHP 将使用方括号来表示数组的创建。而在你所选择的服务器端语言中，使用的语法可能会有所不同。一些附加的信息将通过 name[]和 replaceFile[]变量传递给服务器。可以根据需要创建任意数量的变量。

```
$(this.files).each(
    function(key, file)
    {
        form.append('file[]', file);
        form.append('name[]', file.name);
        form.append('replaceFile[]', 1);
    }
);
```

最后，将包括上传文件数据的整个 POST 请求发送到服务器端脚本进行处理。file/upload.json 在缺少真正的服务器端脚本时提供封装的 JSON 响应。

```
    // This sends a POST request to the server at the path
    // /file/upload.php. This is the server-side file that will
    // handle the file upload.
    this.http.open('POST', 'file/upload.json');
    this.http.send(form);
}
```

如果浏览器不支持 FormData 对象，在 JavaScript 控制台打印消息，并关闭进度对话框。

```
else
{
    console.log(
        'This browser does not support HTML 5 ' +
        'drag and drop file uploads.'
    );
```

```
        this.closeProgressDialogue();
    }
},
```

11.2.3 其他实用工具

将 JavaScript 代码中其余的方法用作实用工具，用于简便地完成其余操作：计算大小、操纵字符串和应用事件。

getFileSize()方法以便于用户理解的形式返回文件大小。将文件大小以 Byte 为单位传给该方法，返回以 Byte、KB、MB 或 GB 表示的文件大小。该方法使用 Math.pow()方法，Math.pow(2,10) = 1KB，Math.pow(2,20) = 1MB，Math.pow(2,30) = 1GB。

```
getFileSize : function(bytes)
{
    switch (true)
    {
        case (bytes < Math.pow(2,10)):
        {
            return bytes + ' Bytes';
        }
        case (bytes >= Math.pow(2,10) && bytes < Math.pow(2,20)):
        {
            return Math.round(
                bytes / Math.pow(2,10)
            ) +' KB';
        }
        case (bytes >= Math.pow(2,20) && bytes < Math.pow(2,30)):
        {
            return Math.round(
                (bytes / Math.pow(2,20)) * 10
            ) / 10 + ' MB';
        }
        case (bytes > Math.pow(2,30)):
        {
            return Math.round(
                (bytes / Math.pow(2,30)) * 100
            ) / 100 + ' GB';
        }
    }
},
```

applyEvents()方法应用前面的 Example 11-1 中实现的所有拖放事件。该方法首先创建 context 变量，该变量定义如何应用事件。如果将事件应用于从浏览器窗口之外拖放进来的文件或文件夹对象，该方法将每个拖放事件应用于新移入的文件或文件夹对象。否则，将每个事件应用于存在的每个文件和文件夹对象。

```
applyEvents : function()
```

```
{
   var context = null;

   if (arguments[0])
   {
      context = arguments[0];
   }
   else
   {
      context = $('div.finderDirectory, div.finderFile');
   }

   context
```

dragstart、dragend、dragenter、dragover 和 dragleave 事件与 Example 11-1 中的完全相同。但对 drop 事件做了修改，以满足以拖放方式上传文件以及来回移动现有文件和文件夹的需要。

```
.on(
   'drop.finder',
   function(event)
   {
      event.preventDefault();
      event.stopPropagation();

      var dataTransfer = event.originalEvent.dataTransfer;
      var drop = $(this);

      if (drop.hasClass('finderDirectory'))
      {
```

如果用户已经拖放文件，以便上传到浏览器窗口，则文件存在于 dataTransfer.files 属性中，而且 files 属性的长度大于 0。将文件以及文件投放到的文件夹的路径一并传给 openProgressDialogue()方法进行处理并上传。

```
if (dataTransfer.files && dataTransfer.files.length)
{
   // Files dropped from outside the browser
   dragAndDrop.openProgressDialogue(
      dataTransfer.files,
      node.data('path')
   );
}
else
{
   try
   {
      var html = dataTransfer.getData('text/html');
   }
```

```
    catch (error)
    {
        var html = dataTransfer.getData('Text');
    }

    html = $(html);
```

除了以拖放方式上传文件外，drop 事件侦听器的工作方式与 Example 11-1 相同。

除了应用于每个文件和文件夹对象的拖放事件外，也将一组新的拖放事件应用于 id 为 finderFiles 的<div>元素，该元素是一个文件夹视图，几乎占满了包含所有文件和文件夹元素的整个浏览器窗口。该<div>元素接收的 dragenter、dragover 和 dragleave 事件，与已经用于类名为 finderFile 或 finderDirectory 的<div>元素的 dragenter、dragover 和 dragleave 事件相同。这使得 drop 事件稍有不同。

```
.on(
    'drop.finder',
    function(event)
    {
        event.preventDefault();
        event.stopPropagation();

        var dataTransfer = event.originalEvent.dataTransfer;
        var drop = $(this);
```

与其他 drop 事件一样，也检查 files 属性的 length 大于 0，这样应用程序就可以了解到用户已将文件投放到浏览器窗口。

```
if (dataTransfer.files && dataTransfer.files.length)
{
    dragAndDrop.openProgressDialogue(
        dataTransfer.files,
        drop.data('path')
    );
}
else
{
    try
    {
        var html = dataTransfer.getData('text/html');
    }
    catch (error)
    {
        var html = dataTransfer.getData('Text');
    }

    html = $(html);
```

确保文件夹并非投放到自身之上：

```
if (drop.data('path') == html.data('path'))
{
   // Prevent file from being dragged onto itself
   drop.removeClass('finderDirectoryDrop');
   return;
}
```

确保投放的 HTML 具有 finderDirectory 和 finderFile 类名：

```
if (!html.hasClass('finderDirectory finderFile'))
{
   return;
}
```

最后，在将任意文件或文件夹投放到一个目录中之前，要就地分析该目录中的每个文件名，确认要投放的文件或文件夹在该目录中尚不存在。在本例中，如果在本地检查到重复文件，应用程序将停止。另一种检查重复文件的方式是询问用户是否愿意替换重复文件；然后将用户的选择传给服务器端，在服务器端也会验证现有的文件或文件夹。另外，对于以拖放方式进行文件上传，也应该执行相同的操作来检查文件名是否重复。为了保持脚本简明扼要，此处删除了额外的验证。

```
var fileExists = false;

$('div.finderFile, div.finderDirectory').each(
   function()
   {
      if ($(this).data('path') == html.data('path'))
      {
         fileExists = true;
         return false;
      }
   }
);
```

如果文件或文件夹尚不存在，将对投放的 HTML 执行一些操作，如下所示：

```
            if (!fileExists)
            {
               dragAndDrop.applyEvents(html);
               drop.append(html);
            }
         }
      }
);
```

11.3　小结

本章介绍了如何结合使用 jQuery 和 HTML5 拖放 API。使用 CSS 属性–webkit-user-drag、HTML 特性 draggable 以及传统的 dragDrop()方法来实现该拖放 API。还讨论了如何在 JavaScript 中通过将侦听器挂钩到下列事件来实现该拖放 API：dragstart、drag、dragend、dragenter、dragover、drop 和 dragleave。

还讲述了如何使用拖放 API，实现以拖放方式上传文件，其中包括查看 dataTransfer 对象的 files 属性。讨论了如何使用 FileReader 对象预览所上传文件的缩略图。分析了如何通过将 progress 和 load 事件挂钩到 XMLHttpRequest 对象的 upload 属性来监视上传进度。最后讨论了如何自定义 HTTP POST 请求，并使用 XMLHttpRequest 和 FormData 对象，将文件上传信息提交到服务器端。

11.4　练习

1. 描述如何在元素上启用拖放功能。哪些方法是传统方法，传统方法存在于哪些浏览器中？
2. 按拖动元素时的触发顺序列出事件。
3. 按投放元素时的触发顺序列出事件。
4. 在以拖放方式实现文件上传时，会查找哪个属性，使用哪个事件来确认该操作已经发生？附加题：如果不是在使用 jQuery，应该使用哪个属性？
5. 当实现图像文件的缩略图时，使用哪种格式来查看预览图像？
6. 以拖放方式上传文件时，哪些事件可以监视文件的上传进度？这些事件挂钩到哪个对象？
7. 哪个事件属性计算文件上传进度百分比？
8. 在为实现文件拖放上传而生成的 HTTP 请求中，如何创建自定义的 POST 变量？
9. 如果确认文件上传已经成功？

第 II 部分

jQuery UI

- 第 12 章：实现拖放
- 第 13 章：Sortable 插件
- 第 14 章：Selectable 插件
- 第 15 章：Accordion 插件
- 第 16 章：Datepicker 插件
- 第 17 章：Dialog 插件
- 第 18 章：Tabs 插件

第12章 实现拖放

在开始介绍本章的内容之前，让我们首先介绍一下 jQuery UI 库。jQuery UI 库是一个可重用组件的集合，这些组件可帮助我们更快创建用户界面功能。jQuery UI 库可处理许多种任务，例如可使文档中的元素处于可拖动(draggable)状态或者可以通过拖放(drag-and-drop)操作来重新排列列表元素中的列表项，以及实现在本书后续各章中将要介绍的其他各种 UI 任务。

前面的章节已经介绍并使用了 jQuery 的核心框架，而 jQuery UI 库的功能是独立于 jQuery 核心框架而存在的。jQuery UI 库是一系列 jQuery 插件，其中的每个插件用于处理不同的 UI 任务。jQuery 的 API 简洁而强大，jQuery UI 库继承这一精神，它使实现特定的 UI 任务变得分外轻松。

读者可从网址 http://ui.jquery.com/download 下载 jQuery UI 库组件。这个网站允许根据所需下载的 UI 组件来定制下载的内容。该网站提供定制下载功能的目的是使需要添加的 JavaScript 尽可能地少，从而减少文件的大小和对带宽消耗之类的负载。可从 www.wrox.com/go/webdevwithjquery 免费下载的本书源代码包含了完整的 jQuery UI 包，其中包含所有 jQuery UI 库插件。包含整个 jQuery UI 库主要是为了便于测试和学习，但是如果在实际的产品化网站中使用 jQuery UI 库组件，就应该对所需下载的 jQuery UI 库进行定制，使其仅包含应用程序所需的 UI 组件。由于完整的 jQuery UI 库是一个文件大小为 229.56KB 的程序包(其中移除了所有空格、注释和换行符)，或是一个未压缩和打包的 347.82 KB 的文件——对于 Web 页面来说这是一个比较大的下载文件。

本章首先介绍 jQuery UI 库中的 Draggable 和 Droppable 库。这与第 11 章的内容形成对照，第 11 章讲述如何使用 HTML5 的本地拖放 API。HTML5 拖放 API 与 jQuery UI 的 Draggable 和 Droppable API 的主要区别在于：HTML5 API 可在多个独立的浏览器窗口(甚至是完全不同浏览器的不同浏览器窗口)中使用，可在不同应用程序中使用，但相关应用程序需要配备诸如 WebKit(Apple 等)、Blink(Google 等)、Gecko(Mozilla)或 Trident(Microsoft)

的浏览器组件。HTML5 的拖放 API 也允许以拖放方式上传一个或多个文件。

jQuery UI 库 Draggable 和 Droppable 提供类似功能，但该功能仅限用于一个浏览器窗口。其功能不允许所拖动的内容离开当前浏览器窗口的边界。需要根据项目的目标功能来选用。

Draggable 库可使页面中的任何元素成为可拖动元素。在最常见的情况下，可拖动元素指的是用户可以使用鼠标来移动文档中的元素，并将其排列为所喜欢的布局。下一节介绍 Draggable jQuery UI API。

12.1　使元素成为可拖动元素

在页面中可以使用鼠标拖动元素。该功能的实现非常简单：首先需要在页面中引用包含 Draggable 插件的 UI 库；然后使用 jQuery 选取需要进行拖动的元素集合，在该选择集上只需链接 draggable()方法即可，如下所示：

```
$('div#anElementIdLikeToDrag').draggable();
```

上面这行代码选取 id 为 anElementIdLikeToDrag 的<div>元素成为可拖动元素。执行这个方法后，用户可使用鼠标将该元素移到文档中的任何位置。就对应用程序的操作方面而言，Draggable 库在用户操作方式上给开发人员提供了更多选择，使桌面应用程序开发中惯用的拖放操作在 Web 页面中成为可能。

虽然实现元素拖放操作幕后功能的代码并不复杂，但在 jQuery 中，只需区区几行代码就可以实现元素的拖放功能。在本例中，只需调用 draggable()方法即可。

为说明使元素成为可拖动元素是多么简单，下面的示例 Example 12-1 将创建一个类似于 Mac OS X Finder 风格的文件管理器。首先列出 XHTML5 标记代码：

```
<!DOCTYPE HTML>
<html xmlns='http://www.w3.org/1999/xhtml'>
    <head>
        <meta http-equiv='content-type'
            content='application/xhtml+xml; charset=utf-8' />
        <meta http-equiv='content-language' content='en-us' />
        <title>Finder</title>
        <script src='../jQuery.js'></script>
        <script src='../jQueryUI.js'></script>
        <script src='Example 12-1.js'></script>
        <link href='Example 12-1.css' rel='stylesheet' />
    </head>
    <body>
        <div id='finderFiles'>
            <div class='finderDirectory' data-path='/Applications'>
                <div class='finderIcon'></div>
                <div class='finderDirectoryName'>
                    <span>Applications</span>
```

```
                </div>
            </div>
            <div class='finderDirectory' data-path='/Library'>
                <div class='finderIcon'></div>
                <div class='finderDirectoryName'>
                    <span>Library</span>
                </div>
            </div>
            <div class='finderDirectory' data-path='/Network'>
                <div class='finderIcon'></div>
                <div class='finderDirectoryName'>
                    <span>Network</span>
                </div>
            </div>
            <div class='finderDirectory' data-path='/Sites'>
                <div class='finderIcon'></div>
                <div class='finderDirectoryName'>
                    <span>Sites</span>
                </div>
            </div>
            <div class='finderDirectory' data-path='/System'>
                <div class='finderIcon'></div>
                <div class='finderDirectoryName'>
                    <span>System</span>
                </div>
            </div>
            <div class='finderDirectory' data-path='/Users'>
                <div class='finderIcon'></div>
                <div class='finderDirectoryName'>
                    <span>Users</span>
                </div>
            </div>
        </div>
    </body>
</html>
```

下面的CSS样式表设置Finder示例的样式：

```
html,
body {
    width: 100%;
    height: 100%;
}
body {
    font: 12px "Lucida Grande", Arial, sans-serif;
    background: rgb(189, 189, 189) url('images/Bottom.png') repeat-x bottom;
    color: rgb(50, 50, 50);
    margin: 0;
    padding: 0;
}
div#finderFiles {
```

```
    border-bottom: 1px solid rgb(64, 64, 64);
    background: #fff;
    position: absolute;
    top: 0;
    right: 0;
    bottom: 23px;
    left: 0;
    overflow: auto;
}
div.finderDirectory {
    float: left;
    width: 150px;
    height: 100px;
    overflow: hidden;
}
div.finderIcon {
    background: url('images/Folder 48x48.png') no-repeat center;
    background-size: 48px 48px;
    height: 56px;
    width: 54px;
    margin: 10px auto 3px auto;
}
div.finderIconSelected {
    background-color: rgb(196, 196, 196);
    border-radius: 5px;
}
div.finderDirectoryName {
    text-align: center;
}
span.finderDirectoryNameSelected {
    background: rgb(56, 117, 215);
    border-radius: 8px;
    color: white;
    padding: 1px 7px;
}
```

将上面的 XHTML 和 CSS 代码与以下 JavaScript 脚本结合使用：

```
$(document).ready(
    function()
    {
        $('div.finderDirectory')
            .mousedown(
                function()
                {
                    $('div.finderIconSelected')
                        .removeClass('finderIconSelected');

                    $('span.finderDirectoryNameSelected')
                        .removeClass('finderDirectoryNameSelected');
```

```
                    $(this).find('div.finderIcon')
                        .addClass('finderIconSelected');

                    $(this).find('div.finderDirectoryName span')
                        .addClass('finderDirectoryNameSelected');
                }
            )
            .draggable();
    }
);
```

上面的源代码得到的文档如图 12-1 所示。

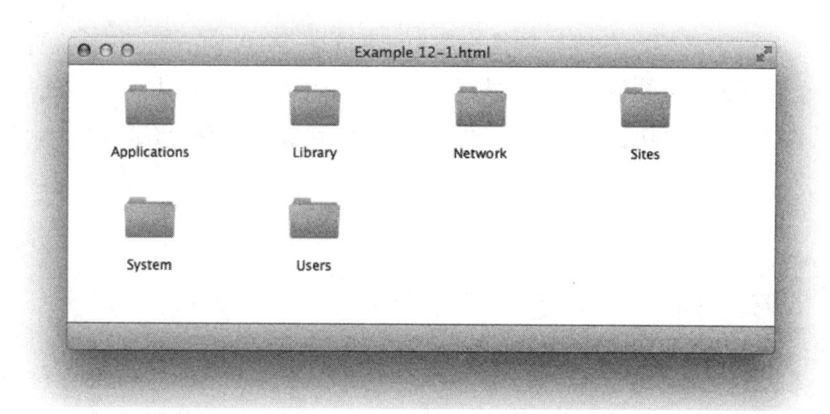

图　12-1

在上面的示例中，创建了类似于 Mac OS X Finder 的文件夹布局。唯一的区别在于：只有在较新的浏览器中，所选文件夹才显示为圆角效果，而在 IE 浏览器和 Opera 浏览器中将显示为方角。

本例的宗旨是允许一次选择一个文件夹，并将这些文件夹拖动到窗口中的任意位置。

要使元素成为可拖动的，需要引入 jQuery UI 库，jQuery UI 库包含所有 jQuery UI 插件，其中包含 Draggable 插件。

```
<script src='../jQueryUI.js'></script>
```

本例的标记代码非常简单。各个文件夹都被包含在 id 为 finderFiles 的<div>元素中，使用该<div>元素作为容器元素是必要的，有助于控制文件夹的外观。

```
<div id='finderFiles'>
```

每个文件夹都位于类名为 finderDirectory 的容器<div>元素中，并且该目录的路径包含在 data-path 特性中，该特性可用来实现 AJAX 功能，即可将该文件夹的路径以异步方式提供给服务器，而服务器将该文件夹中的内容作为响应返回。每个文件夹都有图标和名称，相应的标记代码将用来设置图标和文件夹名称。通过分析样式表，这种特殊结构的意义才会浮现出来。在标记代码中，为图标创建一个<div>元素，用于控制图标的位置，并设置突出显示的样式的尺寸。文件夹名称包含在另一个<div>元素中，将文件夹名称嵌套在<span>元素中。使用<span>元素的原因在于，在文件夹突出显示时，使背景色应用于一个内联元素，这样背景色将紧紧包围着文本，即使该文本占据了多行时也是如此，就像图 12-1 中所示的那样。

```
<div class='finderDirectory' data-path='/Applications'>
   <div class='finderIcon'></div>
   <div class='finderDirectoryName'>
      <span>Applications</span>
   </div>
</div>
```

将上述结构标记的原始代码块转换为类似于 Finder 文档的全部工作是由样式表来完成的。下面将分析样式表中的每一条样式规则，并解释为什么需要使用这些样式规则。<html>和<body>元素的宽度和高度都设置为 100%，使它们自动占满整个视口。

```
html,
body {
   width: 100%;
   height: 100%;
}
```

下面这条样式规则模拟 Finder 程序页面，将字体设置为 Lucida Grande 字体，这是 Apple 公司创建的很多 Mac 应用程序常用的一种 Mac 字体。如果该字体不可用，可使用 Arial 字体，这是 Windows 系统中使用的字体；如果该字体还不可用，可以使用通用的 sans-serif 字体。页面的背景色被设置为灰色，并将一张图片平铺在浏览器窗口的底部，这样该页面看起来与真实的 Finder 应用程序更像。将字体颜色设置为深灰色。最后，从<body>元素中删除默认的 padding 和 margin，这样可以避免以下情况：由于在前面的样式表规则中应用了 100%的宽度和高度，导致滚动条出现在视口中。

```
body {
   font: 12px "Lucida Grande", Arial, sans-serif;
   background: rgb(189, 189, 189) url('images/Bottom.png') repeat-x bottom;
   color: rgb(50, 50, 50);
   margin: 0;
   padding: 0;
}
```

下面这条样式规则用于定位 id 名为 finderFiles 的<div>元素，该元素中包含所有文件夹。该<div>元素被设置为绝对定位，并占据除底部 23 像素之外整个浏览器的视口，这是通过在样式表中声明反向的偏移特性来间接地定义该<div>元素的宽度和高度。将背景色设置为白色，并且为容器底边设置一条深灰色的边框，最后添加 overflow: auto;声明。这样，当文件夹和文件数量超过该容器的容纳范围时，将出现一个滚动条以便浏览离屏的文件夹和文件。

```
div#finderFiles {
    border-bottom: 1px solid rgb(64, 64, 64);
    background: #fff;
    position: absolute;
    top: 0;
    right: 0;
    bottom: 23px;
    left: 0;
    overflow: auto;
}
```

其余样式表声明用于设置文件夹本身的样式。接下来的规则使文件夹并排放置，并将每一个文件夹都设置为固定的尺寸。其中的 overflow: hidden;声明用于防止较长的文件夹名称溢出到容器元素的边界之外。

```
div.finderDirectory {
    float: left;
    width: 150px;
    height: 100px;
    overflow: hidden;
}
```

下面的规则用于处理文件夹图标的显示。该<div>元素设置图标尺寸，并考虑突出显示效果，应用于所选文件夹的灰色背景也被应用于该<div>元素。使用 background-size 属性设置背景图像的大小，使其处于文件夹图标实际尺寸之内。将 background-position 设置为 center，这样当突出显示文件夹时，将在纯灰背景色中，在水平方向和垂直方向上居中显示。<div>元素的位置使用顶边距和底边距进行调整，使用 margin(auto 作为左右边距值)在其容器<div>元素中居中显示。经过这些样式设置，文件夹图标看起来更像真正的 Mac OS X 操作系统的 Finder 图标。如果要模拟 Windows Explorer 或另一个文件管理程序，可选择使用一些相同的技术。

```
div.finderIcon {
    background: url('images/Folder 48x48.png') no-repeat center;
    background-size: 48px 48px;
    height: 56px;
    width: 54px;
    margin: 10px auto 3px auto;
}
```

下面的样式规则定义了被选中文件夹的样式。当文件夹被选中时，jQuery 代码将动态地为类名为 finderIcon 的<div>元素应用类名 finderIconSelected。

```
div.finderIconSelected {
    background-color: rgb(196, 196, 196);
    border-radius: 5px;
}
```

下面的 CSS 样式规则用于将文件夹的名称居中显示。

```
div.finderDirectoryName {
    text-align: center;
}
```

最后一条规则定义了当文件夹名称被选中时的样式。该样式设置了蓝色背景、较小的内边距、白色文本及圆角效果等。这些样式设置使文件夹名称看起来与真实的 Finder 程序更为相似。

```
span.finderDirectoryNameSelected {
    background: rgb(56, 117, 215);
    border-radius: 8px;
    color: white;
    padding: 1px 7px;
}
```

本例中的 JavaScript 部分非常简单。脚本首先将文件夹设置为可拖动元素，这是通过添加 mousedown 事件来完成的。这里之所以使用 mousedown 事件而不是 click 事件，是因为我们希望当鼠标被按下时，即使用户将鼠标指针移出了文件夹的边界，也能选中文件夹。当用户按下并移动鼠标指针时，该元素将会被拖动。因此，我们希望在拖动过程中保持文件夹的选中状态，以便向用户显示正在拖动的是被选中的文件夹。

```
$('div.finderDirectory')
    .mousedown(
```

在 mousedown 事件中，编写一些选择文件夹的逻辑。首先从 div.finderIconSelect 元素删除类名 finderIconSelected。

重复这一过程，从 span.finderDirectoryNameSelected 元素删除类名 finderDirectoryName-Selected。

这一系列操作在选择新元素时，将清除以前的选择。

现在将删除的类名添加到所选的 div.finderIcon 和 span 元素中。

```
function()
  {
      $('div.finderIconSelected')
          .removeClass('finderIconSelected');

      $('span.finderDirectoryNameSelected')
          .removeClass('finderDirectoryNameSelected');

      $(this).find('div.finderIcon')
          .addClass('finderIconSelected');

      $(this).find('div.finderDirectoryName span')
          .addClass('finderDirectoryNameSelected');
  }
```

最后，在 mousedown()调用之后链接 draggable()方法，使每个文件夹变得可以拖动。

```
.draggable();
```

jQuery UI 的 draggable()方法允许根据自己的想法，将文件夹移到文档中的任何位置，并以自己喜欢的方式排列文件夹，以实现默认情况下与 Mac OS X 的 Finder 应用程序类似的功能。jQuery UI 的 draggable()方法不但可以实现拖动，而且还能实现其他很多功能。在下一节，将学习如何实现幻像(ghosting)效果，以及如何结合使用 Droppable API。

12.2　为可拖动元素指定投放区域

典型情况下，当在文档中拖动元素时，我们希望为可拖动元素指定投放区域。jQuery UI 库提供了另一个插件来专门处理投放操作，该插件称为 Droppable 插件。jQuery UI Droppable 插件支持将一个元素投放到另一个元素之上，并允许开发者控制与投放操作相关的各种参数和事件，如设置当拖动一个元素越过投放区域时的效果，以及当投放操作发生时的效果等。jQuery 允许精确控制拖放操作，既可以简单地创建基本的拖放功能，也可以创建改良的拖放实现。

与 Draggable API 一样，jQuery UI 提供了一个简洁易用的 API 来处理投放功能。要使一个元素成为可投放的元素，只需首先选中该元素，然后在该选择集上调用 droppable()方法并使用适当的选项即可；与 draggable()方法的做法类似。droppable()方法的选项是通过一个由“键-值”对组成的对象字面量来提供的。下面的示例演示了如何在本章创建的克隆版的 Finder 中实现投放操作：

```
$('div.finderDirectory')
    .draggable({
        helper: 'clone',
        opacity: 0.5
    })
    .droppable({
        accept: 'div.finderDirectory',
        hoverClass: 'finderDirectoryDrop'
    });
```

上面是一个非常简单的实现 Droppable API 的示例。它将每一个具有类名 finderDirectory 的<div>元素设置为可投放区域，这样每一个文件夹都可以被拖放到另一个文件夹中。为使投放功能更完美，需要在调用 droppable()方法时传递一些选项。可将 accept 选项的值设置为一个选择器，该选择器将用于匹配允许投放到该区域的元素，本例仅允许具有类名 finderDirectory 的<div>元素投放到该区域。可将 accept 选项视为筛选器，使用筛选器之后可在同一文档中添加其他拖放功能，而不会在不同的投放实现之间造成冲突。

hoverClass 选项可用于当一个可拖动元素在拖动过程中越过可投放元素的区域时，设置投放区域的样式效果。只需将 hoverClass 选项的值设置为类名，并在样式表中设置适当的规则即可。

下面的示例 Example 12-2 演示了 Droppable API 的基本概念，并将 droppable()方法应用于由前面示例创建的克隆版的 Finder 页面。

```
<!DOCTYPE HTML>
<html xmlns='http://www.w3.org/1999/xhtml'>
   <head>
      <meta http-equiv='content-type'
         content='application/xhtml+xml; charset=utf-8' />
      <meta http-equiv='content-language' content='en-us' />
      <data-path>Finder</data-path>
      <script src='../jQuery.js'></script>
      <script src='../jQueryUI.js'></script>
      <script src='Example 12-2.js'></script>
      <link href='Example 12-2.css' rel='stylesheet' />
   </head>
   <body>
      <div id='finderFiles'>
         <div class='finderDirectory' data-path='/Applications'>
            <div class='finderIcon'></div>
            <div class='finderDirectoryName'>
               <span>Applications</span>
            </div>
         </div>
         <div class='finderDirectory' data-path='/Library'>
            <div class='finderIcon'></div>
            <div class='finderDirectoryName'>
               <span>Library</span>
            </div>
         </div>
         <div class='finderDirectory' data-path='/Network'>
            <div class='finderIcon'></div>
            <div class='finderDirectoryName'>
               <span>Network</span>
            </div>
         </div>
         <div class='finderDirectory' data-path='/Sites'>
            <div class='finderIcon'></div>
            <div class='finderDirectoryName'>
               <span>Sites</span>
            </div>
         </div>
         <div class='finderDirectory' data-path='/System'>
            <div class='finderIcon'></div>
            <div class='finderDirectoryName'>
               <span>System</span>
            </div>
         </div>
         <div class='finderDirectory' data-path='/Users'>
```

```
                <div class='finderIcon'></div>
                <div class='finderDirectoryName'>
                    <span>Users</span>
                </div>
            </div>
        </div>
    </body>
</html>
```

将上面的HTML与下面的CSS结合使用：

```
html,
body {
    width: 100%;
    height: 100%;
}
body {
    font: 12px "Lucida Grande", Arial, sans-serif;
    background: rgb(189, 189, 189) url('images/Bottom.png') repeat-x bottom;
    color: rgb(50, 50, 50);
    margin: 0;
    padding: 0;
}
div#finderFiles {
    border-bottom: 1px solid rgb(64, 64, 64);
    background: #fff;
    position: absolute;
    top: 0;
    right: 0;
    bottom: 23px;
    left: 0;
    overflow: auto;
}
div.finderDirectory {
    float: left;
    width: 150px;
    height: 100px;
    overflow: hidden;
}
div.finderIcon {
    height: 56px;
    width: 54px;
    background: url('images/Folder 48x48.png') no-repeat center;
    background-size: 48px 48px;
    margin: 10px auto 3px auto;
}
div.finderIconSelected,
div.finderDirectoryDrop div.finderIcon {
    background-color: rgb(204, 204, 204);
    border-radius: 5px;
}
```

```
div.finderDirectoryDrop div.finderIcon {
    background-image: url('images/Open Folder 48x48.png');
}
div.finderDirectoryName {
    text-align: center;
}
span.finderDirectoryNameSelected,
div.finderDirectoryDrop span.finderDirectoryNameSelected {
    background: rgb(56, 117, 215);
    border-radius: 8px;
    color: white;
    padding: 1px 7px;
}
```

最后应用下面的 JavaScript 脚本，该脚本添加的新代码启用了 droppable() API，扩展了示例 Example 12-1。

```
$(document).ready(
    function()
    {
        $('div.finderDirectory')
            .mousedown(
                function()
                {
                    $('div.finderIconSelected')
                        .removeClass('finderIconSelected');

                    $('span.finderDirectoryNameSelected')
                        .removeClass('finderDirectoryNameSelected');

                    $(this).find('div.finderIcon')
                        .addClass('finderIconSelected');

                    $(this).find('div.finderDirectoryName span')
                        .addClass('finderDirectoryNameSelected');
                }
            )
            .draggable({
                helper : 'clone',
                opacity : 0.5
            })
            .droppable({
                accept: 'div.finderDirectory',
                hoverClass: 'finderDirectoryDrop',
                drop: function(event, ui)
                {
                    var path = ui.draggable.data('path');
                    // Do something with the path
                    // For example, make an AJAX call to the server
                    // where the logic for actually moving the file or folder
```

```
                    // to the new folder would take place

                    // Remove the element that was dropped.
                    ui.draggable.remove();
                }
            });
        }
);
```

上面的源代码在 Mac OS X 的 Safari 浏览器中的输出如图 12-2 所示。

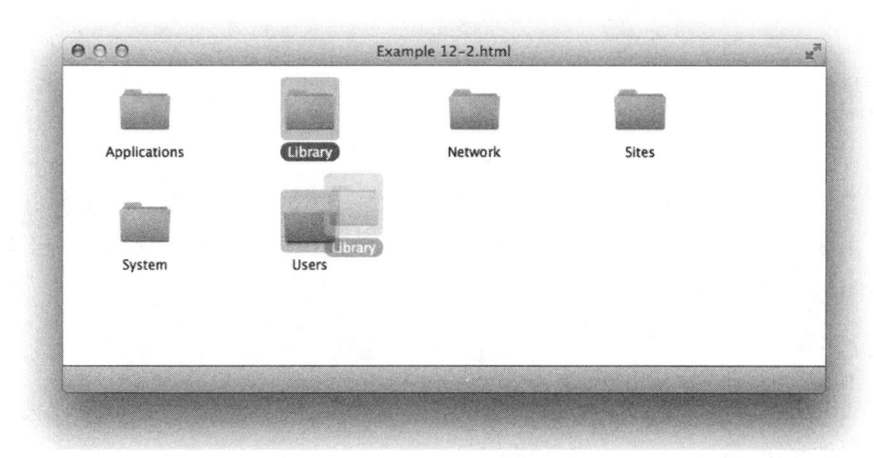

图 12-2

上面的示例为克隆版的 Finder 程序添加了 jQuery UI droppable()方法，该方法用于指定可拖动元素所能投放的区域。在所有新式浏览器中，都可以使用 jQuery UI Draggable 和 Droppable 插件。

为设置 Droppable 库的文档，在样式表中添加了一些样式规则，这些规则定义了当拖动一个元素越过另一个元素时的外观。从现在开始，将把拖动一个元素越过另一个元素的行为称为 dragover 事件。在 jQuery UI 库中，只是简单地将该事件称为 over，但第 11 章中的内置拖放 API 将该事件称为 dragover。

除将默认的文件夹图标换成打开的文件夹图标这一差别外，在 dragover 事件发生时所应用的样式与突出显示文件夹的样式在本质上是相同的。在 JavaScript 代码中，通过添加类名 finderDirectoryDrop，使在样式表中修改 dragover 样式成为可能。该类名被添加到类名为 finderDirectory 的<div>元素中。jQuery 为这个<div>元素添加了 finderDirectoryDrop 类名，或从该元素删除 finderDirectoryDrop 类名，从而为 dragover 定义不同样式。

因此，对于发生 dragover 事件的文件夹，可重用“选中的文件夹样式”，唯一的区别在于“打开文件夹”图标。要重用该样式，只需在样式表中再添加一个选择器，以引用具有 dragover 类名 finderDirectoryDrop 的<div>元素。

```
div.finderIconSelected,
div.finderDirectoryDrop div.finderIcon {
    background-color: rgb(204, 204, 204);
```

```
    border-radius: 5px;
}
div.finderDirectoryDrop div.finderIcon {
    background-image: url('images/Open Folder 48x48.png');
}
div.finderDirectoryName {
    text-align: center;
}
span.finderDirectoryNameSelected,
div.finderDirectoryDrop span.finderDirectoryNameSelected {
    background: rgb(56, 117, 215);
    border-radius: 8px;
    color: white;
    padding: 1px 7px;
}
```

上面的代码为 dragover 元素重用“选中的文件夹样式”。要将默认的文件夹图标替换为“打开文件夹”图标，样式中使用了一个更具体的选择器。下面的选择器用于添加默认的文件夹图标：

```
div.finderIcon
```

发生 dragover 事件时，下面的选择器重写前面的选择器，提供“打开文件夹”图标以替代默认文件夹图标：

```
div.finderDirectoryDrop c.finderIcon
```

接下来给 draggable()方法传递一些自定义选项，以完成两件事。第一件是用户开始拖动文件夹图标时，你希望看到一个图标副本，指代正在拖动的元素。第二件是制作半透明副本，这是一种称为幻像(ghosting)的效果，创建了一个 UI，当在屏幕上拖动元素时，元素的半透明副本代表所拖动的元素，肉眼看去，活像“幽灵”。

```
.draggable({
    helper : 'clone',
    opacity : 0.5
})
```

传递包含键-值对的 JavaScript 对象字面量是 jQuery 插件常用的提供自定义选项的方式。这样可以精细地控制插件的工作方式。在调用 droppable()的 JavaScript 部分，传递诸如 accept 的选项，该选项允许根据选择器，筛选可将哪些元素投放到可投放元素之上。

```
.droppable({
  accept: 'div.finderDirectory',
```

当 dragover 事件发生时，下面的选项指定将哪个类名添加到投放元素中。该选项导致当 dragover 事件发生时，类名 finderDirectoryDrop 被添加到类名为 finderDirectory 的<div>元素中。

```
hoverClass: 'finderDirectoryDrop',
```

在传递给 droppable()方法的最后一个选项中，指定当 dragover 事件发生时将执行的函数；当一个元素越过投放区并释放鼠标按钮时，将发生 dragover 事件。在该函数中，指定拖放操作的预期行为。在本例中，我们希望移除页面中已经被投放过的文件夹图标，然后向服务器发起 AJAX 请求，在服务器端将使用相应的代码将文件夹移到一个新目录中。

```
        drop: function(event, ui)
        {
            var path = ui.draggable.data('path');
            // Do something with the path
            // For example, make an AJAX call to the server
            // where the logic for actually moving the file or folder
            // to the new folder would take place

            // Remove the element that was dropped.
            ui.draggable.remove();
        }
    });
```

在前面的 drop 事件中，可通过在回调函数中指定第 2 个参数来访问与拖放操作相关的属性。在上面的示例中，回调函数的第 2 个参数名为 ui，通过 ui.draggable 对象就可以访问已经被拖放到当前可投放区域的元素。要全面分析 ui 对象，可添加 console.log(ui);代码，这样 ui 对象将输出到浏览器的调试控制台，可在控制台分析其中包含的所有内容。

在指定给 drop 选项的回调函数中，访问正在拖放的元素的 data-path 特性，该特性包含文件夹的绝对路径。此后，可将该路径连同拖放的文件夹投放到的文件夹的路径发送给服务器，并以编程方式将那个文件夹移到新位置。该函数最终调用 remove()来删除拖动的元素，这是实现拖放文件夹 UI 的最后一个操作。

在上面的示例中，你学习了在紧贴实用的拖放实现中，jQuery UI draggable()和 droppable()方法的工作方式。将这些方法以及第 11 章介绍的本地拖放 API 结合起来，可提供在浏览器或使用浏览器组件的应用程序中实现拖放操作的功能强大的、灵活的方法。

提示： 本书附录 J 列出了关于 jQuery UI 库的 Draggable 和 Droppable 插件的完整参考，其中包含可传递给 draggable()和 droppable()方法的所有选项，以及在拖放的事件处理器中可作为第 2 个参数使用的可选 ui 对象。

12.3　小结

本章介绍了 jQuery UI 库的 Draggable 和 Droppable 插件的使用，读者可从 www.jquery.com 网站下载这两个插件，该 jQuery 网站提供了对 jQuery UI 组件的定制下载功能，以便在下载的插件包中仅包含所需的插件，从而保证应用程序包含的插件既简洁又高效。

本章创建了一个 Mac OS X 系统中 Finder 应用程序的克隆版文件组件，并介绍了如何使文件夹成为可拖动元素以及可拖动元素的投放区域。另外，jQuery UI 还允许向 draggable()和 droppable()方法传递一些选项，这些选项可以控制拖放实现中的一些细节问题，如控制产生哪种拖动效果，设置拖动元素的外观样式和可投放元素的外观样式，以及为拖放操作期间的特定事件定义事件处理程序，以便在特定的事件发生时执行相应的代码。

下一章将介绍 jQuery UI 库提供的另一个具有拖放功能的 UI 插件——Sortable 插件。

12.4　练习

1. 在用户界面中，如果想允许用户在文档中随意拖动元素，并将元素投放到其他任意位置，应该如何实现这一功能？(提示：应该调用什么函数？)

2. 如果想创建可拖动的元素，并实现类似于在操作系统的文件管理器中的拖动功能，即当拖动操作开始时，拖动的源元素依然保留在原位置，所拖动的是当前元素的克隆元素，应该如何使用 jQuery UI 来实现？编写一个示例程序来实现这一任务。

3. 如果想使一个元素成为一个可投放区域，以便将拖动的元素投放到其中，应该使用什么函数调用？

4. 请编写一个函数调用，当一个元素被拖动并越过可投放区域时，将一个类名添加到可投放元素中。

5. 如果想限制在可投放区域中所投放元素的类型，应该在调用 droppable()方法时设置哪个选项？另外，应该为该选项提供什么类型的值？

第13章 Sortable 插件

第 12 章介绍了如何使用 jQuery UI 提供的插件来实现拖放功能，使用 jQuery UI 库来实现拖放功能非常简单。本章将介绍另一个名为 Sortable 的插件，Sortable 插件可用于对列表中的项进行排序，或者使列表“可重新排列”(rearrangable)。

在网站开发中，经常需要对列表中的项进行排序，又或许要更改项的顺序，比如在产品导航列表或副菜单栏中更改产品的排列顺序。

在不使用拖放操作的情况下，也可以为用户提供调整列表中列表项顺序的功能。例如，可在页面中提供“上移”(up)和“下移”(down)按钮，用户通过单击这两个按钮来调整列表项的顺序。但使用拖放排序来实现这种类型的用户界面是最快捷也是最直观的办法。

13.1 使列表成为可排序列表

通过学习前面的章节可以看到，jQuery 能承担较复杂的编程任务，并使这些任务的实现变得更加简单。有时，只需添加一行代码甚至在选择集上链接一个函数调用就可以实现很多功能。一旦开发者具有使用 jQuery 方便地完成常见任务的经验，就几乎不太可能再退回到使用枯燥、烦琐和冗长的纯 JavaScript 编程方式了。第 12 章介绍了如何使元素成为可拖动元素，只需使用选择器选中相应的元素，然后在选择集上调用 draggable()方法即可。要使列表成为可以通过拖放进行排序的“可排序”列表也非常简单——只需首先选中相应的元素，然后在选择集上调用 sortable()方法即可。与第 12 章介绍的拖放示例相同，可将一些选项以 JavaScript 对象字面量的形式传递给 sortable()方法，通过这些选项可以精确地控制列表元素的排序方式。附录 K 详细列出了 jQuery UI 为 Sortable 插件提供的所有可用选项。

为达到排序目的，只需添加相关的 jQuery UI 插件 Sortable，使用 jQuery 进行选择，然后在选择集之后链接 sortable()函数调用即可。Sortable 插件要求选择一个容器元素，然后使其直接子元素变得可以通过拖放方式进行排序。一个容器示例是<ul>元素，而该元素中包含的<li>元素将是可排序的子元素。Sortable 插件提供的可排序功能适用于所有现代浏览器：IE、Firefox、Safari 和 Opera。

下面的示例将可排序概念应用于实际应用程序，即在 GUI 界面上排序文件；这可能用于 CMS(Content Management System，内容管理系统)来控制多个事项，如在边栏或下拉菜单中排序链接，或在产品目录中更改产品的显示顺序。本章将反复用到这个示例，查看 jQuery UI 通过 Sortable 插件提供的其他方面的文件排序功能。首先来看下面的 HTML，位于可从 www.wrox.com/go/webdevwithjquery 下载的源代码资料中。

```
<!DOCTYPE HTML>
<html xmlns='http://www.w3.org/1999/xhtml'>
   <head>
      <meta http-equiv='content-type'
         content='application/xhtml+xml; charset=utf-8' />
      <meta http-equiv='content-language' content='en-us' />
      <title>Sortable</title>
      <script src='../jQuery.js'></script>
      <script src='../jQueryUI.js'></script>
      <script src='Example 13-1.js'></script>
      <link href='Example 13-1.css' rel='stylesheet' />
   </head>
   <body>
      <ul id='finderCategoryFiles'>
         <li class='finderCategoryFile'>
            <div class='finderCategoryFileIcon'></div>
            <h5 class='finderCategoryFileTitle'>
               Using CoreImage to Resize and Change Formats on the Fly
            </h5>
            <div class='finderCategoryFilePath'>
               <a href='/Blog/apple/CoreImage.html'>
                  /Blog/apple/CoreImage.html
               </a>
            </div>
         </li>
         <li class='finderCategoryFile'>
            <div class='finderCategoryFileIcon'></div>
            <h5 class='finderCategoryFileTitle'>
               Exploring Polymorphism in PHP
            </h5>
            <div class='finderCategoryFilePath'>
               <a href='/Blog/php/Polymorphism.html'>
                  /Blog/php/Polymorphism.html
               </a>
            </div>
         </li>
         <li class='finderCategoryFile'>
            <div class='finderCategoryFileIcon'></div>
            <h5 class='finderCategoryFileTitle'>
```

```
                A PHP Shell Script for Backups
            </h5>
            <div class='finderCategoryFilePath'>
                <a href='/Blog/php/Backup%20Script.html'>
                    /Blog/php/Backup Script.html
                </a>
            </div>
        </li>
        <li class='finderCategoryFile'>
            <div class='finderCategoryFileIcon'></div>
            <h5 class='finderCategoryFileTitle'>
                HTML 5 DOCTYPE
            </h5>
            <div class='finderCategoryFilePath'>
                <a href='/Blog/web/html5_doctype.html'>
                    /Blog/web/html5_doctype.html
                </a>
            </div>
        </li>
        <li class='finderCategoryFile'>
            <div class='finderCategoryFileIcon'></div>
            <h5 class='finderCategoryFileTitle'>
                First Impressions of IE 8 Beta 2
            </h5>
            <div class='finderCategoryFilePath'>
                <a href='/Blog/web/ie8_beta2.html'>
                    /Blog/web/ie8_beta2.html
                </a>
            </div>
        </li>
    </ul>
  </body>
</html>
```

将上面的 HTML 标记与下面的 CSS 样式表结合使用：

```
html,
body {
    width: 100%;
    height: 100%;
}
body {
    font: 12px 'Lucida Grande', Arial, sans-serif;
    background: rgb(189, 189, 189)
                url('images/Bottom.png')
                repeat-x
                bottom;
    color: rgb(50, 50, 50);
    margin: 0;
    padding: 0;
}
```

```
ul#finderCategoryFiles {
    position: absolute;
    top: 0;
    bottom: 22px;
    left: 0;
    width: 300px;
    border-bottom: 1px solid rgb(64, 64, 64);
    border-right: 1px solid rgb(64, 64, 64);
    background: #fff;
    list-style: none;
    margin: 0;
    padding: 0;
}
li.finderCategoryFile {
    clear: both;
    padding: 5px 5px 10px 5px;
    min-height: 48px;
    width: 290px;
}
li.finderCategoryFile h5 {
    font: normal 12px 'Lucida Grande', Arial, sans-serif;
    margin: 0;
}
div.finderCategoryFileIcon {
    float: left;
    width: 48px;
    height: 48px;
    background: url('images/Safari Document.png')
                no-repeat;
}
h5.finderCategoryFileTitle,
div.finderCategoryFilePath {
    padding-left: 55px;
}
li.finderCategoryFileSelected {
    background: rgb(24, 67, 243)
                url('images/Selected Item.png')
                repeat-x
                bottom;
    color: white;
}
li.finderCategoryFileSelected a {
    color: lightblue;
}
```

本例使用下面的 JavaScript 代码来实现拖放功能：

```
$(document).ready(
    function()
    {
        $('li.finderCategoryFile').mousedown(
```

```
                function()
                {
                    $('li.finderCategoryFile')
                        .not(this)
                        .removeClass('finderCategoryFileSelected');

                    $(this).addClass('finderCategoryFileSelected');
                }
            );

            $('ul#finderCategoryFiles').sortable();
        }
    );
```

上面的示例将得到如图 13-1 所示的应用程序。

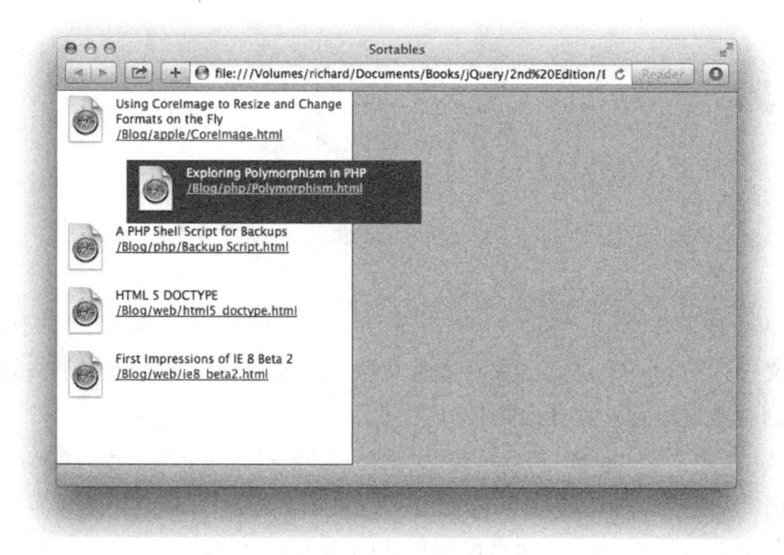

图　13-1

上面的示例使用 jQuery UI 的 Sortable 插件创建了一个简单的文件排序应用程序。还可以使用 Sortable 插件来编写多种应用程序，如本例之前介绍的内容所述。

本例包含 5 个文件，每个文件都有一个文件图标和一个可单击的、指向该文件的超链接。本例再次借用了 Mac OS X 系统的外观和效果，使应用程序看起来更像本地的桌面应用程序。如果想扩展这一概念，也可通过使用一些可替换的模板来模仿其他操作系统的外观和效果。在服务器端，可使用服务器端程序设计语言来检测用户的操作系统，并根据不同的操作系统附加不同的样式表文件，使其成为可行的办法。这样一来，当用户使用 Web 应用程序时，觉得更像是熟悉的桌面应用程序。

本例的标记文档建立了相应的标记结构，以便使用 CSS 来定义内容的样式。每个文件列表项将分别使用一个<li>元素来表示。因为本例所操作的是一个文件列表，所以从语义角度看，使用<ul>元素来建立一个可排序的列表是最合适的，该<ul>列表中的每一个列表项都是一个<li>元素，每个<li>元素代表一个文件。

文件的图标放在一个<div>元素中。之所以使用<div>元素，是为了便于使用 CSS 的 background 属性来设置文件图标。

列表项中的文本内容则被包装在一个<h5>元素和一个<div>元素中，这里没有使用诸如<span>之类的内联元素，而是使用了块级元素，以便控制元素的 margin 值和 padding 值。随着对本例中所用的样式表的分析和解释，你将看到这些块级元素的作用。另外还在标记代码中为每个元素分别设置了类名，这样更便于将样式和行为应用于这些特定的元素，从语义角度看，这样也更便于区分这些元素的作用。每个类名都被选中以准确地传达元素的功能。

```
<li class='finderCategoryFile'>
    <div class='finderCategoryFileIcon'></div>
    <h5 class='finderCategoryFileTitle'>
        Using CoreImage to Resize and Change Formats on the Fly
    </h5>
    <div class='finderCategoryFilePath'>
        <a href='/Blog/apple/CoreImage.html'>
            /Blog/apple/CoreImage.html
        </a>
    </div>
</li>
```

设计该 Web 应用程序时，将可排序的元素放在一个单独的列中，该列位于页面的左侧。通过同时定义该列的 top 和 bottom 偏移属性来隐式地定义该列的高度，通过这样的设置，可创建可随浏览器视口尺寸灵活改变尺寸的列。

在样式表中，首先将<html>和<body>元素的 width 和 height 设置为 100%，并从<body>元素移除任何默认的 margin 值和 padding 值(某些浏览器将对<body>元素设置默认的 margin 值，而另一些浏览器则对<body>元素设置默认的 padding 值)。

```
html,
body {
    width: 100%;
    height: 100%;
}
body {
    font: 12px 'Lucida Grande', Arial, sans-serif;
    background: rgb(189, 189, 189)
                url('images/Bottom.png')
                repeat-x
                bottom;
    color: rgb(50, 50, 50);
    margin: 0;
    padding: 0;
}
```

在下面的样式表规则中，通过为 id 名为 finderCategoryFiles 的<ul>元素定义样式规则，将该<ul>元素创建为一个占据页面左侧的列，它将占据文档的左侧文档高度。在该样式规则中，top:0;和 bottom:22px;这两条声明语句使该<ul>元素扩展到除了底部 22 像素高度之外的视口的整个高度。底部 22 像素高度的背景将应用灰色渐变的效果。另外，该样式规则还将该<ul>元素的宽度设置为固定的 300 像素，该<ul>元素采用的是绝对定位，因此该<ul>元素将缩小到合适宽度。

```
ul#finderCategoryFiles {
    position: absolute;
    top: 0;
    bottom: 22px;
    left: 0;
    width: 300px;
    border-bottom: 1px solid rgb(64, 64, 64);
    border-right: 1px solid rgb(64, 64, 64);
    background: #fff;
    list-style: none;
    margin: 0;
    padding: 0;
}
```

对于每个<li>元素，都首先声明了一条 clear:both 规则，用于清除每个文件图标(即类名为 finderCategoryFileIcon 的<div>元素)在左侧浮动显示。如果不使用这个声明，页面的布局将变得混乱，每个<li>元素都将浮动到前一个<li>元素图标的右边，而前一个<li>元素也将浮动到它之前<li>元素图标的右边，依此类推。clear:both 声明取消了浮动显示，因此文件图标将浮动到左边，而仅包含在<li>元素内的文本内容才会浮动到文件图标的右边。

每个<li>元素的宽度被设置为固定的 290 像素。之所以将<li>元素的宽度设置为这一固定值，是因为当拖动一个<li>元素时，该<li>元素将失去它的宽度和比例。如果没有明确设置<li>元素的宽度，每个<li>元素的宽度将取决于其父元素——<ul>元素的宽度。当拖动一个<li>元素时，它的父元素将不再是<ul>元素，而是<body>元素。通过 CSS 中的设置，该<li>元素是根据浏览器的视口进行绝对定位的，并且通过 jQuery UI 库的 Sortable 插件，它的位置将随着鼠标指针的移动而不断更新。另外，作为一个绝对定位的元素，<li>元素将根据父元素的尺寸来收缩到合适尺寸，因此通过将<li>元素设置为固定宽度，就可在拖动<li>元素时使<li>元素保持自身的尺寸。min-height 属性使<li>元素的间距一致，还允许每个<li>元素在垂直方向上拉伸以便适应额外的文本内容。

```
li.finderCategoryFile {
    clear: both;
    padding: 5px 5px 10px 5px;
    min-height: 48px;
    width: 290px;
}
```

下面的样式规则用于设置文件图标：

```
div.finderCategoryFileIcon {
    float: left;
    width: 48px;
    height: 48px;
    background: url('images/Safari Document.png')
                no-repeat;
}
```

前面的样式规则通过声明 float:left;来将文件图标的<div>元素浮动到左侧。根据前面的分析，该声明还将使文本内容浮动到文件图标的右侧。前一样式规则中的 clear:both;声明将取消每个<li>元素上的 float:left;声明，这样仅文本内容才受影响。文件图标是通过 background 属性设置的，该<div>元素的宽度和高度都被设置为 48 像素，与背景图像的尺寸匹配。

样式表的最后部分定义了被选中文件的外观样式。为此使用以下两条规则：

```
li.finderCategoryFileSelected {
    background: rgb(24, 67, 243)
                url('images/Selected Item.png')
                repeat-x
                bottom;
    color: white;
}
li.finderCategoryFileSelected a {
    color: lightblue;
}
```

前面的两条样式规则为类名为 finderCategoryFileSelected 的<li>元素定义了相应的样式设置。通过 jQuery 从<li>元素中动态添加或移除该类名。添加该类名便于用户看到哪个文件已被选中。除了为选中文件提供可视化的提示外，还可实现其他功能，如添加 Delete 按钮。当单击该按钮时，将移除所选中的文件项，或者根据选中的元素实现其他一些功能。

本例所使用的 JavaScript 简明扼要，它实现了两个基本功能。它首先选中了<li>元素，并通过对相应的<li>元素添加或移除 finderCategoryFileSelected 类名来指示选中的文件；然后使用 jQuery UI 库的 Sortable 插件将这些<li>元素转换为可排序的列表。

当文档的 DOM 就绪后，首先为每个<li>元素挂钩 mousedown 事件。可使用该事件来指示选中了哪个元素。

```
$('li.finderCategoryFile').mousedown(
    function()
    {
        $('li.finderCategoryFile')
            .not(this)
            .removeClass('finderCategoryFileSelected');

        $(this).addClass('finderCategoryFileSelected');
    }
);
```

上面的脚本选中类名为 finderCategoryFile 的所有<li>元素，然后将类名 finderCategoryFile 添加到选择集中。即使在选择器中不加上该类名，仅选中每个<li>元素，也可以获得相同的结果。但在选择器中加上该类名，将使应用程序更容易扩展。因为在示例中可能会引入更多功能，如添加新的<li>元素，这些<li>元素可能完全与当前选择集无关。在选择器中加上类名，可使选择器选中的选择集更具体，而且可以使你更加轻松地扩展应用程序的功能。因此在本例中，首先选中每个具有类名 finderCategoryFile 的<li>元素，并使用.not(this)从选择集中筛选掉触发 mousedown 事件的那些<li>元素，然后移除触发 mousedown 事件的<li>元素之外的其他所有<li>元素的类名 finderCategoryFileSelected。

实际上，如果列表项非常多的话，对于选择集来说这并不是最有效的方法。因为如果列表中包含很多列表项，那么每次操作都选取所有<li>元素将是非常低效的，会使脚本的执行变慢。因此，更好的方式是创建一个变量，每当创建一个选择集时，就将当前选中的元素保存在该变量中。采用这一办法后，Example 13-1 中的代码将如下所示：

```
$(document).ready(
    function()
    {
        var selectedFile;

        $('li.finderCategoryFile').mousedown(
            function()
            {
                if (selectedFile && selectedFile.length)
                {
                    selectedFile.removeClass('finderCategoryFileSelected');
                }

                selectedFile = $(this);
                selectedFile.addClass('finderCategoryFileSelected');
            }
        );

        $('ul#finderCategoryFiles').sortable();
    }
);
```

在上面的代码中，所选中的列表项被保存在变量 selectedFile 中。触发 mousedown 事件时，脚本代码首先检查变量 selectedFile 中是否保存有被选中的元素；如果有，将类名 finderCategoryFileSelected 从相应元素中移除，因为该元素是之前已选中的元素。

在上面的代码中，this 关键字引用了触发了 mousedown 事件的<li>元素，然后使用$()方法将该元素封装为一个 jQuery 对象。触发 mousedown 事件后，类名 finderCategoryFileSelected 将被添加到该元素中。这样就提供了一个更加简洁高效的选择集 API。

脚本的最后一项是本例的关键代码，即调用 sortable()方法，使每个<li>元素成为可排序的元素。

```
$('ul#finderCategoryFiles').sortable();
```

下一节简要介绍对 Sortable 插件进行自定义的一些方法。

13.2 自定义可排序列表

本节将介绍一些用于调整可排序列表的外观的方式，并介绍如何将一个可排序列表链接到另一个可排序列表之上，以便在多个列表之间进行排序操作。与 draggable()和 droppable()方法一样，也可指定一个对象字面量作为 jQuery UI 库的 sortable()方法的第一个参数，用于调整 Sortable 插件的工作方式，还可定义相应的回调函数，在排序操作过程中，当特定的事件发生时将执行指定的回调函数。

注意：本节仅介绍 jQuery UI 为 Sortable 插件提供的几个选项，可以阅读附录 K 来查看完整选项的列表。

要介绍的第 1 个选项名为 placeholder。在可排序列表中，当拖动操作发生时，placeholder 选项可用于定义占位符的外观样式，该占位符用于指示释放鼠标时所拖动的列表项将会被投放到何处。默认情况下，占位符只是一块简单的空的白色区域，该区域的大小与被拖动元素的大小有关(如图 13-1 所示)。placeholder 选项可接收一个类名作为它的值，该类会应用于 placeholder 元素。

第 2 个选项用于描述如何自定义被拖动的元素。该选项也可应用于 jQuery UI 库的 draggable()方法。默认情况下，jQuery UI 将把选中用于排序的元素显示为拖动元素，这适用于绝大多数情况。但是，也可根据需要使用一个完全不同的元素作为拖动时显示的元素。通过使用 helper 选项，就可以自定义在拖动元素期间显示的拖动元素。在 jQuery UI 库中，helper 选项就像应用于拖放操作那样，无论是在 Sortable 插件、Draggable 插件还是在其他插件中，它都是一个专用术语，表示拖动操作发生时显示的拖动元素。可为 helper 选项使用两个参数：第 1 个参数是一个事件对象，第 2 个参数是对用户所选中的排序元素的引用。除了可在触发 drag 期间完全替换所显示的拖动元素之外，也可使用 helper 选项来方便地调整所选中元素在拖动期间的显示样式。

下面的示例扩展了 Example 13-1 中创建的文件排序应用程序，用到了本节介绍的 placeholder 和 helper 等选项。还添加了另一个选项，从而在多个列表之间排序元素。

以 Example 13-1.html 为基础，创建下面的标记文档 Example 13-2.html：

```
<!DOCTYPE HTML>
<html xmlns='http://www.w3.org/1999/xhtml'>
    <head>
        <meta http-equiv='content-type'
            content='application/xhtml+xml; charset=utf-8' />
        <meta http-equiv='content-language' content='en-us' />
```

```
    <title>Sortable</title>
    <script src='../jQuery.js'></script>
    <script src='../jQueryUI.js'></script>
    <script src='Example 13-2.js'></script>
    <link href='Example 13-2.css' rel='stylesheet' />
</head>
<body>
    <div id='finderCategoryFileWrapper'>
        <ul id='finderCategoryFiles'>
            <li class='finderCategoryFile'>
                <div class='finderCategoryFileIcon'></div>
                <h5 class='finderCategoryFileTitle'>
                    Using CoreImage to Resize and Change Formats on the Fly
                </h5>
                <div class='finderCategoryFilePath'>
                    <a href='/Blog/apple/CoreImage.html'>
                        /Blog/apple/CoreImage.html
                    </a>
                </div>
            </li>
            <li class='finderCategoryFile'>
                <div class='finderCategoryFileIcon'></div>
                <h5 class='finderCategoryFileTitle'>
                    Exploring Polymorphism in PHP
                </h5>
                <div class='finderCategoryFilePath'>
                    <a href='/Blog/php/Polymorphism.html'>
                        /Blog/php/Polymorphism.html
                    </a>
                </div>
            </li>
            <li class='finderCategoryFile'>
                <div class='finderCategoryFileIcon'></div>
                <h5 class='finderCategoryFileTitle'>
                    A PHP Shell Script for Backups
                </h5>
                <div class='finderCategoryFilePath'>
                    <a href='/Blog/php/Backup%20Script.html'>
                        /Blog/php/Backup Script.html
                    </a>
                </div>
            </li>
            <li class='finderCategoryFile'>
                <div class='finderCategoryFileIcon'></div>
                <h5 class='finderCategoryFileTitle'>
                    HTML 5 DOCTYPE
                </h5>
                <div class='finderCategoryFilePath'>
                    <a href='/Blog/web/html5_doctype.html'>
                        /Blog/web/html5_doctype.html
```

```
                    </a>
                </div>
            </li>
            <li class='finderCategoryFile'>
                <div class='finderCategoryFileIcon'></div>
                <h5 class='finderCategoryFileTitle'>
                    First Impressions of IE 8 Beta 2
                </h5>
                <div class='finderCategoryFilePath'>
                    <a href='/Blog/web/ie8_beta2.html'>
                        /Blog/web/ie8_beta2.html
                    </a>
                </div>
            </li>
        </ul>
        <ul id='finderOtherCategoryFiles'>
        </ul>
    </div>
  </body>
</html>
```

根据 Example 13-1.css 文件完成以下修改，并将修改后的新文件保存为 Example 13-2.css：

```
html,
body {
    width: 100%;
    height: 100%;
}
body {
    font: normal 12px 'Lucida Grande', Arial, sans-serif;
    background: rgb(189, 189, 189)
                url('images/Bottom.png')
                repeat-x
                bottom;
    color: rgb(50, 50, 50);
    margin: 0;
    padding: 0;
}
div#finderCategoryFileWrapper {
    position: absolute;
    top: 0;
    right: 0;
    bottom: 23px;
    left: 0;
}
ul#finderCategoryFiles,
ul#finderOtherCategoryFiles {
    float: left;
    height: 100%;
```

```
    width: 300px;
    border-bottom: 1px solid rgb(64, 64, 64);
    border-right: 1px solid rgb(64, 64, 64);
    background: #fff;
    list-style: none;
    margin: 0;
    padding: 0;
}
li.finderCategoryFile {
    clear: both;
    padding: 5px 5px 10px 5px;
    min-height: 48px;
    width: 290px;
}
li.finderCategoryFile h5 {
    font: normal 12px 'Lucida Grande', Arial, sans-serif;
    margin: 0;
}
div.finderCategoryFileIcon {
    float: left;
    width: 48px;
    height: 48px;
    background: url('images/Safari Document.png')
                no-repeat;
}
h5.finderCategoryFileTitle,
div.finderCategoryFilePath {
    padding-left: 55px;
}
li.finderCategoryFileSelected {
    background: rgb(24, 67, 243)
                url('images/Selected Item.png')
                repeat-x
                bottom;
    color: white;
}
li.finderCategoryFileSelected a {
    color: lightblue;
}
.finderCategoryFilePlaceholder {
    background: rgb(230, 230, 230);
    height: 58px;
}
```

根据 Example 13-1.js 中创建的 JavaScript 文件完成以下修改，并将修改后的新 JavaScript 文件保存为 Example 13-2.js：

```
$(document).ready(
    function()
    {
```

```
        var selectedFile;

        $('li.finderCategoryFile').mousedown(
            function()
            {
                if (selectedFile && selectedFile.length)
                {
                    selectedFile.removeClass('finderCategoryFileSelected');
                }

                selectedFile = $(this);
                selectedFile.addClass('finderCategoryFileSelected');
            }
        );

        $('ul#finderCategoryFiles').sortable({
            connectWith : 'ul#finderOtherCategoryFiles',
            placeholder : 'finderCategoryFilePlaceholder',
            opacity : 0.8,
            cursor : 'move'
        });

        $('ul#finderOtherCategoryFiles').sortable({
            connectWith : 'ul#finderCategoryFiles',
            placeholder : 'finderCategoryFilePlaceholder',
            opacity : 0.8,
            cursor : 'move'
        });
    }
);
```

当在浏览器中加载上述示例时，将获得如图 13-2 所示的页面。

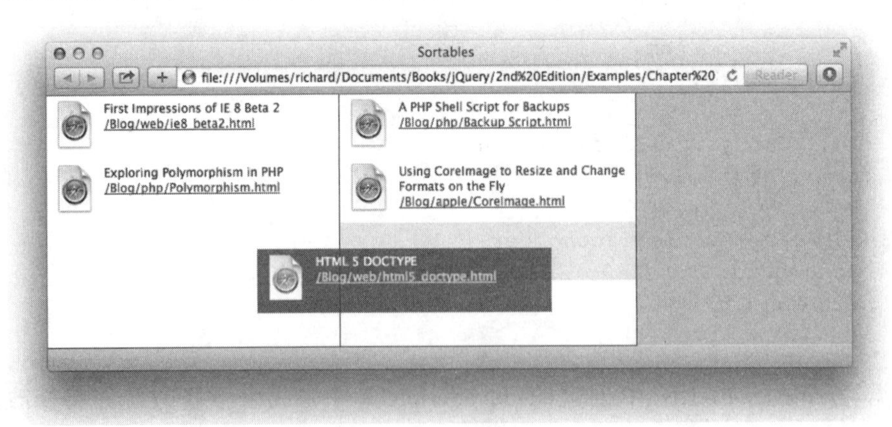

图　13-2

Example 13-2 在调用 sortable()方法时添加了一些选项，并调整了文档的样式以适应多个可排序列表。

```
        <div id='finderCategoryFileWrapper'>
            <ul id='finderCategoryFiles'>
```

<div>元素中包含两个<ul>元素，每个<ul>元素中又包含一个可排序列表。每个<ul>元素被设置为一个占据<div>元素全部高度的列。下面的 CSS 用于预先设置该<div>元素的样式，以便将其中包含的<ul>元素定义为两个不同的列。

```
div#finderCategoryFileWrapper {
    position: absolute;
    top: 0;
    right: 0;
    bottom: 23px;
    left: 0;
}
```

该<div>元素被设置为绝对定位，且为该<div>元素设置了 4 个偏移属性，用于隐式地定义该<div>元素的宽度和高度，除浏览器视口底部的 23 像素之外，该<div>元素将占据整个浏览器视口的其余部分。接下来对每个<ul>元素应用相应样式，把每个<ul>元素设置为固定宽度，并浮动到窗口的左侧。此样式规则把两个<ul>元素格式化为两列，这两列具有与 Example 13-1 类似的外观和感觉，但修正了令人烦恼的旧 IE 版本中的 z-index 缺陷。

```
ul#finderCategoryFiles,
ul#finderOtherCategoryFiles {
    float: left;
    height: 100%;
    width: 300px;
    border-bottom: 1px solid rgb(64, 64, 64);
    border-right: 1px solid rgb(64, 64, 64);
    background: #fff;
    list-style: none;
    margin: 0;
    padding: 0;
}
```

下面回到对 JavaScript 代码部分的讨论，本例的脚本代码非常简单。文件第一部分执行选择操作。如 Example 13-1 后面所述，使用 selectedFile 变量来跟踪选中了哪个文件。脚本其余部分设置两个可排序列表，这两个列表各占一列。

```
$('ul#finderCategoryFiles').sortable({
    connectWith : 'ul#finderOtherCategoryFiles',
    placeholder : 'finderCategoryFilePlaceholder',
    opacity : 0.8,
    cursor : 'move'
});

$('ul#finderOtherCategoryFiles').sortable({
    connectWith : 'ul#finderCategoryFiles',
    placeholder : 'finderCategoryFilePlaceholder',
```

```
        opacity : 0.8,
        cursor : 'move'
    });
```

connectWith 选项接收一个选择器作为值，该选项支持将一个可排序列表连接到另一个可排序列表之上，以便在多个可排序列表之间排序元素。

sortable()方法还使用了其他几个选项——placeholder、opacity 和 cursor——来调整每一个可排序列表的外观。如前所述，placeholder 选项用于在排序期间为显示为可投放区域占位符的元素添加自定义的类名。opacity 选项则用于控制 helper 元素的不透明度，该选项可以接收一个 CSS 3 标准的 opacity 属性值(在 IE 浏览器中也有效)。cursor 选项可用于设置当拖动 helper 元素时用户鼠标指针的图标，可以将该属性设置为 CSS 所支持的任何 cursor 属性值。

在上面的代码段中，将 id 为 finderCategoryFiles 的<ul>列表连接到 id 为 finderOther-CategoryFiles 的<ul>列表上。为第 1 个可排序列表定义的 connectWith 选项将在第 1 个<ul>元素与第 2 个<ul>元素之间建立一个单向连接，该连接允许将第 1 个可排序列表中的元素拖动到第 2 个可排序列表中，反之不行。要建立双向的拖放排序功能，还需要在第 2 个<ul>元素所表示的列表中设置 connectWith 选项，如上面的代码段所示。除了 connectWith 选项外，第二个<ul>元素的其他选项与第一个<ul>元素的选项是相同的。

如上所述，本节仅介绍了 Sortable 插件的少量选项。附录 K 列出了 Sortable 插件选项的完整列表。

13.3 保存可排序列表的状态

如果缺少最后一项功能——保存排序列表在拖放排序后的状态，jQuery UI 库中 Sortable 插件的功能将是不完备的。Sortable 插件也包含这项功能。第 7 章介绍了 jQuery 的 serialize()方法，该方法能从表单中自动获取输入元素(input element)的集合，并将这些输入元素中的值序列化为字符串数据。在 AJAX 请求中，可将数据提交给服务器端的脚本代码。Sortable 插件也提供了类似机制，从可排序的列表中获取数据。但 Sortable 插件并不是从表单中获取输入元素的值，而是从每个可排序元素中获取特定特性的值。默认情况下，Sortable 插件将获取可排序元素的 id 特性值。因此在本章前面创建的示例环境中，还需要为每个<li>元素添加 id 特性，然后才能使用 Sortable 插件的序列化机制将每个<li>元素的 id 特性值序列化为字符串数据，从而将这些数据通过 AJAX 请求发送给服务器端的脚本程序，并在服务器端保存可排序列表的状态。下面的代码段演示了实现这一功能的 JavaScript 代码：

```
var data = $('ul').sortable(
    'serialize', {
        key: 'listItem[]'
    }
);
```

上面的代码为序列化每个<li>元素中 id 特性的数据调用了 sortable()方法，将第 1 个参数设置为 serialize，并将第 2 个参数设置为一个对象字面量选项来确定序列化方式。在该对象字面量选项中，key 选项指定了用于每个查询字符串参数的名称。在上面的代码中，我们使用 listItem[]作为 key 选项的值，对于 PHP 和其他一些服务器端的脚本代码来说，这将把包含了已排序列表项的查询字符串翻译为数组或散列表。

下面的示例应用了你在本章前面介绍的可排序文件示例中学到的概念。以 Example 13-2.html 为基础，将该文件的内容复制到一个新文档，并另存为 Example 13-3.html；然后给每个<li>元素添加 data-path 特性，如下面的标记所示，切记更新 Example 13-3 的每个文件引用：

```
<!DOCTYPE HTML>
<html xmlns='http://www.w3.org/1999/xhtml'>
   <head>
      <meta http-equiv='content-type'
         content='application/xhtml+xml; charset=utf-8' />
      <meta http-equiv='content-language' content='en-us' />
      <title>Sortables</title>
      <script src='../jQuery.js'></script>
      <script src='../jQueryUI.js'></script>
      <script src='Example 13-3.js'></script>
      <link href='Example 13-3.css' rel='stylesheet' />
   </head>
   <body>
      <div id='finderCategoryFileWrapper'>
         <ul id='finderCategoryFiles'>
            <li class='finderCategoryFile'
               data-path='/Blog/apple/CoreImage.html'>
               <div class='finderCategoryFileIcon'></div>
               <h5 class='finderCategoryFileTitle'>
                  Using CoreImage to Resize and Change Formats on the Fly
               </h5>
               <div class='finderCategoryFilePath'>
                  <a href='/Blog/apple/CoreImage.html'>
                     /Blog/apple/CoreImage.html
                  </a>
               </div>
            </li>
            <li class='finderCategoryFile'
               data-path='/Blog/php/Polymorphism.html'>
               <div class='finderCategoryFileIcon'></div>
               <h5 class='finderCategoryFileTitle'>
                  Exploring Polymorphism in PHP
               </h5>
               <div class='finderCategoryFilePath'>
                  <a href='/Blog/php/Polymorphism.html'>
                     /Blog/php/Polymorphism.html
```

```
                <a>
            </div>
        </li>
        <li class='finderCategoryFile'
            data-path='/Blog/php/Backup Script.html'>
            <div class='finderCategoryFileIcon'></div>
            <h5 class='finderCategoryFileTitle'>
                A PHP Shell Script for Backups
            </h5>
            <div class='finderCategoryFilePath'>
                <a href='/Blog/php/Backup%20Script.html'>
                    /Blog/php/Backup Script.html
                </a>
            </div>
        </li>
        <li class='finderCategoryFile'
            data-path='/Blog/web/html5_doctype.html'>
            <div class='finderCategoryFileIcon'></div>
            <h5 class='finderCategoryFileTitle'>
                HTML 5 DOCTYPE
            </h5>
            <div class='finderCategoryFilePath'>
                <a href='/Blog/web/html5_doctype.html'>
                    /Blog/web/html5_doctype.html
                </a>
            </div>
        </li>
        <li class='finderCategoryFile'
            data-path='/Blog/web/ie8_beta2.html'>
            <div class='finderCategoryFileIcon'></div>
            <h5 class='finderCategoryFileTitle'>
                First Impressions of IE 8 Beta 2
            </h5>
            <div class='finderCategoryFilePath'>
                <a href='/Blog/web/ie8_beta2.html'>
                    /Blog/web/ie8_beta2.html
                </a>
            </div>
        </li>
    </ul>
    <ul id='finderOtherCategoryFiles'>
    </ul>
  </div>
 </body>
</html>
```

上面的 HTML 文件所使用的 CSS 文件也是 Example 13-2.css，然后应用如下脚本：

```
$(document).ready(
    function()
    {
```

```
var selectedFile;

$('li.finderCategoryFile').mousedown(
    function()
    {
        if (selectedFile && selectedFile.length)
        {
            selectedFile.removeClass('finderCategoryFileSelected');
        }

        selectedFile = $(this);
        selectedFile.addClass('finderCategoryFileSelected');
    }
);

$('ul#finderCategoryFiles').sortable({
    connectWith : 'ul#finderOtherCategoryFiles',
    placeholder : 'finderCategoryFilePlaceholder',
    opacity : 0.8,
    cursor : 'move',
    update : function(event, ui)
    {
        var data = $(this).sortable(
            'serialize', {
                attribute : 'data-path',
                expression : /^(.*)$/,
                key : 'categoryFiles[]'
            }
        );

        data += '&categoryId=1';

        alert(data);

        // Here you could go on to make an AJAX request
        // to save the sorted data on the server, which
        // might look like this:
        //
        // $.get('/path/to/server/file.php', data);
    }
});

$('ul#finderOtherCategoryFiles').sortable({
    connectWith : 'ul#finderCategoryFiles',
    placeholder : 'finderCategoryFilePlaceholder',
    opacity : 0.8,
    cursor : 'move',
    update : function(event, ui)
    {
        var data = $(this).sortable(
```

```
                'serialize', {
                    attribute : 'data-path',
                    expression : /^(.*)$/,
                    key : 'categoryFiles[]'
                }
            );

            data += '&categoryId=2';

            alert(data);

            // Here you could go on to make an AJAX request
            // to save the sorted data on the server, which
            // might look like this:
            //
            // $.get('/path/to/server/file.php', data);
        }
    });
  }
);
```

上面的文档将生成如图 13-3 所示的输出。

图 13-3

Example 13-3 中添加了一些代码，以获取每个<li>元素中的数据。默认情况下，jQuery UI 将从可排序列表元素的 id 特性中获取数据。但本例并不是从 id 特性中获取数据，而是从自定义特性 data-path 中获取数据。

```
$('ul#finderCategoryFiles').sortable({
    connectWith : 'ul#finderOtherCategoryFiles',
    placeholder : 'finderCategoryFilePlaceholder',
```

```
        opacity : 0.8,
        cursor : 'move',
        update : function(event, ui)
        {
            var data = $(this).sortable(
                'serialize', {
                    attribute : 'data-path',
                    expression : /^(.*)$/,
                    key : 'categoryFiles[]'
                }
            );

            data += '&categoryId=1';

            alert(data);

            // Here you could go on to make an AJAX request
            // to save the sorted data on the server, which
            // might look like this:
            //
            // $.get('/path/to/server/file.php', data);
        }
    });
```

本项目首先定义了一个新的匿名函数，将其赋给可排序插件的自定义事件 update。每次完成排序时，触发这个自定义排序更新事件，因此是在排序操作发生时保存排序状态的最有用方法。在匿名函数中，通过再次调用 sortable()方法来检索每个<li>元素的数据，但这一次使用 serialize 选项作为第一个参数。在 sortable()方法的第二个参数传递的选项中，通过使用 attribute 选项，并将该选项的值设置为 data-path 来更改 jQuery UI 用于序列化数据的特性。其余的是相同的：使用 expression 选项来检索 data-path 特性从开始到结束的完整值，而非其中一个子字符串(这里可使用任意正则表达式)。将 key 选项设置为 categoryFiles[]，用于命名序列化字符串中的数据。最终将如下查询字符串发送给服务器端：

```
categoryFiles[]=/Blog/apple/CoreImage.html
&categoryFiles[]=/Blog/php/Polymorphism.html
&categoryFiles[]=/Blog/web/ie8_beta2.html
&category=1
```

在服务器端，有两个 GET 参数。第一个是名为 categoryFiles 的数组，第二个是名为 category 的整数。此处创建数组的语法适用于 PHP，当然，可以根据实际使用的服务器端语言对此处的语法予以调整。

13.4 小结

本章介绍了如何使用 jQuery UI 库的 Sortable 插件来创建可排序的列表。Sortable 插件提供了一个通过拖放操作来排序列表的简单 API，jQuery UI 还提供了大量选项来精确控制 Sortable 插件各个方面的功能。

本章讲述了如何使用 Sortable 插件的选项——如 placeholder、cursor 和 opacity 选项——来控制可排序列表的外观。placeholder 选项可接收一个类名作为值，当排序操作发生时，通过该选项调用 CSS 来控制拖放元素的可投放区域的外观。另外，opacity 和 cursor 选项都可以设置为与 CSS 的 opacity 和 cursor 属性相同的值。

本章还介绍了 connectWith 选项，使用 connectWith 选项可将多个可排序列表连接起来。可将 connectWith 选项的值设置为一个选择器，该选择器指定了想要连接的可排序列表，以将当前列表中的列表项交换到所连接的可排序列表中。connectWith 选项创建的是一个单向连接，即将当前列表连接到另一个可排序列表，只能将当前列表中的列表项拖放到另一个可排序列表中，而不允许进行反向拖放。要创建双向连接，还需要在第 2 个可排序列表中添加 connectWith 选项，并将该选项的值设置为一个引用了第一个可排序列表的选择器。

另外，本章还讲述了如何保存可排序列表的状态，这也是通过调用 sortable()方法实现的。第 1 个参数中提供字符串'serialize'，在第 2 个参数中提供用于控制序列化方式的多个选项。例如，如果不想从默认的 id 特性中获取数据，而想从另一个特性中获取数据，可使用 attribute 选项来指定该特性的名称。sortable()方法的另一个选项是 expression，该选项可接收一个 JavaScript 正则表达式作为值。key 选项则用于指定序列化的数据的名称。

本章还介绍了用于可排序列表的 update 选项，该选项可使用一个回调函数，每当排序操作结束时，可执行该回调函数。

13.5 练习

1. 要使一个列表成为可排序列表，应该使用哪种方法？
2. 为 placeholder 选项提供的值应该是什么类型？
3. placeholder 选项的作用是什么？
4. 当拖放排序操作发生时，如果想改变鼠标指针的图标，应该使用哪个选项？
5. helper 选项的作用是什么？
6. 哪个选项可用于建立多个可排序列表之间的相互连接？
7. 为 connectWith 选项提供的值应该是什么类型？
8. 每次发生排序操作后，如何保存可排序列表的状态？

第14章

Selectable 插件

本章将介绍 jQuery UI 库的 Selectable 插件。Selectable 插件满足了 jQuery UI 中的一个小范围的功能需求，即通过绘制一个方框来选择内容。笔者之所以这样说，是因为在 Web 应用程序中也许并不会太多用到这一功能。Selectable 插件的功能是允许通过绘制方框来选择元素。这种选择元素的方式在操作系统的文件管理器或诸如 Photoshop 的图形编辑器中，也许已经用过很多次了。

虽然如此，Selectable 插件在必要时也是非常有用的。本章将介绍 Selectable 插件的一个实用示例——对第 10 章创建的 Mac OS X 系统的 Finder 应用程序克隆版示例进行扩展。

14.1 Selectable 插件简介

Selectable 插件的工作方式与第 13 章中介绍的 Sortable 插件类似，目前为止介绍的所有 jQuery 插件都具有一个相同的特点，即它们都提供了一个简洁而统一的 API，这使得各个插件几乎都可按同样的方式使用。

要使元素成为可选中的元素，只需在任意元素上调用 selectable()方法即可，下面的文档位于可从 www.wrox.com/go/webdevwithjquery 下载的源代码资料 Example 14-1 中，演示了 Selectable 插件：

```
<!DOCTYPE HTML>
<html xmlns='http://www.w3.org/1999/xhtml'>
    <head>
        <meta http-equiv='content-type'
            content='application/xhtml+xml; charset=utf-8' />
        <meta http-equiv='content-language' content='en-us' />
        <title>Finder</title>
        <script type='text/javascript' src='../jQuery.js'></script>
        <script type='text/javascript' src='../jQueryUI.js'></script>
```

```
        <script type='text/javascript' src='Example 14-1.js'></script>
        <link type='text/css' href='Example 14-1.css' rel='stylesheet' />
    </head>
    <body>
        <div id='finderFiles'>
            <div class='finderDirectory' data-path='/Applications'>
                <div class='finderIcon'><div></div></div>
                <div class='finderDirectoryName'>
                    <span>Applications</span>
                </div>
            </div>
            <div class='finderDirectory' data-path='/Library'>
                <div class='finderIcon'><div></div></div>
                <div class='finderDirectoryName'>
                    <span>Library</span>
                </div>
            </div>
            <div class='finderDirectory' data-path='/Network'>
                <div class='finderIcon'><div></div></div>
                <div class='finderDirectoryName'>
                    <span>Network</span>
                </div>
            </div>
            <div class='finderDirectory' data-path='/Sites'>
                <div class='finderIcon'><div></div></div>
                <div class='finderDirectoryName'>
                    <span>Sites</span>
                </div>
            </div>
            <div class='finderDirectory' data-path='/System'>
                <div class='finderIcon'><div></div></div>
                <div class='finderDirectoryName'>
                    <span>System</span>
                </div>
            </div>
            <div class='finderDirectory' data-path='/Users'>
                <div class='finderIcon'><div></div></div>
                <div class='finderDirectoryName'>
                    <span>Users</span>
                </div>
            </div>
        </div>
    </body>
</html>
```

下面的CSS样式表为Finder示例和jQuery UI Selectable示例设置一些样式：

```
html,
body {
    width: 100%;
    height: 100%;
```

```
    overflow: hidden;
}
body {
    font: 12px "Lucida Grande", Arial, sans-serif;
    background: rgb(189, 189, 189) url('images/Bottom.png') repeat-x bottom;
    color: rgb(50, 50, 50);
    margin: 0;
    padding: 0;
}
div#finderFiles {
    border-bottom: 1px solid rgb(64, 64, 64);
    background: #fff;
    position: absolute;
    top: 0;
    right: 0;
    bottom: 23px;
    left: 0;
    overflow: auto;
}
div.finderDirectory {
    float: left;
    width: 150px;
    height: 100px;
    overflow: hidden;
}
div.finderIcon {
    height: 56px;
    width: 54px;
    margin: 10px auto 3px auto;
}
div.finderIcon div {
    background: url('images/Folder 48x48.png') no-repeat center;
    width: 48px;
    height: 48px;
    margin: auto;
}
div.finderSelected div.finderIcon,
div.finderDirectoryDrop div.finderIcon {
    background-color: rgb(196, 196, 196);
    border-radius: 5px;
}
div.finderDirectoryDrop div.finderIcon div {
    background-image: url('images/Open Folder 48x48.png');
}
div.finderDirectoryName {
    text-align: center;
}
div.finderSelected div.finderDirectoryName span,
div.finderDirectoryDrop div.finderDirectoryName span {
    background: rgb(56, 117, 215);
```

```
    border-radius: 8px;
    color: white;
    padding: 1px 7px;
}
div.ui-selectable-helper {
    position: absolute;
    background: rgb(128, 128, 128);
    border: 1px solid black;
    opacity: 0.25;
    -ms-filter:"progid:DXImageTransform.Microsoft.Alpha(Opacity=25)";
    filter: alpha(opacity=25);
}
```

下面的 JavaScript 代码允许通过绘制方框一次性选择多个文件：

```
$.fn.extend({

    selectFile : function()
    {
        this.addClass('finderSelected');

        this.each(
            function()
            {
                if ($.inArray($(this), finder.selectedFiles) == -1)
                {
                    finder.selectedFiles.push($(this));
                }
            }
        );

        return this;
    },

    unselectFile : function()
    {
        this.removeClass('finderSelected');
        var files = this;

        if (finder.selectedFiles instanceof Array && finder.selectedFiles.length)
        {
            finder.selectedFiles = $.grep(
                finder.selectedFiles,
                function(file, index)
                {
                    return $.inArray(file, files) == -1;
                }
            );
        }

        return this;
```

```
    }
});

var finder = {

    selectingFiles : false,

    selectedFiles : [],

    unselectSelected : function()
    {
        if (this.selectedFiles instanceof Array && this.selectedFiles.length)
        {
            $(this.selectedFiles).each(
                function()
                {
                    $(this).unselectFile();
                }
            );
        }

        this.selectedFiles = [];
    },

    ready : function()
    {
        $('div.finderDirectory, div.finderFile')
            .mousedown(
                function()
                {
                    if (!finder.selectingFiles)
                    {
                        finder.unselectSelected();
                        $(this).selectFile();
                    }
                }
            )
            .draggable({
                helper : 'clone',
                opacity : 0.5
            });

        $('div.finderDirectory').droppable({
            accept : 'div.finderDirectory, div.finderFile',
            hoverClass : 'finderDirectoryDrop',
            drop : function(event, ui)
            {
                var path = ui.draggable.data('path');
                ui.draggable.remove();
            }
```

```
        });

        $('div#finderFiles').selectable({
            appendTo : 'div#finderFiles',
            filter : 'div.finderDirectory, div.finderFile',
            start : function(event, ui)
            {
                finder.selectingFiles = true;
                finder.unselectSelected();
            },
            stop : function(event, ui)
            {
                finder.selectingFiles = false;
            },
            selecting : function(event, ui)
            {
                $(ui.selecting).selectFile();
            },
            unselecting : function(event, ui)
            {
                $(ui.unselecting).unselectFile();
            }
        });
    }
};

$(document).ready(
    function()
    {
        finder.ready();
    }
);
```

将上面的源代码结合在一起，将得到如图 14-1 所示的文档。

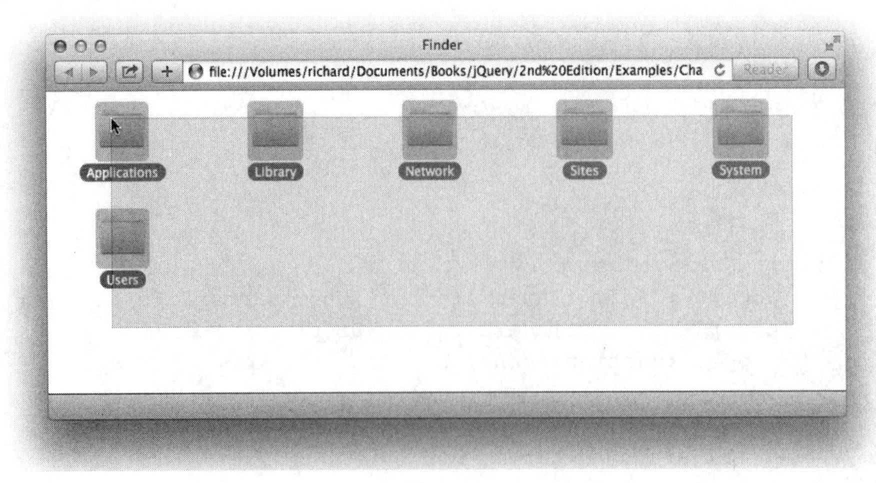

图　14-1

本例演示了如何通过绘制选择框来选择文件夹。尽管已为每个独立的文件夹实现了拖放功能，但当拖曳产生一个选择集时，将不能拖动该选择集。尽管这一功能是可以实现的，但超出了本例的讨论范畴。

本例将 Selectable 插件应用到了第 12 章中创建的 Mac OS X 系统的克隆版 Finder 应用程序中。该例还应用了很多前面章节所介绍的一些 jQuery 功能，以便演示如何将 jQuery 应用于真实场景中。

本例对第 12 章所使用的样式表进行了少量修改，还添加了一条额外的样式规则，当拖曳选择框产生元素的选择集时，该样式规则将允许自定义选择框的外观样式。如文档记录所述，jQuery 默认选择框的外观与早期操作系统——如 Windows 98——中的选择框类似，提供了一个虚线的选择方框以指示选择框拖曳的范围。在诸如 Photoshop 的应用程序中，选择框有时是动态显示的，此类选择称为蚁行线(*marching ants*)，因为选择框看似蚂蚁排成一行前行。本例中更改了选择框的样式，使其呈现出 Mac OS X 系统选择框的风格。

```
div.ui-selectable-helper {
    position: absolute;
    background: rgb(128, 128, 128);
    border: 1px solid black;
    opacity: 0.25;
    -ms-filter:"progid:DXImageTransform.Microsoft.Alpha(Opacity=25)";
    filter: alpha(opacity=25);
}
```

可用此处看到的同一选择器来自定义选择框。jQuery UI 并未提供相应的机制，使我们可通过 JavaScript API 中的选项来自定义选择框的外观样式。这种设计遵循了将样式与行为分离的最佳实践。要自定义样式，必须使用 CSS。类名 ui-selectable-helper 是 jQuery UI 库应用于选择框的类名，该类名也应用于<div>元素内部，上面的自定义规则只是简单地利用了这一事实。Selectable 插件提供的样式限于在移动鼠标时真正更改的必需 CSS 属性。这些属性是 top、left、width 和 height。必须自行提供其余属性，事实上，在应用样式前，选择框根本没有样式，这意味着在提供一些样式之前，选择框完全不可见。必须首先用 position: absolute 放置选择框，然后应用 border 或 background，这样在创建选择框时就可以看到它。本例选择简单地模仿 OS X，从而可以更方便地设置样式。

上面的样式规则为选择框设置了灰色背景和黑色边框，对于支持标准 opacity 属性的 Safari、Chrome、Firefox 和 IE9 浏览器，可通过 opacity 属性将该选择框设置为半透明；Microsoft 的专用属性 filter 得到 IE6 和 IE7 的支持；Microsoft 的专用属性-ms-filter 在 IE8 标准模式中得到 IE8 的支持。IE8 的-ms-filter 属性语法与前面的版本相同，只是用引号将属性值括起来，并添加厂商标识-ms-前缀。IE9 更进一步，已不必使用 filter 或-ms-filter 属性，因为 IE9 本身支持 opacity 属性。

在样式表中，除了上述修改外，其余样式规则都与第 12 章中创建的样式表相同。实现本例逻辑功能的关键在于 JavaScript 代码。

本例使用一些jQuery插件重新编写了第12章中的示例，并添加一些功能来跟踪选中的文件夹。首先创建两个插件方法selectFile()和unselectFile()。如第9章所述，使用$.fn来创建jQuery插件。可通过多种方式，利用$.fn来创建jQuery插件。笔者常使用jQuery的extend()方法，该方法允许获取一个对象并为其添加内容。在本例中，添加了两个方法，每个方法都成为jQuery新插件。

```
$.fn.extend({
```

在selectFile()方法中，首先为调用selectFile()的每个元素(可能是一个文件，也可能是多个文件)添加类名finderSelected。该类名提供了一条视觉线索，通过触发下面的CSS，使你能看到选中的文件：

```
div.finderSelected div.finderIcon,
div.finderDirectoryDrop div.finderIcon {
    background-color: rgb(196, 196, 196);
    border-radius: 5px;
}
```

除了设置文件夹图标的样式外，下面的样式也适用于文件或文件夹名称：

```
div.finderSelected div.finderDirectoryName span,
div.finderDirectoryDrop div.finderDirectoryName span {
    background: rgb(56, 117, 215);
    border-radius: 8px;
    color: white;
    padding: 1px 7px;
}
```

然后，对于调用 selectFile()的每个文件对象，要查看相应的文件对象是否已经添加到finder.selectedFiles数组。该数组通过存储文件引用来跟踪给定时间选中的每个文件。jQuery的inArray()方法的工作方式与JavaScript的indexOf()方法类似。indexOf()用于确定一个字符串是否包含另一个字符串。如果找到相应的字符串，indexOf()返回相应字符串第一个实例的偏移位置，从0开始算起，所搜索的字符串中的第一个字符的偏移是0。如果indexOf()返回整数0或更大数字，则说明在第二个字符串中找到了相应的字符串，而那个数字可用来确定相应字符串在第二个字符串中的位置。如果indexOf()返回-1，则说明未找到相应的字符串。jQuery的inArray()的工作方式与此类似，只是将相同的逻辑应用于数组而非字符串。如果在数组中找到一个值，则返回那个值的偏移位置。数组的编号也从0开始，所以数组中第一项的编号是0，每一项都从那个编号开始算起。如果数组中并不存在相应的值，则inArray()返回-1，否则inArray()返回0或一个大于0的数字。

```
selectFile : function()
{
    this.addClass('finderSelected');

    this.each(
```

```
            function()
            {
                if ($.inArray($(this), finder.selectedFiles) == -1)
                {
                    finder.selectedFiles.push($(this));
                }
            }
        );

        return this;
    },
```

要取消选择文件，首先使用 removeClass()方法删除类名 finderSelected。然后将传给 unselectFile()的元素(通过 this 关键字使用)赋给新变量 files。这样做是为了使元素可在传给 grep()方法的匿名函数中使用。然后确认 finder.selectedFiles 是一个数组，其中包含一项或多项。使用 grep()方法来筛选 finder.selectedFiles 数组。为数组中的每一项执行提供给 grep()的匿名函数。如果提供给 grep()的匿名函数返回 true，则相应项仍在数组中。但如果匿名函数返回 false，则从数组中删除相应的项。在本例的上下文中，如果相应的文件属于要取消选择的文件，则通过 grep()从 finder.selectedFiles 数组中删除文件。

```
        unselectFile : function()
        {
            this.removeClass('finderSelected');
            var files = this;

            if (finder.selectedFiles instanceof Array && finder.selectedFiles.length)
            {
                finder.selectedFiles = $.grep(
                    finder.selectedFiles,
                    function(file, index)
                    {
                        return $.inArray(file, files) == -1;
                    }
                );
            }

            return this;
        }
    });
```

unselectFile()接着返回已取消选择的文件，使你可根据需要链接方法调用。

接下来设置新对象 finder。

```
    var finder = {
```

finder.selectingFiles 属性用于跟踪当前是否正在使用 Selectable 插件选择文件。默认值是 false，指示并非正在选择文件。

finder.selectedFiles 默认包含一个空数组。与 jQuery 插件的 selectFile()和 unselectFile()一样，当选中一个或多个文件时，将每个已选节点的引用存储在 selectedFiles 属性中。

```
selectingFiles : false,

selectedFiles : [],
```

unselectSelected()方法选择当前选中的每个文件节点，然后将 finder.selectedFiles 属性重置为空数组。该方法是取消选择每个文件的便捷方式。

```
unselectSelected : function()
{
    if (this.selectedFiles instanceof Array && this.selectedFiles.length)
    {
        $(this.selectedFiles).each(
            function()
            {
                $(this).unselectFile();
            }
        );
    }

    this.selectedFiles = [];
},
```

可以看到，ready()方法在触发 DOMContentLoaded 事件时执行。

```
ready : function()
{
```

每个目录和每个文件收到一个 mousedown 事件，并使用 jQuery UI 的 Draggable 插件使其变得可拖动。使用 Droppable 插件使每个目录成为投放目标：

```
$('div.finderDirectory, div.finderFile')
```

在 mousedown 事件中，如果当前并非正在进行选择(通过 finder.selectingFiles 属性来跟踪)，将取消选中所有文件，然后选中正在接收 mousedown 事件的文件元素。

```
.mousedown(
    function()
    {
        if (!finder.selectingFiles)
        {
            finder.unselectSelected();
            $(this).selectFile();
        }
    }
)
```

通过调用 draggable()方法来启用 Draggable 插件；将拖动的元素设置为克隆在其上发

起拖动的文件，创建正在拖动的元素的一个幻像。幻像元素也设置为接受 50%的不透明度，即半透明。

```
.draggable({
    helper : 'clone',
    opacity : 0.5
});
```

虽然本例仅包含目录对象，但也可设置该例，使其可同时处理目录和普通文件对象。每个目录通过指定的类名，与普通文件区分开。将 finderDirectory 类名赋给目录，将 finderFile 类名赋给普通文件。

使用 Droppable jQuery UI 插件，使目录对象变得可投放；调用 droppable()方法使目录成为投放目标。如第 12 章所述，jQuery UI 只是一种实现拖放的方式。较复杂的 HTML5 拖放 API 是另一个选项，如果需要在多个浏览器窗口之间拖放，建议使用该选项。为简单起见，这里仍使用较简单的 jQuery UI Draggable 和 Droppable 插件。

```
$('div.finderDirectory').droppable({
    accept : 'div.finderDirectory, div.finderFile',
    hoverClass : 'finderDirectoryDrop',
    drop : function(event, ui)
    {
        var path = ui.draggable.data('path');
        ui.draggable.remove();
    }
});
```

接下来是 Selectable jQuery UI 插件的一个示例。id 为 finderFiles 的<div>的内容变得可以选择。为 appendTo 选项提供一个选择器，告诉 selectable()插件在何处放置表示选择框的<div>元素。然后将选择框添加到 id 为 finderFiles 的<div>元素。

filter 选项用于告知 selectable()插件：其中包含的哪些元素是可以选择的。为此，为其提供一个选择器来描述这些可选择的元素。选择器 div.finderDirectory, div.finderFile 使类名为 finderDirectory 或 finderFile 的<div>元素变得可以选择。

```
$('div#finderFiles').selectable({
    appendTo : 'div#finderFiles',
    filter : 'div.finderDirectory, div.finderFile',
```

我们为 start 选项提供一个回调函数，当新的选择操作启动时将执行该回调函数。如第 12 章所述，指定自定义 UI 插件事件的每个选项都接受两个参数，一个用于事件，另一个用于传输其他 UI 插件数据。在本例中，开始选择时，将 finder.selectingFiles 属性设置为 true，以免前面创建的 mousedown 事件也选择文件，否则会与使用 selectable()插件进行的选择发生冲突。另外，通过调用 finder.unselectSelected()，将完全取消选择已经选中的任意文件。

```
start : function(event, ui)
{
```

```
        finder.selectingFiles = true;
        finder.unselectSelected();
    },
```

为 stop 选项指定的回调函数将在选择操作完成时触发。该回调函数将 finder.selectingFiles 属性设置为 false，这样一来，又可以使用前面设置的 mousedown 事件来选择各个文件或文件夹了。

```
    stop : function(event, ui)
    {
        finder.selectingFiles = false;
    },
```

选择进行期间，提供给 selecting 选项的回调函数持续触发。正在选择的对象会提供给你，并在传给 ui.selecting 属性的选择器中描述。然后通过在单个项或一组项上调用 selectFile()来选择这些项。

```
    selecting : function(event, ui)
    {
        $(ui.selecting).selectFile();
    },
```

执行选择操作期间，随着将项目纳入选择范围，有时需要将一些项从选择范围中排除。如果在选择期间排除项，则触发指定给 unselecting 选项的自定义事件回调函数。与 selecting 选项类似，unselecting 选项也在 ui 参数中接收数据。为 ui.unselecting 属性提供一个选择器，其中包含要取消选择的文件节点；调用 unselectFile()来取消选择每个应该取消选择的文件。

```
        unselecting : function(event, ui)
        {
            $(ui.unselecting).unselectFile();
        }
    });
```

虽然 jQuery UI 库的 Selectable 插件在编程工作中并不常用，只是满足了 jQuery UI 中的一个小范围的功能需求，但自从图形用户界面诞生以来，该插件在计算领域一直发挥着作用。

提示： 附录 L 中列出了 Selectable 插件的完整 API 文档。

14.2 小结

本章介绍了 jQuery UI 库的 Selectable 插件，该插件提供了通过鼠标指针拖曳选择框来选择元素的功能。讨论了如何将 Selectable 插件应用于第 12 章中创建的克隆版的 Finder 应用程序中。

与其他 jQuery UI 插件类似，Selectable 插件可接收以“键-值”对方式定义的对象字面量作为选项。Selectable 插件还允许为各个选择事件指定相应的回调函数。可为 start 和 stop 选项分别指定一个回调函数，当选择开始或结束时将分别执行这两个回调函数。同样，也可为 selecting 和 unselecting 选项分别提供一个回调函数，在拖曳选择框选择元素的过程中，当元素被添加到选择集中或从选择集中移除元素时，将分别调用这两个回调函数。

14.3　练习

1. 当拖曳选择框开始选择元素时，应该使用哪个选项来执行相应的回调函数？

2. 当元素被添加到选择集中或从选择集中移除时，应分别使用哪些选项来执行回调函数(拖曳选择框选择元素的过程中)？

3. 使用 selecting 和 unselecting 选项时，如何访问添加进来的每个元素以及从选择范围内移除的每个元素？

4. 如果想自定义选择框的外观样式，在样式表中应该添加什么样的 CSS 选择器？

第 15 章

Accordion 插件

前面已经介绍了如何使用 jQuery 插件来轻松实现以下操作：拖放元素、拖曳方框来选取项、拖放排序。本章将介绍另一个卓越的 jQuery UI 插件：Accordion。

利用 Accordion 插件可以轻松地实现内容的展开和折叠操作，类似于一种可爱的波卡尔乐器：手风琴。

在主流网站上可以看到 Accordion UI 小部件(widget)的应用。如果想观看 Accordion UI 的简单演示资料，可参阅 www.jqueryui.com/accordion/。jQuery UI Accordion 插件的缺点在于一次只能打开一项。不过，可以方便地编写一些代码来避开这个限制。

本章将介绍如何使用 jQuery UI 的 Accordion 插件来创建自己的 Accordion 小部件，并自定义它的外观样式。

15.1 创建 Accordion UI

本节将介绍如何创建 Accordion UI。Accordion UI 是一个由内容窗格组成的集合，每个窗格都有自己的标题，在某一时刻仅显示一个窗格的内容。当单击另一个内容窗格时，当前打开窗格的高度将平滑地变换，以动画方式关闭并且仅保留标题可见，同时另一个窗格元素的高度也将平滑变换，该元素的内容将逐渐展开直到完全可见。

在简要介绍了什么是 Accordion UI 后，下面的文档开始演示 jQuery UI 库的 Accordion 插件的基本实现，该例是可从 www.wrox.com/go/webdevwithjquery 下载的 Example 15-1。

```
<!DOCTYPE HTML>
<html xmlns='http://www.w3.org/1999/xhtml'>
    <head>
        <meta http-equiv='content-type'
            content='application/xhtml+xml; charset=utf-8' />
        <meta http-equiv='content-language' content='en-us' />
```

```
        <title>Accordion Plugin</title>
        <script src='../jQuery.js'></script>
        <script src='../jQueryUI.js'></script>
        <script src='Example 15-1.js'></script>
        <link href='Example 15-1.css' rel='stylesheet' />
    </head>
    <body>
        <h4>The Beatles</h4>
        <ul>
            <li>
                <a href='#'>John Lennon</a>
                <p>
                    Lorem ipsum dolor sit amet, consectetuer adipiscing elit.
                    Vestibulum luctus rutrum orci. Praesent faucibus tellus
                    faucibus quam. Aliquam erat volutpat. Nam posuere.
                </p>
            </li>
            <li>
                <a href='#'>Paul McCartney</a>
                <p>
                    Lorem ipsum dolor sit amet, consectetuer adipiscing elit.
                    Vestibulum luctus rutrum orci. Praesent faucibus tellus
                    faucibus quam. Aliquam erat volutpat. Nam posuere.
                </p>
            </li>
            <li>
                <a href='#'>George Harrison</a>
                <p>
                    Lorem ipsum dolor sit amet, consectetuer adipiscing elit.
                    Vestibulum luctus rutrum orci. Praesent faucibus tellus
                    faucibus quam. Aliquam erat volutpat. Nam posuere.
                </p>
            </li>
            <li>
                <a href='#'>Ringo Starr</a>
                <p>
                    Lorem ipsum dolor sit amet, consectetuer adipiscing elit.
                    Vestibulum luctus rutrum orci. Praesent faucibus tellus
                    faucibus quam. Aliquam erat volutpat. Nam posuere.
                </p>
            </li>
        </ul>
    </body>
</html>
```

将下面的样式表应用于上面的标记文档：

```
body {
    font: 12px "Lucida Grande", Arial, sans-serif;
    background: #fff;
    color: rgb(50, 50, 50);
```

```
        margin: 0;
        padding: 0;
    }
    h4 {
        margin: 5px;
    }
    ul {
        list-style: none;
        margin: 0;
        padding: 15px 5px;
    }
    li {
        background: gold;
        padding: 3px;
        width: 244px;
        margin: 1px;
    }
```

在下面的脚本代码中，只需通过一个简单的函数调用，就可以将标记文档中的<ul>元素创建为 Accordion 界面：

```
$(document).ready(
    function()
    {
        $('ul').accordion();
    }
);
```

在图 15-1 中可以看到，尽管已创建了 Accordion 界面，但该界面却存在一些问题。

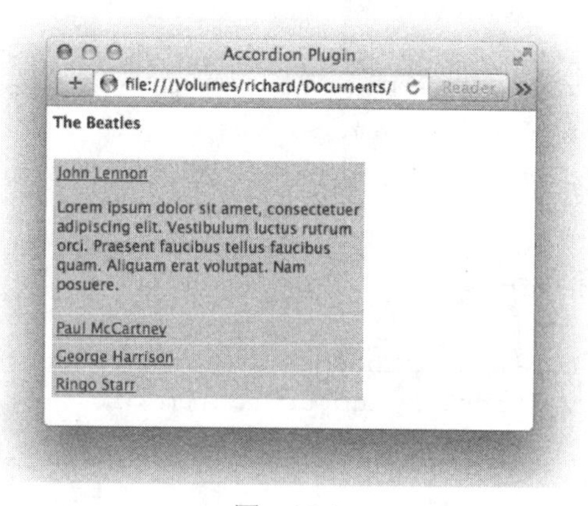

图　15-1

图 15-1 的 Accordion 插件示例最简单，但可以生效。通过在<ul>元素上调用 accordion()方法，将该<ul>转换为 Accordion UI。当单击一个<a>元素时，同级的<p>元素将以动态过渡方式平滑展开，从而显示出元素中的对应文本。

从结构上讲，jQuery 的 Accordion 插件应被应用于一个元素集合上，如<ul>元素，Accordion 插件自动将集合中的每个<a>元素识别为相应窗格的标题部分。稍后将更详细地讨论如何格式化 Accordion 插件。

15.2 改变默认窗格

上面定义了一个可运行的 Accordion UI。本节将介绍如何改变 Accordion 插件默认显示的内容窗格。默认情况下，Accordion 插件将显示第一个内容窗格，但只需指定 active 选项，就可以强制 Accordion 插件显示另一个内容窗格。下面的标记文档演示了这一概念，该文档位于源代码资料 Example 15-2 中。

```
<!DOCTYPE HTML>
<html xmlns='http://www.w3.org/1999/xhtml'>
    <head>
        <meta http-equiv='content-type'
            content='application/xhtml+xml; charset=utf-8' />
        <meta http-equiv='content-language' content='en-us' />
        <title>Accordion Plugin</title>
        <script src='../jQuery.js'></script>
        <script src='../jQueryUI.js'></script>
        <script src='Example 15-2.js'></script>
        <link href='Example 15-2.css' rel='stylesheet' />
    </head>
    <body>
        <h4>The Beatles</h4>
        <ul>
            <li>
                <a href='#'>John Lennon</a>
                <p>
                    Lorem ipsum dolor sit amet, consectetuer adipiscing elit.
                    Vestibulum luctus rutrum orci. Praesent faucibus tellus
                    faucibus quam. Aliquam erat volutpat. Nam posuere.
                </p>
            </li>
            <li>
                <a href='#'>Paul McCartney</a>
                <p>
                    Lorem ipsum dolor sit amet, consectetuer adipiscing elit.
                    Vestibulum luctus rutrum orci. Praesent faucibus tellus
                    faucibus quam. Aliquam erat volutpat. Nam posuere.
                </p>
            </li>
            <li>
                <a href='#'>George Harrison</a>
                <p>
                    Lorem ipsum dolor sit amet, consectetuer adipiscing elit.
                    Vestibulum luctus rutrum orci. Praesent faucibus tellus
                    faucibus quam. Aliquam erat volutpat. Nam posuere.
                </p>
```

```
            </li>
            <li>
                <a href='#'>Ringo Starr</a>
                <p>
                    Lorem ipsum dolor sit amet, consectetuer adipiscing elit.
                    Vestibulum luctus rutrum orci. Praesent faucibus tellus
                    faucibus quam. Aliquam erat volutpat. Nam posuere.
                </p>
            </li>
        </ul>
    </body>
</html>
```

将下面的样式表应用于上面的标记文档：

```
body {
    font: 12px "Lucida Grande", Arial, sans-serif;
    background: #fff;
    color: rgb(50, 50, 50);
    margin: 0;
    padding: 0;
}
h4 {
    margin: 5px;
}
ul {
    list-style: none;
    margin: 0;
    padding: 15px 5px;
}
li {
    background: gold;
    padding: 3px;
    width: 244px;
    margin: 1px;
}
```

在下面的脚本中，将 active 选项的值设置为整数 1，它的作用是使标记文档中的第二个<li>元素成为默认的内容窗格。

```
$(document).ready(
    function()
    {
        $('ul').accordion({
            active : 1
        });
    }
);
```

在图 15-2 中可以看到，Paul McCartney 下的内容成为默认内容。整数偏移值表示默认选中的集合中的项；如果提供偏移值 0，active 选项会选择第一项作为默认内容；偏移值 0 是第一项，1 是第二项，依此类推。在本例中，Paul McCartney 是第二项，所以为 active 选项提供偏移值 1，从而选择 Paul McCartney 窗格。

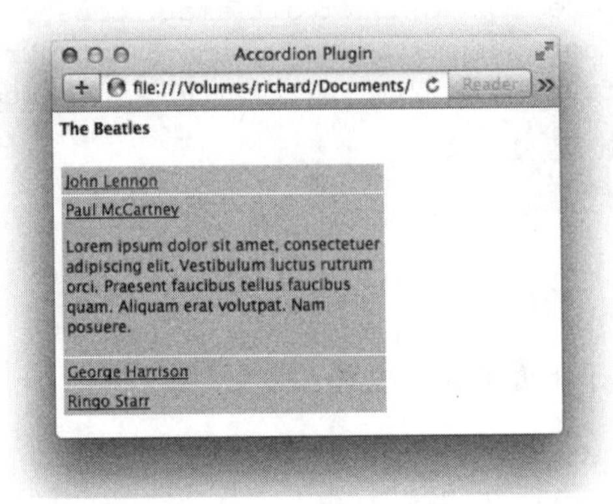

图 15-2

另外，还可将 active 选项设置为 false，这样默认情况下将不显示任何内容窗格。如果将 active 选项设置为 false，就必须同时将 collapsible 选项设置为 true，如下所示：

```
$(document).ready(
    function()
    {
        $('ul').accordion({
            collapsible : true,
            active : false
        });
    }
);
```

运行上面的脚本时，默认将不打开内容窗格。该例位于源代码资料 Example 15-3 中。

如果没有默认选中的窗格，当打开一个窗格时，会看到每个窗格的内容与 Accordion 的其余部分重叠在一起，如图 15-3 所示。

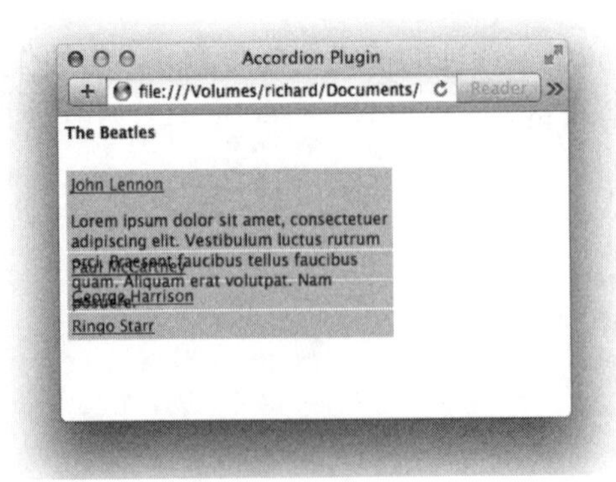

图 15-3

可通过指定 heightStyle 选项来纠正这一问题。heightStyle 选项有三个可能的值：auto、

fill 和 content。auto 选项将每个窗格的高度设置为最高窗格的高度。这样做的问题在于，由于在显示页面时所有窗格都是隐藏的，这使得每个窗格的高度就是标题高度，而不含窗格附加的隐藏内容。fill 选项以 Accordion 元素的父元素为基础确定高度。在本例中，将基于<body>元素的高度来设置每一项的高度。content 选项基于每个窗格包含的内容的高度来设置高度。在下面的示例中，更改了脚本，将 heightStyle 选项的值指定为 content：

```
$(document).ready(
    function()
    {
        $('ul').accordion({
            collapsible : true,
            active : false,
            heightStyle : "content"
        });
    }
);
```

上面的示例位于源代码资料 Example 15-4 中。通过更改前面的脚本，在打开每一项时，窗格内容都不会与其他标题重叠，如图 15-4 所示。

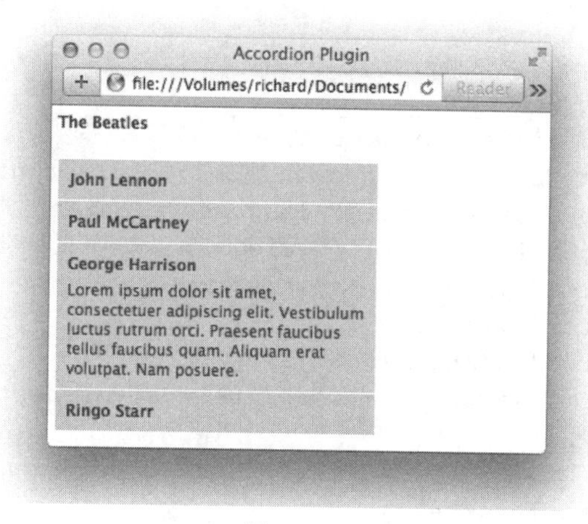

图 15-4

下一节将介绍如何更改 Accordion 事件，此类 Accordion 事件导致打开 Accordion 集合中的每个内容窗格。

15.3 更改 Accordion 事件

按照设置，当单击内容窗格的标题时，Accordion 将动态地切换打开内容窗格。event 选项可用于改变触发切换的事件。以下脚本演示了如何从 click 事件修改为 mouseover 事件：

```
$(document).ready(
    function()
    {
```

```
            $('ul').accordion({
                active : 1,
                event : 'mouseover'
            });
        }
    );
```

上面的修改并不会使 Accordion 产生外观上的变化，该例产生的 Accordion 界面与图 15-2 相同。但是当在浏览器中加载该例时，可使用 mouseover 事件来触发对 Accordion 内容窗格的切换，以取代原来的 click 事件。

上面的示例位于源代码资料 Example 15-5 中，这里将不显示对应的屏幕截图。

15.4　设置标题元素

默认情况下，Accordion 插件将使用位于每个<li>元素中的<a>元素作为窗格的标题。但使用<a>元素作为标题并不是必需的，下面的示例演示了如何使用<h4>元素代替<a>元素作为窗格的标题，该例位于源代码材料 Example 15-6 中。

```
<!DOCTYPE HTML>
<html xmlns='http://www.w3.org/1999/xhtml'>
    <head>
        <meta http-equiv='content-type'
            content='application/xhtml+xml; charset=utf-8' />
        <meta http-equiv='content-language' content='en-us' />
        <title>Accordion Plugin</title>
        <script src='../jQuery.js'></script>
        <script src='../jQueryUI.js'></script>
        <script src='Example 15-6.js'></script>
        <link href='Example 15-6.css' rel='stylesheet' />
    </head>
    <body>
        <h4>The Beatles</h4>
        <ul>
            <li>
                <h4>John Lennon</h4>
                <p>
                    Lorem ipsum dolor sit amet, consectetuer adipiscing elit.
                    Vestibulum luctus rutrum orci. Praesent faucibus tellus
                    faucibus quam. Aliquam erat volutpat. Nam posuere.
                </p>
            </li>
            <li>
                <h4>Paul McCartney</h4>
                <p>
                    Lorem ipsum dolor sit amet, consectetuer adipiscing elit.
                    Vestibulum luctus rutrum orci. Praesent faucibus tellus
                    faucibus quam. Aliquam erat volutpat. Nam posuere.
```

```
                </p>
            </li>
            <li>
                <h4>George Harrison</h4>
                <p>
                    Lorem ipsum dolor sit amet, consectetuer adipiscing elit.
                    Vestibulum luctus rutrum orci. Praesent faucibus tellus
                    faucibus quam. Aliquam erat volutpat. Nam posuere.
                </p>
            </li>
            <li>
                <h4>Ringo Starr</h4>
                <p>
                    Lorem ipsum dolor sit amet, consectetuer adipiscing elit.
                    Vestibulum luctus rutrum orci. Praesent faucibus tellus
                    faucibus quam. Aliquam erat volutpat. Nam posuere.
                </p>
            </li>
        </ul>
    </body>
</html>
```

将下面的样式表应用于上面的标记文档：

```
body {
    font: 12px "Lucida Grande", Arial, sans-serif;
    background: #fff;
    color: rgb(50, 50, 50);
    margin: 0;
    padding: 0;
}
ul {
    list-style: none;
    margin: 0;
    padding: 15px 5px;
}
h4,
ul h4,
ul p {
    margin: 5px;
}
li {
    background: gold;
    padding: 3px;
    width: 244px;
    margin: 1px;
}
```

在下面的脚本代码中，通过为 header 选项提供一个选择器，就可以改变用作每个内容窗格标题的元素。本例将 header 选项设置为 h4，这样包含在每个<li>元素中的<h4>元素将被用作标题，不再使用<a>元素：

```
$(document).ready(
    function()
    {
        $('ul').accordion({
            active : 1,
            event : 'mouseover',
            header : 'h4'
        });
    }
);
```

在上面的脚本中，必须修改提供给 header 选项的选择器，因为我们希望在默认情况下，打开使用<h4>元素作为标题的内容窗格。

图 15-4 所示的屏幕截图演示了用<h4>元素取代<a>元素作为内容窗格标题的效果。

15.5 小结

本章介绍如何创建 Accordion UI，并使用各种选项来调整 Accordion UI 的实现。可采用元素列表——如<ul>元素——来创建 Accordion 插件，列表中的列表项将被平滑地转换为具有动画效果的内容窗格，窗格的切换效果通过动态显示列表中每一项的高度来实现。默认情况下，每个内容窗格的标题由<a>元素提供，但也可为 header 选项提供选择器来改变用于生成窗格标题的元素。

当第一次加载页面时，Accordion 将显示默认的内容窗格，可使用 active 选项来改变 Accordion 的默认内容窗格。也可将 active 选项设置为 false，以使 Accordion 不设置任何默认内容窗格。如果没有在 Accordion 中指定默认内容窗格，第一个内容窗格将作为 Accordion 的默认内容窗格。

可通过 heightStyle 选项的各个值来调整 Accordion 插件定义每个内容窗格高度的方式。auto 值获取最高的内容，将其用作其他所有内容窗格的高度；使用该值时，不一定能提供正确外观。

最后，even 选项用于改变触发内容窗格切换的事件。click 是默认事件。

提示： 附录 N 提供了 Accordion 插件和相关选项的快速参考。

15.6 练习

1. 要改变默认的内容窗格，应该为 accordion()方法提供哪个选项？

2. 在 accordion()方法中，可使用哪个选项及其值来改变处理高度的方式？

3. 要使 accordion()方法使用 mouseover 事件(而不是 click 事件)来切换内容窗格，应该使用哪个选项？

4. 要使用<h3>元素作为设置内容窗格标题的元素，应该使用哪个选项？

第16章 Datepicker 插件

Datepicker 插件是一个复杂且功能丰富的 UI 组件，用于在表单字段中输入日期数据。jQuery UI 库的 Datepicker 插件提供了一个弹出式的图形化日历，可用于任何需要输入日期的表单。既可对日历的外观和样式进行自定义，也可将 Datepicker 插件所产生的日期格式设置为用户本地的日期格式。同时也可将 Datepicker 插件的各个标签文本替换为自己喜欢的名称，或将其翻译为其他国家语言的标签——Datepicker 插件具有完全本地化的能力。

本章将介绍如何使用和自定义 Datepicker 插件。

16.1 实现 Datepicker 插件

"赤裸"的 Datepicker 插件看起来并不像日历；虽然并没有对其进行样式设置，但从功能角度来说，至少已经具备日历的功能。

下面的文档是可从 www.wrox.com/go/webdevwithjquery 下载的 Example 16-1，演示了 jQuery UI 的 Datepicker 插件的基本实现：

```
<!DOCTYPE HTML>
<html xmlns='http://www.w3.org/1999/xhtml'>
   <head>
      <meta http-equiv='content-type'
         content='application/xhtml+xml; charset=utf-8' />
      <meta http-equiv='content-language' content='en-us' />
      <title>Datepicker Plugin</title>
      <script src='../jQuery.js'></script>
      <script src='../jQueryUI.js'></script>
      <script src='Example 16-1.js'></script>
      <link href='Example 16-1.css' rel='stylesheet' />
   </head>
```

```
    <body>
        <form action='javascript:void(0);' method='post'>
            <fieldset>
                <legend>Appointment Form</legend>
                <div class="exampleDate">
                    <label for="exampleDate">Date:</label>
                    <input type="text" name="exampleDate" id="exampleDate" />
                    <img src="images/Calendar.png" alt="Calendar Icon" />
                </div>
            </fieldset>
        </form>
    </body>
</html>
```

下面的样式表用于对上述标记文档简单地进行样式设置：

```
body {
    font: 12px 'Lucida Grande', Arial, sans-serif;
    background: #fff;
    color: rgb(50, 50, 50);
}
fieldset {
    border: none;
}
input {
    background: lightblue;
}
div.exampleDate img {
    vertical-align: -5px;
}
```

下面的脚本对标记文档中的<input>元素调用了 datepicker()方法。在经过这样的设置之后，当该<input>元素获得焦点时，将动态弹出日期选择器供选择日期：

```
$(document).ready(
    function()
    {
        $('input#exampleDate').datepicker();
    }
);
```

在图 16-1 中可以看到，Datepicker 插件提供了一个未经格式化处理的日历。当与其关联的<input>元素获得焦点时，将激活该日期选择器。

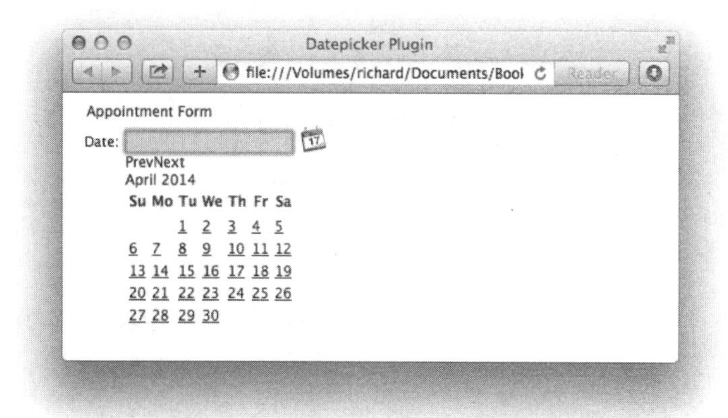

图　16-1

16.1.1　自定义 Datepicker 的样式

默认情况下，Datepicker 插件并不提供样式设置。要设置 Datepicker 插件的样式，可使用 jQuery UI 主题，也可手动设置其样式。本节介绍如何手动设置 Datepicker 日历的样式。在设置 Datepicker 小部件的样式之前，需要了解 Datepicker 小部件的代码结构。附录 O 列出了 Datepicker 插件自定义选项的完整列表以及类名列表。

下面的示例将分析 Datepicker 插件的标记结构，并为其应用一些 CSS 设置。该例位于可从 www.wrox.com 免费的源代码资料 Example 16-2.html 和 Example 16-2.css 中。该例专注于 Datepicker 插件的标记和 CSS 部分，不包含 JavaScript 脚本。这是 Datepicker 插件使用选择的默认选项生成的标记的示例。如果给 Datepicker 插件提供自定义选项，需要使用诸如 WebKit Inspector 或 Firebug 的工具来分析该插件生成的要进行更改的标记。

```
<!DOCTYPE HTML>
<html xmlns='http://www.w3.org/1999/xhtml'>
   <head>
      <meta http-equiv='content-type'
         content='application/xhtml+xml; charset=utf-8' />
      <meta http-equiv='content-language' content='en-us' />
      <title>Datepicker Plugin</title>
      <link href='Example 16-2.css' rel='stylesheet' />
   </head>
   <body>
      <div id="ui-datepicker-div"
          class="ui-datepicker
               ui-widget
               ui-widget-content
               ui-helper-clearfix
               ui-corner-all">
         <div class="ui-datepicker-header
                  ui-widget-header
                  ui-helper-clearfix
                  ui-corner-all">
            <a class="ui-datepicker-prev
```

```
          ui-corner-all"
     title="Prev">
      <span class="ui-icon
                ui-icon-circle-triangle-w">Prev</span>
</a>
<a class="ui-datepicker-next
          ui-corner-all"
     title="Next">
      <span class="ui-icon
                ui-icon-circle-triangle-e">Next</span>
</a>
<div class="ui-datepicker-title">
    <select class="ui-datepicker-month">
        <option value="0">Jan</option>
        <option value="1">Feb</option>
        <option value="2">Mar</option>
        <option value="3" selected="selected">Apr</option>
        <option value="4">May</option>
        <option value="5">Jun</option>
        <option value="6">Jul</option>
        <option value="7">Aug</option>
        <option value="8">Sep</option>
        <option value="9">Oct</option>
        <option value="10">Nov</option>
        <option value="11">Dec</option>
    </select>
    <select class="ui-datepicker-year">
        <option value="2004">2004</option>
        <option value="2005">2005</option>
        <option value="2006">2006</option>
        <option value="2007">2007</option>
        <option value="2008">2008</option>
        <option value="2009">2009</option>
        <option value="2010">2010</option>
        <option value="2011">2011</option>
        <option value="2012">2012</option>
        <option value="2013">2013</option>
        <option value="2014" selected="selected">2014</option>
        <option value="2015">2015</option>
        <option value="2016">2016</option>
        <option value="2017">2017</option>
        <option value="2018">2018</option>
        <option value="2019">2019</option>
        <option value="2020">2020</option>
        <option value="2021">2021</option>
        <option value="2022">2022</option>
        <option value="2023">2023</option>
        <option value="2024">2024</option>
    </select>
</div>
```

```
</div>
<table class="ui-datepicker-calendar">
   <thead>
      <tr>
         <th class="ui-datepicker-week-end">
            <span title="Sunday">S</span>
         </th>
         <th>
            <span title="Monday">M</span>
         </th>
         <th>
            <span title="Tuesday">T</span>
         </th>
         <th>
            <span title="Wednesday">W</span>
         </th>
         <th>
            <span title="Thursday">T</span>
         </th>
         <th>
            <span title="Friday">F</span>
         </th>
         <th class="ui-datepicker-week-end">
            <span title="Saturday">S</span>
         </th>
      </tr>
   </thead>
   <tbody>
      <tr>
         <td class="ui-datepicker-week-end
                 ui-datepicker-other-month
                 ui-datepicker-unselectable
                 ui-state-disabled"> </td>
         <td class="ui-datepicker-other-month
                 ui-datepicker-unselectable
                 ui-state-disabled"> </td>
         <td>
            <a class="ui-state-default" href="#">1</a>
         </td>
         <td>
            <a class="ui-state-default" href="#">2</a>
         </td>
         <td>
            <a class="ui-state-default" href="#">3</a>
         </td>
         <td>
            <a class="ui-state-default" href="#">4</a>
         </td>
         <td class="ui-datepicker-week-end">
            <a class="ui-state-default" href="#">5</a>
```

```
        </td>
    </tr>
    <tr>
        <td class="ui-datepicker-week-end">
            <a class="ui-state-default" href="#">6</a>
        </td>
        <td class="ui-datepicker-days-cell-over
                ui-datepicker-today">
            <a class="ui-state-default
                    ui-state-highlight
                    ui-state-hover" href="#">7</a>
        </td>
        <td>
            <a class="ui-state-default" href="#">8</a>
        </td>
        <td>
            <a class="ui-state-default" href="#">9</a>
        </td>
        <td>
            <a class="ui-state-default" href="#">10</a>
        </td>
        <td>
            <a class="ui-state-default" href="#">11</a>
        </td>
        <td class="ui-datepicker-week-end">
            <a class="ui-state-default" href="#">12</a>
        </td>
    </tr>
    <tr>
        <td class="ui-datepicker-week-end">
            <a class="ui-state-default" href="#">13</a>
        </td>
        <td>
            <a class="ui-state-default" href="#">14</a>
        </td>
        <td>
            <a class="ui-state-default" href="#">15</a>
        </td>
        <td>
            <a class="ui-state-default" href="#">16</a>
        </td>
        <td>
            <a class="ui-state-default" href="#">17</a>
        </td>
        <td>
            <a class="ui-state-default" href="#">18</a>
        </td>
        <td class="ui-datepicker-week-end">
            <a class="ui-state-default" href="#">19</a>
        </td>
```

```
        </tr>
        <tr>
            <td class="ui-datepicker-week-end">
                <a class="ui-state-default" href="#">20</a>
            </td>
            <td>
                <a class="ui-state-default" href="#">21</a>
            </td>
            <td>
                <a class="ui-state-default" href="#">22</a>
            </td>
            <td>
                <a class="ui-state-default" href="#">23</a>
            </td>
            <td>
                <a class="ui-state-default" href="#">24</a>
            </td>
            <td>
                <a class="ui-state-default" href="#">25</a>
            </td>
            <td class="ui-datepicker-week-end">
                <a class="ui-state-default" href="#">26</a>
            </td>
        </tr>
        <tr>
            <td class="ui-datepicker-week-end">
                <a class="ui-state-default" href="#">27</a>
            </td>
            <td>
                <a class="ui-state-default" href="#">28</a>
            </td>
            <td>
                <a class="ui-state-default" href="#">29</a>
            </td>
            <td>
                <a class="ui-state-default" href="#">30</a>
            </td>
            <td class="ui-datepicker-other-month
                    ui-datepicker-unselectable
                    ui-state-disabled"> </td>
            <td class="ui-datepicker-other-month
                    ui-datepicker-unselectable
                    ui-state-disabled"> </td>
            <td class="ui-datepicker-week-end
                    ui-datepicker-other-month
                    ui-datepicker-unselectable
                    ui-state-disabled"> </td>
        </tr>
    </tbody>
</table>
```

```
        </div>
    </body>
</html>
```

使用下面的CSS来设置上述标记文档的样式:

```
body {
    font: 12px "Lucida Grande", Arial, sans-serif;
    background: rgb(255, 255, 255);
    color: rgb(50, 50, 50);
    margin: 0;
    padding: 0;
}
div#ui-datepicker-div {
    border: 1px solid rgb(128, 128, 128);
    background: rgb(255, 255, 255);
    width: 180px;
    margin: 30px;
    position: relative;
}
div.ui-datepicker-control div a {
    color: rgb(0, 0, 0);
}
div.ui-datepicker-links {
    position: relative;
    height: 16px;
    padding: 0;
    background: rgb(255, 255, 255);
    text-align: center;
}
div.ui-datepicker-clear,
a.ui-datepicker-prev {
    position: absolute;
    top: 0;
    left: 0;
}
div.ui-datepicker-close,
a.ui-datepicker-next {
    position: absolute;
    top: 0;
    right: 0;
}
div.ui-datepicker-header {
    padding-top: 16px;
}
a.ui-datepicker-next,
a.ui-datepicker-prev {
    display: block;
    text-indent: -10000px;
    width: 58px;
    height: 16px;
```

```
    border-left: 1px solid rgb(186, 186, 186);
    border-bottom: 1px solid rgb(186, 186, 186);
    background: rgb(233, 233, 233);
}
a.ui-datepicker-next span,
a.ui-datepicker-prev span {
    display: block;
    width: 0;
    height: 0;
    border-top: 6px solid rgb(77, 77, 77);
    border-left: 7px solid transparent;
    border-right: 7px solid transparent;
    position: relative;
    top: 4px;
    left: 23px;
}
a.ui-datepicker-next:active ,
a.ui-datepicker-prev:active {
    background: rgb(200, 200, 200);
}
a.ui-datepicker-prev  {
    border-right: 1px solid rgb(186, 186, 186);
    border-left: none;
}
a.ui-datepicker-prev span {
    border-top: none;
    border-bottom: 6px solid rgb(77, 77, 77);
}
a.ui-datepicker-next:active span,
a.ui-datepicker-prev:active span {
    border-top-color: rgb(255, 255, 255);
}
a.ui-datepicker-prev:active span {
    border-top-color: transparent;
    border-bottom-color: rgb(255, 255, 255);
}
div.ui-datepicker-title {
    margin-top: 5px;
    text-align: center;
}
div.ui-datepicker-title select {
    margin: 0 3px;
}
table.ui-datepicker-calendar {
    width: 100%;
    border-collapse: collapse;
    margin: 10px 0 0 0;
}
table.ui-datepicker-calendar td {
    padding: 3px;
```

```
    text-align: center;
    color: rgb(255, 255, 255);
    background: rgb(158, 158, 158);
    border-bottom: 1px solid rgb(255, 255, 255);
    font-size: 11px;
}
table.ui-datepicker-calendar td a {
    color: rgb(255, 255, 255);
    text-decoration: none;
    display: block;
}
table.ui-datepicker-calendar thead th {
    text-align: center;
    font-weight: bold;
    font-size: 11px;
    color: rgb(0, 0, 0);
}
table.ui-datepicker-calendar td.ui-datepicker-today {
    background: rgb(230, 230, 230);
}
table.ui-datepicker-calendar td.ui-datepicker-today a {
    color: rgb(0, 0, 0);
}
table.ui-datepicker-calendar td.ui-datepicker-current-day {
    background: rgb(0, 0, 0);
}
table.ui-datepicker-calendar td.ui-datepicker-current-day a {
    color: rgb(255, 255, 255);
}
table.ui-datepicker-calendar td.ui-datepicker-other-month {
    background: rgb(230, 230, 230);
    border-bottom: 1px solid rgb(255, 255, 255);
    font-size: 11px;
}
```

当在浏览器中加载上述文档时，将产生如图 16-2 所示的页面。

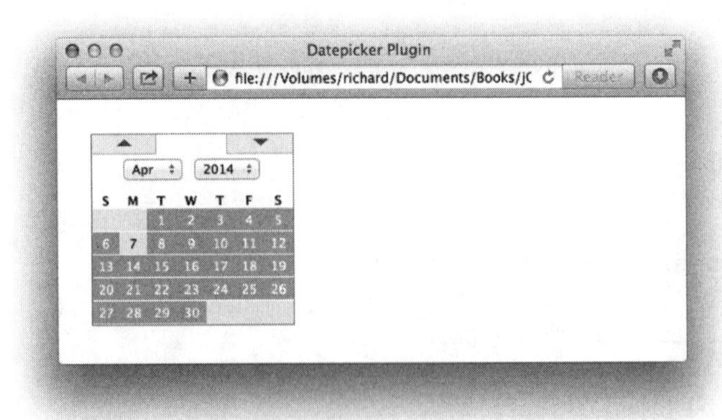

图 16-2

上述示例介绍了如何设置默认 Datepicker 小部件的样式，而未使用预先提供的 jQuery UI 主题；如果使用该主题，将可自动设置 Datepicker 小部件的样式。对 Datepicker 其他方面的设置还包括：允许从 Datepicker 选择的日期范围，如何格式化日期，以及在 Datepicker 小部件中哪些控件是可以自定义的，等等。稍后的 16.2 节将对此做进一步介绍。

为设置 Datepicker 的样式，可引用所提供的标记文档，并使用不同的 id 和类名为弹出式日历创建相应的样式规则。

上面这些样式规则并没有什么特别之处，都是普通的 CSS。下一节将介绍如何进一步自定义 Datepicker 小部件。

16.1.2 设置允许的日期范围

默认情况下，jQuery UI 库的 Datepicker 插件允许选择的日期范围为过去 10 年到将来 10 年之间。不过，可利用调用 datepicker()方法时设置的选项指定范围，从而自定义该小部件所允许选择的日期范围。

- minDate 和 maxDate 设置用户可在日期字段中输入的最大日期和最小日期。通过提供 JavaScript Date 对象来设置这些选项。
- changeMonth 和 changeYear 都是布尔选项，不管对于月份还是年，都用于确定是否切换为下拉菜单，使用户可以更快地跳转到特定日期。
- yearRange 设置年下拉菜单中的年份范围。该选项是一个字符串，开始年份和结束年份之间用冒号分隔。例如，"1900:2000"将使用 1900 年至 2000 年之间的每一年来填充下拉菜单。

下面的示例演示了上述选项，位于可下载源代码资料 Example 16-3.html 中，使用的样式表基于 Example 16-2.css 提供的示例。

```
<!DOCTYPE HTML>
<html xmlns='http://www.w3.org/1999/xhtml'>
    <head>
        <meta http-equiv='content-type'
            content='application/xhtml+xml; charset=utf-8' />
        <meta http-equiv='content-language' content='en-us' />
        <title>Datepicker Plugin</title>
        <script src='../jQuery.js'></script>
        <script src='../jQueryUI.js'></script>
        <script src='Example 16-3.js'></script>
        <link href='Example 16-3.css' rel='stylesheet' />
    </head>
    <body>
        <form action='javascript:void(0);' method='post'>
            <fieldset>
                <legend>Appointment Form</legend>
                <div class="exampleDate">
                    <label for="exampleDate">Date:</label>
                    <input type="text" name="exampleDate" id="exampleDate" />
                    <img src="images/Calendar.png" alt="Calendar Icon" />
```

```
            </div>
        </fieldset>
    </form>
  </body>
</html>
```

使用以下 JavaScript 脚本使上述标记中的日期字段成为 Datepicker：

```
$(document).ready(
    function()
    {
        $('input#exampleDate').datepicker({
            changeMonth : true,
            changeYear : true,
            minDate : new Date(1900, 1, 1),
            maxDate : new Date(2020, 12, 31),
            yearRange : "1900:2020"
        });

        $('div.exampleDate img').click(
            function()
            {
                $(this)
                    .prev('input')
                    .focus();
            }
        );
    }
);
```

运行以上示例，结果如图 16-3 所示。

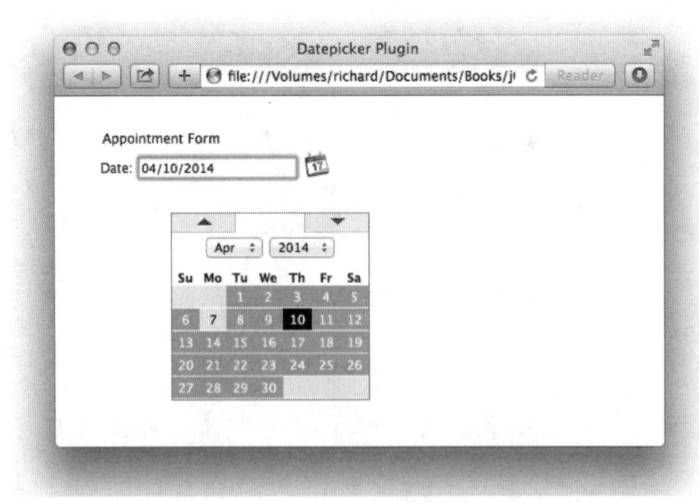

图　16-3

上面的脚本为 Datepicker 设置了 5 个选项。前两个选项是 changeMonth 和 changeYear，

可供切换，控制是否将年或月显示为弹出的 Datepicker 中的<select>输入控件。如果将这两个选项设置为 false，如下面的脚本(位于源代码资料 Example 16-4 中)所示，月份和年份将静态显示：

```
$('input#exampleDate').datepicker({
    changeMonth : false,
    changeYear : false,
    minDate : new Date(1900, 1, 1),
    maxDate : new Date(2020, 12, 31),
    yearRange : "1900:2020"
});
```

图 16-4 显示了将 changeMonth 设置为 false 的效果，使你了解与将其设置为 true 时的差异。

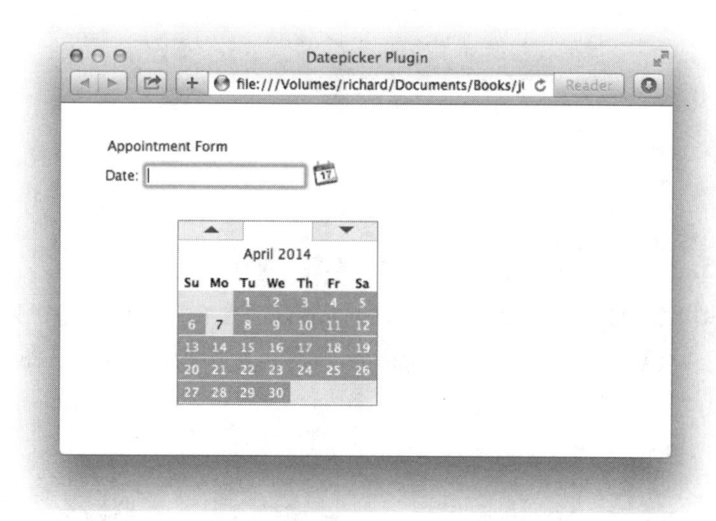

图 16-4

也可以仅将月份设置为<select>输入控件，或仅将年份设置为<select>输入控件。下一节将介绍如何实现 Datepicker 的本地化。

16.2 Datepicker 的本地化

Datepicker 插件有很多本地化选项，用于完全更改日历的外观、Datepicker 使用的文本和日期格式，以及日历中的星期从哪一天开始。下面几节将介绍如何对 Datepicker 的实现进行本地化。

16.2.1 设置日期格式

可将在<input>元素中显示的日期设置为你所喜欢的格式。下面的脚本 Example-16-5 演示了如何将 Datepicker 变为世界上大部分地区使用的日期格式，即“日/月/年”的形式。

```
$(document).ready(
    function()
    {
        $('input#exampleDate').datepicker({
            changeMonth : true,
            changeYear : true,
            minDate : new Date(1900, 1, 1),
            maxDate : new Date(2020, 12, 31),
            yearRange : "1900:2020",
            dateFormat : "dd/mm/yy"
        });

        $('div.exampleDate img').click(
            function()
            {
                $(this)
                    .prev('input')
                    .focus();
            }
        );
    }
);
```

上面的脚本使用 dateFormat 选项来设置日期格式。本例中将日期格式设置为“dd/mm/yy”，即“日/月/年”的形式——日和月都有前导 0，而年份采用 4 位数字的形式。附录 O 中的“格式选项”一节列出了 Datepicker 所有可用选项的列表。从图 16-5 可以看到，所选择的日期以“日/月/年”的格式表示。

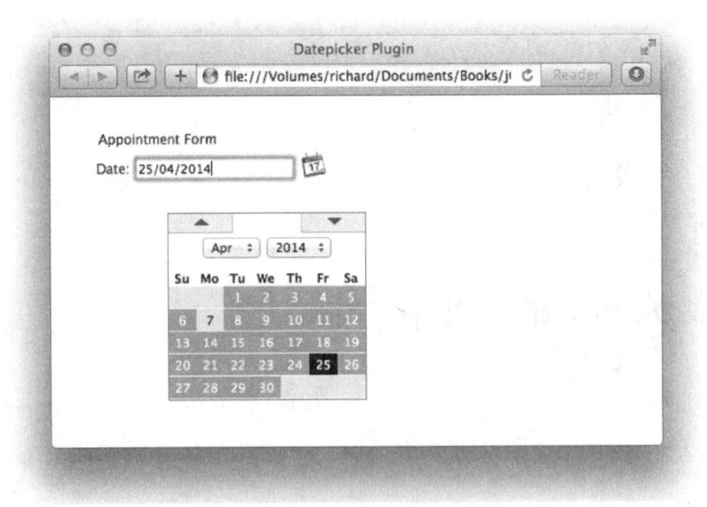

图 16-5

16.2.2 本地化 Datepicker 中的文本

可使用下面这些选项来本地化、自定义或翻译 Datepicker 插件中使用的文本标签：

- appendText——每个日期字段之后显示的文本。
- buttonText——在触发 Datepicker 的按钮元素上显示的文本。
- closeText——为关闭的链接显示的文本。默认是 Close。
- currentText——为当前日子链接显示的文本。默认是 Today。
- dayNames——星期全名的列表，从星期日开始，根据 dateFormat 的设置使用。当鼠标指针悬停在相应的列标题上时，将弹出一个表示日子名称的小提示。默认值为["Sunday", "Monday", "Tuesday", "Wednesday", "Thursday","Friday", "Saturday"]。
- dayNamesMin——缩略星期名的列表，从星期日开始，用作 Datepicker 的列标题。默认值为["Su", "Mo", "Tu", "We", "Th", "Fr", "Sa"]。
- dayNamesShort——星期简写名的列表，从星期日开始，根据 dateFormat 的设置使用。默认值为["Sun", "Mon", "Tue", "Wed", "Thu", "Fri", "Sat"]。
- monthNames——月份完整名的列表，根据 dateFormat 的设置，该列表中的月份名称将作为 Datepicker 中月份的标题。默认值是["January", "February", "March", "April", "May", "June", "July", "August", "September", "October", "November", "December"]。
- monthNamesShort——月份简写名的列表，根据 dateFormat 的设置使用。默认值是["Jan", "Feb", "Mar", "Apr", "May", "Jun", "Jul", "Aug", "Sep", "Oct", "Nov", "Dec"]。
- nextText——显示在 next month 链接上的文本。默认值是 Next。
- prevText——显示在 previous month 链接上的文本。默认值是 Prev。
- weekHeader——用于设置年内第几周的列标题(参见 showWeeks)。默认值为 wk。

16.2.3　设置一周从哪一天开始

在世界上的某些地方，一周是从星期一开始到星期日结束。在 Datepicker 中，可通过 firstDay 选项来设置一周从哪一天开始。下面的脚本演示了如何使用 firstDay 选项来设置一周的开始日：

```
$(document).ready(
    function()
    {
        $('input#exampleDate').datepicker({
            changeMonth : true,
            changeYear : true,
            minDate : new Date(1900, 1, 1),
            maxDate : new Date(2020, 12, 31),
            yearRange : "1900:2020",
            dateFormat : "dd/mm/yy",
            firstDay : 1
        });

        $('div.exampleDate img').click(
            function()
```

```
                {
                    $(this)
                        .prev('input')
                        .focus();
                }
            );
        }
    );
```

上面的脚本将 firstDay 选项设置为 1，以将 Datepicker 中一周的开始日从星期日(编号为 0)改为星期一(编号为 1)。图 16-6 显示了修改后的结果。

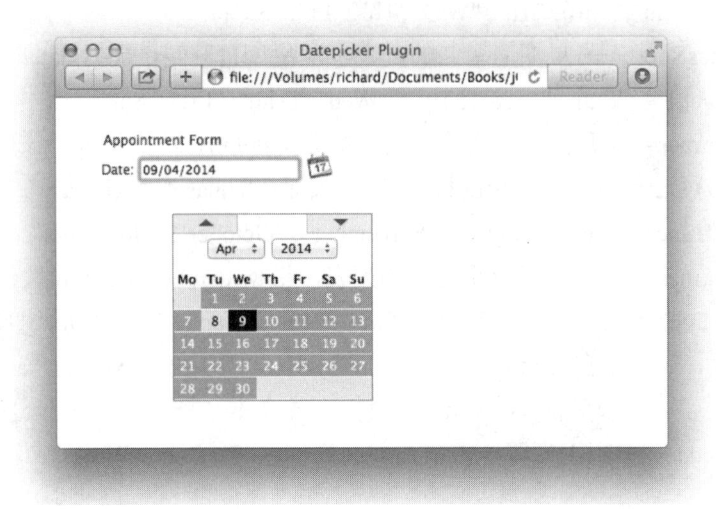

图　16-6

16.3　小结

本章简要介绍了 jQuery UI 库的 Datepicker 插件提供的功能。由于篇幅有限，本章只介绍了 Datepicker 所支持的部分选项，附录 O 包含 datepicker()方法所有可用选项的完整列表。

Datepicker 插件并未提供太多样式，对 Datepicker 插件的各种样式设置必须手工实现，或借助预定义的 jQuery UI 主题来实现。本章介绍了 Datepicker 小部件的底层标记代码结构，并演示了如何对 Datepicker 应用示例样式表。

在 Datepicker 中，还可限制用户可选择的日期范围。可使用 minDate 和 maxDate 选项来限制用户在日期字段中输入的日期范围。要对年份的范围进行限制，可以使用 yearRange 选项。要进行切换来控制是否将月份和年份选项显示在下拉菜单中，可使用 changeMonth 和 changeYear 选项。

本章还简要介绍了用于实现 Datepicker 本地化功能的各种选项——可以用这些选项来修改任意文本标签的日期格式，还可以修改在 Datepicker 中一周从哪一天开始。

16.4　练习

1. 在 Datepicker 中，可使用哪两个选项来限制可输入的日期范围？

2. 哪个选项用于设置年下拉菜单中填充的年份？列举示例值。

3. 哪些选项可用于将月份和年份显示为下拉菜单？

4. 要修改 Datepicker 中的日期格式，应该使用哪个选项？

5. 在 Datepicker 插件中，能否将插件中使用的文本翻译为西班牙语？如何将一周各天的标签翻译为西班牙语？

6. 要设置 Datepicker 中一周从哪一天开始，应该使用哪个选项？

第 17 章

Dialog 插件

本章将介绍如何使用 jQuery UI 库中的 Dialog UI Dialog 插件，该插件通过使用标记代码、CSS 和脚本代码来创建伪弹出式窗口。

弹出式窗口要求使用独立的浏览器窗口来打开新文档，并具有越来越多的安全限制，如无法隐藏文档的 URL 和浏览器窗口底部的状态栏等。与弹出式窗口不同，对话框是采用标记代码、CSS 和 JavaScript 脚本创建的，用户不但可根据自己的喜好来设置对话框的样式，还可根据需要施加相应的限制。例如，可将对话框创建为模态对话框，不但提供对话框，而且还可在对话框关闭之前禁止用户与文档内容继续交互。

弹出式窗口与对话框(在本章中，对话框即指该小部件——笔者将不再重申对话框由标记代码、CSS 和脚本代码组成这一事实)还存在另一个不同之处，即由于对话框不能离开包含它的浏览器窗口，因此无法将对话框最小化到操作系统的任务栏中，但我们可通过创建自己的最小化脚本将对话框最小化到浏览器窗口内。

与本书中介绍的其他 jQuery 功能一样，jQuery UI 库提供了功能完备的对话框的实现。

17.1 实现对话框

与其他每个 jQuery UI 插件一样，下面首先讨论默认状态下的 Dialog 插件。*Example 17-1* 演示了现成的 Dialog 实现：

```
<!DOCTYPE HTML>
<html xmlns='http://www.w3.org/1999/xhtml'>
    <head>
        <meta http-equiv='content-type'
            content='application/xhtml+xml; charset=utf-8' />
        <meta http-equiv='content-language' content='en-us' />
```

```
        <title>Dialog Plugin</title>
        <script src='../jQuery.js'></script>
        <script src='../jQueryUI.js'></script>
        <script src='Example 17-1.js'></script>
        <link href='Example 17-1.css' rel='stylesheet' />
    </head>
    <body>
        <div id='exampleDialog' title='Lorem Ipsum'>
            <p>
                Lorem ipsum dolor sit amet, consectetuer adipiscing elit. In
                sagittis commodo ipsum. Donec est. Mauris eget arcu. Suspendisse
                tincidunt aliquam velit. Maecenas libero. Aliquam dapibus
                tincidunt eros. Donec suscipit tincidunt odio. Maecenas congue
                tortor non ligula. Phasellus vel elit. Suspendisse potenti. Nunc
                odio quam, hendrerit ac, imperdiet sit amet, venenatis sed, enim.
            </p>
        </div>
    </body>
</html>
```

将下面的样式表应用于上面的标记文档：

```
body {
    font: 12px "Lucida Grande", Arial, sans-serif;
    background: #fff;
    color: rgb(50, 50, 50);
}
```

下面的脚本代码选中 id 为 tmpExample 的<div>元素，并在其上调用 dialog()方法，使用该<div>元素来创建对话框：

```
$(document).ready(
    function()
    {
        $('div#exampleDialog').dialog();
    }
);
```

在图 17-1 中可以看到，该对话框并不像是现成可用的。通过将标题放在要转换为对话框的元素的 title 特性中来设置对话框的标题，当然也可通过将 title 选项传给 dialog()方法的方式来设置对话框的标题，这两种方式都是有效的。如果同时使用这两种方式，将使用 title 选项传给 dialog()方法的方式。

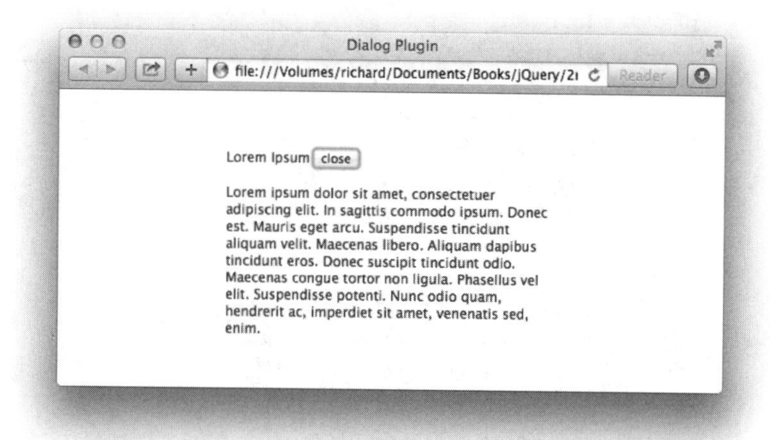

图　17-1

注意：可从 www.lipsum.com 复制和粘贴 lipsum 文本。

17.2　设置对话框的样式

在介绍如何设置对话框的样式之前，应先分析一下对话框底层的标记代码是如何构造和装配在一起的。下面的标记代码演示了 dialog()方法修改完文档后，典型 jQuery UI 对话框的基本结构：

```
<!DOCTYPE HTML>
<html xmlns='http://www.w3.org/1999/xhtml'>
   <head>
      <meta http-equiv='content-type'
         content='application/xhtml+xml; charset=utf-8' />
      <meta http-equiv='content-language' content='en-us' />
      <title>Dialog Plugin</title>
      <script src='../jQuery.js'></script>
      <script src='../jQueryUI.js'></script>
      <link href='Example 17-2.css' rel='stylesheet' />
   </head>
   <body>
      <div class="ui-dialog
               ui-widget
               ui-widget-content
               ui-corner-all
               ui-front
               ui-draggable
               ui-resizable"
          tabindex="-1"
          role="dialog"
```

```
     aria-describedby="exampleDialog"
     aria-labelledby="ui-id-1">
    <div class="ui-dialog-titlebar
            ui-widget-header
            ui-corner-all
            ui-helper-clearfix">
      <span id="ui-id-1" class="ui-dialog-title">
        Lorem Ipsum
      </span>
      <button type="button"
            class="ui-button
                ui-widget
                ui-state-default
                ui-corner-all
                ui-button-icon-only
                ui-dialog-titlebar-close"
            role="button"
            aria-disabled="false"
            title="close">
        <span class="ui-button-icon-primary
                  ui-icon
                  ui-icon-closethick"></span>
        <span class="ui-button-text">close</span>
      </button>
    </div>
    <div id="exampleDialog" class="ui-dialog-content ui-widget-content">
      <p>
        Lorem ipsum dolor sit amet, consectetuer adipiscing elit. In
        sagittis commodo ipsum. Donec est. Mauris eget arcu.
        Suspendisse tincidunt aliquam velit. Maecenas libero.
        Aliquam dapibus tincidunt eros. Donec suscipit tincidunt
        odio. Maecenas congue tortor non ligula. Phasellus vel elit.
        Suspendisse potenti. Nunc odio quam, hendrerit ac, imperdiet
        sit amet, venenatis sed, enim.
      </p>
    </div>
    <div class="ui-resizable-handle
            ui-resizable-n">
    </div>
    <div class="ui-resizable-handle
            ui-resizable-e">
    </div>
    <div class="ui-resizable-handle
            ui-resizable-s">
    </div>
    <div class="ui-resizable-handle
            ui-resizable-w">
    </div>
    <div class="ui-resizable-handle
            ui-resizable-se
```

```
                ui-icon
                ui-icon-gripsmall-diagonal-se">
          </div>
          <div class="ui-resizable-handle
                ui-resizable-sw">
          </div>
          <div class="ui-resizable-handle
                ui-resizable-ne">
           <div class="ui-resizable-handle
                ui-resizable-nw">
          </div>
        </div>
    </body>
</html>
```

可从本书源代码下载资料的 Example 17-2.html 文件中访问上面的标记。

在上面的标记中可以看到，dialog()方法添加了标题栏、大小控制柄，还添加了用于关闭对话框的<button>元素。可以拖动对话框的标题栏来移动对话框，也可在其边缘调整其大小(当大小控制柄就位后)。

与第 16 章介绍的 Datepicker 插件类似，要设置 jQuery UI Dialog 的样式，可应用 jQuery UI 网站提供的 jQuery UI 主题样式表，也可以手动设置对话框标记的样式。在 Example 17-3 中，将设置对话框的样式：

```
<!DOCTYPE HTML>
<html xmlns='http://www.w3.org/1999/xhtml'>
    <head>
        <meta http-equiv='content-type'
            content='application/xhtml+xml; charset=utf-8' />
        <meta http-equiv='content-language' content='en-us' />
        <title>Dialog Plugin</title>
        <script src='../jQuery.js'></script>
        <script src='../jQueryUI.js'></script>
        <script src='Example 17-3.js'></script>
        <link href='Example 17-3.css' rel='stylesheet' />
    </head>
    <body>
        <div id='exampleDialog' title='Lorem Ipsum'>
            <p>
                Lorem ipsum dolor sit amet, consectetuer adipiscing elit. In
                sagittis commodo ipsum. Donec est. Mauris eget arcu. Suspendisse
                tincidunt aliquam velit. Maecenas libero. Aliquam dapibus
                tincidunt eros. Donec suscipit tincidunt odio. Maecenas congue
                tortor non ligula. Phasellus vel elit. Suspendisse potenti. Nunc
                odio quam, hendrerit ac, imperdiet sit amet, venenatis sed, enim.
            </p>
        </div>
    </body>
</html>
```

将上面的标记文档保存在 Example 17-3.html 中，并使用下面的样式表 Example 17-3.css 来设置样式：

```
body {
   font: 12px "Lucida Grande", Arial, sans-serif;
   background: #fff;
   color: rgb(50, 50, 50);
}
div.ui-dialog {
   box-shadow: 0 7px 100px rgba(0, 0, 0, 0.6);
   border-radius: 4px;
   outline: none;
   position: fixed;
   z-index: 1000;
   background: #fff;
}
div.ui-dialog-titlebar {
   height: 23px;
   background: url('images/Titlebar Right.png')
            no-repeat
            top right,
            url('images/Titlebar Left.png')
            no-repeat
            top left;

   position: relative;
   z-index: 10;
}
span.ui-dialog-title {
   display: block;
   font-size: 13px;
   text-align: center;
   margin: 0 9px;
   padding: 4px 0 0 0;
   height: 19px;
   background: url('images/Titlebar.png')
            repeat-x
            top;
   position: relative;
   z-index: 10;
}
div.ui-dialog-container {
   background: #fff
            url('images/Titlebar Left.png')
            no-repeat
            top left;
}
button.ui-dialog-titlebar-close {
   position: absolute;
   width: 14px;
```

```
    height: 15px;
    top: 5px;
    left: 10px;
    border: none;
    background: url('images/Close Off.png')
                no-repeat
                top left;
    z-index: 10;
}
button.ui-dialog-titlebar-close:hover {
    background: url('images/Close On.png')
                no-repeat
                top left;
}
button.ui-dialog-titlebar-close span {
    display: none;
}
button.ui-dialog-titlebar-close:focus {
    border: none;
    outline: none;
}
div.ui-dialog-content  {
    padding: 10px;
}
div.ui-resizable-handle {
    border: none;
    position: absolute;
    z-index: 1;
}
div.ui-resizable-nw {
    width: 10px;
    height: 10px;
    top: -10px;
    left: -10px;
    cursor: nw-resize;
}
div.ui-resizable-n {
    height: 10px;
    top: -10px;
    left: 0;
    right: 0;
    cursor: n-resize;
}
div.ui-resizable-ne {
    width: 10px;
    height: 10px;
    top: -10px;
    right: -10px;
    cursor: ne-resize;
}
```

```
div.ui-resizable-w {
    width: 10px;
    left: -10px;
    top: 0;
    bottom: 0;
    cursor: w-resize;
}
div.ui-resizable-e {
    width: 10px;
    right: -10px;
    top: 0;
    bottom: 0;
    cursor: e-resize;
}
div.ui-resizable-sw {
    width: 10px;
    height: 10px;
    bottom: -10px;
    left: -10px;
    cursor: sw-resize;
}
div.ui-resizable-s {
    height: 10px;
    bottom: -10px;
    left: 0;
    right: 0;
    cursor: s-resize;
}
div.ui-resizable-se {
    width: 10px;
    height: 10px;
    bottom: -10px;
    right: -10px;
    cursor: se-resize;
}
```

将上面的样式表以及XHTML与下面的JavaScript脚本文档Example 17-3.js一起使用：

```
$(document).ready(
    function()
    {
        $('div#exampleDialog').dialog({
            title : "Example Dialog"
        });
    }
);
```

使用上面的代码，jQuery UI对话框的样式将类似于Mac OS X应用程序窗口，如图17-2所示。

在上面的示例中，你学习了如何将样式应用于jQuery UI Dialog插件，得到的窗口模仿了 Mac OS X 应用程序窗口的外观。

图 17-2 中的示例在每种现代浏览器中的效果都不错，但由于较旧的 IE 版本不显示 box-shadow 属性，因此在此类浏览器中看不到投影。

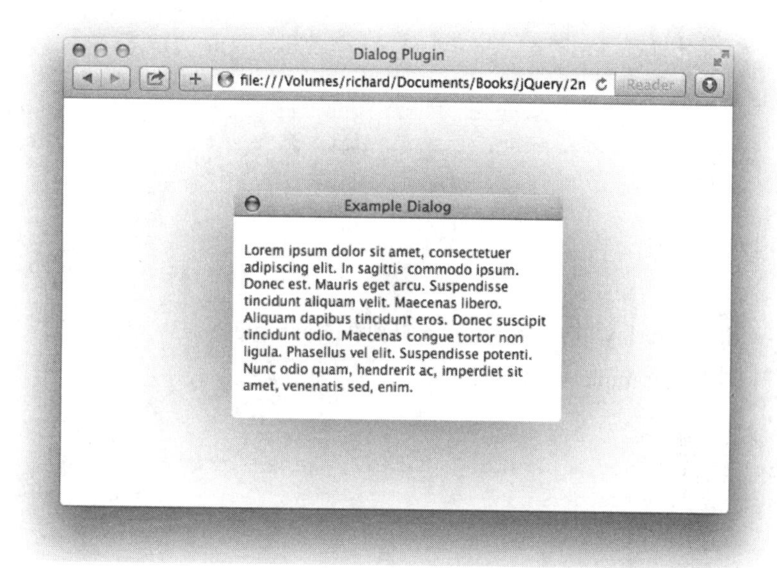

图　17-2

17.3　创建模态对话框

模态对话框是这样一类对话框：当被激活时，将阻止用户与文档交互，直到模态对话框关闭为止。Example 17-4 演示了如何使用 jQuery UI 库的 Dialog 插件来创建模态对话框：

```
<!DOCTYPE HTML>
<html xmlns='http://www.w3.org/1999/xhtml'>
   <head>
      <meta http-equiv='content-type'
         content='application/xhtml+xml; charset=utf-8' />
      <meta http-equiv='content-language' content='en-us' />
      <title>Dialog Plugin</title>
      <script src='../jQuery.js'></script>
      <script src='../jQueryUI.js'></script>
      <script src='Example 17-4.js'></script>
      <link href='Example 17-4.css' rel='stylesheet' />
   </head>
   <body>
      <p>
         Lorem ipsum dolor sit amet, consectetuer adipiscing elit. In
         sagittis commodo ipsum. Donec est. Mauris eget arcu. Suspendisse
         tincidunt aliquam velit. Maecenas libero. Aliquam dapibus
         tincidunt eros. Donec suscipit tincidunt odio. Maecenas congue
         tortor non ligula. Phasellus vel elit. Suspendisse potenti. Nunc
         odio quam, hendrerit ac, imperdiet sit amet, venenatis sed, enim.
```

```
        </p>
        <div id='exampleDialog' title='Lorem Ipsum'>
            <p>
                Lorem ipsum dolor sit amet, consectetuer adipiscing elit. In
                sagittis commodo ipsum. Donec est. Mauris eget arcu. Suspendisse
                tincidunt aliquam velit. Maecenas libero. Aliquam dapibus
                tincidunt eros. Donec suscipit tincidunt odio. Maecenas congue
                tortor non ligula. Phasellus vel elit. Suspendisse potenti. Nunc
                odio quam, hendrerit ac, imperdiet sit amet, venenatis sed, enim.
            </p>
        </div>
    </body>
</html>
```

将 div.ui-widget-overlay 的 CSS 规则添加到在 Example 17-3 中创建的样式表中，该文件是源代码资料中的 Example 17-4.css：

```
body {
    font: 12px "Lucida Grande", Arial, sans-serif;
    background: #fff;
    color: rgb(50, 50, 50);
}
div.ui-widget-overlay {
    background: rgba(255, 255, 255, 0.7);
    position: fixed;
    top: 0;
    right: 0;
    bottom: 0;
    left: 0;
}
div.ui-dialog {
    box-shadow: 0 7px 100px rgba(0, 0, 0, 0.6);
    border-radius: 4px;
    outline: none;
    position: fixed;
    z-index: 1000;
    background: #fff;
}
div.ui-dialog-titlebar {
    height: 23px;
    background: url('images/Titlebar Right.png')
                no-repeat
```

JavaScript 文件接着应用 modal 选项来创建模态对话框：

```
$(document).ready(
    function()
    {
        $('div#exampleDialog').dialog({
            title : 'Example Dialog',
            modal : true
```

```
            });
        }
    );
```

上面的脚本代码将 modal 选项设置为 true。把 modal 选项设置为 true，并应用 CSS 规则 div.ui-widget-overlay，这样在模态对话框处于打开状态时，一切与背景内容的交互行为都将被禁止。由于在启用 modal 选项时，会将类名为 ui-widget-overlay 的<div>元素动态添加到文档中，因此会禁用与背景内容的交互。该元素此后将阻止对背景内容的访问，因为它被设置为占用整个窗口，位置在背景内容之前，但在打开的对话框之后。

本章介绍如何使用 modal 和 overlay 选项来创建模态对话框：modal 选项用于禁止用户与背景文档产生任何的交互行为，overlay 选项则定义了用于禁止与背景文档交互的遮盖层的样式，遮盖层为用户提供了说明与文档的交互已经被禁止的直观指示。

在图 17-3 中可看到，背景内容被覆盖了一层半透明的白色背景，表示与背景内容的交互已经被禁用。

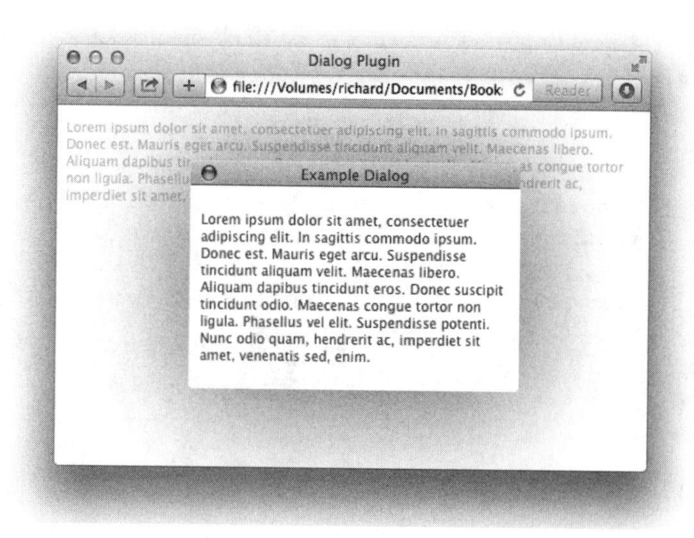

图　17-3

17.4　自动打开对话框

默认情况下，当调用 dialog()方法时，对话框将自动打开。要控制此行为，只需将 autoOpen 选项设置为 false 即可。将对话框的 autoOpen 选项设置为 false 后，就可按编程方式打开对话框，也就是调用对话框的 dialog()方法并将字符串 open 设置为该方法的第一个参数，即 dialog('open')。同样，可使用 dialog('close')来关闭对话框。

Example 17-5 演示了 autoOpen 选项：

```
<!DOCTYPE HTML>
<html xmlns='http://www.w3.org/1999/xhtml'>
    <head>
```

```
        <meta http-equiv='content-type'
            content='application/xhtml+xml; charset=utf-8' />
        <meta http-equiv='content-language' content='en-us' />
        <title>Dialog Plugin</title>
        <script src='../jQuery.js'></script>
        <script src='../jQueryUI.js'></script>
        <script src='Example 17-5.js'></script>
        <link href='Example 17-5.css' rel='stylesheet' />
    </head>
    <body>
        <p>
            Lorem ipsum dolor sit amet, consectetuer adipiscing elit. In
            sagittis commodo ipsum. Donec est. Mauris eget arcu. Suspendisse
            tincidunt aliquam velit. Maecenas libero. Aliquam dapibus
            tincidunt eros. Donec suscipit tincidunt odio. Maecenas congue
            tortor non ligula. Phasellus vel elit. Suspendisse potenti. Nunc
            odio quam, hendrerit ac, imperdiet sit amet, venenatis sed, enim.
        </p>
        <input type='submit' id='exampleDialogOpen' value='Open Dialog' />
        <div id='exampleDialog' title='Lorem Ipsum'>
            <p>
                Lorem ipsum dolor sit amet, consectetuer adipiscing elit. In
                sagittis commodo ipsum. Donec est. Mauris eget arcu. Suspendisse
                tincidunt aliquam velit. Maecenas libero. Aliquam dapibus
                tincidunt eros. Donec suscipit tincidunt odio. Maecenas congue
                tortor non ligula. Phasellus vel elit. Suspendisse potenti. Nunc
                odio quam, hendrerit ac, imperdiet sit amet, venenatis sed, enim.
            </p>
        </div>
    </body>
</html>
```

将Example 17-4中的CSS文档以及下面的JavaScript脚本应用于上面的标记文档：

```
$(document).ready(
    function()
    {
        $('div#exampleDialog').dialog({
            title : 'Example Dialog',
            modal : true,
            autoOpen : false
        });

        $('input#exampleDialogOpen').click(
            function(event)
            {
                event.preventDefault();

                $('div#exampleDialog')
                    .dialog('open');
            }
```

```
        );
    }
);
```

上面的脚本代码通过将 autoOpen 选项设置为 false 来阻止自动打开对话框。要打开对话框，将 click 事件挂钩到<input>元素；当 click 事件被触发时，将调用$('div#exampleDialogOpen').dialog('open')方法以编程控制方式打开对话框。图 17-4 显示了该例的一张屏幕截图。

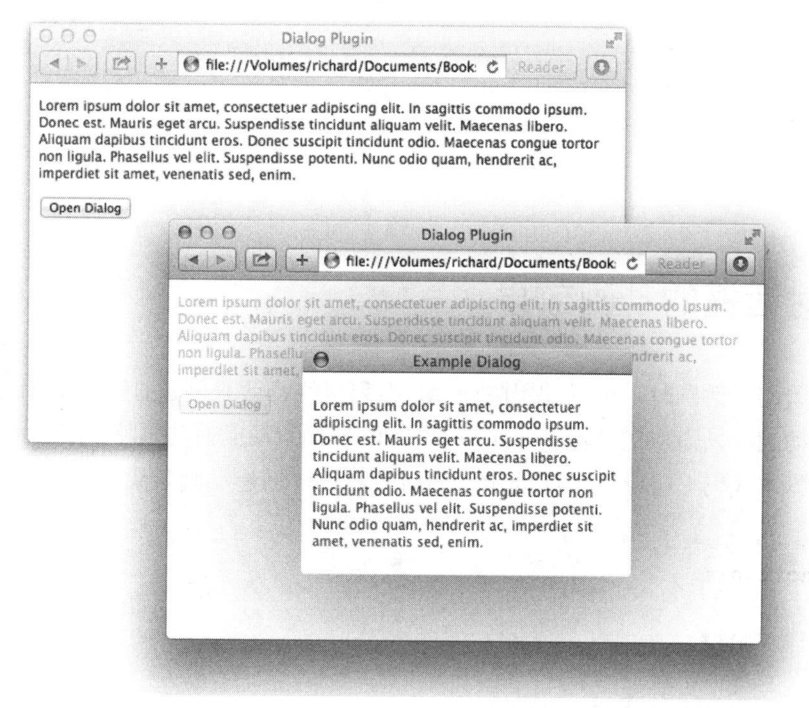

图　17-4

17.5　控制对话框的动态交互行为

默认情况下，jQuery UI Dialog 插件允许调整对话框的尺寸及拖动对话框窗口。通过将特定的选项传递给 Dialog 插件的 dialog()方法，就可以禁用这两种与对话框的动态交互行为。例如，通过将 draggable 选项的值设置为 false，就可以禁止对话框被拖动；通过将 resizable 选项的值设置为 false，就可以禁止改变对话框的尺寸大小。Example 17-6 演示了如何禁用这些选项：

```
$(document).ready(
    function()
    {
        $('div#exampleDialog').dialog({
            title : 'Example Dialog',
            modal : true,
```

```
            autoOpen : false,
            resizable : false,
            draggable : false
        });

        $('input#exampleDialogOpen').click(
            function(event)
            {
                event.preventDefault();

                $('div#exampleDialog')
                    .dialog('open');
            }
        );
    }
);
```

17.6　对话框的动画效果

打开或关闭对话框时，可以使用附录 M 中列出的特效来创建打开或关闭对话框的动画。要创建动画，只需将对话框的 show 选项的值设置为相应的动画特效名称即可。

下面的脚本代码 Example 17-7 演示了如何为对话框创建动画效果：

```
$(document).ready(
    function()
    {
        $('div#exampleDialog').dialog({
            title : 'Example Dialog',
            modal : true,
            autoOpen : false,
            resizable : true,
            draggable : true,
            show : 'explode'
        });

        $('input#exampleDialogOpen').click(
            function(event)
            {
                event.preventDefault();

                $('div#exampleDialog')
                    .dialog('open');
            }
        );
    }
);
```

当对话框打开时，上面的脚本代码将使用 jQuery 的爆炸(explode)特效来为对话框创建动画效果。图 17-5 显示了在动画进行过程中看到的爆炸动画。

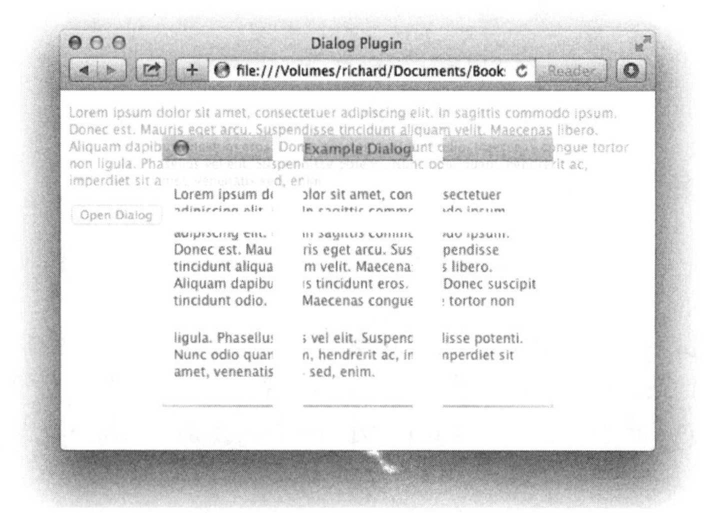

图　17-5

附录 P 列出了可提供给 show 选项的完整选项列表。

17.7　使用对话框的事件

Dialog 插件还支持多种事件。可设置事件，当对话框被打开、获得焦点、尺寸发生改变和被拖动时，或对话框被关闭时，将执行这些事件。下面的文档 Example 17-8 演示了如何挂钩对话框的 close 和 open 事件，本书附录 P 列出了对话框所支持事件的完整列表：

```
$(document).ready(
  function()
  {
    $('div#exampleDialog').dialog({
      title : 'Example Dialog',
      modal : true,
      autoOpen : false,
      resizable : true,
      draggable : true,
      show : 'explode',
      close : function(event, ui)
      {
        alert('Dialog Closed');
      },
      open : function(event, ui)
      {
        alert('Dialog Opened');
      }
    });
```

```
        $('input#exampleDialogOpen').click(
            function(event)
            {
                event.preventDefault();

                $('div#exampleDialog')
                    .dialog('open');
            }
        );
    }
);
```

上面的脚本演示了如何挂钩对话框的close和open选项，当对话框被关闭或打开时，将触发一个回调函数的执行。该回调函数将在它所挂钩的对话框元素的上下文环境中执行，回调函数可以通过this关键字来访问用于创建对话框的元素。上面的脚本代码产生的页面如图17-6所示。

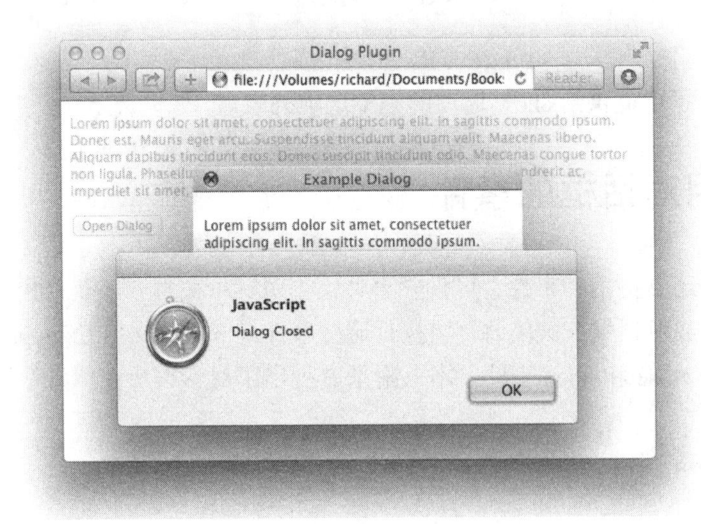

图　17-6

17.8　小结

本章介绍了如何使用jQuery UI Dialog插件来实现对话框。Dialog插件并没有提供太多样式，因此本章介绍了对话框底层的标记代码结构，以及如何对对话框应用自定义样式。另外，通过从www.jqueryui.com网站下载和应用jQuery UI主题，可以更方便地设置对话框的样式。

本章讨论了如何使用modal选项来创建模态对话框；在将必需的CSS规则添加到样式表后，可使用modal选项来禁止用户与背景文档执行任何交互行为。

本章还介绍了如何使用autoOpen选项来禁止自动打开对话框。在禁止自动打开对话框后，可采用编程方式，调用dialog('open')来打开对话框，调用dialog('close')来关闭对话框。

可使用 resizable 和 draggable 选项来禁止改变对话框的尺寸及拖动对话框。

在需要的情况下，还可将 show 选项设置为表示特效的字符串，从而为对话框的打开和关闭创建动画特效。

最后，本章介绍了与对话框相关的各种事件，并可为这些事件挂钩相应的回调函数。本章演示了一个使用对话框的 close 事件的示例，附录 P 列出了全部选项。

17.9　练习

1. 要在对话框打开时禁止与文档的交互行为，应该使用哪个选项？
2. 如何禁止对话框自动打开？
3. 在禁止自动打开对话框的情况下，如何打开对话框？
4. 如何以编程方式关闭对话框？
5. 如何禁止改变对话框的尺寸或拖动对话框？
6. 要在打开或关闭对话框时创建动画效果，应该使用哪个选项？

第18章 Tabs插件

这一章仍介绍有关jQuery和jQuery UI库的内容，将介绍如何使用jQuery UI库的Tabs(选项卡)插件。Tabs插件可使在页面中实现选项卡功能的过程变得更加简单。该插件可以包含多个选项卡，当单击选项卡的标签时，选项卡的内容将切换为显示状态。选项卡的内容既可以是文档中已经存在的内容，也可以通过AJAX请求从服务器动态加载。

jQuery UI库提供了实现Tabs用户界面所需要的所有功能。要设置诸如对话框或日期选择器的界面的样式，可使用jQuery UI主题，也可创建自己的样式表。

与jQuery UI库提供的其他许多插件一样，使用Tabs插件来实现选项卡风格的用户界面是非常简单的。只需要学习Tabs插件的少量基础知识，例如如何定义用于生成选项卡的标记结构，以及Tabs插件提供的用于对实现进行调整的各种选项(包括各种使用方式以及回调事件)等。

本章将介绍如何实现选项卡风格的用户界面，如何设置此类界面的样式，并介绍一些你最可能有兴趣使用的Tabs插件选项。与其他jQuery UI插件一样，要查看选项、回调事件和参数的完整参考，请参阅附录Q。

18.1 实现Tabs

为方便你了解如何实现选项卡风格的用户界面，下面专门演示不使用任何选项或样式的jQuery UI Tabs插件。下面的示例位于可从www.wrox.com/go/webdevwithjquery下载的源代码资料Example 18-1中，旨在展示现成插件的状况：

```
<!DOCTYPE HTML>
<html xmlns='http://www.w3.org/1999/xhtml'>
    <head>
        <meta http-equiv='content-type'
            content='application/xhtml+xml; charset=utf-8' />
```

```
        <meta http-equiv='content-language' content='en-us' />
        <title>Tabs Plugin</title>
        <script src='../jQuery.js'></script>
        <script src='../jQueryUI.js'></script>
        <script src='Example 18-1.js'></script>
        <link href='Example 18-1.css' rel='stylesheet' />
    </head>
    <body>
        <div id='exampleTabs'>
            <ul>
                <li>
                    <a href='#exampleTabFirst'>
                        <span>First Tab</span>
                    </a>
                </li>
                <li>
                    <a href='#exampleTabSecond'>
                        <span>Second Tab</span>
                    </a>
                </li>
                <li>
                    <a href='#exampleTabThird'>
                        <span>Third Tab</span>
                    </a>
                </li>
            </ul>
            <div id='exampleTabFirst'>
                <p>
                    Lorem ipsum dolor sit amet, consectetuer adipiscing elit.
                    Suspendisse id sapien. Suspendisse rutrum libero sit amet dui.
                    Praesent pede elit, tincidunt pellentesque, condimentum nec,
                    mollis et, lacus. Donec nulla ligula, tempor vel, eleifend ut.
                </p>
            </div>
            <div id='exampleTabSecond'>
                <p>
                    Cras eu metus orci. Nam pretium neque ante. In eu mattis sem,
                    Ut euismod nulla. Curabitur a diam eget risus vestibulum
                    mattis et at turpis. Etiam semper, orci sit amet semper
                    molestie, nibh sem hendrerit est, auctor varius arcu purus ut
                    enim. Curabitur nisi nunc, ullamcorper a placerat a, faucibus
                    imperdiet urna. Maecenas cursus ullamcorper dolor, ac viverra
                    nibh consectetur eget.
                </p>
            </div>
            <div id='exampleTabThird'>
                <p>
                    Mauris sollicitudin, sem non tempor molestie, quam nunc
                    blandit lectus, quis molestie dui arcu in lectus. In id
                    fringilla elit. Ut auctor lectus eget orci malesuada, et
                    lacinia ligula interdum. Pellentesque bibendum, orci eget
                    euismod scelerisque, nibh nulla posuere mi, quis commodo
```

```
                purus sem et arcu.
            </p>
        </div>
    </div>
  </body>
</html>
```

上面的标记文档使用下面的样式表：

```
body {
    font: 12px 'Lucida Grande', Arial, sans-serif;
    background: #fff;
    color: rgb(50, 50, 50);
}
div#exampleTabFirst {
    background: lightblue;
    padding: 5px;
}
div#exampleTabSecond {
    background: lightgreen;
    padding: 5px;
}
div#exampleTabThird {
    background: yellow;
    padding: 5px;
}
```

下面的脚本代码演示了如何调用 jQuery Tabs 插件的 tabs()方法：

```
$(document).ready(
    function()
    {
        $('div#exampleTabs').tabs();
    }
);
```

图 18-1 显示了在浏览器中加载该页面的实际效果。从图中可以看到，效果并不理想。不过，这已经为准备创建适当的选项卡风格的用户界面奠定了一定基础。

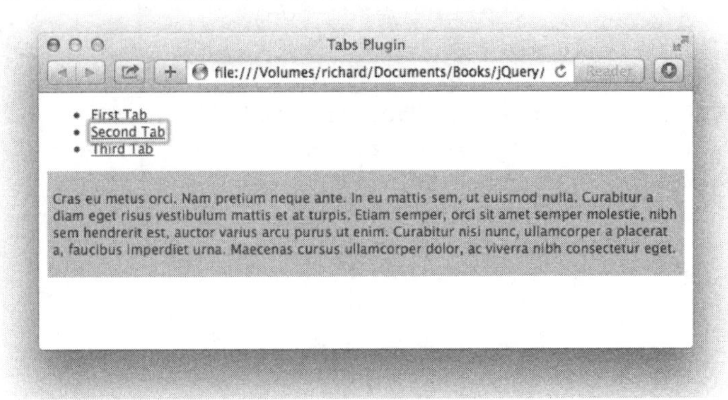

图　18-1

18.2　设置选项卡用户界面的样式

由于 Tabs 插件需要应用主题或自定义样式表，因此必须在 tabs()方法执行后检查标记文档，看一下 Tabs 插件对标记的修改方式。下例显示了修改后的标记文档，该文档位于可下载的源代码资料 Example 8-2 中：

```
<!DOCTYPE HTML>
<html xmlns='http://www.w3.org/1999/xhtml'>
   <head>
      <meta http-equiv='content-type'
         content='application/xhtml+xml; charset=utf-8' />
      <meta http-equiv='content-language' content='en-us' />
      <title>Tabs Plugin</title>
      <script src='../jQuery.js'></script>
      <script src='../jQueryUI.js'></script>
      <script src='Example 18-2.js'></script>
      <link href='Example 18-2.css' rel='stylesheet' />
   </head>
   <body>
      <div id="exampleTabs"
          class="ui-tabs
                ui-widget
                ui-widget-content
                ui-corner-all">
         <ul class="ui-tabs-nav
                  ui-helper-reset
                  ui-helper-clearfix
                  ui-widget-header
                  ui-corner-all"
            role="tablist">
            <li class="ui-state-default
                     ui-corner-top"
               role="tab"
               tabindex="0"
               aria-controls="exampleTabFirst"
               aria-labelledby="ui-id-1"
               aria-selected="true">
               <a href="#exampleTabFirst"
                  class="ui-tabs-anchor"
                  role="presentation"
                  tabindex="-1"
                  id="ui-id-1">
                   <span>First Tab</span>
               </a>
            </li>
            <li class="ui-state-default
                     ui-corner-top"
               role="tab"
```

```
        tabindex="-1"
        aria-controls="exampleTabSecond"
        aria-labelledby="ui-id-2"
        aria-selected="false">
        <a href="#exampleTabSecond"
           class="ui-tabs-anchor"
           role="presentation"
           tabindex="-1"
           id="ui-id-2">
            <span>Second Tab</span>
        </a>
    </li>
    <li class="ui-state-default
               ui-corner-top"
        role="tab"
        tabindex="-1"
        aria-controls="exampleTabThird"
        aria-labelledby="ui-id-3"
        aria-selected="false">
        <a href="#exampleTabThird"
           class="ui-tabs-anchor"
           role="presentation"
           tabindex="-1"
           id="ui-id-3">
            <span>Third Tab</span>
        </a>
    </li>
</ul>
<div class="ui-tabs-panel
            ui-widget-content
            ui-corner-bottom"
     id="exampleTabFirst"
     aria-labelledby="ui-id-1"
     role="tabpanel"
     aria-expanded="true"
     aria-hidden="false">
    <p>
        Lorem ipsum dolor sit amet, consectetuer adipiscing elit.
        Suspendisse id sapien. Suspendisse rutrum libero sit amet dui.
        Praesent pede elit, tincidunt pellentesque, condimentum nec,
        mollis et, lacus. Donec nulla ligula, tempor vel, eleifend ut.
    </p>
</div>
<div class="ui-tabs-panel
              ui-widget-content
              ui-corner-bottom"
     id="exampleTabSecond"
     aria-labelledby="ui-id-2"
     role="tabpanel"
     aria-expanded="false"
```

```
                aria-hidden="true">
               <p>
                  Cras eu metus orci. Nam pretium neque ante. In eu mattis sem,
                  Ut euismod nulla. Curabitur a diam eget risus vestibulum
                  mattis et at turpis. Etiam semper, orci sit amet semper
                  molestie, nibh sem hendrerit est, auctor varius arcu purus ut
                  enim. Curabitur nisi nunc, ullamcorper a placerat a, faucibus
                  imperdiet urna. Maecenas cursus ullamcorper dolor, ac viverra
                  nibh consectetur eget.
               </p>
            </div>
            <div class="ui-tabs-panel
                     ui-widget-content
                     ui-corner-bottom"
                id="exampleTabThird"
                aria-labelledby="ui-id-3"
                role="tabpanel"
                aria-expanded="false"
                aria-hidden="true">
               <p>
                  Mauris sollicitudin, sem non tempor molestie, quam nunc
                  blandit lectus, quis molestie dui arcu in lectus. In id
                  fringilla elit. Ut auctor lectus eget orci malesuada, et
                  lacinia ligula interdum. Pellentesque bibendum, orci eget
                  euismod scelerisque, nibh nulla posuere mi, quis commodo
                  purus sem et arcu.
               </p>
            </div>
        </div>
    </body>
</html>
```

上面的标记文档包含Tabs插件对文档的类名和特性执行的所有更改。要设置文档的样式，附加的类名和特性并非必需的，因为在调用tabs()方法时，Tabs插件会自动添加所有内容。这里添加了附加的类名和特性，以便展示在tabs()方法执行完毕后，标记文档中发生了哪些变化。将下面的样式表应用于上面的示例：

```
body {
    font: 12px 'Lucida Grande', Arial, sans-serif;
    background: #fff;
    color: rgb(50, 50, 50);
}
div#exampleTabFirst {
    background: lightblue;
    padding: 5px;
}
div#exampleTabSecond {
    background: lightgreen;
    padding: 5px;
```

```
}
div#exampleTabThird {
    background: yellow;
    padding: 5px;
}
.ui-tabs-hide {
    display: none;
}
ul.ui-tabs-nav {
    list-style: none;
    padding: 0;
    margin: 0;
    height: 22px;
    border-bottom: 1px solid darkgreen;
}
ul.ui-tabs-nav li {
    float: left;
    height: 17px;
    padding: 4px 10px 0 10px;
    margin-right: 5px;
    border: 1px solid rgb(200, 200, 200);
    border-bottom: none;
    position: relative;
    background: yellowgreen;
}
ul.ui-tabs-nav li a {
    text-decoration: none;
    color: black;
}
ul.ui-tabs-nav li.ui-tabs-active {
    background: darkgreen;
    border-bottom: 1px solid darkgreen;
}
ul.ui-tabs-nav li.ui-tabs-active a {
    color: white;
    outline: none;
}
div  {
    display: none;
}
```

将下面的样式表和 XHTML 标记与下面的 JavaScript 结合使用：

```
$(document).ready(
    function()
    {
        $('div#exampleTabs').tabs({
            active : 1
        });
    }
);
```

图 18-2 显示了结果。

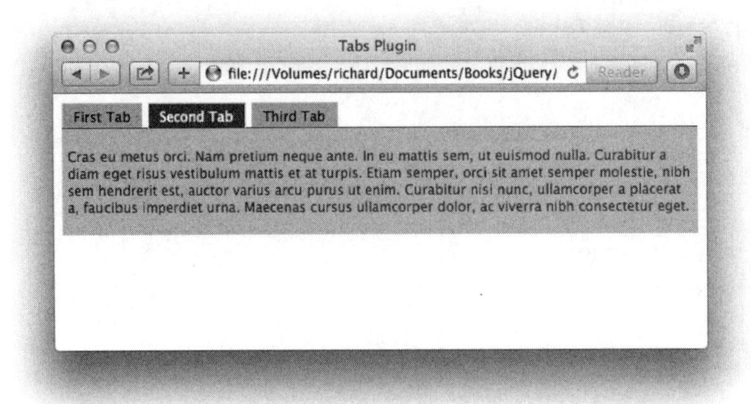

图　18-2

在图 18-2 中可以看到，选项卡的排列方式与我们通常看到的选项卡风格的 UI 更趋一致。添加了 active 选项，将该选项的值设置为 1；当加载页面时，默认情况下显示第二个内容面板。使用 active 选项，可以切换要选中的选项卡，active 选项的值最小为 0。

类名 ui-state-active 引用所选中的选项卡，类名 ui-state-hover 引用在其上悬停鼠标指针的选项卡。这两个类名都应用于最终成为选项卡的<li>元素。

当单击<ul>元素中的标签时，将在不同的内容面板间切换。要制作选项卡，需要一些结构规则。首先要有一个条目列表，此列表中包含指向定位点的超链接。

```
<ul>
    <li>
        <a href='#exampleTabFirst'>
            <span>First Tab</span>
        </a>
    </li>
    <li>
        <a href='#exampleTabSecond'>
            <span>Second Tab</span>
        </a>
    </li>
    <li>
        <a href='#exampleTabThird'>
            <span>Third Tab</span>
        </a>
    </li>
</ul>
```

在上面的标记片段中，通过在#号之后加上相应元素的 id 名称，每个超链接都链接到文档中某处的定位点。这种文档结构使脚本变得不那么重要了；即使在浏览器的脚本功能被禁用而导致 Tabs 插件无法切换到指定的内容面板时，用户也依然可以通过点击超链接导航到文档中指定的定位点。

随后的列表中包含 3 个<div>元素，其中每一个<div>元素的 id 名都与定位点链接相对应，这 3 个<div>元素用于定义选项卡面板的定位点。

```
<div id='exampleTabFirst'>
   <p>
      Lorem ipsum dolor sit amet, consectetuer adipiscing elit.
      Suspendisse id sapien. Suspendisse rutrum libero sit amet dui.
      Praesent pede elit, tincidunt pellentesque, condimentum nec,
      mollis et, lacus. Donec nulla ligula, tempor vel, eleifend ut.
   </p>
</div>
```

当调用 tabs()方法时，jQuery 会查看列表，并自动从超链接中获取这些定位点的 id 名。

18.3　通过 AJAX 加载远程内容

在 Tabs 插件中，加载远程内容(而非从现有文档中加载内容)也是非常简单的。下面的文档是可下载源代码资料中的 Example 8-3，演示了如何使用 AJAX 为选项卡从远程加载内容，而不是从现有文档中加载内容：

```
<!DOCTYPE HTML>
<html xmlns='http://www.w3.org/1999/xhtml'>
   <head>
      <meta http-equiv='content-type'
         content='application/xhtml+xml; charset=utf-8' />
      <meta http-equiv='content-language' content='en-us' />
      <title>Tabs Plugin</title>
      <script src='../jQuery.js'></script>
      <script src='../jQueryUI.js'></script>
      <script src='Example 18-3.js'></script>
      <link href='Example 18-3.css' rel='stylesheet' />
   </head>
   <body>
      <div id='exampleTabs'>
         <ul>
            <li>
               <a href='#exampleTabFirst'>
                  <span>First Tab</span>
               </a>
            </li>
            <li>
               <a href='#exampleTabSecond'>
                  <span>Second Tab</span>
               </a>
            </li>
            <li>
               <a href='#exampleTabThird'>
                  <span>Third Tab</span>
```

```
                    </a>
                </li>
                <li>
                    <a href='Fourth Tab.html'>
                        <span>Fourth Tab</span>
                    </a>
                </li>
            </ul>
            <div id='exampleTabFirst'>
                <p>
                    Lorem ipsum dolor sit amet, consectetuer adipiscing elit.
                    Suspendisse id sapien. Suspendisse rutrum libero sit amet dui.
                    Praesent pede elit, tincidunt pellentesque, condimentum nec,
                    mollis et, lacus. Donec nulla ligula, tempor vel, eleifend ut.
                </p>
            </div>
            <div id='exampleTabSecond'>
                <p>
                    Cras eu metus orci. Nam pretium neque ante. In eu mattis sem,
                    Ut euismod nulla. Curabitur a diam eget risus vestibulum
                    mattis et at turpis. Etiam semper, orci sit amet semper
                    molestie, nibh sem hendrerit est, auctor varius arcu purus ut
                    enim. Curabitur nisi nunc, ullamcorper a placerat a, faucibus
                    imperdiet urna. Maecenas cursus ullamcorper dolor, ac viverra
                    nibh consectetur eget.
                </p>
            </div>
            <div id='exampleTabThird'>
                <p>
                    Mauris sollicitudin, sem non tempor molestie, quam nunc
                    blandit lectus, quis molestie dui arcu in lectus. In id
                    fringilla elit. Ut auctor lectus eget orci malesuada, et
                    lacinia ligula interdum. Pellentesque bibendum, orci eget
                    euismod scelerisque, nibh nulla posuere mi, quis commodo
                    purus sem et arcu.
                </p>
            </div>
        </div>
    </body>
</html>
```

上面创建了一个新的标记文档，其中包含第 4 个选项卡 Fourth Tab.html 的内容。在上面的标记文档中，也是在新选项卡的<a>元素的 href 特性中引用 Fourth Tab.html。

```
<p>
    Quisque tempus euismod justo vitae ultrices. Nam in
    ligula sit amet mi molestie luctus. Aenean et
    egestas arcu. Mauris dictum tortor sit amet purus
    aliquam condimentum. Integer fermentum at odio vitae
    sollicitudin.
```

```
</p>
```

将下面的样式表应用于这个支持 AJAX 的示例。该样式表为 id 为 ui-tabs-1 的<div>元素添加新规则。

```
body {
    font: 12px 'Lucida Grande', Arial, sans-serif;
    background: #fff;
    color: rgb(50, 50, 50);
}
div#exampleTabFirst {
    background: lightblue;
    padding: 5px;
}
div#exampleTabSecond {
    background: lightgreen;
    padding: 5px;
}
div#exampleTabThird {
    background: yellow;
    padding: 5px;
}
div#ui-tabs-1 {
    background: pink;
    padding: 5px;
}
.ui-tabs-hide {
    display: none;
}
ul.ui-tabs-nav {
    list-style: none;
    padding: 0;
    margin: 0;
    height: 22px;
    border-bottom: 1px solid darkgreen;
}
ul.ui-tabs-nav li {
    float: left;
    height: 17px;
    padding: 4px 10px 0 10px;
    margin-right: 5px;
    border: 1px solid rgb(200, 200, 200);
    border-bottom: none;
    position: relative;
    background: yellowgreen;
}
ul.ui-tabs-nav li a {
    text-decoration: none;
    color: black;
}
```

```
ul.ui-tabs-nav li.ui-tabs-active {
    background: darkgreen;
    border-bottom: 1px solid darkgreen;
}
ul.ui-tabs-nav li.ui-tabs-active a {
    color: white;
    outline: none;
}
div.ui-tabs-panel {
    display: none;
}
```

JavaScript 与 Example 18-2 中的脚本没有任何区别，因为支持 AJAX 加载的代码都位于标记文档和 Tabs 插件中。

```
$(document).ready(
    function()
    {
        $('div#exampleTabs').tabs({
            active : 1
        });
    }
);
```

图 18-3 显示了结果。

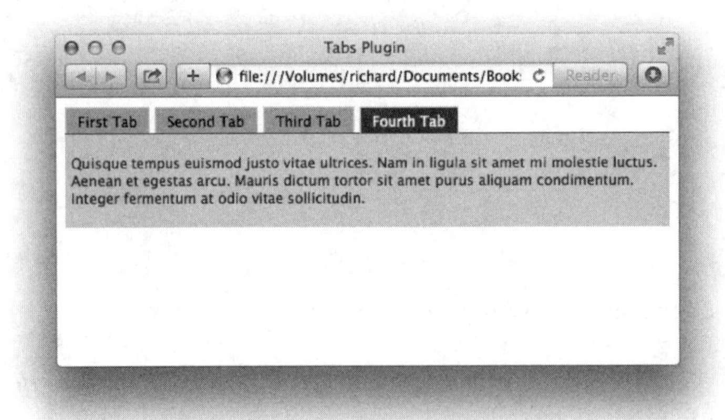

图　18-3

上面的标记文档仅对前一示例中的文档做了少量修改，即添加了一个新的选项卡，该选项卡中的内容将通过 AJAX 远程加载。在建立该选项卡时，将其 href 特性设置为想通过 AJAX 远程加载的文档。没必要添加 id 特性，原因是 Tabs 插件会自动生成该特性(如果在设计文档结构时，想要使用自动生成的 id 名称，Tabs 插件会为所有选项卡生成该特性)。

可使用服务器端脚本，在服务器端添加逻辑，使用通用模板来呈现内容(具体取决于客户端是否启用了脚本功能)。为此，默认情况下，为链接设置 content.html?noscript=true。此后，在页面加载时，JavaScript 将自动删除这个查询字符串的?noscript=true 部分，该部分用于指示服务器端脚本仅提供内容，而不是带有内容的模板。如果不这样做，禁用了脚本，访问者仍可看到内容；但内容是简化的、无样式的、无商标的。

最后，在从服务器加载内容之后，到 Tabs 插件加载和显示内容之前的一段时间里，会将类名 ui-tabs-loading 应用于<li>元素。

18.4　为选项卡添加动画效果

jQuery UI 库中的大多数元素都可以使用 jQuery 提供的动画效果进行定制， Tabs 插件也不例外。与 Dialog 插件一样，Tabs 插件也接受 show 和 hide 选项；这两个选项分别指定打开和关闭选项卡时的效果。

下面的脚本演示了如何为选项卡添加渐变的动画效果：

```
$(document).ready(
    function()
    {
        $('div#exampleTabs').tabs({
            active : 1,
            show : 'explode',
            hide : 'fade'
        });
    }
);
```

上面的脚本在打开选项卡时添加爆炸效果，在关闭选项卡时添加淡出效果。该例位于本书源代码资料 Example 18-4.html 中。可参阅附录 Q，查看动画选项的完整文档。

18.5　小结

在选项卡的具体实现中，还可以应用一些附加选项。本章介绍了一些最常用的选项，而本书附录 Q 呈现了 Tabs 插件所有可用选项的完整列表。

本章介绍了如何使用 jQuery UI 库的 Tabs 插件来创建选项卡风格的用户界面。默认情况下，Tabs 插件并没有提供任何外观样式，只提供了创建选项卡式用户界面的基本功能。本章讨论了如何为选项卡式用户界面应用自定义样式。另一个选项是使用 jQueryUI 主题，可访问 jQuery UI 网站 www.jqueryui.com 来下载主题。

Tabs 插件还支持使用 AJAX 加载远程内容，要实现这样的功能，只需添加少许标记代码即可。

最后，你还了解到，使用 Tab 插件时，可通过 show 和 hide 选项，在切换选项卡时显示渐变的动画效果。

18.6　练习

1. 应用 tabs()方法后，可使用哪个选项来更改默认的选项卡？
2. 对于活动选项卡以及其上悬停鼠标的选项卡，可使用哪些类名来设置样式？
3. 如何通过 AJAX 调用为选项卡加载内容？
4. 要为选项卡绘制渐变动画效果，应该使用哪些选项？

第Ⅲ部分

流行的第三方jQuery插件

- 第 19 章：Tablesorter 插件
- 第 20 章：创建交互式幻灯片放映效果
- 第 21 章：使用 HTML5 音频和视频
- 第 22 章：创建简单的 WYSIWYG 编辑器

第19章

Tablesorter 插件

Tablesorter 插件可从 http://www.tablesorter.com 下载，这是一个十分受欢迎的第三方 jQuery 插件。Tablesorter 插件的作用不言自明，它可以挂钩到你喜欢的任意<table>元素，此后就可以对所选表的列进行排序，可一次对一列或多列进行排序。例如，可仅按姓名排序，也可先按姓名再按年龄排序，也可依次按姓名、年龄和日期进行排序。可自行决定参与排序的列数。

可对$.tablesorter()插件进行一些配置和定制。可以访问 Tablesorter 网站 http://www.tablesorter.com 和附录 T 来参阅一些本章未明确讲述的内容。

19.1 表格排序

$.tablesorter()插件十分简单。该插件在文档中可供现成使用。只需调用该插件的方法和一些样式选项，就可以立即对表格进行排序。

下面的示例 Example 19-1 位于可从 www.wrox.com/go/webdevwithjquery 下载的源代码资料中。该例设置基本的、开箱即用的$.tablesorter()插件：

```
<!DOCTYPE HTML>
<html lang='en'>
    <head>
        <meta charset='utf-8' />
        <title>Tablesorter</title>
        <script src='../jQuery.js'></script>
        <script src='../jQueryUI.js'></script>
        <script src='../Tablesorter/Tablesorter.js'></script>
        <script src='Example 19-1.js'></script>
        <link href='Example 19-1.css' rel='stylesheet' />
    </head>
```

```
<body>
    <table>
        <colgroup>
            <col style="width: 100px;" />
            <col />
            <col style="width: 150px;" />
        </colgroup>
        <thead>
            <tr>
                <th>
                    Track #
                    <span class='tableSorterDescending'>&darr;</span>
                    <span class='tableSorterAscending'>&uarr;</span>
                </th>
                <th>
                    Name
                    <span class='tableSorterDescending'>&darr;</span>
                    <span class='tableSorterAscending'>&uarr;</span>
                </th>
                <th>
                    Album
                    <span class='tableSorterDescending'>&darr;</span>
                    <span class='tableSorterAscending'>&uarr;</span>
                </th>
            </tr>
        </thead>
        <tbody>
            <tr>
                <td>1</td>
                <td>Come Together</td>
                <td>Abbey Road</td>
            </tr>
            <tr>
                <td>2</td>
                <td>Something</td>
                <td>Abbey Road</td>
            </tr>
            <tr>
                <td>3</td>
                <td>Maxwell's Silver Hammer</td>
                <td>Abbey Road</td>
            </tr>
            <tr>
                <td>4</td>
                <td>Oh! Darling</td>
                <td>Abbey Road</td>
            </tr>
            <tr>
                <td>5</td>
                <td>Octopus's Garden</td>
```

```
        <td>Abbey Road</td>
    </tr>
    <tr>
        <td>6</td>
        <td>I Want You (She's So Heavy)</td>
        <td>Abbey Road</td>
    </tr>
    <tr>
        <td>7</td>
        <td>Here Comes The Sun</td>
        <td>Abbey Road</td>
    </tr>
    <tr>
        <td>8</td>
        <td>Because</td>
        <td>Abbey Road</td>
    </tr>
    <tr>
        <td>9</td>
        <td>You Never Give Me Your Money</td>
        <td>Abbey Road</td>
    </tr>
    <tr>
        <td>10</td>
        <td>Sun King</td>
        <td>Abbey Road</td>
    </tr>
    <tr>
        <td>11</td>
        <td>Mean Mr. Mustard</td>
        <td>Abbey Road</td>
    </tr>
    <tr>
        <td>12</td>
        <td>Polythene Pam</td>
        <td>Abbey Road</td>
    </tr>
    <tr>
        <td>13</td>
        <td>She Came In Through The Bathroom Window</td>
        <td>Abbey Road</td>
    </tr>
    <tr>
        <td>14</td>
        <td>Golden Slumbers</td>
        <td>Abbey Road</td>
    </tr>
    <tr>
        <td>15</td>
        <td>Carry That Weight</td>
```

```
        <td>Abbey Road</td>
    </tr>
    <tr>
        <td>16</td>
        <td>The End</td>
        <td>Abbey Road</td>
    </tr>
    <tr>
        <td>17</td>
        <td>Her Majesty</td>
        <td>Abbey Road</td>
    </tr>
    <tr>
        <td>1</td>
        <td>Drive My Car</td>
        <td>Rubber Soul</td>
    </tr>
    <tr>
        <td>2</td>
        <td>Norwegian Wood (This Bird Has Flown)</td>
        <td>Rubber Soul</td>
    </tr>
    <tr>
        <td>3</td>
        <td>You Won't See Me</td>
        <td>Rubber Soul</td>
    </tr>
    <tr>
        <td>4</td>
        <td>Nowhere Man</td>
        <td>Rubber Soul</td>
    </tr>
    <tr>
        <td>5</td>
        <td>Think For Yourself</td>
        <td>Rubber Soul</td>
    </tr>
    <tr>
        <td>6</td>
        <td>The Word</td>
        <td>Rubber Soul</td>
    </tr>
    <tr>
        <td>7</td>
        <td>Michelle</td>
        <td>Rubber Soul</td>
    </tr>
    <tr>
        <td>8</td>
        <td>What Goes On</td>
```

```
                <td>Rubber Soul</td>
            </tr>
            <tr>
                <td>9</td>
                <td>Girl</td>
                <td>Rubber Soul</td>
            </tr>
            <tr>
                <td>10</td>
                <td>I'm Looking Through You</td>
                <td>Rubber Soul</td>
            </tr>
            <tr>
                <td>11</td>
                <td>In My Life</td>
                <td>Rubber Soul</td>
            </tr>
            <tr>
                <td>12</td>
                <td>Wait</td>
                <td>Rubber Soul</td>
            </tr>
            <tr>
                <td>13</td>
                <td>If I Needed Someone</td>
                <td>Rubber Soul</td>
            </tr>
            <tr>
                <td>14</td>
                <td>Run For Your Life</td>
                <td>Rubber Soul</td>
            </tr>
        </tbody>
    </table>
  </body>
</html>
```

使用下面的 CSS 规则来设置上述 HTML 文档的样式：

```
body {
    font: 12px 'Lucida Grande', Arial, sans-serif;
    background: #fff;
    color: rgb(50, 50, 50);
    padding: 20px;
    margin: 0;
}
table {
    table-layout: fixed;
    border: 1px solid rgb(200, 200, 200);
    border-collapse: collapse;
    padding: 0;
```

```
        margin: 0;
        width: 600px;
    }
    table th {
        text-align: left;
        background: rgb(244, 244, 244);
    }
    table th,
    table td {
        border: 1px solid rgb(200, 200, 200);
        padding: 5px;
    }
    span.tableSorterDescending,
    span.tableSorterAscending {
        display: none;
        float: right;
    }
    table th.headerSortDown {
        background: rgb(150, 150, 150);
    }
    table th.headerSortUp {
        background: rgb(200, 200, 200);
    }
    th.headerSortDown span.tableSorterDescending {
        display: inline;
    }
    th.headerSortUp span.tableSorterAscending {
        display: inline;
    }
```

最后，该例使用下面的 JavaScript 代码来支持表格排序功能：

```
$(document).ready(
    function()
    {
        $('table').tablesorter();
    }
);
```

上面的示例生成的屏幕截图如图 19-1 所示。

图 19-2 显示了如何依据多列进行排序。为此，单击第一列的标题，依据第一列进行排序；然后按住 Shift 键单击第二列的标题。

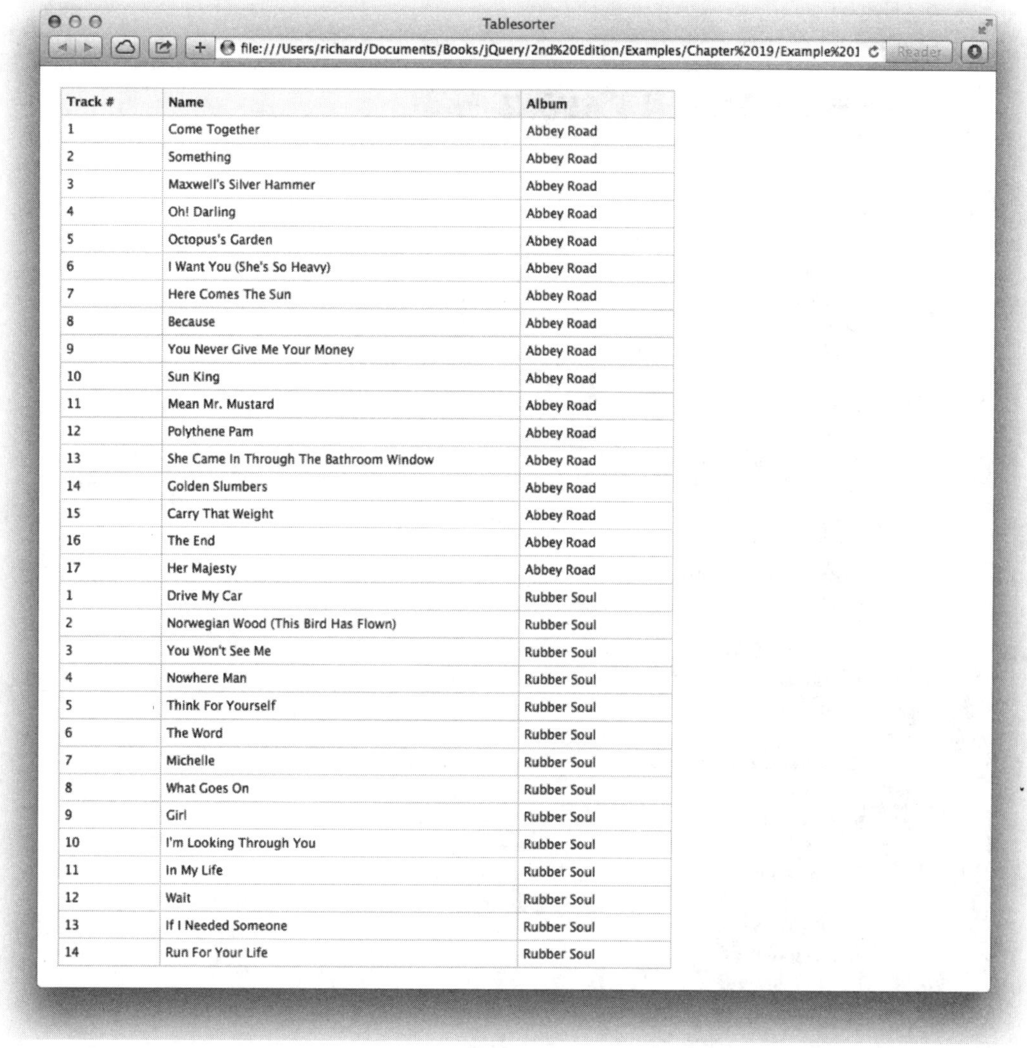

Tablesorter

file:///Users/richard/Documents/Books/jQuery/2nd%20Edition/Examples/Chapter%2019/Example%201

Track #	Name	Album
1	Come Together	Abbey Road
2	Something	Abbey Road
3	Maxwell's Silver Hammer	Abbey Road
4	Oh! Darling	Abbey Road
5	Octopus's Garden	Abbey Road
6	I Want You (She's So Heavy)	Abbey Road
7	Here Comes The Sun	Abbey Road
8	Because	Abbey Road
9	You Never Give Me Your Money	Abbey Road
10	Sun King	Abbey Road
11	Mean Mr. Mustard	Abbey Road
12	Polythene Pam	Abbey Road
13	She Came In Through The Bathroom Window	Abbey Road
14	Golden Slumbers	Abbey Road
15	Carry That Weight	Abbey Road
16	The End	Abbey Road
17	Her Majesty	Abbey Road
1	Drive My Car	Rubber Soul
2	Norwegian Wood (This Bird Has Flown)	Rubber Soul
3	You Won't See Me	Rubber Soul
4	Nowhere Man	Rubber Soul
5	Think For Yourself	Rubber Soul
6	The Word	Rubber Soul
7	Michelle	Rubber Soul
8	What Goes On	Rubber Soul
9	Girl	Rubber Soul
10	I'm Looking Through You	Rubber Soul
11	In My Life	Rubber Soul
12	Wait	Rubber Soul
13	If I Needed Someone	Rubber Soul
14	Run For Your Life	Rubber Soul

图　19-1

该例的重点是设置适当的 HTML 文档，然后使用 CSS 设置其样式。应用$.tablesorter()插件时，该插件默认提供其余功能。

可使用附录 T 中列出的选项来定制$.tablesorter()的多个方面。例如，要选择作为排序依据的第二列，需要按下键盘上的一个键，而使用 sortMultiSortKey 选项，可以更改要按下的键。sortMultiSortKey 选项的默认值是'shiftKey'；要改用 Option(Mac)或 Alt(Windows)键，可将该值改为'altKey'。

```
$('table').tablesorter({
    sortMultiSortKey : 'altKey'
});
```

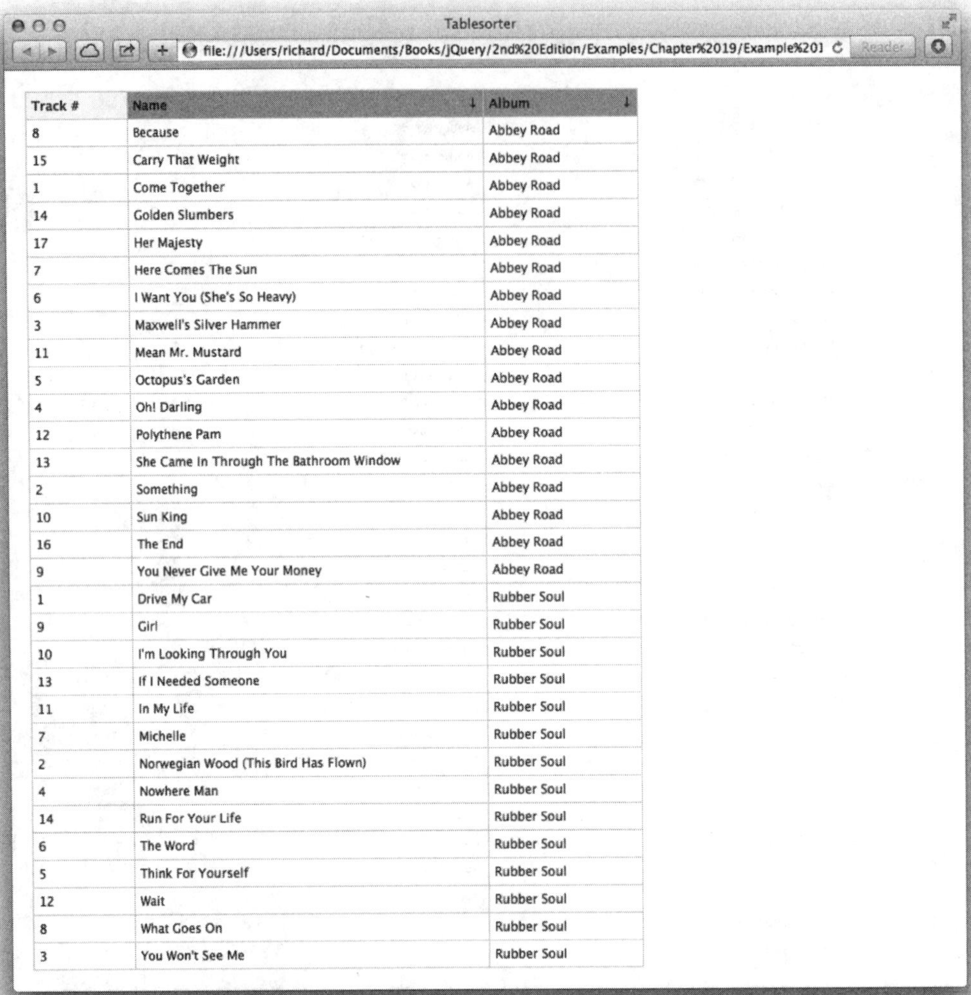

Track #	Name	Album
8	Because	Abbey Road
15	Carry That Weight	Abbey Road
1	Come Together	Abbey Road
14	Golden Slumbers	Abbey Road
17	Her Majesty	Abbey Road
7	Here Comes The Sun	Abbey Road
6	I Want You (She's So Heavy)	Abbey Road
3	Maxwell's Silver Hammer	Abbey Road
11	Mean Mr. Mustard	Abbey Road
5	Octopus's Garden	Abbey Road
4	Oh! Darling	Abbey Road
12	Polythene Pam	Abbey Road
13	She Came In Through The Bathroom Window	Abbey Road
2	Something	Abbey Road
10	Sun King	Abbey Road
16	The End	Abbey Road
9	You Never Give Me Your Money	Abbey Road
1	Drive My Car	Rubber Soul
9	Girl	Rubber Soul
10	I'm Looking Through You	Rubber Soul
13	If I Needed Someone	Rubber Soul
11	In My Life	Rubber Soul
7	Michelle	Rubber Soul
2	Norwegian Wood (This Bird Has Flown)	Rubber Soul
4	Nowhere Man	Rubber Soul
14	Run For Your Life	Rubber Soul
6	The Word	Rubber Soul
5	Think For Yourself	Rubber Soul
12	Wait	Rubber Soul
8	What Goes On	Rubber Soul
3	You Won't See Me	Rubber Soul

图　19-2

还可以使用 cssHeader、cssAsc 和 cssDesc 选项来更改应用于<th>元素的类名。cssHeader 的默认值是 header，cssAsc 的默认值是 headerSortUp，而 cssDesc 的默认值是 headerSortDown：

```
$('table').tablesorter({
    sortMultiSortKey : 'altKey',
    cssHeader : 'tableSorterHeader',
    cssAsc : 'tableSorterAscending',
    cssDesc : 'tableSorterDescending'
});
```

最后，如果表格的单元格中包含其他标记，需要使用 textExtraction 选项将此类标记纳入考虑范围。textExtraction 选项可以是字符串'simple'，也可以是一个回调函数。无论使用哪种方法，都要尽快、尽可能优化性能。此处提供的方法速度将较慢，因为使用 jQuery 并多次链式调用所需的函数。

```
$('table').tablesorter({
    sortMultiSortKey : 'altKey',
    cssHeader : 'tableSorterHeader',
    cssAsc : 'tableSorterAscending',
    cssDesc : 'tableSorterDescending',
    textExtraction : function(node)
    {
        return $(node).text();
    }
});
```

表格的初始排序方式由 sortList 选项控制。该选项允许提供一个数组来描述在应用$.tablesorter()插件后如何对表格进行排序。默认行为如下：在用户明确单击列标题对列进行排序之前，不更改表格的排列顺序。下面的示例默认情况下排序表格，首先依照 Album 按升序排序，然后依照 Name 列按升序排序，结果参见之前的图 19-2。

```
$('table').tablesorter({
    sortList : [
        [2, 0],
        [1, 0]
    ]
});
```

使用编号引用每一列，第一列的编号为 0。这里的第一个排序列是第三列。然后指定按升序还是按降序排列；指定 0 表示升序，指定 1 表示降序。因此，[2, 0]将依据第三列升序排序，而[1, 0]接着依据第二列按升序排序。

附录 T 列出了用于定制$.tablesorter()插件实现方式的其他选项。

19.2　小结

$.tablesorter()插件的使用方法十分简捷，只需将插件的代码添加到文档中，然后在要排序的任意<table>元素上启用$.tablesorter()即可。

从本章可以了解到，表格排序的开箱即用体验包括依据一列或多列进行排序。为此，只需具有正确的 HTML 结构代码和一些 CSS 代码即可。

使用 sortMultiSortKey 选项，可以定制用于选择多列的热键。

可使用 cssHeader、cssAsc 和 cssDesc 选项来定制$.tablesorter()为<th>元素使用的各种类名。

如果表格较复杂，并在单元格中使用了标记，可使用 textExtraction 选项来控制从各个单元格提取文本的方式。可使用'simple'方法，这种情况下，会将单元格的内容全部取出，而不考虑是否包含标记；也可以使用回调函数来明确指定文本的提取方式。例如，可自行浏览 DOM，直接使用 JavaScript API(而非 jQuery)来获取文本节点。

最后，sortList 定义在应用$.tablesorter()插件时表格的默认排序方式。

19.3　练习

1. 默认情况下表格如何排序？
2. 在选择第二个排序列时，如何改为使用 Mac 或 Windows 键盘上的 Control 键？
3. 使用$.tablesorter()插件时，如何定制<th>元素上使用的类名？

第20章 创建交互式幻灯片放映效果

在当今的网站首页上，放映幻灯片可谓司空见惯。通常会设置三个或更多个面板，在多张幻灯片之间接连切换。当幻灯片放映完毕时，会重新开始。放映这些幻灯片通常用于营销产品以及显示多个横幅广告。

本章将介绍如何使用笔者为自己的 PHP 开源框架(Hot Toddy)编写的幻灯片放映插件。该插件没有选项，演示了如何创建一个可重用的 jQuery 插件，该插件可在一个页面中容纳多个插件实例。

20.1 创建幻灯片放映效果

本节将讨论如何使用插件创建幻灯片放映(slideshow)效果，以及如何编写插件本身的代码。笔者编写的插件仅提供幻灯片之间的淡化过渡效果。本章的目标是使你了解如何使该插件很好地运行，从而可以修改它来满足自己的需要，其中包括如何使用不同的动画。

放映幻灯片的原理十分简单：提供两帧或更多帧，可在这些帧之间进行切换。幻灯片的数量是可变的，可根据需要加入足够多或较少的幻灯片，插件会自动给这些幻灯片编号，并在它们之间进行切换。

该插件旨在应对同一个页面容纳多张幻灯片以放映的可能情形。每个幻灯片放映都被称为一个“集合”(collection)。代码旨在为每个集合创建一个新的幻灯片放映对象实例，使它们可以独立运行。

使用下面的示例 Example 20-1 开始创建幻灯片放映，该例位于可从 www.wrox.com/go/webdevwithjquery 下载的源代码资料中：

```
<!DOCTYPE HTML>
<html lang='en'>
    <head>
```

```
        <meta charset='utf-8' />
        <title>Slideshow</title>
        <script src='../jQuery.js'></script>
        <script src='../jQueryUI.js'></script>
        <script src='Example 20-1.js'></script>
        <link href='Example 20-1.css' rel='stylesheet' />
    </head>
    <body>
        <div id='slides' class='slideshow'>
            <div class='slide'>
                <a href='#'>
                    <img src='images/Faces of Autumn.jpg'
                    alt="Faces of Autumn" />
                </a>
            </div>
            <div class='slide'>
                <a href='#'>
                    <img src='images/Key.png' alt="Key" />
                </a>
            </div>
            <div class='slide'>
                <a href='#'>
                    <img src='images/Pencil Drawing.jpg'
                    alt="Pencil Drawing" />
                </a>
            </div>
        </div>
    </body>
</html>
```

将上面的 HTML 与下面的 CSS 结合使用：

```
body {
    font: 12px 'Lucida Grande', Arial, sans-serif;
    background: #fff;
    color: rgb(50, 50, 50);
}
div#slides {
    position: relative;
    border: 1px solid black;
    height: 200px;
    width: 500px;
}
div.slide {
    position: absolute;
    top: 0;
    left: 0;
    width: 500px;
    height: 200px;
    background: black;
    overflow: hidden;
```

```
        z-index: 1;
    }
    ul.slideshowControls {
        list-style: none;
        padding: 0;
        margin: 0;
        position: absolute;
        z-index: 2;
    }
    ul.slideshowControls li {
        float: left;
        width: 10px;
        height: 10px;
        margin: 5px 0 0 5px;
        border-radius: 5px;
        background: black;
        text-indent: -2000000px;
        cursor: pointer;
        border: 1px solid white;
        overflow: hidden;
    }
    ul.slideshowControls li.slideshowControlActive {
        background: white;
        border: 1px solid black;
    }
    div#slide-1-1 img {
        position: relative;
        top: -200px;
    }
    div#slide-1-2 img {
        position: relative;
        top: -200px;
    }
    div#slide-1-3 img {
        position: relative;
        top: -600px;
    }
```

该例的最后是下面的 JavaScript 脚本，将该脚本与上面的样式表和 HTML 标记结合使用：

```
var slideshows = [];

$.fn.extend({
    slideshow : function()
    {
        return this.each(
            function()
            {
                var node = $(this);
```

```
                if (typeof node.data('slideshow') === 'undefined')
                {
                    var slideCollection = slideshows.length + 1;

                    slideshows[slideCollection] =
                        new slideshow(node, slideCollection);

                    node.data('slideshow', slideCollection);
                }
            }
        );
    }
});

// From John Resig's awesome class instantiation code.
// http://ejohn.org/blog/simple-class-instantiation/
var hot = {

    factory : function()
    {
        return function(args)
        {
            if (this instanceof arguments.callee)
            {
                if (typeof(this.init) == 'function')
                {
                    this.init.apply(this, args && args.callee? args : arguments);
                }
            }
            else
            {
                return new arguments.callee(arguments);
            }
        }
    }
};

var slideshow = hot.factory();

slideshow.prototype.init = function(node, slideCollection)
{
    this.counter = 1;
    this.isInterrupted = false;
    this.transitioning = false;
    this.resumeTimer = null;

    if (!node.find('ul.slideshowControls').length)
    {
        node.prepend(
```

```
        $('<ul/>').addClass('slideshowControls')
    );
}

node.find('ul.slideshowControls').html('');

var slideInCollection = 1;

node.find('.slide').each(
    function()
    {
        this.id = 'slide-' + slideCollection + '-' + slideInCollection;

        node.find('ul.slideshowControls')
            .append(
                $('<li/>')
                    .attr(
                        'id',
                        'slideshowControl-' + slideCollection + '-' +
                            slideInCollection
                    )
                    .html(
                        $('<span/>').text(slideInCollection)
                    )
            );

        slideInCollection++;
    }
);

node.find('ul.slideshowControls li:first')
    .addClass('slideshowControlActive');

node.find('ul.slideshowControls li')
    .hover(
        function()
        {
            $(this).addClass('slideshowControlOn');
        },
        function()
        {
            $(this).removeClass('slideshowControlOn');
        }
    )
    .click(
        function()
        {
            if (!slideshows[slideCollection].transitioning)
            {
                if (slideshows[slideCollection].resumeTimer)
```

```
                {
                    clearTimeout(slideshows[slideCollection].resumeTimer);
                }

                slideshows[slideCollection].transitioning = true;
                slideshows[slideCollection].isInterrupted = true;

                var li = $(this);

                node.find('ul.slideshowControls li')
                    .removeClass('slideshowControlActive');

                node.find('.slide:visible')
                    .fadeOut('slow');

                var slideInCollection = parseInt($(this).text());

                var counter = slideInCollection + 1;

                var resetCounter = (
                     (slideInCollection + 1) >
                     node.find('ul.slideshowControls li').length
                );

                if (resetCounter)
                {
                    counter = 1;
                }

                slideshows[slideCollection].counter = counter;

                $('#slide-' + slideCollection + '-' + slideInCollection)
                    .fadeIn(
                    'slow',
                    function()
                    {
                        li.addClass('slideshowControlActive');

                        slideshows[slideCollection].transitioning = false;

                        slideshows[slideCollection].resumeTimer = setTimeout(
                            'slideshows[' + slideCollection + '].resume();',
                            5000
                        );
                    }
                );
            }
        }
    );
```

```
this.resume = function()
{
    this.isInterrupted = false;
    this.transition();
};

this.transition = function()
{
    if (this.isInterrupted)
    {
        return;
    }

    node.find('.slide:visible')
        .fadeOut('slow');

    node.find('ul.slideshowControls li')
        .removeClass('slideshowControlActive');

    $('#slide-' + slideCollection + '-' + this.counter).fadeIn(
        'slow',
        function()
        {
            node.find('ul.slideshowControls li').each(
                function()
                {
                    if (parseInt($(this).text()) ==
                        slideshows[slideCollection].counter)
                    {
                        $(this).addClass('slideshowControlActive');
                    }
                }
            );

            slideshows[slideCollection].counter++;

            var resetCounter = (
                slideshows[slideCollection].counter >
                node.find('ul.slideshowControls li').length
            );

            if (resetCounter)
            {
                slideshows[slideCollection].counter = 1;
            }

            setTimeout(
                'slideshows[' + slideCollection + '].transition();',
                5000
            );
```

```
            }
        );
    };

    this.transition();
};

$(document).ready(
    function()
    {
        if ($('.slideshow').length)
        {
            $('.slideshow').slideshow();
        }
    }
);
```

上例的运行结果如图 20-1 所示。

图　20-1

本例中的 HTML 旨在尽量减少指定的有关幻灯片放映的信息。插件会自动计算幻灯片的数量，会按照文档中的显示顺序切换这些幻灯片。由于每张幻灯片都是一个<div>元素，因此在每张幻灯片中，可以使用任意 HTML 内容，包括市场宣传文字。插件也会自动生成幻灯片放映控件。

本章的其余内容详细分析本例中的 JavaScript 代码，解释各个代码段如何结合在一起来创建更大的插件。

首先声明一个简单的全局变量：

```
var slideshows = [];
```

该变量名为 slideshows，包含已经创建的幻灯片放映对象的每个实例，这样便可根据需要在同一个 DOM 中容纳足够多的幻灯片放映。

下个代码段创建一个名为$.slideshow()的 jQuery 插件。与前面看到的大多数 jQuery 插件不同，该插件没有选项参数。可自行添加选项来暂停放映幻灯片或销毁幻灯片放映等，可根据需要添加任意配置参数。为此，只需为 jQuery $.slideshow()方法添加选项参数，然后针对页面上为每张幻灯片放映实例而实例化的相应 slideshow()对象，确定这些参数如何施加作用。

```
$.fn.extend({
    slideshow : function()
    {
        return this.each(
            function()
            {
                var node = $(this);

                if (typeof node.data('slideshow') === 'undefined')
                {
                    var slideCollection = slideshows.length + 1;

                    slideshows[slideCollection] =
                        new slideshow(node, slideCollection);

                    node.data('slideshow', slideCollection);
                }
            }
        );
    }
});
```

当前，在每个类名为 slideshow 的 HTML 元素上调用$.slideshow()方法，当 DOM 就绪时会自动调用。调用$.slideshow()时，会根据已创建的幻灯片放映数量，创建一个名为 slideCollection 的变量。该变量跟踪每个集合，允许回退，并引用一个已有集合。文档中的每个幻灯片放映都带有编号，编号从 0 开始。使用 jQuery data API，将该数据与每个幻灯片放映实例一起保存。如果某个实例没有关联的 slideshow 数据，则说明插件尚未处理它。这样就可以根据需要多次调用$.slideshow()插件方法，在文档或应用程序生命周期中创建幻灯片放映。根据需要创建新的幻灯片放映，并将其添加到现有的幻灯片放映集合中。

接下来的代码摘自 jQuery 创建者 John Resig 的网站。上面提供了一个便于引用的工厂方法来创建原型对象(prototype object)，即一个可反复实例化的对象，从而创建多个副本，每个副本都有自己的属性、计时器和设置，各成一体。

```
// From John Resig's awesome class instantiation code.
// http://ejohn.org/blog/simple-class-instantiation/
var hot = {

    factory : function()
    {
        return function(args)
        {
```

```
                if (this instanceof arguments.callee)
                {
                    if (typeof this.init == 'function')
                    {
                        this.init.apply(this, args && args.callee? args : arguments);
                    }
                }
                else
                {
                    return new arguments.callee(arguments);
                }
            }
        }
    };

    var slideshow = hot.factory();
```

在接下来的代码中，开头是 slideshow.prototype.init 函数。使用 new slideshow(node, slideCollection)来实例化幻灯片放映时，将执行 slideshow.prototype.init 函数来创建 slideshow 对象的新副本。

参数名是相同的，因此很容易将 new slideshow(node, slideCollection)与 slideshow.prototype.init = function(node, slideCollection)关联在一起。创建新的 slideshow 对象时，会创建一些变量来跟踪不同的状态。

this.counter 属性跟踪当前正在显示的幻灯片。this.isInterrupted 属性跟踪用户是否单击幻灯片控件中断放映幻灯片。幻灯片中断放映时，在用户单击查看的幻灯片上暂停 5 秒钟，此后，幻灯片放映会自动恢复。

this.transitioning 属性跟踪是否正在进行动画切换。在当前动画完成之前，该属性会忽略其他动画请求，以防出现积压多个动画的情形。

当用户中断幻灯片放映时，this.resumeTimer 属性保存所创建计时器的引用。有时，需要根据用户执行的操作清除计时器或创建计时器。

```
slideshow.prototype.init = function(node, slideCollection)
{
    this.counter = 1;
    this.isInterrupted = false;
    this.transitioning = false;
    this.resumeTimer = null;
```

接下来的代码行创建幻灯片放映控件。此时，创建的元素是类名为 slideshowControls 的<ul>元素；此时它尚无任何子元素。

```
if (!node.find('ul.slideshowControls').length)
{
    node.prepend(
        $('<ul/>').addClass('slideshowControls')
    );
}
```

如果确实存在类名为 slideshowControls 的<ul>元素，删除其子元素。

接着迭代类名为 slide 的幻灯片放映容器元素中的每个元素。代码段首先声明变量 slideInCollection，这是一个计数器，用于跟踪当前正在处理的幻灯片放映。该计数器创建 id 名，并创建幻灯片放映控件。

```
var slideInCollection = 1;

node.find('.slide').each(
    function()
    {
        this.id = 'slide-' + slideCollection + '-' + slideInCollection;

        node.find('ul.slideshowControls')
            .append(
                $('<li/>')
                    .attr(
                        'id',
                        'slideshowControl-' + slideCollection + '-' +
                            slideInCollection
                    )
                    .html(
                        $('<span/>').text(slideInCollection)
                    )
            );

        slideInCollection++;
    }
);
```

首先，为每个类名为 slide 的元素指定 id 名称，确定集合的偏移量和相应幻灯片的偏移量。为具有类名 slideshowControls 的<ul>元素指定新的<li>元素(针对每张幻灯片)。每个<li>元素用<span>元素填充，<span>元素又包含相应幻灯片的偏移编号。

可使用下面的代码找到类名为 slideshowControls 的<ul>中的第一个<li>元素，为其指定类名 slideshowControlActive：

```
node.find('ul.slideshowControls li:first')
    .addClass('slideshowControlActive');
```

接着为类名为 slideshowControls 的<ul>中的每个<li>元素提供 hover 和 click 事件。hover 事件用于以切换方式添加和删除 slideshowControlOn。

```
node.find('ul.slideshowControls li')
    .hover(
        function()
        {
            $(this).addClass('slideshowControlOn');
```

```
        },
        function()
        {
            $(this).removeClass('slideshowControlOn');
        }
    )
```

click 事件控制当用户单击幻灯片放映控件(指示用户想再次查看特定幻灯片)时发生的操作。

在 click 事件的回调函数中，可使用现有的 slideshows 全局变量来引用正确的幻灯片放映对象实例。为达到此目的，可采用多种方式——这是最适于演示正在发生的事情的方法。

代码块的第一条语句使用 transitioning 属性检查动画是否正在进行。如果动画正在进行，则什么也不做，忽略 click 事件。

```
.click(
    function()
    {
        if (!slideshows[slideCollection].transitioning)
        {
```

接着检查是否有活动的 resumeTimer；resumeTimer 控制切换幻灯片时的间隔。如果一个计时器处于活动状态，则调用本地 clearTimeout()方法来清除它。

```
if (slideshows[slideCollection].resumeTimer)
{
    clearTimeout(slideshows[slideCollection].resumeTimer);
}
```

将 transitioning 属性设置为 true，指示幻灯片动画正在进行。接着将 isInterrupted 属性设置为 true，指示用户单击了幻灯片控件，中断了幻灯片放映。

```
slideshows[slideCollection].transitioning = true;
slideshows[slideCollection].isInterrupted = true;
```

将对<li>元素的 jQuery 对象的引用存储在 li 变量中。

```
var li = $(this);
```

从类名为 slideshowControls 的<ul>的所有<li>元素中删除 slideshowControlActive 类名。

```
node.find('.slideshowControls li')
    .removeClass('slideshowControlActive');
```

对于用类名 slide 和:visible 伪类(jQuery 专用)识别的当前可见的幻灯片，在动画中使其淡出。

```
node.find('.slide:visible')
    .fadeOut('slow');
```

通过当前<li>元素的文本来检索当前幻灯片的偏移编号的引用。

```
var slideInCollection = parseInt($(this).text());
```

创建 counter 变量，这样当幻灯片恢复放映时，counter 属性将包含正确幻灯片的正确引用。

```
var counter = slideInCollection + 1;
```

如果 slideInCollection + 1 包含的数字超过集合中的幻灯片长度，将 counter 重置为 1。这会将幻灯片放映从最后一张幻灯片前移到循环中的第一张幻灯片。

```
var resetCounter = (
    (slideInCollection + 1) >
    node.find('ul.slideshowControls li').length
);

if (resetCounter)
{
    counter = 1;
}
```

将 counter 变量的值移到 counter 属性，这样在自动恢复后，可以继续正确放映幻灯片。

```
slideshows[slideCollection].counter = counter;
```

接着，用户单击的幻灯片使用动画效果淡入。使用该幻灯片的集合编号和幻灯片编号来引用它。

```
$('#slide-' + slideCollection + '-' + slideInCollection)
    .fadeIn(
    'slow',
    function()
    {
```

将 slideshowControlActive 类名添加到 li 变量，该变量包含当前<li>元素的 jQuery 对象的引用。

```
li.addClass('slideshowControlActive');
```

这样就完成了动画，将 transitioning 属性设置为 false，指示当前没有正在进行的动画。

```
slideshows[slideCollection].transitioning = false;
```

由于动画已经完成，接下来恢复计时器。调用 setTimeout()，在 5 秒后自动触发幻灯片放映切换，就像幻灯片从未中断放映一样。再过 5 秒，会进行下一次幻灯片放映切换。

```
slideshows[slideCollection].resumeTimer = setTimeout(
    'slideshows[' + slideCollection + '].resume();',
    5000
);
```

```
                    }
                );
            }
        }
    );
```

接下来的代码块是一个 API 方法。如果幻灯片放映已经中断，它将恢复放映幻灯片。

```
this.resume = function()
{
    this.isInterrupted = false;
    this.transition();
};
```

仅当用户单击控件、手动翻转到一张幻灯片时，才会使用该方法。它将 isInterrupted 属性设置为 false，然后调用 transition()方法触发下一次切换。

使用 transition()方法，以普通方式从一张幻灯片切换到下一张幻灯片，不断地重复显示一个循环中的所有幻灯片。

```
this.transition = function()
{
```

如果 isInterrupted 属性为 true，该方法返回，什么都不做。这意味着中断放映幻灯片的过程尚未结束，不应该干预。

```
if (this.isInterrupted)
{
    return;
}
```

与处理单击幻灯片控件的代码块类似，首先调用 fadeOut()来隐藏当前可见的幻灯片。可通过类名 slide 和伪类:visible 找到当前幻灯片放映中的幻灯片。

```
node.find('.slide:visible')
    .fadeOut('slow');
```

此后，对于当前幻灯片中类名为 slideshowControls 的< ul >中的所有<li>元素，将删除类名 slideshowControlActive。

```
node.find('ul.slideshowControls li')
    .removeClass('slideshowControlActive');
```

最后，调用 fadeIn()以动画方式显示新的幻灯片；通过集合编号(slideCollection)及幻灯片编号(this.counter)来引用新幻灯片。

```
$('#slide-' + slideCollection + '-' + this.counter)
    .fadeIn(
    'slow',
    function()
    {
```

当新的幻灯片完成 fadeIn()动画时，当前幻灯片对应的<li>控件(位于类名为 slideshowControls 的< ul >中)接受类名 slideshowControlActive。可通过比较每个<li>元素的文本与 counter 属性的当前值来查找当前控件。

```
node.find('ul.slideshowControls li').each(
    function()
    {
        if (parseInt($(this).text()) ==
            slideshows[slideCollection].counter)
        {
            $(this).addClass('slideshowControlActive');
        }
    }
);
```

counter 属性递增 1，为放映下一张幻灯片做好准备。

```
slideshows[slideCollection].counter++;
```

如果 counter 属性的新值超过幻灯片总数，将 counter 属性的值重置为 1；这样当显示最后的幻灯片时，可使 counter 属性不再引用最后的幻灯片，而改为引用第一张幻灯片。

```
var resetCounter = (
    slideshows[slideCollection].counter >
    node.find('ul.slideshowControls li').length
);

if (resetCounter)
{
    slideshows[slideCollection].counter = 1;
}
```

创建一个新的计时器，在此次切换到下次切换之间运行。

```
                setTimeout(
                    'slideshows[' + slideCollection + '].transition();',
                    5000
                );
            }
        );
    };
```

调用 this.transition()，开始放映幻灯片：

```
this.transition();
```

最后，在脚本结束位置，当 DOM 就绪时触发 ready 事件。查看是否存在类名为 slideshow 的任意元素，如果有，在其中的每个元素上调用 jQuery 插件方法$.slideshow()。

```
$(document).ready(
```

```
        function()
        {
            if ($('.slideshow').length)
            {
                $('.slideshow').slideshow();
            }
        }
    );
```

20.2　小结

在本章，你学习了如何创建和使用插件来制作交互式幻灯片放映效果；在很多网站的首页上，都可以看到用于显示广告的幻灯片。你创建的插件可在文档中处理一个或多个不同的幻灯片放映，其中每一个都有两张或更多张幻灯片。使用原型编程风格，可为每个幻灯片放映创建不同的对象，每一个都有各自的属性和状态。

20.2　练习

1. 使用 isInterrupted 属性来跟踪是否已经中断放映幻灯片的目的是什么？

2. 使用 transitioning 属性来跟踪是否正在进行切换的目的是什么？

3. 描述插件如何自动创建“单击特定幻灯片”的控件。每个控件的 id 名包含什么信息？在每个控件的文本中可以获得什么信息？

附加题：创建自己的幻灯片放映插件版本，该版本包含以下选项：

- 开始、暂停或恢复幻灯片放映
- 销毁幻灯片放映
- 设置幻灯片切换之间的自定义时间
- 设置自定义动画

第21章

使用 HTML5 音频和视频

从成立伊始，当带有格式的文本信息可与诸如图形的媒体元素在同一页面上显示时，WWW(万维网)才开始真正崛起。延续这一传统，HTML5 引入了简单的标准<video>和<audio>元素来使用指定类型的媒体。令人遗憾的是，在浏览器中支持这些媒体一直以来都显得十分困难。

本章将介绍如何使用 MediaElement 插件，该插件利用当今浏览器中的媒体功能，并添加了几个自定义插件来支持较旧的浏览器。

21.1 下载 MediaElement 插件

MediaElement 插件位于 http://www.mediaelementjs.com/，下载起来十分方便。需要的所有资料都可供下载。从下载的生成目录，乃至获取用于项目的 mediaelement-and-player.min.js 和 mediaelement.min.css 文件，一应俱全。这些文件可满足最基本的功能需求；实际使用中需要的其他文件在本章后面的 21.4 节“实现 h.264 视频内容”中描述。

21.2 配置 MediaElement 插件

MediaElement 插件提供 20 多个配置选项。本章将重点介绍其中几个选项，附录 U 列出了全部选项。首先创建下面的标记代码，这些代码位于可从 www.wrox.com/go/webdevwithjquery 下载的源代码资料 Example 21-1.html 中：

```
<!DOCTYPE HTML>
<html xmlns='http://www.w3.org/1999/xhtml'>
    <head>
        <meta http-equiv='content-type'
```

```
        content='application/xhtml+xml; charset=utf-8' />
      <meta http-equiv='content-language' content='en-us' />
      <title>MediaElement Plugin</title>
      <script src='../jQuery.js'></script>
      <script src='../MediaElement/mediaelement-and-player.min.js'></script>
      <script src='Example 21-1.js'></script>
      <link href='../MediaElement/mediaelementplayer.min.css' rel='stylesheet' />
      <link href='Example 21-1.css' rel='stylesheet' />
   </head>
   <body>
      <div id='container'>
         <video src='testvideo1.mp4' width='320' height='240'></video>
      </div>
   </body>
</html>
```

虽然引用了 CSS，但这些规则不影响此例的显示。添加下面的 JavaScript 代码(位于 Example 21-1.js 中)来配置和激活 MediaElement 插件：

```
$(document).ready(
   function()
   {
      $('video,audio').mediaplayerelement(
         {
            clickToPlayPause: true,
            features: ['playpause', 'current', 'progress', 'volume'],
            poster: 'images/FilmMarker.jpg'
         }
      );
   }
);
```

代码的运行结果如图 21-1 所示。

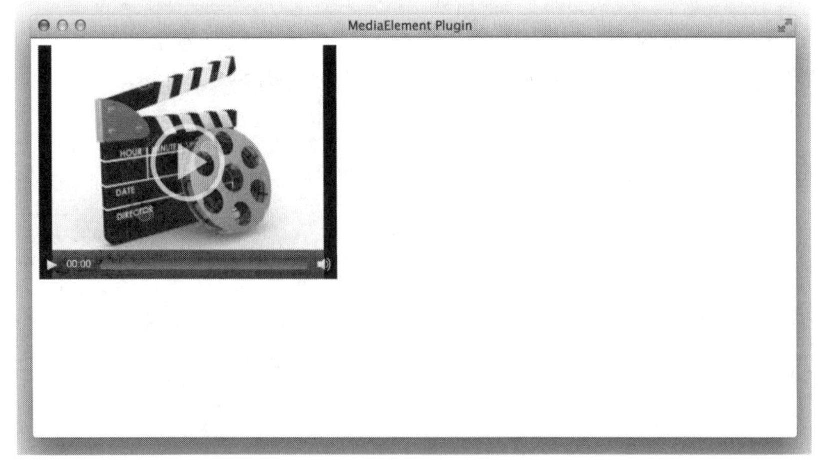

图　21-1

首先使用 HTML5 <video>元素来指定媒体文件及大小：

```
<video src='testvideo1.mp4' width='320' height='240'></video>
```

然后使用 jQuery 来选择页面上的所有<video>和<audio>元素，使用 clickToPlayPause、features 和 poster 配置选项，在这些元素上激活 MediaElement 插件：

```
$('video,audio').mediaplayerelement(
    {
        clickToPlayPause: true,
        features: ['playpause', 'current', 'progress', 'volume'],
        poster: 'images/FilmMarker.jpg'
    }
);
```

21.5 节“自定义播放器控件”将讨论 features 选项。clickToPlayPause 选项的含义几乎不言自明。与众所周知的 YouTube 功能类似，可在视频的任意位置单击来播放或暂停视频。poster 选项允许在开始播放视频前显示图像。如果不使用该选项，MediaElement 插件默认显示视频的第一帧。常见的用法包括显示视频中段的帧(预先保存到图像文件中)，或显示华丽的“请欣赏我们的视频”宣传图像。

21.3　创建 HTML 结构，使其支持针对较旧浏览器的回退视频/音频插件

你可能注意到，上例使用了 h.264(MP4)视频文件。下一节讨论 h.264 格式，h.264 是 HTML5 视频规范支持的三种格式(h.264、Ogg 和 WebM)中的一种。这里你将看到使用 MediaElement 插件的最重要原因：该插件能在原本并不支持这些格式的浏览器中显示媒体文件，而且不会失去较新浏览器本地播放内容的能力。该插件通过提供多个源，直至找到支持的源，从而回退支持格式。可分析下面的标记(摘自 Example 21-2.html)：

```
<!DOCTYPE HTML>
<html xmlns='http://www.w3.org/1999/xhtml'>
    <head>
        <meta http-equiv='content-type'
            content='application/xhtml+xml; charset=utf-8' />
        <meta http-equiv='content-language' content='en-us' />
        <title>MediaElement Plugin</title>
        <script src='../jQuery.js'></script>
        <script src='../MediaElement/mediaelement-and-player.min.js'></script>
        <script src='Example 21-2.js'></script>
        <link href='../MediaElement/mediaelementplayer.min.css' rel='stylesheet' />
        <link href='Example 21-2.css' rel='stylesheet' />
    </head>
    <body>
```

```
        <div id='container'>
            <video width='320' height='240'>
                <source type='video/mp4' src='testvideo1.mp4'></source>
                <source type='video/wmv' src='testvideo1.wmv'></source>
                <object width='320' height='240'
                     type='application/x-shockwave-flash'
                    data='flashmediaelement.swf'>
                    <param name='movie' value='flashmediaelement.swf' />
                    <param name='flashvars'
                        value='controls=true&file=testvideo1.mp4' />
                </object>
            </video>
        </div>
    </body>
</html>
```

注意，不用在<video>元素中指定源，相反，现在使用多个<source>元素。MediaElement 首先尝试加载本地支持的格式，然后加载 Silverlight 插件支持的格式。另外，如果所有的<source>元素都不受支持，该示例标记允许回退到 Flash 插件。

21.4　实现 h.264 视频内容

h.264 视频格式已成为数字视频新的事实标准。YouTube、Apple 和空中广播 HDTV 运营商都使用这种格式。它也是蓝光光盘的编码标准之一。在本节中，你将学习如何采用这种格式来转换和分发视频内容。

21.4.1　使用 Handbrake 或 QuickTime 编码

视频内容的格式取决于是获取视频内容还是生成视频内容，另外还取决于从哪台设备生成内容。如果想要使用 h.264 格式，并且需要将另一种视频格式转换为该格式，则需要获取视频转换实用工具。推荐的实用工具是 Handbrake(https://handbrake.fr/)和 QuickTime (https://www.apple.com/quicktime/)。如果使用的不是 Mac，则明确推荐使用 Handbrake。另外，Mac 上的 QuickTime Player(v10 及更新版本)支持从 File 菜单使用 Export 进行导出，但 Apple 近来的版本(自从 10.3 版本以来)缩减了可用的功能。每个工具都包含设备预设，在确定了桌面计算机和各种功能的移动设备的使用者后，生成正确的视频大小和质量。

21.4.2　使用 HTML5 <video>元素

HTML5 <video>元素规范允许使用多个<source>元素，如上一节所述。这样就可为三种支持的格式(h.264、Ogg 和 WebM)分别添加一个元素，确保内容可以在所有现代浏览器中播放。

21.4.3　使用 Flash 播放器插件

为避免以多种格式编码视频内容，可以添加回退标记来指示 MediaElement 插件使用 Flash 播放 h.264 视频文件：

```
<object width='320' height='240'
   type='application/x-shockwave-flash'
       data='flashmediaelement.swf'>
    <param name='movie' value='flashmediaelement.swf' />
    <param name='flashvars'
          value='controls=true&file=testvideo1.mp4' />
</object>
```

该插件使用 Flash 视频 flashmediaelement.swf 来播放内容，其中，在 flashvars 参数中传入文件名。

21.4.4　使用 Microsoft 的 Silverlight 插件

虽然可采用与 Flash 插件类似的方式，为 Silverlight 插件添加<object>元素标记，但 Silverlight 需要许多附加参数(一般最好由 MediaElement 插件生成)。对于原本不支持 Windows Media Video 等格式的浏览器，Silverlight 允许在此类浏览器中支持这些格式。

21.5　自定义播放器控件

如前所述，MediaElement 插件提供很多配置选项。使用 features，可以自定义将哪些控件显示给用户。

```
features: ['playpause', 'current', 'progress', 'duration', 'volume',
          'fullscreen']
```

大多数可用控件或功能的含义不言自明。上面的代码分别指示播放/暂停按钮、显示当前位置、进度条、视频长度、音量控件以及全屏按钮。

下面列出可在 features 数组中提供的常见选项：

- playpause——一个用于播放或暂停媒体的控件按钮，可以切换其图标以对媒体播放状态做出适当响应。
- current——采用典型的 HH:MM:SS 格式，显示媒体的当前位置。
- progressbar——一个填充栏控件，显示媒体当前在持续时间内的位置。
- duration——采用典型的 HH:MM:SS 格式，显示媒体长度。
- volume——一个控件按钮，用内嵌的滑块设置音量。
- tracks——一个控件按钮，切换显示<video>元素中的<track>元素指定的标题和子标题。有必要指出，浏览器为本地文本曲目文件设置了不同安全策略。
- speed——一个速度控件按钮，包含用于设置播放速度的选项菜单。

21.6　控制何时开始下载媒体

如果需要将媒体内容下载或缓存到用户的浏览器中，需要考虑几个因素。例如考虑视频大小以及用户播放该媒体的预计可能性。实际控制由<video>或<audio>元素可选的 preload 特性的值来指示。

```
<video src='testvideo1.mp4' width='320' height='240'
   preload='metadata'></video>
```

可能的值如下：

- (不指定 preload 特性)——允许浏览器确定是否预加载媒体数据。
- none——不应该预加载媒体数据。如果不希望用户在开始播放内容之前看到深黑色的帧，建议为视频内容使用 poster 图像特性或选项。
- metadata——应该下载内容的元数据，但不会预先加载媒体数据。该值允许元素显示内容的第一帧、持续时间和曲目信息，建议至少使用该值。
- auto(也可能是空值或不含值的特性) ——应该下载完整的媒体数据。

你可能注意到，每个值定义中都包含词语“应该”。HTML 规范指出，浏览器应将这些值视为提示而非要求。例如，移动设备上的浏览器经常不考虑该值，不会去预加载数据。

21.7　小结

本章介绍了 MediaElement 插件以及如何使用该插件在浏览器中连贯地支持音频和视频内容，还讨论了 HTML5 <video>和<audio>元素。

本章还介绍了 HTML5 <video>元素在不同浏览器中支持的三种视频格式，重点介绍了其中的 h.264 格式，并编写代码来显示该视频格式。

还有其他 MediaElement 插件支持 Flash 和 Silverlight 内容，而且多个<source>元素允许浏览器回退到支持的格式。

最后介绍 MediaElement 插件的常见配置选项，以及如何通过 preload 特性对内容下载时机进行控制。

21.8　练习

1. MediaElement 插件为哪两个 HTML5 元素实现了浏览器支持的标准化？
2. 可在媒体元素中重复使用哪个 HTML5 元素，使浏览器可以显示支持的格式？
3. 在 HTML5 规范中，支持哪三种视频格式？
4. 指出可显示标题和子标题的 MediaElement 配置选项。
5. 哪个 HTML5 特性指定何时将媒体内容加载到浏览器中？

第22章 创建简单的WYSIWYG编辑器

许多基于Web的WYSIWYG(所见即所得)编辑器日渐流行，只是后来被界面更完善、功能更多的编辑器所取代而已。在使用格式化功能时，其中一些编辑器使用<textarea>元素或修改DOM元素的innerHTML。

在本章中，你将学习一个特性，此特性更改了基于Web的编辑器的界面，以及如何在jQuery中使用该特性，用几个步骤创建一个简单的WYSIWYG编辑器。

22.1 使用contenteditable特性使一个元素成为可编辑元素

虽然喜欢使用HTML编辑器的人觉得很快就会厌烦HTML5 contenteditable特性，但实际上，该特性的作用不应被低估。它是另一项直观功能；当添加到一个DOM元素时，用户将可在浏览器中直接编辑该元素的内容。如果曾使用设置页面执行诸如更改常用按钮上的文本的操作，可设想将Web应用程序变得可编辑，然后直接在按钮上输入文本。此类功能不仅已经成为现实，而且可使用contenteditable特性方便地加以实现。

首先来看该特性的HTML示例(Example 22-1.html)：

```
<!DOCTYPE HTML>
<html xmlns='http://www.w3.org/1999/xhtml'>
    <head>
        <meta http-equiv='content-type'
            content='application/xhtml+xml; charset=utf-8' />
        <meta http-equiv='content-language' content='en-us' />
        <meta charset='utf-8' />
        <title>WYSIWYG Editor 1</title>
        <link href='Example 22-1.css' rel='stylesheet' />
    </head>
    <body>
        <div id='container' contenteditable='true'>
```

```
        </div>
    </body>
</html>
```

添加以下 CSS 样式规则(Example 22-1.css)：

```
body {
    font: 12px Arial, sans-serif;
    background: #fff;
    color: rgb(50, 50, 50);
}

div#container {
    position: absolute;
    top: 10%;
    left: 10%;
    height: 80%;
    width: 80%;
    padding: 5px;
    border: 1px solid black;
    border-radius: 3px;
}
```

该例的代码就完成了。虽然可使用 JavaScript 来动态切换元素是否可编辑，但对于最简单的 contenteditable 特性示例，不需要任何 JavaScript 代码。只需将该特性添加到<div>元素即可。

```
<div id='container' contenteditable='true'>
```

CSS 为<body>元素设置了一些默认样式，然后将可编辑元素放在页面中央，在大多数浏览器中都有细细的圆角边框，还有少许内边距，使文本离开边框。

运行上面的代码，将得到如图 22-1 所示的文档。

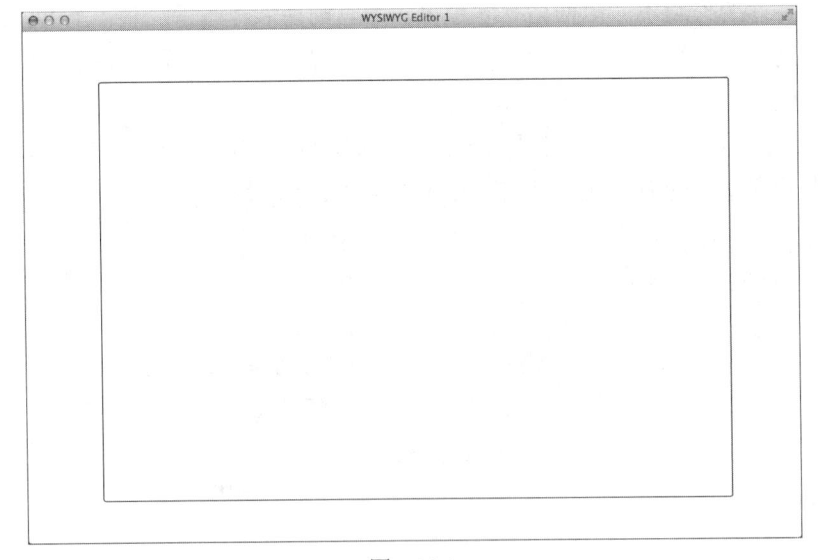

图　22-1

22.2　创建按钮来应用粗体、斜体、下划线、字体和字号等格式

现在，已有了一个文本编辑器。本节将介绍如何添加富文本功能来设置文本的格式，将构建一个工具栏来容纳这些功能。首先来看下面的 HTML(Example 22-2.html)：

```
<!DOCTYPE HTML>
<html xmlns='http://www.w3.org/1999/xhtml'>
    <head>
        <meta http-equiv='content-type'
           content='application/xhtml+xml; charset=utf-8' />
        <meta http-equiv='content-language' content='en-us' />
        <meta charset='utf-8' />
        <title>WYSIWYG Editor 2</title>
        <link href='Example 22-2.css' rel='stylesheet' />
        <script type='text/javascript' src='../jQuery.js'></script>
        <script type='text/javascript' src='Example 22-2.js'></script>
    </head>
    <body>
        <div id='toolbar'>
            <button class='toolbar-btn bold' data-format='bold'>B</button>
            <button class='toolbar-btn italic' data-format='italic'>I</button>
            <button class='toolbar-btn underline'
               data-format='underline'>U</button>
            <select class='toolbar-ddl fontname' data-format='fontname'>
                <option value=''></option>
                <option value='Arial'>Arial</option>
                <option value='Courier New'>Courier New</option>
                <option value='Times New Roman'>Times New Roman</option>
            </select>
            <select class='toolbar-ddl fontsize' data-format='fontsize'>
                <option value=''></option>
                <option value='2'>Small</option>
                <option value='3'>Normal</option>
                <option value='4'>Big</option>
                <option value='5'>Bigger</option>
            </select>
        </div>
        <div id='container' contenteditable='true'>
        </div>
    </body>
</html>
```

将上面的 HTML 标记与下面的 CSS(Example 22-2.css)结合使用：

```
body {
    font: 16px Arial, sans-serif;
```

```
    background: #fff;
    color: rgb(50, 50, 50);
}

div#container {
    position: absolute;
    top: 17%;
    left: 10%;
    height: 75%;
    width: 80%;
    padding: 5px;
    border: 1px solid black;
    border-radius: 3px;
}

div#toolbar {
    position: absolute;
    top: 10%;
    left: 10%;
    height: 5%;
    width: 80%;
    padding: 5px;
    border: 1px solid black;
    border-radius: 3px;
}

button.bold {
    font-weight: bold;
}

button.italic {
    font-style: italic;
}

button.underline {
    text-decoration: underline;
}
```

最后添加下面的 JavaScript(Example 22-2.js)代码来处理工具栏按钮的事件：

```
$(document).ready(
    function()
    {
        $('button.toolbar-btn').click(
            function()
            {
                var data = this && $(this).data && $(this).data();
                if (data && data.format && document.execCommand)
                {
                    document.execCommand(data.format, false, null);
                    $('div#container').focus();
```

```
                }
            }
        );
        $('select.toolbar-ddl').change(
            function()
            {
                var data = this && $(this).data && $(this).data();
                if (data && data.format && document.execCommand)
                {
                    document.execCommand(data.format, false,
                        this[this.selectedIndex].value);
                    this.selectedIndex = 0;
                    $('div#container').focus();
                }
            }
        );
    }
);
```

运行上面的代码，得到如图 22-2 所示的文档。

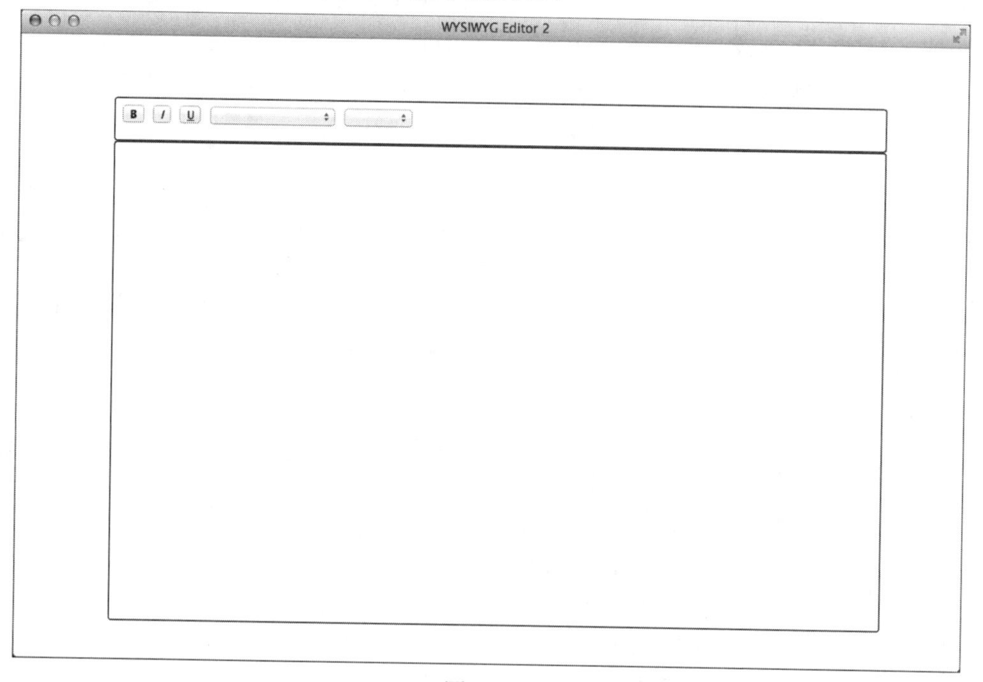

图　22-2

需要为工具栏添加一个<div>元素，并更新 CSS 来确定该工具栏的位置。在工具栏上，有三个<button>元素，分别对应粗体、斜体和下划线功能；还有两个<select>元素，分别对应字体和字号功能。注意，为这些元素添加了 data-format 特性。

```
<button class='toolbar-btn bold' data-format='bold'>B</button>
```

该结构使用 jQuery 的$.data()功能，该功能允许访问 HTML5 data 特性的 dataset 属性映射，使用时不必单独请求特性值。工具栏按钮的单击事件处理器首先执行一些健全性检查：

```
var data = this && $(this).data && $(this).data();
```

该代码行使用 JavaScript 简捷方式将逻辑检查与赋值结合在一起。如果 this(被单击的按钮)存在，而且其封装的 jQuery 对象$(this)包含数据成员，则为变量 data 赋值。与其他编辑语言不同，所赋的值不是“=”赋值运算符右侧的条件表达式的布尔结果(true 或 false)，而是最右侧参数$(this).data()的结果。

```
if (data && data.format && document.execCommand)
```

同样，检查$(this).data()函数是否返回有效信息，是否包含 format 成员，最后检查 HTML document 对象是否支持 execCommand 函数，这是 JavaScript 的简捷方式，用于告知浏览器使用其本地功能处理特定函数。

```
document.execCommand(data.format, false, null);
$('div#container').focus();
```

这些检查通过后，将 format 值以及附加参数 false(不为用户提供用户界面提示)和 null(粗体、斜体或下划线不需要值)发送给 document.execCommand 函数。最后，由于按钮单击从可编辑元素删除了焦点，因此将焦点发送回可编辑的元素。

<select>元素的下拉列表事件处理器稍有不同：

```
document.execCommand(data.format, false,
   this[this.selectedIndex].value);
this.selectedIndex = 0;
```

对于字体和字号，需要将这些值传给函数。this 关键字现在引用更改的<select>元素，因此将指示的模式用作所选项的值的快捷方式，然后作为数据值传递。

```
this.selectedIndex = 0;
```

对于这个简单编辑器而言，会选中每个列表顶部的空白项。虽然这样不够方便，使得看不到最后选择的项，但却避免了一些可能的混淆之处。如果不使用这行代码，用户可能认为在选择可编辑元素中的文本时，会检查字体和字号。

22.3 创建选区

在使用前面的示例时，你会注意到，可通过在可编辑元素中选中现有内容来更改它。JavaScript 允许操纵选区，包括以编程方式创建选区、存储有关当前选区的信息以及还原已取消选中的选区等选项。考虑到这些状况，下一组示例代码较庞大，但后面会逐句分析。

首先来看示例标记(Example 21-3.html)：

```
<!DOCTYPE HTML>
<html xmlns='http://www.w3.org/1999/xhtml'>
```

```
    <head>
        <meta http-equiv='content-type'
            content='application/xhtml+xml; charset=utf-8' />
        <meta http-equiv='content-language' content='en-us' />
        <meta charset='utf-8' />
        <title>WYSIWYG Editor 3</title>
        <link href='Example 22-3.css' rel='stylesheet' />
        <script type='text/javascript' src='../jQuery.js'></script>
        <script type='text/javascript' src='Example 22-3.js'></script>
    </head>
    <body>
        <div id='toolbar'>
            <button class='toolbar-btn bold' data-format='bold'>B</button>
            <button class='toolbar-btn italic' data-format='italic'>I</button>
            <button class='toolbar-btn underline'
              data-format='underline'>U</button>
            <select class='toolbar-ddl fontname' data-format='fontname'>
                <option value=''></option>
                <option value='Arial'>Arial</option>
                <option value='Courier New'>Courier New</option>
                <option value='Times New Roman'>Times New Roman</option>
            </select>
            <select class='toolbar-ddl fontsize' data-format='fontsize'>
                <option value=''></option>
                <option value='2'>Small</option>
                <option value='3'>Normal</option>
                <option value='4'>Big</option>
                <option value='5'>Bigger</option>
            </select>
            <button id='btnCreateSelection'>Create Selection</button>
            <button id='btnStoreSelection'>Store Selection</button>
            <button id='btnRestoreSelection'>Restore Selection</button>
        </div>
        <div id='container' contenteditable='true'>
        </div>
    </body>
</html>
```

CSS 与上一个示例完全相同，可根据需要参考。但使用更新的 JavaScript 代码(Example 22-3.js)增强了更新后的标记：

```
$(document).ready(
    function()
    {
        $('div#container').focus();
        $('button.toolbar-btn').click(
            function()
            {
                var data = this && $(this).data && $(this).data();
                if (data && data.format && document.execCommand)
```

```
                {
                    document.execCommand(data.format, false, null);
                    $('div#container').focus();
                }
            }
        );
        $('select.toolbar-ddl').change(
            function()
            {
                var data = this && $(this).data && $(this).data();
                if (data && data.format && document.execCommand)
                {
                    document.execCommand(data.format, false,
                        this[this.selectedIndex].value);
                    this.selectedIndex = 0;
                    $('div#container').focus();
                }
            }
        );
        $('button#btnCreateSelection').click(
            function()
            {
                var container = document.getElementById('container');
                container.innerHTML = 'Here is some sample text for selection';
                var range = document.createRange();
                range.setStart(container.firstChild, 5);
                range.setEnd(container.firstChild, 17);
                setSelectionRange(range);
            }
        );
        $('button#btnStoreSelection').click(
            function()
            {
                window.selectedRange = getSelectionRange();
            }
        );
        $('button#btnRestoreSelection').click(
            function()
            {
                if (window.selectedRange)
                {
                    setSelectionRange(window.selectedRange);
                }
            }
        );
    }
);

function getSelectionRange()
{
```

```
    if (window.getSelection)
    {
        var sel = window.getSelection();
        if (sel.getRangeAt && sel.rangeCount)
        {
            return sel.getRangeAt(0);
        }
        else // Safari
        {
            var range = document.createRange();
            range.setStart(sel.anchorNode, sel.anchorOffset);
            range.setEnd(sel.focusNode, sel.focusOffset);
            return range;
        }
    }
    return null;
}

function setSelectionRange(range)
{
    if (range && window.getSelection)
    {
        var sel = window.getSelection();
        sel.removeAllRanges();
        sel.addRange(range);
    }
}
```

运行该代码的结果如图 22-3 所示。

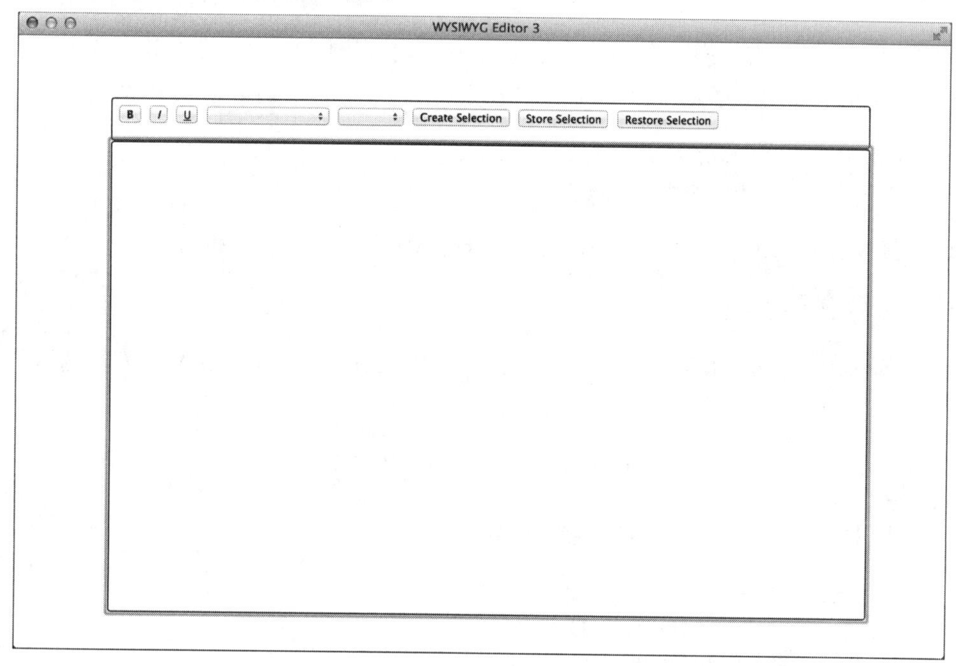

图 22-3

该标记现在包含按钮，用于在可编辑元素上创建选区：

```
<button id='btnCreateSelection'>Create Selection</button>
```

在 JavaScript 代码中，为该按扭添加 click 事件处理器：

```
$('button#btnCreateSelection').click(
    function()
    {
        var container = document.getElementById('container');
        container.innerHTML = 'Here is some sample text for selection';
        var range = document.createRange();
        range.setStart(container.firstChild, 5);
        range.setEnd(container.firstChild, 17);
        setSelectionRange(range);
    }
);
```

首先获取可编辑元素，将其保存在一个变量中，以方便使用：

```
var container = document.getElementById('container');
```

为简便起见，在本例中，在创建选区前，处理器设置可编辑元素的内容。虽然选择编辑的和设置格式的内容十分简便，但很快就会变得十分烦琐：

```
container.innerHTML = 'Here is some sample text for selection';
```

接着创建 range 对象，该对象对应于选择范围。

```
var range = document.createRange();
```

设置 range 对象的范围。在本例中设置元素的内容，因此，知道通常确定的和计算的值。range 的起点为文本的第 6 个字符，终点为第 18 个字符，偏移值从 0 算起。

```
range.setStart(container.firstChild, 5);
range.setEnd(container.firstChild, 17);
```

这样就设置了 range 对象的范围，可为选择范围调用第一个辅助函数：

```
setSelectionRange(range);
```

将 setSelectionRange 函数作为实用工具方法来添加；本节和 22.5 节“恢复选区”都用到该方法：

```
function setSelectionRange(range)
{
    if (range && window.getSelection)
    {
        var sel = window.getSelection();
        sel.removeAllRanges();
        sel.addRange(range);
```

```
    }
}
```

开始时最好做一些健全性检查。确保提供了范围，而且浏览器支持现代的 window.getSelection 方法：

```
if (range && window.getSelection)
```

然后获取当前选区对象：

```
var sel = window.getSelection();
```

选区对象可能包含零个乃至多个选择范围。通常，在单击页面之前，包含零个选择范围，其后再单击时，则包含一个选择范围。首先删除任意现有的选择范围：

```
sel.removeAllRanges();
```

最后给选区对象添加以编程方式创建的范围，最终在可编辑元素中选择了文本 is some samp。

22.4　存储选区

上面的示例代码更新了标记，给工具栏添加了一个按钮来存储选择范围的当前位置：

```
<button id='btnStoreSelection'>Store Selection</button>
```

更新 JavaScript 代码，为该按钮添加 click 事件处理器。该处理器执行的任务出奇简单——设置 window 级别的变量来存储有关当前选中内容的信息：

```
$('button#btnStoreSelection').click(
    function()
    {
        window.selectedRange = getSelectionRange();
    }
);
```

注意，使用了第二个辅助函数：

```
function getSelectionRange()
{
    if (window.getSelection)
    {
        var sel = window.getSelection();
        if (sel.getRangeAt && sel.rangeCount)
        {
            return sel.getRangeAt(0);
        }
        else // Safari
        {
```

```
                var range = document.createRange();
                range.setStart(sel.anchorNode, sel.anchorOffset);
                range.setEnd(sel.focusNode, sel.focusOffset);
                return range;
            }
        }
        return null;
    }
```

与另一个辅助函数一样，在执行 window.getSelection 健全性检查(功能检查)后，获得了当前选区对象。此次访问有关对象的附加信息。大多数情况下，选区对象支持 getRangeAt 方法；检查是否支持该方法，并检查选择范围是否存在。如果测试通过，返回选区对象中的第一个 range 对象。

```
if (sel.getRangeAt && sel.rangeCount)
{
    return sel.getRangeAt(0);
}
```

如果逻辑测试失败(在使用 Safari 时便是如此，Safari 不支持 getRangeAt)，则使用为人熟知的代码来创建 range 对象，此次使用选区对象的范围信息来指定开始和结束容器以及偏移量：

```
else // Safari
{
    var range = document.createRange();
    range.setStart(sel.anchorNode, sel.anchorOffset);
    range.setEnd(sel.focusNode, sel.focusOffset);
    return range;
}
```

最后，如果基本功能检测结果表明不支持现代选区对象，返回 null 并继续。最好通知用户：使用较新的浏览器可以获得更好的体验，此时便是此类情形之一。

```
return null;
```

如果未遇到最后一种情形(即选区对象不可用)，可存储有关选中内容的足够多的信息，供未来使用。

22.5　恢复选区

在前面的示例代码的标记中，添加的最后一个按钮允许在可编辑元素中恢复先前的选区。

```
<button id='btnRestoreSelection'>Restore Selection</button>
```

为该按钮的 click 事件添加了最后一个 JavaScript 事件处理器。首先测试是否存在先前保存的选区。如果确实存在，将其传给前面讨论的辅助函数，该函数会取消选中所有当前选区，然后恢复已保存的选区。

```
$('button#btnRestoreSelection').click(
    function()
    {
        if (window.selectedRange)
        {
            setSelectionRange(window.selectedRange);
        }
    }
);
```

有必要指出一点，存储和恢复选区信息的过程有点脆弱；尤其是存储了范围节点信息。如果元素内容发生变化，即使将该内容重置为完全相同的状态，范围信息也会失效。

22.6　小结

本章在浏览器中创建了一个简单的 WYSIWYG 编辑器，还介绍了功能强大的 HTML5 contenteditable 特性，该特性几乎可使任意 DOM 元素变得可供编辑。你了解到，可使用 document.execCommand 函数来处理编辑器中的格式选项。

你学习了当前浏览器选择模型的一些结构，并以编辑方式创建了 range 对象。尽管未能创建出下一款卓越的文字处理软件，但已经创建了可供进一步探讨的稳定代码基础。

22.7　练习

1. 哪个 HTML5 特性是大多数基于 Web 的现代 WYSIWYG 编辑器的基础？
2. 哪个 JavaScript 命令要求浏览器使用本地功能执行操作？
3. 传送给练习 2 描述的命令时，指出两个需要附加信息的选项。
4. 描述大多数浏览器存储当前选中内容的相关信息的结构。
5. 哪个 jQuery 方法提供对 HTML5 data 特性的访问？

第Ⅳ部分

附　　录

- 附录 A：练习题答案
- 附录 B：jQuery 选择器
- 附录 C：选择、遍历和筛选
- 附录 D：事件
- 附录 E：操纵内容、特性和自定义数据
- 附录 F：操纵内容的更多方法
- 附录 G：AJAX 方法
- 附录 H：CSS
- 附录 I：实用工具
- 附录 J：Draggable 和 Droppable
- 附录 K：Sortable 插件
- 附录 L：Selectable 插件
- 附录 M：动画和缓动效果
- 附录 N：Accordion 插件
- 附录 O：Datepicker 插件
- 附录 P：Dialog 插件
- 附录 Q：Tabs 插件
- 附录 R：Resizable (可调整尺寸)
- 附录 S：Slider (滑动条)
- 附录 T：Tablesorter 插件
- 附录 U：MediaElement

练习题答案

第 2 章

1. CSS 和 XPath 都是正确答案。

2. parents()

3. prev()

4. 根据所选元素在 DOM 层次中的位置，可使用 children()或 find()方法：children()方法可用于获取当前所选元素的直接子元素，而 find()方法既可用于获取当前所选元素的直接子元素，也可获取当前所选元素的所有后代元素。

5. not()

6. eq()

7. siblings()、prev()、next()、prevAll()、nextAll()

8. add()

第 3 章

1. 可使用 mouseover()或 on('mouseover')方法。如果也使用过时的方法，可使用 bind('mouseover')或 live('mouseover')。

附加题：使用 hover()方法。

2. on()方法。

3. event.target 属性可用于检查哪个后代元素收到了该事件。然后从那个元素向上冒泡，到达与事件处理器挂钩的元素。

4. 为 on()方法提供一个选择器参数，在包含要应用事件的元素的父元素或容器元素上，描述将在其上应用事件的元素。这也可以是 document 对象。

5. 在命名事件处理器实例时，可应用事件名、点号以及要使用的命名空间。可通过重复相同的过程来应用多个事件名。

6. off()方法。

7. 是。

8. 可使用不带参数的 click()或使用 trigger('click')。

9. 自定义事件处理器的开头是尚未用于 JavaScript 的任何事件名，可使用 on()方法挂钩使用相应名称的自定义事件处理器。trigger()方法可用于触发自定义事件处理器，以及将自定义数据发送给事件处理器。

第 4 章

1. 一种可能的代码是:

```
$('input').attr(
    'value' : 'Some Value'.
    'class' : 'someClass'
);
```

另一种可能的代码是：

```
$('input').addClass('someClass').val('Some Value');
```

2. 可采用如下所示的代码：

```
$('a').attr('href', 'http://www.example.com');
```

3. removeAttr()

4. hasClass()

5. 不包含。返回值中仅包含元素的文本内容，并不包含 HTML 标记。

6. 可见。这些 HTML 标记将被转义，并被视为文本内容。

7. jQuery 的 append()和 prepend()方法修复了 IE 浏览器中的一个 bug，即在 IE 浏览器中位于<table>元素中的 innerHTML 只读的问题。

8. jQuery 的 append()和 prepend()方法修复了 Firefox 浏览器中的一个 bug，即当使用 innerHTML 来追加或前插 HTML 内容时，Firefox 浏览器有时会丢失表单中输入字段的值的问题。

9. insertBefore()

10. wrapAll()

11. outerHTML
12. remove()
13. clone(true)

第 5 章

1. 可使用如下所示的代码：

```
$(nodes).each(
    function() {
    }
);

$.each(
    nodes,
    function() {
    }
);
```

2. 返回 false;
3. 被选择器选中的元素将保留在选择集中，而那些未被选择器选中的元素将从选择集中移除。
4. 该回调函数返回 true 值时，将把当前元素保留在选择集中；当回调函数返回 false 值时，将从选择集中移除该元素。
5. 一个计算结果为 true 的值。如果返回值为 false，将从数组中移除一个元素项。
6. 它将替换在迭代期间传递给回调函数的条目值。
7. 返回值为-1，表示数组中并不包含该值。如果返回值为 0 或大于 0，则表示该数据包含在数组中。

第 6 章

1. $('div').css('color');
2. 可在 css()方法的第二个参数中指定任意颜色，相应代码如下所示：

```
$('body').css('backgroundColor', 'yellow');
```

3.
```
$('div').css({
    padding: '5px',
    margin: '5px',
```

```
    border: '1px solid grey'
  });
```

4. outerWidth()

5. outerHeight(true)

第 7 章

1. 在 AJAX 请求上下文中，GET 和 POST 请求的唯一差别在于：GET 请求在所能传递的数据量上存在明确限制，实际限制因浏览器而异；GET 请求要比 POST 请求效率略高。

2. REST 服务通过提供更多方法(ADD 或 DELETE)来描述数据操纵，在 HTTP 请求中实现了更多含义。另外，也可实现一个 REST 服务，实现服务器响应的标准化，使它们利用适当的 HTTP 错误码。

3. 可使用$.get()方法可选的第 2 个参数来定义随请求一起传递给服务器的数据，该数据可以是查询字符串或 JavaScript 对象字面量。

4. 在为$.getJSON()方法指定的回调函数的第一个参数指定的变量中访问 JSON 对象。该变量的名称是用户自定义的。

5. 可采用如下代码来访问<response>元素中的内容：

```
$.get(
    '/url/to/request.xml',
    function(xml)
    {
        alert($(xml).text());
    }
);
```

6. load()方法。

7. 在 JavaScript 中，jQuery 通过调用$.ajaxSetup()方法来设置全局 AJAX 事件，该方法接收以 JavaScript 对象字面量形式定义的一个选项列表。其中 beforeSend 属性指定一个回调函数，该回调函数将在每次发起 AJAX 请求时执行。而 success 属性指定另一个回调函数，该回调函数将在每次 AJAX 请求成功时执行。error 属性也指定一个回调函数，在遇到 HTTP 错误时调用。最后，在执行 success 或 error 回调(具体取决于请求是否成功)后，当请求完成时，执行 complete 回调函数。

8. 一种办法是使用 jQuery 的 AJAX 事件方法，如 ajaxStart()和 ajaxSuccess()方法，另一种是使用 jQuery 的$.ajax()方法。

9. 选择要获取值的表单元素，然后调用 serialize()方法。

10. 使用 type 属性将请求方法设置为 DELETE。使用 contentType 属性设置请求的 MIME 类型，以告知服务器：请求正文是 JSON 对象。然后在 data 属性中传递要在请求正文中传递的 JSON 数据。下面是一个使用$.ajax()方法来创建此类调用的示例：

```
$.ajax({
    url : '/Server/Example',
    contentType : "application/json; charset=utf-8",
    type : 'DELETE',
    dataType : 'json',
    data : JSON.stringify({
        dataForTheServerHere : true
    }),
    success : function(json, status, request)
    {

    },
    error : function(request, status)
    {

    }
});
```

第 8 章

1. slow、normal、fast 字符串，或以毫秒为单位的整数值。

2. slideDown()方法将以动画方式，使一个元素的高度从 0 逐渐增加到正常高度值。

3. fadeIn()、fadeOut()和 fadeToggle()方法都动态改变元素的不透明度，从而显示或隐藏元素。

4. animate()方法。

5. jQuery core 包含 linear 和 swing 缓动。

第 9 章

1. $.fn.extend()或$.fn.prototype 方法。

2. console.log($.fn)；然后在 Firefox 或 Chrome 中查看对象。

3. 在用于定义插件的闭合范围(closure)中定义自己的函数或对象。

4. 在 this 关键字中定义它们。

5. 如有可能，应返回 this(上下文中的选择集)或 jQuery。

6. 这样，在明确删除自己的事件时，不会影响其他人编写的事件或其他项目中使用的事件。

7. 答案不固定，但应编写符合特定标准的有效代码。

第 10 章

1. scrollTop()和 scrollLeft()。

2. 所需元素的顶部(或顶部偏移)、容器的顶部(或顶部偏移)以及当前垂直滚动条位置(或 scrollTop)。

3. 任意句法正确的代码都实现与下面类似的内容：

```
$('#myScroller').scrollTop(0);
```

4. 答案不固定，但应描述计算元素的 scrollHeight，并使用大于 scrollHeight 的任意值。

5. 0。

第 11 章

1. 具体取决于浏览器。对于诸如 Safari 和 Chrome 的基于 Webkit 的旧版浏览器，使用 –webkit-user-drag CSS 属性，为其使用值 element。使用 draggable HTML 特性，这是 HTML5 规范核准的官方方法，受所有现代浏览器的支持。也可以使用元素的 DOM 对象上的 dragDrop()方法，以便在 IE5 和 IE8 之间的浏览器上启用拖放功能。

2. 对于拖动事件，触发它们的顺序是：dragstart、drag 和 dragend。

3. 对于投放事件，触发它们的顺序是：dragenter、dragover、drop 和 dragleave。

4. 在 drop 事件中查找 event.originalEvent.dataTransfer.files。不使用 jQuery 来挂钩事件侦听器，而在 drop 事件中查找 event.dataTransfer.files。

5. 将 base64 编码的数据 URI 赋值给<img />元素的 src 特性。数据 URI 可与 CSS 属性 background 和 background-image 一起使用。

6. 可将 progress 和 load 事件挂钩到 XMLHttpRequest 对象的 upload 属性来监视文件上传进度。

7. event.lengthComputable、event.loaded 和 event.total 属性。

8. 首先实例化 FormData 对象，将实例化后的对象存储在一个变量中。然后使用已实例化的对象上的 append()方法来创建自定义的 POST 变量。

9.将 load 事件挂钩到 XMLHttpRequest 对象。当上传成功完成时，触发该事件。

第 12 章

1. draggable()

2. 任何句法正确的程序，实现如下内容(或类似于如下内容)：

```
draggable({
```

```
    helper : 'clone',
    opacity : 0.5
});
```

3. droppable()

4. 任何句法正确的程序，实现如下内容(或类似于如下内容)：

```
droppable({
    hoverClass : 'theHoverClassYouUsed'
});
```

5. 使用 accept 选项，为 accept 选项提供的值应该是一个有效的选择器。

第 13 章

1. sortable()方法。

2. 一个将被应用于 placeholder 的 CSS 类名。

3. 在可排序列表中创建空白，也就是为排序操作发生时当前被拖动的项保留的空白位置。

4. cursor 选项。

5. 允许为排序操作发生时被拖动的元素创建自定义拖动图像；该拖动图像也称为 helper。

6. connectWith 选项。

7. 一个选择器、一个选择集、一个元素或者一个返回元素或选择集的回调函数。

8. 给 update 事件提供回调函数，其中包含将 AJAX 请求发送给服务器端脚本的逻辑。

第 14 章

1. start 选项。

2. selecting 和 unselecting 选项。

3. 从 ui.selecting 选择器访问添加的元素，从 ui.unselecting 选择器访问删除的元素。

4. div.ui-selectable-helper

第 15 章

1. active 选项。

2. heightStyle，值为 auto、fill 或 content。

3. event 选项，值为 mouseover。

4. header 选项，值为 h3。

第 16 章

1. minDate 和 maxDate 选项。

2. yearRange 选项，示例值："1900:2020"。

3. changeMonth 和 changeYear 选项。

4. dateFormat 选项。

5. 是。通过为 dayNames、dayNamesMin 或 dayNamesShort 选项提供翻译为西班牙语的一周日子的数组。

6. 使用 firstDay 选项来提供一周的开始日。星期日的编号是 0，星期六是 6。例如，要将开始日改为星期二，可设置 firstDay:2。

第 17 章

1. 使用 modal 选项，放置类名为 ui-widget-overlay 的<div>。它必须占满整个窗口，位于文档内容之前，但在打开的对话框之后。

2. 将 autoOpen 选项设置为 false。

3. 调用 dialog('open')方法。

4. 调用 dialog('close')方法。

5. 将 resizable 和 draggable 选项都设置为 false。

6. show 选项，使用诸如'explode'的动画预设。

第 18 章

1. 使用 active 选项卡，使用一个值指示要显示的选项卡(偏移值从 0 算起)。

2. 类名是 ui-tabs-active 和 ui-tabs-hover。

3. 在<a>元素的 href 特性中添加一个引用要加载内容的新选项卡。jQuery Tabs 选项插件自动完成其他任务。

4. show 和 hide 选项。

第 19 章

1. 除非指定 sortList 选项(该选项指定如何处理默认排序)，否则在明确按列标题排序之前，不会进行排序。

2. 使用 sortMultiSortKey 选项，值为'ctrlKey'。

3. 使用 cssHeader、cssAsc 和 cssDesc 选项指定自定义的类名。

第 20 章

1. 必须跟踪是否已经中断了幻灯片放映，以阻止发生普通切换。

2. transitioning 属性旨在避免一次性放映多个动画，确定一次只能播放一个动画。

3. 迭代类名为 slide 的幻灯片放映容器元素中的每个条目，为其中每个条目创建控件。为这些控件指定 id 名，其中包含对集合的引用以及对幻灯片的引用。最后，幻灯片的偏移编号成为控件的文本。

第 21 章

1. <audio>和<video>

2. <source>

3. h.264、Ogg 和 WebM

4. tracks 选项(如果指定它显示 HTML5 <track>元素的文本，可加分)。

5. preload 特性。

第 22 章

1. contenteditable

2. document.execCommand

3. 与 document.execCommand 结合使用时，需要用户界面提示或数据值的任意选项，如 fontname 或 fontsize。

4. 答案不固定，但应该描述包含一组 Range 对象的选区对象，Range 对象又存储其中范围节点和位置的信息。

5. $(this).data()

附录 B

jQuery 选择器

表 B-1 列出了 jQuery 的 Selector API 使用的选择器语法，这些选择器是使用开源 Sizzle 引擎实现的。

表 B-1　选择器及语法说明

选　择　器	说　　明
简单选择器	
下面是最基本的常用选择器：	
#idName div#idName	通过元素的 id 特性中指定的 id 名称来选择单个元素
div	根据元素名称选择一个或多个元素，如 form、div 和 input 等
div.className .className	通过在元素的 class 特性中指定的类名来选择一个或多个元素。一个元素可能具有多个类名
*	通用选择器或通配符选择器，用于选择所有元素
div.body, div.sideColumn, h1.title	使用逗号将多个选择器链接在一起，以选择一个或多个元素
层次选择器	
基于层次结构上下文来使用下面的选择器：	
div.outerContainer table.form	根据元素的上级关系选择一个或多个元素
div#wrapper > h1.title	根据元素的父子关系选择一个或多个元素
h3 + p	选择紧邻一个元素之后的同级元素
h3 ~ p	选择紧邻一个元素之后的所有同级元素

(续表)

选　择　器	说　　明
上下文筛选器 根据文档中的上下文元素来应用下面的选择器:	
:root	选择文档的根元素；在 HTML 文档中，这将是<html>元素。在 XML 文档中，这将是为根元素指定的任意名称
:first	在选择集中，选择第一个元素
:last	在选择集中，选择最后一个元素
:not(selector)	从选择集中排除不需要的元素
:even	选择索引编号为偶数的元素。jQuery 从 0 开始计算元素的索引位置。第 1 个元素的索引值为 0，第 2 个元素的索引值为 1，依此类推。因此:even 匹配 0、2、4 等
:odd	选择索引编号为奇数的元素。jQuery 从 0 开始计算元素的索引位置。第 1 个元素的索引值为 0，第 2 个元素的索引值为 1，依此类推。因此:odd 匹配 1、3、5 等
:eq(index)	根据指定的偏移位置选择单个元素(从 0 开始计数)，例如：eq(0)匹配选择集中的第一个元素，:eq(1)匹配选择集中的第二个元素，依此类推
:gt(index)	选择偏移编号大于指定偏移值的所有元素：gt(4)选择偏移值为 5 或更大的元素，偏移值从 0 算起
:lt(index)	选择偏移编号小于指定偏移值的所有元素：lt(4)选择偏移值为 0、1、2 和 3 的元素
:header	选择所有标题元素，如 h1、h2、h3、h4、h5 或 h6 等
:animated	选择所有当前正在绘制动画效果的元素
:lang("en") :lang("en-us")	选择使用指定语言的所有元素，如<div id="en">或<div id="en-us">
:target	基于 URI 片段(如果片段存在的话)选择元素。例如，如果 URL 为 http://www.example.com#idName，:target 将选择文档中 id 为 idName 的元素
:contains(text)	根据元素的内容中是否包含指定文本来选择元素。例如，:contents("Lorem Ipsum")匹配<p>Lorem Ipsum</p>以及文本内容的任意位置包含 Lorem Ipsum 的其他任意元素
:empty	选择没有子元素(包括文本节点在内)的元素。例如，empty 匹配<div></div>、<a></a>或<span></span>
:has(selector)	选择与指定选择器相匹配的元素。例如，input:has(':checked')与以下任意元素匹配：具有复选或单选<input>(使用特性 checked="checked")
:parent	选择一个元素的父元素。因此，div:parent 匹配具有<div>子元素的所有父元素

(续表)

选　择　器	说　　明
可见性筛选器 下面的选择器基于元素处于可见状态还是隐藏状态进行选择：	
:hidden	选择所有被隐藏的元素或 type="hidden"的<input>元素，具体取决于选择集的上下文。“隐藏”概念应用于使用 CSS visibility: hidden;或 display: none;的元素
:visible	选择所有可见的元素，它们未被 visibility: hidden;或 display: none;隐藏
特性筛选器 以下选择器基于特性是否存在或基于特性值包含的字符串进行选择：	
[attribute]	选择具有指定特性的所有元素。例如，选择器[href]将选择一个文档中具有 href 特性的所有元素
[attribute=value]	选择具有指定特性值的所有元素。例如，[href="#"]匹配文档中的所有 href="#"特性(无论该特性挂钩到哪个元素)
[attribute!=value]	选择特性值不等于指定值的所有元素。例如，使用选择器[src!="about:blank"]时，将匹配 src 特性不包含 about:blank 值的所有元素
[attribute^=value]	选择特性值以指定字符串开头的所有元素。例如，使用选择器[href^="https://"]时，将匹配引用安全 HTTP 连接的所有 href 特性
[attribute$=value]	选择特性值以指定字符串结尾的所有元素。例如，使用[href$=".pdf"]时，将匹配链接到 pdf 文档的所有 href 特性(假设没有查询字符串参数或 URL 片段)
[attribute*=value]	选择在特性值中的任意位置包含指定字符串的所有元素。如果搜索具有查询字符串参数或 URL 片段的 href 特性，可使用选择器[href*=".pdf"]找到字符串".pdf"可能出现在特性值某一位置的 PDF 文档
[attribute~=value]	选择特性值包含指定单词的所有元素。例如，类名中包含由空格分隔的多个值，此时可使用该选择器。该选择器旨在匹配以单个空格分隔的值。例如，使用[class~="selected"]时，将匹配以下特性：class="disabled selected bodyContainer"
[href][title][class][target]	选择具有多个指定特性的所有元素。例如，本例将匹配包含 href、title、class 和 target 所有 4 个特性的任意元素。链式特性选择器适用于此处提到的任意类型的特性选择器，因此可测试某个特性是否存在、另一个特性是否包含特定值以及另一个特性是否以某个值开头等

(续表)

选　择　器	说　　明
子元素筛选器 以下选择器基于子元素相对于同级元素或父元素的位置进行选择：	
:nth-child(offset) :nth-child(even) :nth-child(odd) :nth-child(equation)	选择每一个偏移值为 offset (从 0 算起)或者处于奇数或偶数位置(也由偏移值确定，偏移值从 0 算起)的所有元素。也可提供一个数学表达式，将计算该表达式的值来确定哪些元素是匹配的
:nth-last-child(offset) :nth-last-child(even) :nth-last-child(odd) :nth-last-child(equation)	与 nth-child 类似，但基于后向偏移位置(从父元素的最后一个子元素算起)选择元素
:first-child	选择每个父元素的第一个子元素
:last-child	选择每个父元素的最后一个子元素
:only-child	选择每个父元素的唯一子元素
:first-of-type	匹配指定类型的第一个元素(在选择上下文中的任意位置)。如果在整个文档的上下文中进行选择，并使用 div:first-of-type，将匹配相对于其父元素出现的第一个<div>(无论它在哪个位置)
:last-of-type	在其父元素和同级元素上下文中，匹配指定类型的最后一个元素
:nth-of-type(offset) :nth-of-type(even) :nth-of-type(odd) :nth-of-type(equation)	相对于同一类型的父元素和同级元素，根据偏移值(从 0 算起，即从同类型的第一个元素算起)选择元素
:nth-last-of-type(offset) :nth-last-of-type(even) :nth-last-of-type(odd) :nth-last-of-type(equation)	相对于同一类型的父元素和同级元素，根据偏移值(从同类型的最后一个元素算起)选择元素
:only-of-type	选择没有相同类型同级元素的指定类型的元素
表单元素 可使用以下选择器选择各种表单输入元素：	
:input	选择所有<input>、<select>、<textarea>和<button>元素
:text	选择所有 type="text"的<input>元素
:password	选择所有 type="password"的<input>元素
:radio	选择所有 type="radio"的<input>元素
:checkbox	选择所有 type="checkbox"的<input>元素

(续表)

选　择　器	说　　明
:submit	选择所有 type="submit"的<input>元素
:image	选择所有 type="image"的<input>元素
:reset	选择所有 type="reset"的<input>元素
:button	选择所有 type="button" 的<button>元素和<input>元素
:file	选择所有 type="file"的<input>元素
:hidden	选择所有使用 visibility:hidden;或 display:none;予以隐藏的元素，或者所有 type="hidden"的<input>元素

表单状态选择器

以下选择器用于选择表单元素，基于这些元素的状态进行选择：

:enabled	选择所有已启用的元素
:disabled	选择所有已禁用(使用特性 disabled="disabled")的元素
:checked	选择所有被选中(checked)的元素，如复选框或单选输入框，其中存在特性 checked="checked"
:selected	选择所有已选中(selected)的元素，如选择下拉列表中存在 selected="selected"特性的选项
:focus	选择当前具有焦点的任意元素

注意，带有星号(*)标记的选择器是 jQuery 对标准 Selector API 的扩展，这些选择器使用内置的浏览器 Selector API document.querySelector()和 document.querySelectorAll()，性能不如本地支持的选择器。jQuery 的选择器引擎 Sizzle 在运行时，尽量将这些扩展功能转换为本地支持的选择器。因此在很多情况下，对性能的影响可以忽略不计；但仍有一些额外开销，包括解析相应选择器，以及将相应选择器转换为本地 Selector API 能够理解的选择器。

考虑到以上事实，要获得最佳 jQuery 性能，最好首先使用高效选择器(最高效的选择器是 id 选择器)执行选择，然后使用诸如 find()和 filter()的筛选方法，在该选择集上下文中进行筛选。无论对于 Selector API 的 jQuery 扩展，还是任何选择集，都推荐采用这种做法。id 选择器是最高效的选择器，因为 id 意味着唯一(永远不会将同一 id 名指定给多个元素)。如果运用得当，借助 id 选择器，将得到文档中唯一的匹配元素。

附录 C

选择、遍历和筛选

方法/属性	说　　明	返回值
选择		
$(selector)	从文档中获取一个选择集	jQuery
jQuery(selector)	上述美元符号方法的等价方法	jQuery
length	被选中元素的个数	数字
get()	以数组形式(而非 jQuery 对象形式)返回选中的所有元素	数组
get(index)	在选择集中查找指定的元素，并返回该元素在选择集中的索引位置，从 0 开始计数	元素
index(subject)	从选择集中查找并返回特定元素的位置，即元素在选择集中从 0 开始计数的索引号	数字
遍历和筛选		
add(selector)	借助附加选择器，将一个或多个元素添加到选择集中	jQuery
add(elements)	借助一个或多个元素对象引用，将一个或多个元素添加到选择集中	jQuery
add(html)	借助 HTML 片段字符串(会被解析和转换为 DOM 元素对象引用)，将一个或多个元素添加到选择集中	jQuery
add(selection)	借助现有的选择集引用，将一个或多个元素添加到选择集中	jQuery
add(selector, context)	借助一个选择器，将一个或多个元素添加到选择集中。context 提供文档中的相关点(选择器在此执行)	jQuery

(续表)

方法/属性	说　　明	返回值
addBack([selector])	将元素的一个集合或选择集添加到当前选择集中；可酌情按选择集进行筛选	jQuery
andSelf()	将前一选择集添加到当前选择集中。在 jQuery 1.8 中，已不建议使用	jQuery
children([selector])	在匹配元素的子元素上下文中选择。selector 参数是可选的；要选择的所有元素的所有子元素，只需忽略 selector 参数	jQuery
closest(selector[, context])	与 parents()方法类似，只是该方法从元素本身(而不是父元素)开始，会匹配元素本身，或沿 DOM 树上移，找到正确的上级元素 如果提供了可选的 context 参数，将提供一个 DOM 元素，可在其中找到匹配元素	jQuery
closest(selection)	closest()方法也可以使用现有的选择集引用	jQuery
closest(element)	closest()方法也可以直接使用 DOM 元素对象引用	jQuery
contents()	获取每个匹配元素的子元素，包括文本和注释节点(这些内容通常会从 jQuery 方法操作中排除)	jQuery
each(function(key, value))	为选择集中的每个元素执行回调函数 与大多数 jQuery 回调函数一样，this 指回调函数中的当前元素，为回调函数提供参数列表： offset, element 从回调函数返回 true，与 continue 语句的结果类似 返回 false 与 break 语句的结果类似	jQuery
$(Array).each(function(key, value)) $.each(Array, function) $.each(Object, function)	为数组中的每个元素执行回调函数 与大多数 jQuery 回调函数一样，this 指回调函数中的当前元素，为回调函数提供参数列表：key,value 从回调函数返回 true，与 continue 语句的结果类似 返回 false 与 break 语句的结果类似	Object
end()	终止发生的任意筛选，将当前选择集返回到前一状态	jQuery
eq(index)	将选择集缩小到单个元素，其中 index 是编号，表示相应元素在选择集中的位置(偏移值从 0 算起)	jQuery

(续表)

方法/属性	说　明	返回值
eq(-index)	将选择集缩小到单个元素，其中 index 是负编号，表示相应元素在选择集中的位置(从选择集中的最后一个元素算起)	jQuery
filter(selector)	删除与指定选择器不匹配的所有元素	jQuery
filter(function(index))	filter()方法也可接收一个函数作为第一个参数，该方法与 jQuery 的$.each()完全相同。对于选择集中的每个元素都将执行一次该函数 该函数必须返回一个布尔值，当返回值为 true 时，表示应将该元素保留在结果集中；如果返回值为 false，表示应将该元素从结果集中移除 与大多数 jQuery 回调函数一样，this 指回调函数中的当前元素，为回调函数提供参数列表：offset, element	jQuery
filter(element)	基于 element 参数传入的 JavaScript 节点对选择集进行筛选；与节点匹配的元素保留在选择集中；与节点不匹配的元素则从选择集中移除。可传入一个或多个 DOM 元素对象	jQuery
filter(selection)	基于 selection 对象参数(jQuery 选择的结果)传入的 jQuery 对象对选择集进行筛选；与 jQuery 对象匹配的元素保留在选择集中；与 jQuery 对象不匹配的元素则从选择集中移除	jQuery
find(selector)	在匹配元素的后代元素中，选取与 selector 选择器匹配的元素	jQuery
find(selection)	通过使用现有选择对象匹配元素后代的方式搜索它们	jQuery
find(element)	通过使用现有 DOM 元素对象匹配元素后代的方式搜索它们	jQuery
first()	从选择集删除所有元素，只保留第一个	jQuery
has(selector)	基于选择项是否匹配 selector 参数中提供的选择器来缩小之前的选择集	jQuery
has(element)	基于选择项是否匹配 element 参数中提供的 DOM 元素来缩小选择集	jQuery
is(selector)	如果一个或多个元素匹配选择器中指定的条件，返回 true。例如$('input').is(':checked')	Boolean

(续表)

方法/属性	说　　明	返回值
is(function(index))	如果回调函数为一个或多个元素返回 true，返回 true。如果回调函数为传给它的每一项返回 false，返回 false 与大多数 jQuery 回调函数一样，this 指回调函数中的当前元素，为回调函数提供参数列表：offset, element	Boolean
is(selection)	使用现有的选择匹配目标元素，如果可以匹配到一个或多个元素，那么返回 true	Boolean
is(elements)	如果选择项匹配所提供的任意 DOM 元素对象引用，返回 true	Boolean
last()	从选择集删除所有元素，但保留最后一个	jQuery
map(function(index, element))	与 each()类似，将每个匹配的元素传给回调函数使用每个回调函数的返回值来构建新的 jQuery 对象，创建新的元素引用数组的映射。返回的项或项数组将包含在新数组中。返回 null 或 undefined 时，不会将任意项添加到新数组中 与大多数 jQuery 回调函数一样，this 指回调函数中的当前元素，为回调函数提供参数列表：offset, element 从回调函数返回 true，与 continue 语句的结果类似返回 false 与 break 语句的结果类似	jQuery
$(Array).map(function(key, value))	与 each()类似，将每个数组项传给回调函数。使用每个回调函数的返回值来构建新数组，创建新数组的映射。返回的项或项数组将包含在新数组中。返回 null 或 undefined 时，不会将任意项添加到新数组中 与大多数 jQuery 回调函数一样，this 指回调函数中的当前元素，为回调函数提供参数列表：key, value 从回调函数返回 true，与 continue 语句的结果类似返回 false 与 break 语句的结果类似	Array
next([selector])	选择下一个同级元素；selector 参数是可选的	jQuery
nextAll([selector])	选择所有的后续同级元素，selector 参数是可选的	jQuery

(续表)

方法/属性	说　明	返回值
nextUntil([selector][, filter])	选择所有的后续同级元素，直至遇到与 selector 匹配的元素(不含)为止 如果指定可选的 filter 参数，就对照为 filter 参数提供的选择器，进一步筛选匹配的元素	jQuery
nextUntil([element][, filter])	选择所有的后续同级元素，直至遇到所提供的元素对象引用(不含)为止 如果指定可选的 filter 参数，就对照为 filter 参数提供的选择器，进一步筛选匹配的元素	jQuery
not(selector)	从选择集中删除与指定选择器匹配的元素	jQuery
not(elements)	从选择集中删除与指定 DOM 元素对象引用匹配的元素	jQuery
not(function(index))	根据回调函数返回 true 还是 false，从选择集中删除元素。如果回调函数返回 true，从选择集中删除当前元素；如果回调函数返回 false，将其包含在选择集中 与大多数 jQuery 回调函数一样，this 指回调函数中的当前元素，为回调函数提供参数列表：offset, element	jQuery
not(selection)	基于选择集中的元素是否匹配所提供 selection 对象中的元素，从选择集中删除元素	jQuery
offsetParent()	获取最近的父级元素，父级元素的位置使用 position absolute、relative 或 fixed 确定	jQuery
parent([selector])	选择所有紧邻的父元素，selector 参数是可选的	jQuery
parents([selector])	选择所有上级元素，selector 参数是可选的	jQuery
parentsUntil([selector][, filter])	匹配父元素或上级元素，直至遇到与选择器匹配的元素(不含) 如果指定可选的 filter 参数，就对照为 filter 参数提供的选择器，进一步筛选匹配的元素	jQuery
parentsUntil([element][, filter])	匹配父元素或上级元素，直至遇到与所提供的 DOM 元素对象引用匹配的元素(不含) 如果指定可选的 filter 参数，就对照为 filter 参数提供的选择器，进一步筛选匹配的元素	jQuery
prev([selector])	选择前一个同级元素；selector 参数是可选的	jQuery

(续表)

方法/属性	说　明	返回值
prevAll([selector])	选择前面所有的同级元素，selector 参数是可选的	jQuery
prevUntil([selector][, filter])	选择前面所有的同级元素，直至遇到与选择器匹配的元素(不含) 如果指定可选的 filter 参数，就对照为 filter 参数提供的选择器，进一步筛选匹配的元素	jQuery
prevUntil([element][, filter])	选择前面所有的同级元素，直至遇到所提供的元素对象引用(不含) 如果指定可选的 filter 参数，就对照为 filter 参数提供的选择器，进一步筛选匹配的元素	jQuery
siblings([selector])	选择所有同级元素；selector 参数是可选的	jQuery
slice(start[, end])	从选择集中选出一个子集，其中，每个 index 都是一个数字，代表元素在选择集中的偏移位置(从 0 算起)	jQuery

附录D 事　件

表 D-1 包含 jQuery 支持的所有事件方法，这些事件方法包含在 jQuery 网站 www.jquery.com 的官方文档中。

所有事件方法的返回值都是 jQuery 对象。

表 D-1　jQuery 支持的所有事件方法

方　法	说　明
页面加载	
ready(***function***) function(event)	为文档的 ready 事件挂钩一个函数。当文档的 DOM 加载完毕，即所有的标记、CSS 和 JavaScript 加载完成时将执行该函数，但是无须等到所有的图片也加载完毕
事件处理	
bind(***events***, ***function***) string events function(event)	为指定的事件绑定一个事件处理器。当指定的事件被触发时将执行该函数。可在 event 参数中指定多个事件，如果要指定多个事件，事件之间必须以一个空格来分隔 在 jQuery 1.7 或更新版本中，与 bind()方法相比，应该优先使用 on()方法
bind(***events[***, ***data][***, ***function]***) string events object data function(event)	bind()方法接收可选的 data 参数。data 参数是一个对象，它允许将自定义数据传给事件，可供在事件处理器中使用(event.data 形式的 event 参数) 在 jQuery 1.7 或更新版本中，与 bind()方法相比，应该优先使用 on()方法

(续表)

方　法	说　明

bind(***events[, data][,
preventBubble]***)
string events
object data
boolean preventBubble
	如果在调用 bind()时使用 preventBubble 参数，将自动创建一个事件处理器，该函数阻止冒泡以及默认操作
	bind(eventName, false);
	或
	bind(eventName);
	这等同于创建以下代码：
	bind(
	eventName,
	function(event)
	{
	event.preventDefault();
	event.stopPropagation();
	}
	);
	在 jQuery 1.7 或更新版本中，与 bind()方法相比，应该优先使用 on()方法

bind(***events***)
object events
	通过传递一个对象绑定多个事件；该对象的属性是事件名，而值是回调函数。例如：
	bind({
	click : function(event)
	{
	
	},
	mouseover : function(event)
	{
	
	},
	mouseout : function(event)
	{
	
	}
	})
	在 jQuery 1.7 或更新版本中，与 bind()方法相比，应该优先使用 on()方法

(续表)

方 法	说 明
delegate(*selector, events, function*) string selector string events function(event)	在 jQuery 1.4.2 和更新版本中，与 on()方法的功能相同。在 jQuery 1.7 或更新版本中，与 delegate()方法相比，应该优先使用 on()方法
delegate(*selector, events, data, function*) string selector string events object data function(event)	在 jQuery 1.4.2 和更新版本中，与 on()方法的功能相同。在 jQuery 1.7 或更新版本中，与 delegate()方法相比，应该优先使用 on()方法
delegate(*selector, events*) string selector string events	在 jQuery 1.4.2 和更新版本中，与 on()方法的功能相同。在 jQuery 1.7 或更新版本中，与 delegate()方法相比，应该优先使用 on()方法
off(*events[, selector][, function]*) string events string selector function(event)	删除一个事件处理器
off(*events[, selector]*) string events string selector	删除一个事件处理器
off()	删除所有事件处理器
on(*events[, selector][, data], function*) string events string selector object data function(event)	为选择的元素挂钩事件处理器；在调用 on()时，选择集中引用的元素必须存在 如果在第二个参数中提供选择器，选择器引用的后代元素(而非原始选择集)将是接收事件的元素。在调用 on()时，选择器引用的元素可能存在，也可能不存在。如果在挂钩事件后，创建了与选择器匹配的新的后代元素，这些元素一旦存在，将自动接收这些事件 可在 data 参数中传递自定义数据；如果提供自定义数据，可供在事件处理器中使用(event.data 形式的 event 参数)

(续表)

方　法	说　明
on(*events[, selector][, data]*) string events string selector object data	为选择的元素挂钩事件处理器；在调用 on()时，选择集中引用的元素必须存在 如果在第二个参数中提供选择器，选择器引用的后代元素(而非原始选择集)将是接收事件的元素。在调用 on()时，选择器引用的元素可能存在，也可能不存在。如果在挂钩事件后，创建了与选择器匹配的新的后代元素，这些元素一旦存在，将自动接收这些事件 可在 data 参数中传递自定义数据；如果提供自定义数据，可供在事件处理器中使用(event.data 形式的 event 参数)
one(*events*, *function*) string events function(event)	为指定的事件挂钩要触发的函数。函数仅执行一次。随后的事件将不执行指定的函数
one(*events[*, *data]*, *function*) string events object data function(event)	one()方法接受可选的 data 参数。data 参数是一个对象，传给挂钩的函数的 event 对象(event.data 形式)
one(*events[, selector][*, *data]*, *function*) string events string selector object data function(event)	挂钩一个事件处理器，该处理器始终仅为每个元素和事件执行一次 如果在第二个参数中提供选择器，选择器引用的后代元素(而非原始选择集)将是接收事件的元素。在调用 one()时，选择器引用的元素可能存在，也可能不存在。如果在挂钩事件后，创建了与选择器匹配的新的后代元素，这些元素一旦存在，将自动接收这些事件 可在 data 参数中传递自定义数据；如果提供自定义数据，可供在事件处理器中使用(event.data 形式的 event 参数)
trigger(*events*) string events	在匹配的元素上触发指定的事件
trigger(*events*, *parameters*) string events array *parameters*	trigger()方法接受可选的 data 参数。data 参数是一个对象，传给触发的 event 对象函数(event.data 形式)
triggerHandler(*events*) string events	在匹配的元素上触发特定事件，同时针对任意给定事件取消浏览器的默认行为

(续表)

方　法	说　明
triggerHandler(***events, parameters***) string events array parameters	triggerHandler()方法接受可选的 data 参数。data 参数是一个对象，传给触发的 event 对象函数(event.data 形式)
unbind()	从选择的元素删除所有事件
unbind(***events***) string events	从选择的元素删除特定事件
unbind(***events***, ***function***) string events function(event)	根据事件和事件处理器进行删除
unbind(events, false) string events	删除指定的事件
undelegate()	在 jQuery 1.4.2 和更新版本中，与 off()方法提供相同的功能。在 jQuery 1.7 或更新版本中，与 undelegate()方法相比，应该优先使用 off()方法
undelegate(***selector, events***) string selector string events	在 jQuery 1.4.2 和更新版本中，与 off()方法提供相同的功能。在 jQuery 1.7 或更新版本中，与 undelegate()方法相比，应该优先使用 off()方法
undelegate(***selector, events, function***) string selector string events function(event)	在 jQuery 1.4.2 和更新版本中，与 off()方法提供相同的功能。在 jQuery 1.7 或更新版本中，与 undelegate()方法相比，应该优先使用 off()方法
undelegate(***namespace***)	在 jQuery 1.4.2 和更新版本中，与 off()方法提供相同的功能。在 jQuery 1.7 或更新版本中，与 undelegate()方法相比，应该优先使用 off()方法
事件辅助方法	
hover(***mouseoverFunction, mouseoutFunction***) mouseoverFunction(event) mouseoutFunction(event)	为 mouseover 挂钩函数，并在同一元素上为 mouseout 挂钩函数

(续表)

方　　法	说　　明
toggle(***function1***, ***function2[***, ***function3]***. . .) function1(event) function2(event) function3(event) ...	第一次单击时，执行第一个函数；第二次单击时，执行第二个函数；第三次单击时，执行第三个函数；依此类推。至少指定两个函数，指定的函数总量不限 jQuery 1.8 中已不建议使用 toggle()方法，jQuery 1.9 将该方法完全删除
事件方法	
blur() blur(*[data,]function*)	触发每个选择的元素的 blur 事件 为每个选择的元素的 blur 事件挂钩函数。如果指定可选的 data 参数，可传递自定义数据，自定义数据以 event.data 形式提供
change() change(*[data,]function*)	触发每个选择的元素的 change 事件 为每个选择的元素的 change 事件挂钩函数。如果指定可选的 data 参数，可传递自定义数据，自定义数据以 event.data 形式提供
click() click(*[data,]function*)	触发每个选择的元素的 click 事件 为每个选择的元素的 click 事件挂钩函数。如果指定可选的 data 参数，可传递自定义数据，自定义数据以 event.data 形式提供
dblclick() dblclick(*[data,]function*)	触发每个选择的元素的 dblclick(双击)事件 为每个选择的元素的 dblclick 事件挂钩函数。如果指定可选的 data 参数，可传递自定义数据，自定义数据以 event.data 形式提供
error() error(*[data,]function*)	触发每个选择的元素的 error 事件 为每个选择的元素的 error 事件挂钩函数。如果指定可选的 data 参数，可传递自定义数据，自定义数据以 event.data 形式提供
focus() focus(*[data,]function*)	触发每个选择的元素的 focus 事件 为每个选择的元素的 focus 事件挂钩函数。如果指定可选的 data 参数，可传递自定义数据，自定义数据以 event.data 形式提供
focusin() focusin(*[data,]function*)	触发每个选择的元素的 focusin 事件 为每个选择的元素的 focusin 事件挂钩事件处理器。如果指定可选的 data 参数，可传递自定义数据，自定义数据以 event.data 形式提供
focusout() focusout(*[data,]function*)	触发每个选择的元素的 focusout 事件 为每个选择的元素的 focusout 事件挂钩事件处理器。如果指定可选的 data 参数，可传递自定义数据，自定义数据以 event.data 形式提供

(续表)

方 法	说 明
keydown() keydown(*[data,]function*)	不使用参数时，会触发每个选择的元素的 keydown 事件 使用唯一的回调函数时，会为每个选择的元素的 keydown 事件执行回调函数。如果指定可选的 data 参数，可传递自定义数据，自定义数据以 event.data 形式提供
keypress() keypress(*[data,]function*)	触发每个选择的元素的 keypress 事件 为每个选择的元素挂钩 keypress 事件处理器。如果指定可选的 data 参数，可传递自定义数据，自定义数据以 event.data 形式提供
keyup() keyup(*[data,]function*)	触发每个选择的元素的 keyup 事件 为每个选择的元素的 keyup 事件挂钩函数。如果指定可选的 data 参数，可传递自定义数据，自定义数据以 event.data 形式提供
load(*function*) load(*[data,]function*)	为每个选择的元素的 load 事件挂钩函数。如果指定可选的 data 参数，可传递自定义数据，自定义数据以 event.data 形式提供
mousedown() mousedown(*[data,]function*)	触发每个选择的元素的 mousedown 事件 为每个选择的元素的 mousedown 事件挂钩函数。如果指定可选的 data 参数，可传递自定义数据，自定义数据以 event.data 形式提供
mouseenter() mouseenter(*[data,]function*)	触发每个选择的元素的 mouseenter 事件 为每个选择的元素的 mouseenter 事件挂钩函数。如果指定可选的 data 参数，可传递自定义数据，自定义数据以 event.data 形式提供
mouseleave() mouseleave(*[data,]function*)	触发每个选择的元素的 mouseleave 事件 为每个选择的元素的 mouseleave 事件挂钩函数。如果指定可选的 data 参数，可传递自定义数据，自定义数据以 event.data 形式提供
mousemove() mousemove(*[data,]function*)	触发每个选择的元素的 mousemove 事件 为每个选择的元素的 mousemove 事件挂钩函数。如果指定可选的 data 参数，可传递自定义数据，自定义数据以 event.data 形式提供
mouseout() mouseout(*[data,]function*)	触发每个选择的元素的 mouseout 事件 为每个选择的元素的 mouseout 事件挂钩函数。如果指定可选的 data 参数，可传递自定义数据，自定义数据以 event.data 形式提供

(续表)

方　法	说　明
mouseover() mouseover(*[data,]function*)	触发每个选择的元素的 mouseover 事件 为每个选择的元素的 mouseover 事件挂钩函数。如果指定可选的 data 参数，可传递自定义数据，自定义数据以 event.data 形式提供
mouseup() mouseup(*[data,]function*)	触发每个选择的元素的 mouseup 事件 为每个选择的元素的 mouseup 事件挂钩函数。如果指定可选的 data 参数，可传递自定义数据，自定义数据以 event.data 形式提供
resize() resize(*[data,]function*)	触发每个选择的元素的 resize 事件 为每个选择的元素的resize事件挂钩函数。如果指定可选的data 参数，可传递自定义数据，自定义数据以 event.data 形式提供
scroll() scroll(*[data,]function*)	触发每个选择的元素的 scroll 事件 为每个选择的元素的scroll事件挂钩函数。如果指定可选的data 参数，可传递自定义数据，自定义数据以 event.data 形式提供
select() select(*[data,]function*)	触发每个选择的元素的 select 事件 为每个选择的元素的select事件挂钩函数。如果指定可选的data 参数，可传递自定义数据，自定义数据以 event.data 形式提供
submit() submit(*[data,]function*)	触发每个选择的元素的 submit 事件 为每个选择的元素的 submit 事件挂钩函数。如果指定可选的 data 参数，可传递自定义数据，自定义数据以 event.data 形式提供
unload() unload(*[data,]function*)	触发每个选择的元素的 unload 事件 为每个选择的元素的 unload 事件挂钩函数。如果指定可选的 data 参数，可传递自定义数据，自定义数据以 event.data 形式提供

event 对象

表 D-2 列出的事件方法和属性，既得到提供给 jQuery 事件的 jQuery event 对象的支持，也得到普通 JavaScript 事件(不使用 jQuery)的支持。可使用 event.originalEvent 对象，从任意 jQuery event 对象访问普通 JavaScript event 对象。如果在表 D-2 中找到某个不在 jQuery event 对象中的方法或属性，那么它很可能位于 event.originalEvent 对象中。

表 D-2　event 对象的方法和属性

方法/属性	说　　明
event.altKey boolean	指示是否正在按下 Option 键(Mac)或 Alt 键(Windows)
event.bubbles boolean	指示事件是否在 DOM 中冒泡
event.cancelable boolean	指示是否可以取消事件
event.clientX, event.clientY integer	提供(x, y)坐标，指示鼠标指针相对于窗口的位置
event.createEvent()	创建一个新事件，必须通过调用该事件的 init()方法来对其进行初始化
event.ctrlKey boolean	指示是否正在按下 Control 键(Mac 和 Windows)
event.currentTarget object	当前作为事件目标的 DOM 元素，这通常与 this 关键字指同一元素
event.data	传给事件处理函数的一个对象。可参见表 D-1 中“事件处理”部分为各种方法指定的 data 参数
event.defaultPrevented boolean	指示是否调用了 event.preventDefault()方法
event.detail integer	一个数值属性，表明在同一位置单击鼠标的次数。适用于 click、dblclick、mousedown 和 mouseup 事件
event.delegateTarget	引用最终与事件处理器挂钩的元素
event.eventPhase integer	一个数值属性，表明事件执行过程中经历的阶段： event.NONE = 0 event.CAPTURING_PHASE = 1 event.AT_TARGET = 2 event.BUBBLING_PHASE = 3
event.initKeyEvent() type bubbles cancelable view ctrlKey altKey shiftKey metaKey keyCode charCode	initKeyEvent()方法用于初始化事件(使用 document.createEvent 创建)的值

(续表)

方法/属性	说 明
event.initMouseEvent() type canBubble cancelable view detail screenX screenY clientX clientY ctrlKey altKey shiftKey metaKey button relatedTarget	initMouseEvent()方法用于初始化 mouse 事件(使用 document.createEvent 创建)的值
event.initUIEvent() type canBubble cancelable view detail	initUIEvent()方法用于初始化已创建的 UI 事件(例如使用 document.createEvent 创建)
event.isChar boolean	指示事件是否生成 keyCode
event.isDefaultPrevented() returns boolean	确定是否在 event 对象上调用了 preventDefault()
event.isImmediatePropagationStopped() returns boolean	确定是否在 event 对象上调用了 stopImmediatePropagation()
event.isPropagationStopped() returns boolean	确定是否在 event 对象上调用了 stopPropagation()
event.keyCode integer	数值偏移，表示当前在键盘上按下的键

(续表)

方法/属性	说 明
event.layerX, event.layerY integer	事件相对于当前层的坐标
event.metaKey boolean	指示是否按下Command键(Mac)或Windows键(Windows)
event.namespace	触发事件时指定的命名空间
event.originalEvent	在jQuery执行修改前，浏览器的原始event对象的副本
event.originalTarget	指向不同目标之前事件的原目标
event.pageX, event.pageY integer	鼠标相对于文档的坐标
event.preventDefault()	阻止给定事件的浏览器默认操作(例如，提交表单或导航到<a>元素的href特性)
event.relatedTarget	查找事件涉及的其他元素(如果适用的话)
event.result	此事件触发的事件处理器返回的最后一个值(该值是undefined的情况除外)
event.screenX, event.screenY integer	返回事件在整个屏幕上下文中的水平坐标
event.shiftKey boolean	是否按下Shift键(Mac和Windows)
event.stopImmediatePropagation()	阻止调用与同一事件挂钩的另一个侦听器
event.stopPropagation()	停止将一个事件从子元素或后代元素传播到其父元素或上级元素，以免同一事件在随后的上级元素上运行
event.target	触发事件的DOM元素
event.timeStamp	浏览器创建事件的时间与UNIX epoch(1970年1月1日，12:00:00 AM)之间的时间差，以毫秒为单位
event.type	提供事件类型，例如click、mouseover和keyup等
event.view	返回其中发生事件的Window对象。在非浏览器窗口中，这也称为AbstractView
event.which	返回按下的键的keyCode数值，或者对按下的字母数字键返回字符码或charCode

附录E 操纵内容、特性和自定义数据

方法/属性	说　明	返 回 值
特　性		
attr(*name*)	返回选择集中第一个元素指定的特性的特性值。如果选择集中没有任何元素，该方法将返回 undefined	String Undefined
attr(*object*)	允许使用“键-值对”规范来设置元素的特性，例如： attr({ 　　id : 'idName', 　　href : '/example.html', 　　title : 'Tooltip text.' });	jQuery
attr(*key*, *value*)	允许通过在 key 参数中指定特性名，以及在 value 参数中指定特性值的方式来设置元素的特性	jQuery
attr(*key*, *function*)	用指定的回调函数的返回值来设置元素的特性值。该回调函数将在选中的每一个元素的上下文中执行，在该回调函数中，可通过 this 关键字来访问每一个当前元素	jQuery
removeAttr(*name*)	从元素中移除指定的特性	jQuery
类　名		
addClass(*className*)	为选择集中的每一个元素添加指定的类名 一个元素可以具有一个或多个类名	jQuery

(续表)

方法/属性	说　明	返 回 值
addClass(*function()*)	添加从回调函数返回的一个或多个类名，类名之间用空格分开	jQuery
hasClass(*className*)	在选择集包含的元素中，如果至少有一个元素包含指定的类名，返回 true	Boolean
removeClass(*[className]*)	从选择集的每个元素中移除指定的类名。如果提供多个类名，每个类名之间用一个空格分开	jQuery
removeClass(*function()*)	执行回调函数来确定是否应删除类，如应删除，从选择集的每个元素中移除指定的类名。函数返回一个或多个要删除的类名。如要删除多个类名，每个类名之间用一个空格分开	jQuery
toggleClass(*className [, switch]*)	如果元素中不包含指定的类名，添加类名；如果已包含指定的类名，移除类名 如果提供了 switch 参数，就明确告知 toggleClass()是否应该添加或删除类名。true 指示添加类名，false 指示删除类名	jQuery
toggleClass(*[switch]*)	switch 参数明确告知 toggleClass()是否应该添加或删除类名。true 指示添加类名，false 指示删除类名	jQuery
toggleClass(*function()[, switch]*)	如果提供了函数，函数将返回一个或多个要切换的类名，类名之间用空格分开 如果提供了 switch 参数，就明确告知 toggleClass()是否应该添加或删除类名。true 指示添加类名，false 指示删除类名	jQuery
HTML		
html()	返回选择集中第一个元素的 HTML 内容或 innerHTML。该方法不能用于 XML 文档，但可用于 XHTML 文档	String
html(*htmlString*)	设置选择集中每个元素的 HTML 内容	jQuery
html(*function()*)	如果提供了函数，函数将返回要为选择集中的每个元素设置的 HTML 内容 与大多数 jQuery 回调函数一样，this 指回调函数中的当前元素，为回调函数提供参数列表：offset，oldHTML	jQuery

(续表)

方法/属性	说　　明	返　回　值
文本		
`text()`	返回选择集中每个元素的文本内容	String
`text(value)`	设置选择集中每个元素的文本内容。不会呈现 HTML 源代码	jQuery
`text(function())`	如果提供了函数，函数将返回要为选择集中的每个元素设置的文本内容 与大多数 jQuery 回调函数一样，`this` 指回调函数中的当前元素，为回调函数提供参数列表：`offset, oldText`	jQuery
值		
`val()`	返回选择集中第一个元素的 `value` 特性的内容。对于使用 `multiple="multiple"` 特性的`<select>`元素，将返回所选值的一个数组	String Number Array
`val(value)`	当提供单个值作为参数时，该方法将设置每个选中元素的 vlaue 特性的内容	jQuery
`val(valuesArray)`	当提供多个值时，该方法将选中或选择单选按钮、复选框或这组值匹配的选项	jQuery
`val(function())`	如果提供了函数，函数将返回为选择集中的每个元素设置的值的内容 与大多数 jQuery 回调函数一样，`this` 指回调函数中的当前元素，为回调函数提供参数列表：`offset, oldValue`	jQuery
自定义数据特性		
`data()`	将在选择集元素上设置的所有自定义数据特性作为简单对象返回	Object
`data(object)`	在选择集的所有元素上设置自定义数据，其中的 key 部分用于指定数据名称，相应的 value 部分设置相应特性的值	jQuery
`data(key)`	针对选择集元素，根据指定的名称返回为元素存储的数据	Mixed
`data(key, value)`	为选择集中的每个元素存储具有指定名称和值的数据	jQuery

(续表)

方法/属性	说　　明	返　回　值
`$.data(element, key, value)`	将具有指定名称和指定值的数据，与指定的DOM元素对象引用关联起来	Object
`removeData([name])`	从选择集的元素中删除具有指定名称的数据。如果未指定name，删除所有数据	jQuery
`removeData([list])`	通过指定要删除的数据名数组或要删除的以空格分隔的数据名列表来删除数据。如果未提供列表，删除所有数据	jQuery
`$.removeData(element[, name])`	从指定的 DOM 元素对象引用(按指定的名称)删除数据	jQuery

附录 F

操纵内容的更多方法

方法/属性	说　明	返 回 值
HTML		
after(*content[, content]*)	将指定内容插入每个选择的元素之后。如果指定一项或多项要插入的内容，将按顺序插入。内容项可以是 HTML 代码段、DOM 元素对象引用或 jQuery	jQuery
after(*function()*)	执行一个函数，将该函数返回的内容插入选择集的元素之后。函数返回的内容可以是 HTML 字符串、DOM 元素对象引用、DOM 元素对象引用数组或 jQuery 对象 与大多数 jQuery 回调函数一样，this 指回调函数中的当前元素，为回调函数提供参数列表：offset, html	jQuery
append(*content[, content]*)	将指定的内容追加到每个选择的元素的现有内容之后。如果指定一项或多项要插入的内容，将按顺序插入。内容项可以是 HTML 代码段、DOM 元素对象引用或 jQuery	jQuery
append(*function()*)	执行一个函数，该函数将返回要追加的内容。函数返回的内容可以是 HTML 字符串、DOM 元素对象引用、DOM 元素对象引用数组或 jQuery 对象 与大多数 jQuery 回调函数一样，this 指回调函数中的当前元素，为回调函数提供参数列表：offset, html	jQuery

(续表)

方法/属性	说 明	返 回 值
appendTo(*selector*)	将选择集中的所有元素追加到 selector 参数指定的元素之后	jQuery
before(*content[, content]*)	将指定内容插入选择的每个元素之前。如果指定一项或多项要插入的内容，将按顺序插入。内容项可以是 HTML 代码段、DOM 元素对象引用或 jQuery 对象	jQuery
before(*function()*)	执行一个函数，将该函数返回的内容插入选择集的元素之前。函数返回的内容可以是 HTML 字符串、DOM 元素对象引用、DOM 元素对象引用数组或 jQuery 对象 与大多数 jQuery 回调函数一样，this 指回调函数中的当前元素，为回调函数提供参数列表：offset，html	jQuery
clone(*[withDataAndEvents]*)	克隆选择的元素，返回的 jQuery 对象包含已创建的克隆内容。如果将可选的 withDataAndEvents 参数指定为 true，也将克隆事件和数据	jQuery
clone(*[withDataAndEvents]*, *[deepWithDataAndEvents]*)	克隆选择的元素，返回的 jQuery 对象包含已创建的克隆内容。如果将可选的 withDataAndEvents 参数指定为 true，也将克隆事件和数据 第二个参数 deepWithDataAndEvents 也是可选的，如果指定，该参数将控制是否克隆子元素的事件和数据。默认情况下，该参数与为第一个值提供的值匹配。第一个值的默认值是 false	jQuery
detach(*[selector]*)	从 DOM 删除选择的元素。该方法会保留相关元素的 jQuery 数据，如果后来需要在 DOM 中重新插入元素，这将是有用的	jQuery
empty()	从选择的元素中删除所有子元素	jQuery
insertAfter(*selector*)	在 selector 参数指定的元素之后插入选择的元素	jQuery
insertBefore(*selector*)	在 selector 参数指定的元素之前插入选择的元素	jQuery

(续表)

方法/属性	说　明	返　回　值
prepend(*content[, content]*)	将指定的内容前置到选择的每个元素的任意现有内容之前。如果指定一项或多项要插入的内容，将按顺序插入。内容项可以是HTML代码段、DOM元素对象引用或jQuery对象	jQuery
prepend(*function()*)	执行一个函数，该函数将返回要前置的内容。函数返回的内容可以是HTML字符串、DOM元素对象引用、DOM 元素对象引用数组或jQuery对象 与大多数jQuery回调函数一样，this指回调函数中的当前元素，为回调函数提供参数列表：offset，html	jQuery
prependTo(*selector*)	将选择集中的所有元素置于selector参数指定的元素之前	jQuery
remove(*[selector]*)	从 DOM 中删除选择的元素。可酌情提供selector选项，进一步筛选选择集	jQuery
replaceAll(*selector*)	用选择的元素替换在selector参数中指定的元素	jQuery
replaceWith(*content*)	用指定的HTML或DOM元素替换选择的每个元素。该方法的返回值是一个jQuery对象，其中包含被替换的元素	jQuery
replaceWith(*function()*)	回调函数返回要替换选择的元素的内容。回调函数返回的内容可以是 HTML 代码段、DOM元素引用、DOM元素引用数组或jQuery对象。 与大多数jQuery回调函数一样，this指回调函数中的当前元素，为回调函数提供参数列表：offset，html	jQuery
unwrap()	删除所选元素的父元素	jQuery
wrap(*wrappingElement*)	用指定的元素来封装每一个选择的元素。指定的元素可以是选择器，HTML代码段、DOM元素对象引用或jQuery对象 要注意区分元素能否封装另一个元素，例如，不能用<img/>元素来封装另一个元素	jQuery

(续表)

方法/属性	说 明	返 回 值
wrap(*function()*)	回调函数返回要封装的所选元素的内容。回调函数返回的内容可以是 HTML 代码段、DOM 元素引用或 jQuery 对象 与大多数 jQuery 回调函数一样，this 指回调函数中的当前元素，为回调函数提供参数列表：offset 要注意区分元素能否封装另一个元素，例如，不能用<img/>元素封装另一个元素	jQuery
wrapAll(*wrappingElement*)	封装选择的所有元素。用于封装每个元素的元素可以是选择器、HTML 代码段、DOM 元素对象引用或 jQuery 对象 要注意区分元素能否封装另一个元素，例如，不能用<img/>元素封装另一个元素	jQuery
wrapInner(*wrappingElement*)	封装选择的每一个元素的内部内容。用于封装每个元素的元素可以是选择器、HTML 代码段、DOM 元素对象引用或 jQuery 对象 要注意区分元素能否封装另一个元素，例如，不能用<img/>元素封装另一个元素	jQuery
wrapInner(*function()*)	用回调函数返回的内容来封装选择的元素。回调函数返回的内容可以是 HTML 代码段、DOM 元素引用或 jQuery 对象 与大多数 jQuery 回调函数一样，this 指回调函数中的当前元素，为回调函数提供参数列表：offset 要注意区分元素能否封装另一个元素，例如，不能用<img/>元素封装另一个元素	jQuery

附录 G

AJAX 方法

方　法	说　明	返 回 值
AJAX 请求		
$.ajax([options]) $.ajax(url[, options])	允许传递一个对象字面量，该对象字面量包含多个以“键-值对”方式定义的选项。完整的选项列表请参见“AJAX 选项”部分。jQuery 的其他 AJAX 方法将使用该方法来发起 AJAX 请求。仅当需要对 AJAX 请求进行精确控制而 jQuery 其他的 AJAX 方法又未提供这些功能时，才会用到该方法	jQuery XMLHttpRequest
ajaxComplete(function())	挂钩一个函数，当 AJAX 请求完成时将执行该函数	jQuery
ajaxError(function())	挂钩一个函数，当出错时将执行该函数	jQuery
$.ajaxPrefilter([dataTypes], function())	dataTypes 参数是可选的，可包含一个或多个以空格分隔的 dataTypes 回调函数的参数设置未来 AJAX 请求的默认值，其参数列表是 options、originalOptions、jqXHR	Undefined
ajaxSend(function())	挂钩一个函数，在发起 AJAX 请求之前将执行该函数	jQuery

(续表)

方　　法	说　　明	返　回　值
$.ajaxSetup(options)	为AJAX请求配置默认选项。所传入的option参数是一个以“键-值对”方式定义的对象字面量，参见“AJAX选项”部分的内容	jQuery
ajaxStart(function())	挂钩一个函数，当第一个AJAX请求开始时将执行该函数(如果没有已激活的AJAX请求)	jQuery
ajaxStop(function())	挂钩一个函数，当AJAX请求结束时将执行该函数	jQuery
ajaxSuccess(function())	挂钩一个函数，当AJAX请求成功完成时将执行该函数	jQuery
$.ajaxTransport()	创建内部使用的 AJAX Transport 对象，以便发起AJAX请求。仅当需要对AJAX请求进行精确控制而jQuery的其他AJAX方法又未提供这些功能时，才会用到该方法	undefined
$.get(url [, data] [, onSuccessFunction] [, dataType])	使用 GET 方法初始化一个 HTTP 请求，并将其发送到服务器	jQuery XMLHttpRequest
$.getJSON(url [, data] [, function])	使用 GET 方法初始化一个 HTTP 请求，预期的响应是JSON格式的数据	jQuery XMLHttpRequest
$.getScript(url, [function])	通过 GET 方法异步地加载并执行一个新的JavaScript文件	jQuery XMLHttpRequest
load(url [, data] [, onCompleteFunction])	从远程文件中加载 HTML 并将其插入到选中的元素中。参数 data(可选)是一个对象字面量，以“键-值对”的方式定义了想要传递给服务器的数据。参数function(可选)是一个回调方法，用于处理从服务器返回的数据	jQuery

(续表)

方　法	说　明	返 回 值
$.param(object[, traditional])	创建对象或数组的序列化表示形式，此形式可用于 URL 或 AJAX 请求 可选的 traditional 参数指示序列化是不是传统的 shallow 序列化	String
$.post(url [, data] [, onSuccessFunction] [, dataType])	使用 POST 方法初始化一个 HTTP 请求，并将其发送到服务器	jQuery XMLHttpRequest
serialize()	将输入元素的集合序列化为一个字符串	String
serializeArray()	将所有表单和表单元素序列化为 JSON 结构	Array

AJAX 选项

选　项	说　明	类　型
accepts	将发送给服务器的请求头的内容类型告知服务器：浏览器可接受哪类响应 默认值取决于 dataType	Object
async	默认情况下，jQuery 将以异步方式发送所有 AJAX 请求。要以同步方式发送 AJAX 请求，将该属性设置为 false 默认值是 true	Boolean
beforeSend	发送 AJAX 请求之前将执行一个回调函数，可用于修改 jQuery XMLHttpRequest 对象，以及设置自定义头。为该函数传递的参数是 jqXHR 和 settings 如果从该函数返回 false，将取消请求	Function
cache	如果将 cache 的值设置为 false，将强制浏览器不要缓存请求 该选项的默认值为 true，当 dataType 为'script'或'jsonp'时，该选项的值为 false	Boolean

(续表)

方　法	说　明	返 回 值
complete	当 AJAX 请求已经完成时(已经执行了success或error回调)将执行的一个函数 为回调函数传递两个参数：jqXHR 和status status 参数将使用以下字符串中的一个：'success'、'notmodified'、'error'、'timeout'、'abort'和'parsererror'	Function
contents	一个以"{字符串/正则表达式}"配对的对象，根据指定的 dataType，确定jQuery 如何解析服务器的响应	Object
contentType	发送给服务器的数据的 MIME 类型 如果明确设置了 contentType，始终将其发送到服务器 W3C 规范将该字符集定义为 UTF-8。如果使用不同的字符集，将强制浏览器改变发送回服务器的编码 默认值如下： application/x-www-form-urlencoded; charset=UTF-8	String
context	提供给该选项的对象用于设置所有与AJAX 相关的回调的上下文 默认值：用于调用$.ajaxSettings()的对象(与传输给$.ajax()的设置合并)	Object

converters	一个对象，指定 dataType 到 dataType 的转换。每个数据类型引用一个能处理响应的处理器
	默认值：
	`{`
	`"* text" : window.String,`
	`"text html" : true,`
	`"text json" : $.parseJSON`
	`"text xml" : $.parseXML`
	`}`
		Object

(续表)

方　　法	说　　明	返　回　值
crossDomain	用于强制实施或阻止跨域请求 对于同域请求，默认值是 false；对于跨域请求，默认值为 true	Boolean
data	在 GET 或 POST 请求中传递给服务器的数据。数据既可以是一个由&符号分隔的字符串参数，也可以是一个以“键-值对”方式定义的对象字面量。如果值是 Array，jQuery 将基于 traditional 选项的值进行序列化 可使用 processData 选项来修改数据的自动处理	Object String Array

dataFilter	一个用于处理 XMLHttpRequest 请求的原始响应数据的回调函数，是一个预处理响应数据的筛选函数。该函数应该将预处理后的数据作为返回值。该函数有两个参数：responseText 和 dataType
	
	`function (responseText,`
	`    dataType)`
	`{`
	`    // do something`
	`    // return the sanitized`
	`    // data`
	`    return data;`
	`}`
		Function

dataType	需要在服务器响应中收到的数据的类型。jQuery 尝试基于服务器返回的数据的 MIME 类型，自动推断 dataType 本附录末尾处的“数据类型”部分列出了允许的数据类型 默认值：Educated Guess	String

(续表)

方　法	说　明	返 回 值
error	AJAX 请求失败时执行的回调函数 该回调函数具有以下三个参数：jqXHR、errorType 和 errorThrown。errorType 参数可包含以下任意值：null 、 'timeout' 、 'error' 、 'abort' 和 'parsererror' 如果抛出 HTTP 错误，如"Not Found"或"Internal Server Error"，errorThrown 参数将包含 HTTP 状态	Function
global	对于 AJAX 请求，该选项决定是否触发全局 AJAX 事件处理，例如由各种 AJAX 事件方法设置的处理器。该选项的默认值为 true	Boolean
headers	添加到 AJAX 请求中的附加头的对象。应以“键-值对”方式指定头，其中“键”是头的名称，而“值”是头的值 默认值：{}	Object
ifModified	只有在自上次请求以来，所请求的数据已经发生改变时才允许请求成功。这通过检查 Last-Modified HTTP 头中指定的时间来确定 默认值：false(忽略 Last-Modified 头)	Boolean
isLocal	允许将当前环境视为本地环境。jQuery 目前将以下协议视为本地协议：file、*-extension 和 widget。 如果需要修改该选项，jQuery 建议在$.ajaxSetup()方法中这样做一次	Boolean
jsonp	在 JSONP 请求中重写回调函数名。该值将用于替换 POST 请求或 GET 请求中的 URL 查询字符串所包含的'callback=?'中的'callback'部分。因此，{jsonp:'onJsonPLoad'} 会导致 onJsonPLoad=?作为 URL 的一部分传给服务器	String

(续表)

方　　法	说　　明	返　回　值
jsonpCallback	用于为 JSONP 请求指定回调函数。将使用此处指定的名称来替换 jQuery 为此目的默认创建的随机生成的名称	String, Function
mimeType	用于重写默认 XHR MIME 类型的 MIME 类型	String
password	在 HTTP 访问身份验证请求的响应中使用的密码	String
processData	默认情况下，会处理传给 data 选项的数据，将其转换为查询字符串，以匹配默认内容类型 application/x-www-form-urlencoded; charset=URF-8。如要发送 DOMDocuments 或其他未经处理的数据，将该选项设置为 false 默认值：true	Boolean
scriptCharset	对于 dataType 被设置为 script 或 jsonp 的 GET 请求来说，该选项将强制使用指定的字符集来解释请求。仅当本地内容的字符集与加载的远程内容的字符集不同时，才需要使用该选项	String

statusCode	一个包含了 HTTP 状态码(数字)和相应回调函数的对象(当请求返回特定的状态码时调用该函数)
	`$.ajax({`
	`statusCode : {`
	`404 : function()`
	`{`
	`alert('URL not found.');`
	`}`
	`}`
	`});`
		Object

(续表)

方　　法	说　　明	返　回　值
success	一个函数，当 AJAX 请求成功时执行该函数	Function
timeout	以毫秒为单位，设置超时时间	Number
traditional	确定如何序列化 GET 或 POST 请求的参数。如果设置为 true，将使用传统的 shallow 序列化	Boolean
type	HTTP 请求的类型，GET 请求或 POST 请求之一。也可以指定 PUT 或 DELETE，但并非所有的浏览器都支持这些方法	String
url	请求的 URL	String
username	指定一个用户名，作为对需要 HTTP 身份验证的请求的响应	String
xhr	用于创建 XMLHttpRequest 对象的回调函数。默认情况下，对于 IE 浏览器为 ActiveXObject，对于其他浏览器为 XMLHttpRequest。可以重写该函数，以提供自定义的 XMLHttpRequest 实现，或增强 XMLHttpRequest 工厂方法的功能	Function
xhrFields	一个由“键-值对”组成的对象，应该在本地 XMLHttpRequest 对象上设置	Object

数据类型

类　　型	说　　明
xml	返回一个可被 jQuery 处理的 XML 文档
html	以纯文本方式返回 HTML，所包含的<script>元素将在插入到 DOM 时执行
script	服务器的响应是 JavaScript，并将响应的 JavaScript 脚本作为纯文本返回给回调函数。除非设置了 cache 选项，否则将禁止缓存结果(注意：在该类型下，POST 请求都将被转换为 GET 请求)
json	以 JSON 格式的数据加以响应并返回一个 JavaScript 对象
jsonp	使用 JSONP 载入 JSON 块。在 URL 结尾处添加附加的?callback=?来指定回调
text	以纯文本字符串的方式返回服务器的响应
多个以空格分隔的值	将 jQuery 在 Content-Type 头中接收的内容转换为所需的内容。例如，要使用文本响应，并像 XML 那样处理，应使用"text xml"。另外，可能发送 JSONP 请求，接收文本响应，然后将响应解释为 XML，可使用值"jsonp text xml"

附录 H

CSS

方　法	说　明	返 回 值
CSS		
`css(property)`	返回选择集中第一个元素的指定的 CSS 属性，例如： `$('div').css('background-color')`	String

`css(properties)`	设置指定的 CSS 属性。properties 参数是以“键-值对”形式定义的一个对象字面量。例如：
	`$('div').css({`
	`  backgroundColor : 'red',`
	`  marginLeft : '10px'`
	`});`
		jQuery

`css(property, value)`	为指定的 CSS 属性设置属性值，例如： `$('div').css('background', 'red');`	jQuery
类　名		
`addClass()`	为选择集中的元素添加指定的类名。如果使用多个类名，用空格分隔	jQuery
`hasClass(className)`	确定选择集中的元素是否具有指定的类名。到撰写本书时为止，该方法尚不支持多个类名	Boolean
`removeClass(className)`	从选择集的元素中删除类名。如果使用多个类名，用空格分隔	jQuery
`toggleClass(className)`	为选择集的元素添加(或删除)一个或多个类名。如果使用多个类名，用空格分隔	jQuery

(续表)

方 法	说 明	返 回 值
定 位		

`offset()`	返回选择集中第一个元素相对于视口的偏移位置，例如：
	`var offset = $('div').offset();`
	`alert('Left: ' + offset.left);`
	`alert('Top: ' + offset.top);`
		Object

`position()`	获取元素相对于父元素的偏移坐标，例如：
	`var position = $('div').position();`
	`alert('Left: ' + position.left);`
	`alert('Top: ' + position.top);`
		Object

高度和宽度		
`height()`	返回选择集中第一个元素以像素为单位的高度值(CSS 高度，不包含边框和内边距)	Integer
`height(`*`value`*`)`	设置选择集中第一个元素的高度值(CSS 高度)。如果未提供尺寸的单位，使用 px(像素)为单位	jQuery
`innerHeight()`	获取元素的内部高度，包括内边距，但不包括边框	Integer
`innerWidth()`	获取元素的内部宽度，包括内边距，但不包括边框	Integer
`width()`	返回选择集中第一个元素以像素为单位的宽度值(CSS 宽度，不包含边框和内边距)	Integer
`width(`*`value`*`)`	设置选择集中第一个元素的宽度值(CSS 宽度)。如果未提供尺寸的单位，使用 px(像素)为单位	jQuery
`outerHeight(`*`options`*`)`	返回选择集中第一个元素的 `offsetHeight` (包括像素高度、边框和内边距)。`options` 参数是选项的 JavaScript 对象字面量。可参阅“选项”部分来了解更多信息	Integer
`outerWidth(`*`options`*`)`	返回选择集中第一个元素的 `offsetWidth`(包括像素宽度、边框和内边距)。`options` 参数是选项的 JavaScript 对象字面量。可参阅“选项”部分以了解更多信息	Integer

(续表)

方　法	说　明	返 回 值
滚　动		
`scrollLeft()`	获取选择集中第一个元素的滚动条的水平位置	Integer
`scrollLeft(position)`	设置选择集中每个元素的滚动条的水平位置	jQuery
`scrollTop()`	获取选择集中第一个元素的滚动条的垂直位置	Integer
`scrollTop(position)`	设置选择集中每个元素的滚动条的垂直位置	jQuery
jQuery		

`$.cssHooks`	用于为 jQuery 提供 API，描述 jQuery 在内部如何处理特定的 CSS 属性：
	`$.cssHooks['WebkitBorderRadius'] = {`
	`    get : function(element, computed, extra)`
	`    {`
	`        // Code for getting the CSS property`
	`    },`
	`    set : function(element, value)`
	`    {`
	`        // Code for setting the CSS property`
	`    }`
	`};`	

附录 I

实 用 工 具

方法/属性	说　明	返回值
`$.clearQueue([queue])`	从队列中删除所有尚未执行的项	jQuery
`$.contains( container, contained )`	确定一个 DOM 元素是不是另一个 DOM 元素的后代	Boolean
`$.dequeue(element [, queue] )`	在队列中为匹配的元素执行下一个函数	Undefined
`$.extend( target [, object1] [, . . .] )`	使用一个或多个指定的目标来扩展目标对象	Object
`$.extend( [ deep,] target [, object1] [, . . .] )`	使用一个或多个指定的目标来扩展目标对象。如果可选的 deep 参数是 true，则以递归方式合并对象(也称为深度复制)	Object
`$.fn.extend(object)`	将一个对象合并到 jQuery 自身。例如，这用于创建 jQuery 插件	Object
`$.globalEval(code)`	在全局范围执行指定的 JavaScript 代码	Undefined

(续表)

方法/属性	说　明	返回值
`$.grep( array, function() [, invert] )`	使用一个回调函数来筛选数组。如果可选的 invert 参数的值为 false，或未指定该参数，grep()方法将筛选出回调函数的返回值为 true 的那些元素。如果参数 invert 的值为 true，grep()方法将筛选出回调函数的返回值为 false 的那些元素	Array
`$.inArray(value, array [, fromIndex] )`	确定所指定的数组中是否包含指定的值。可从可选的 fromIndex 参数提供的偏移值(从 0 算起)开始	Array
`$.isArray(array)`	确定提供的项是不是数组	Boolean
`$.isEmptyObject(object)`	确定提供的项是不是空对象	Boolean
`$.isFunction(object)`	确定提供的项是不是函数	Boolean
`$.isNumeric(value)`	确定提供的项是不是数值	Boolean
`$.isPlainObject(object)`	确定提供的项是不是普通对象	Boolean
`$.isWindow(object)`	确定提供的项是不是 window 对象	Boolean
`$.isXMLDoc(node)`	确定提供的项是不是 XML 文档	Boolean
`$.makeArray(object)`	将任意内容转换为数组(而非对象或 StaticNodeList)	Array
`$.merge(array1,array2)`	将两个数组合二为一	Array
`$.noop()`	一个空函数，如果需要一个什么都不做的函数，使用该函数引用	Undefined
`$.now()`	返回一个表示当前时间的数字。返回的数字是以下方式的速记：`(new Date).getTime()`	Number
`$.parseHTML(html)`	将 HTML 字符串解析为 DOM 节点数组	Array
`$.parseJSON(json)`	解析 JSON 字符串，并返回得到的 JavaScript 对象	Object
`$.parseXML(xml)`	将 XML 字符串解析为 XML 文档	XMLDocument
`$.proxy( function(), context [, arguments] )`	接受一个函数，并返回一个带有所提供的上下文的新函数。this 成为提供给 context 的项 如果指定 arguments 参数，这些参数将发送给函数	Function

(续表)

方法/属性	说　明	返回值

`$.proxy(`
`  context,`
`  functionName`
`  [, arguments]`
`)`
	接受一个函数，并返回一个带有所提供的上下文的新函数。this 成为提供给 context 的项
	functionName 是一个字符串，引用要修改上下文的函数
	如果指定 arguments 参数，这些参数将发送给函数
		Function

`$.queue(element[, queue])`	显示要在一个元素上执行的函数队列	Array
`$.support()`	返回一个对象，其中包含的属性描述浏览器的功能或 bug，供 jQuery 内部使用	Object
`$.trim(string)`	从字符串首尾两端删除空白(换行符、空格、制表符和回车符)	String
`$.type(object)`	确定对象的内部 JavaScript 类	String
`$.unique(array)`	从指定的数组删除重复值	Array

附录 J

draggable 和 droppable

表 J-1 中列出了 draggable 和 droppable 方法。

表 J-1　draggable 和 droppable 方法

方　法	说　明	返　回　值
draggable(*options*)	使所选择的元素成为可拖动元素。可传入一个对象字面量作为该方法的第一个参数，在该对象字面量中以“键-值”对的方式定义了所需的选项，完整的选项列表请参见本附录后面的表 J-2	jQuery
draggable('destroy')	完全移除所选元素的可拖动功能	jQuery
draggable('disable')	在选择的元素上禁用可拖动功能	jQuery
draggable('enable')	在选择的元素上启用可拖动功能	jQuery
draggable('option')	返回一个对象字面量，其中包含表示每个当前设置选项的值的“键-值”对	Object
draggable('option', *option*)	返回提供的选项名的当前设置值	Mixed
draggable('option', *option*, *value*)	将提供的 option 的值设置为 value	jQuery
draggable('widget')	返回包含可拖动元素的 jQuery 对象	jQuery
droppable(*options*)	使选择的元素成为可投放元素。可传入一个对象字面量作为该方法的第一个参数，在该对象字面量中以“键-值对”的方式定义了所需的选项，完整的选项列表请参见本附录后面的表 J-2	Dropset
droppable('destroy')	完全移除所选元素的可投放功能	jQuery
droppable('disable')	在选择的元素上禁用可投放功能	jQuery

(续表)

方　　法	说　　明	返　回　值
droppable('enable')	在选择的元素上启用可投放功能	jQuery
droppable('option')	返回一个对象字面量，其中包含表示每个当前设置选项的值的“键-值对”	Object
droppable('option', `option`)	返回提供的选项名的当前设置值	Mixed
droppable('option', `option`, `value`)	将提供的 `option` 的值设置为 `value`	jQuery
droppable('widget')	返回包含可投放元素的 jQuery 对象	jQuery

表 J-2 中列出了 draggable 选项。

表 J-2　draggable 选项

选　　项	说　　明	类　　型
addClasses	如果将该选项设置为 false,就会阻止将 ui-draggable 类添加到可拖动元素 默认值：true	Boolean
appendTo	对于指定了 helper 选项的可拖动元素，传递给 appendTo 选项的匹配元素将作为拖动助手的容器元素。如果没有指定 appendTo 选项，拖动助手将被追加到与可拖动元素相同的容器元素中 默认值："parent"	jQuery、Element, Selector、String
axis	限制元素仅能沿 x 轴或 y 轴拖动。默认值为 false	String、Boolean
cancel	如果在与选择器匹配的元素中开始拖动，阻止拖动 默认值："input, textarea, button, select, option" 默认值：false	Selector
connectToSortable	允许将可拖动元素投放到可排序元素(在提供的选择器中指定) 默认值：false	Selector、Boolean
containment	将拖动限制在指定的元素或选中元素的边界之内 如果提供了字符串，可能值是"window"、"document"或 "parent" 如果提供了数组，值表示范围框的 4 个坐标，形式是[x1, y1, x2, y2] 默认值：false	Element、Selector、String、Array、Boolean

(续表)

选　项	说　明	类　型
cursor	操作期间使用的 CSS cursor，可提供适用于 CSS cursor 属性的任意值 默认值："auto"	String
cursorAt	偏移正在拖动的元素或拖动助手(helper)，使鼠标指针总是从元素中相同的位置开始拖动元素。可使用 top、left、right、bottom 这几个键来定义一个对象字面量，从而设置指定的坐标值 默认值：false	Object Boolean
delay	设置以毫秒(ms)为单位的拖动延迟时间。该选项有助于阻止在单击元素时触发多余的拖动操作 默认值：0	Integer
disabled	如果设置为 true，禁用可拖动功能 默认值：false	Boolean
distance	指定在拖动操作发生时，在按下鼠标之后要求鼠标指针移到的距离(像素值)。该选项的作用是除非鼠标指针拖动的距离达到了指定的距离值，才认为是拖动操作，否则将阻止拖动操作发生 默认值：1	Integer
grid	以网格形式捕捉可拖动元素或拖动助手。以[x，y]数组的形式提供值 默认值：false	Array Boolean
handle	限制只对指定的元素进行拖动操作。该选项允许创建一个较大的可拖动元素，并将其中一个较小的元素作为“拖动手柄”元素，只有拖动该手柄元素，才能拖动整个较大的元素 默认值：false	Element Selector
helper	该选项定义了一个拖动助手元素，在拖动期间将显示该拖动助手元素。可能的值为 original 和 clone。将该选项设置为 clone 将产生幻像(ghosting)效果。该选项的默认值为 original。如果为选项提供一个函数，该函数必须返回一个有效的 DOM 节点。 默认值："original"	String Function

(续表)

选　项	说　明	类　型
iframeFix	阻止<iframe>捕获鼠标事件。如果设置为 true，在拖动时会在所有<iframe>元素上覆盖一个透明层。如果提供了选择器，透明层只覆盖选择器引用的<iframe>元素 默认值：false	Boolean Selector
opacity	设置在拖动期间所拖动元素的 CSS 不透明度，不透明度介于 0~1 之间 默认值：false	Float Boolean
refreshPositions	默认情况下，为了获得最佳性能，会缓存和保存所有可投放元素供引用。如果将该选项的值设置为 true，则会禁用缓存，每次当鼠标移动时都会计算所有可拖动的位置 默认值：false	Boolean
revert	如果值为 true，当拖动结束时，所拖动的元素将返回到初始位置。也可将该选项的值设置为 valid 和 invalid，当把该选项的值设置为 invalid 时，仅当所拖动的元素没有被投放到一个可投放元素中时，所拖动的元素才会返回到初始位置。如果设置为 valid，则与之相反 如果提供一个函数，该函数将确定是否将该元素返回到初始位置。如果使用函数，函数应该返回一个布尔值 默认值：false	Boolean String Function
revertDuration	revert 动画的持续时间；如果 revert 选项为 false，则忽略该选项 默认值：500	Integer
scope	该选项用于组合可拖动和可投放项的集合。该选项在可投放元素上与 accept 选项结合使用 默认值："default"	String
scroll	如果将该选项设置为 true，所拖动元素的容器将自动地卷动 默认值：true	Boolean

(续表)

选　　项	说　　明	类　　型
scrollSensitivity	距离视口边界以像素为单位的距离值，当拖动元素距离边界的位置小于该距离时，视口将产生卷动该距离值是相对于鼠标指针的，而不是相对于所拖动元素的 默认值：20	Integer
scrollSpeed	当鼠标指针进入到由 scrollSensitivity 选项指定的距离之内时，该选项定义了容器窗口卷动的速度 默认值：20	Integer
snap	如果将该选项设置为选择器或 true(与选择器.ui-draggable 相同)，当拖动元素靠近指定元素边缘时将自动向该指定元素靠拢 默认值：false	Boolean Selector
snapMode	如果设置了该选项的值，拖动的元素将仅捕捉容器元素的外边界，或者仅捕捉容器元素的内边界。该选项的值为 inner、outer 和 both 默认值："both"	String
snapTolerance	一个以像素为单位的距离值，当拖动元素与目标元素之间的距离小于该值时，拖动元素将捕捉目标元素 默认值：20	Integer
stack	用于窗口管理器或类似于窗口管理器的应用程序。该功能控制与所提供选择器匹配的可拖动元素的 z-index。该功能确保用户单击的可拖动元素始终位于顶部 默认值：false	Selector Boolean
zIndex	元素在被拖动时，设置拖动助手元素的 z-index 值 默认值：false	Integer

表 J-3 中列出了 draggable 事件。

表 J-3　draggable 事件

事　　件	说　　明	语　　法
create	一个函数，在创建可拖动元素时执行	function(event, ui)
drag	一个函数，在拖动元素时执行	function(event, ui)
start	一个函数，在开始拖动元素时执行	function(event, ui)
stop	一个函数，在结束拖动元素时执行	function(event, ui)

draggable UI 对象选项

为各种可拖动选项指定的回调函数在第二个参数中指定一个 ui 对象。表 J-4 列出了在 ui 对象中公开的属性。

表 J-4　在 ui 对象中公开的属性

选　项	说　明	类　型
ui.options	用于初始化可拖动元素的选项	Object
ui.helper	表示正在拖动的拖动助手的 jQuery 对象	Object
ui.position	拖动助手的当前位置，拖动助手是一个相对于偏移元素的对象字面量	Object {top, left}
ui.absolutePosition	拖动助手相对于页面的当前绝对位置	Object {top, left}
doppable 选项		
accept	挂钩一个函数，当每次一个拖动元素在一个可投放元素上投放时，将执行该函数。可用于筛选哪些元素可以进行投放。如果可以接受所拖动的元素进行投放，则该函数应该返回 true 值，如果不可接受，则应该返回一个 false 值 如果提供了选择器，那些与指定选择器匹配的拖动元素将可在投放元素上投放 默认值："*"	function(draggable) Selector
activeClass	可指定一个类名，当一个可拖动元素真正被拖动时，该 CSS 类名将被添加到可投放元素中 默认值：false	String Boolean
addClasses	如果将该选项设置为 false, 会阻止将 ui-droppable 类名添加到可投放元素 默认值：true	Boolean
Disabled	如果将值设置为 true，则禁用可投放元素 默认值：false	Boolean
greedy	如果设置为 true，该属性将阻止事件在嵌套的可投放元素上传播 默认值：false	Boolean
hoverClass	可指定一个类名，当一个可拖动元素在可投放元素上方经过时，该类名将被添加到可投放元素中 默认值：false	String, Boolean

(续表)

选　　项	说　　明	类　　型
scope	该选项与 accept 一起，用于将可拖动和可投放元素组合为集合。可拖动和可投放元素只能与同一作用域的其他可拖动和可投放元素进行交互 默认值："default"	String
tolerance	指定使用哪个方法来确定可拖动元素是否在可投放元素之上。可能的值为 fit、intersect、pointer 或 touch 默认值："intersect"	String
droppable 事件		
activate	一个函数，在开始拖动一个可接受的可拖动元素时执行	function(event, ui)
create	一个函数，在创建可投放元素时执行	function(event, ui)
deactivate	一个函数，在结束拖动一个可接受的可拖动元素时执行	function(event, ui)
Drop	指定一个函数，当拖曳一个可接受的拖动元素在一个可投放元素上(on)进行投放时，将执行该函数(on 是由选项 tolerance 定义的)。在该函数内，this 关键字引用的是可投放元素，而 ui.draggable 引用的是可拖动元素	function(event, ui)
Out	指定一个函数，当拖曳一个可接受的拖动元素离开(leave)一个可投放元素时，将执行该函数(:eave 的含义是由选项 tolerance 定义的)	function(event, ui)
Over	指定一个函数，当拖曳一个可接受的拖动元素越过(over)一个可投放元素时，将执行该函数(over 是由选项 tolerance 定义的)	function(event, ui)

droppable ui 对象选项

为各种可投放选项指定的回调函数在第二个参数中指定了 ui 对象。表 J-5 列出了在 ui 对象中公开的属性。

表 J-5　在 ui 对象中公开的属性

选　项	描　述	类　型
ui.options	用于初始化可投放元素的选项	Object
ui.position	可拖动的拖动助手的当前位置	Object {top, left}
ui.absolutePosition	可拖动的拖动助手的当前绝对位置	Object {top, left}
ui.draggable	当前可拖动的元素	Object
ui.helper	当前可拖动的拖动助手	Object

附录 K

Sortable 插件

Sortable 方法		
方　法	说　明	返 回 值
sortable(*options*)	使选中的元素成为可排序元素。可传入一个对象字面量作为该方法的第一个参数，在该对象字面量中以“键-值”对的形式定义了所需的选项，完整的选项列表请参见本附录后面“Sortable 选项”部分的内容	jQuery
sortable('cancel')	取消处于可排序状态时的更改，还原到排序前的状态	jQuery
sortable('destroy')	完全移除所选中元素的可排序功能	jQuery
sortable('disable')	在选中的元素上禁用可排序功能	jQuery
sortable('enable')	在选中的元素上启用可排序功能	jQuery
sortable('option', *optionName*)	返回指定选项的值	Mixed
sortable('option')	返回一个对象，其中包含所有选项的所有值	Object
sortable('option', *optionName*, *optionValue*)	将指定的选项设置为指定的值	jQuery
sortable('option', *object*)	通过提供一个对象(表示想要设置的所有选项)，将指定的选项设置为指定的值	jQuery
sortable('refresh')	刷新可排序列表中的列表项	jQuery
sortable('refreshPositions')	刷新可排序列表中列表项的缓存位置	jQuery

(续表)

Sortable 方法		
方　法	说　明	返 回 值
sortable('serialize', *options*)	返回一个将各个可排序列表项的 id 属性序列化之后的字符串。该字符串可用于 AJAX 请求或输入表单中。完整的选项列表，请参阅本附录后面的“序列化选项”部分	String

sortable('toArray', *options*)	将所有可排序列表项的元素 id 属性序列化为数组
	在第二个参数中，可提供一个选项对象；唯一可自定义的选项是更改使用的特性
	{
	attribute : 'data-custom'
	}
		Array

sortable('widget')	返回一个包含可排序元素的 jQuery 对象	jQuery
Sortable 选项		
选　项	说　明	类　型
appendTo	被默认追加到父元素，该选项定义在拖动期间，随鼠标移动的拖放助手元素将被追加到哪个元素中(例如，用于解决 zIndex 或重叠问题) 默认值：'parent'	jQuery Element Selector String
axis	如果定义了该选项，则列表项仅能沿着 X 轴或 Y 轴拖动，可选的值仅为 x 或 y 之一 默认值：false	String Boolean
cancel	阻止在与选择器匹配的元素上进行排序操作。默认选择器："input,textarea,button, select, option"	Selector
connectWith	一个选择器，引用要与可排序列表元素连接的其他可排序列表元素 默认值：false	Selector Boolean
containment	限制可排序列表元素仅能在指定(或选择的)元素的边界内进行拖动。如果使用字符串，可能的值为 'parent'、'document' 和 'window' 默认值：false	Element Selector String Boolean

(续表)

Sortable 选项		
选　　项	说　　明	类　　型
cursor	指定当可排序元素被拖动时显示的鼠标指针样式。提供的字符串应该是一个适用于 CSS cursor 属性的值 默认值：'auto'	String
cursorAt	指定当可排序元素被拖动时显示的鼠标指针的坐标 默认值：false	Object
delay	定义一个以毫秒为单位的延迟时间，以避免不必要的拖动操作 默认值：0	Integer
disabled	是否禁用可排序功能 默认值：false	Boolean
distance	一个以像素为单位的偏差值，表示拖放排序操作发生的阈值。如果指定了该选项，则除非鼠标指针拖动的距离大于指定的阈值，否则拖动排序操作不会发生 默认值：1	Integer
dropOnEmpty	如果将该选项设置为 true，则允许将一个链接的可排序列表中的元素投放到当前可排序列表的空白位置 默认值：true	Boolean
forceHelperSize	如果提供的值是 true，该选项将强制拖动助手元素具有一定的尺寸 默认值：false	Boolean
forcePlaceholderSize	如果将该选项设置为 true，将强制可排序列表中的占位符具有一定的尺寸 默认值：false	Boolean
grid	设置拖动的元素或拖动助手元素只能沿网格的单元格移动，以每 x 和 y 像素为每次移动的单位。其中，x 和 y 被指定为 Array [x, y] 默认值：false	Array
handle	限制排序操作只能在特定元素上开始 默认值：false	Selector Element

(续表)

Sortable 选项		
选 项	说 明	类 型
helper	该选项定义了一个拖动助手元素，当拖动操作发生时，将显示拖动助手元素。如果为该选项定义了回调函数，则该函数应该返回一个可用于显示的有效 DOM 节点 默认值：'original'	Element function(event, element)
items	将应用排序操作的列表项 默认值：'> *'	Selector
opacity	使用 CSS 的 opacity 值，用于在拖放排序操作期间定义拖动助手元素的不透明度。当值为 0 时，表示完全透明，值为 1 时表示完全不透明，位于中间的浮点值表示半透明的程度。例如，0.5 表示半透明(或者说半不透明) 默认值：1	Float
placeholder	用于为占位符元素添加类名(否则，占位符将是一块空的白色区域) 默认值：false	String、 Boolean
revert	该选项将触发被拖动的列表项以平滑的动画返回到初始位置。如果该值是 true，使用默认动画。如果提供一个数字，则表示持续时间，单位为毫秒 默认值：true	Boolean、 Number
scroll	该选项将导致当拖动的元素靠近边缘时，页面产生滚动 默认值：true	Boolean
scrollSensitivity	该选项定义了在滚动发生前，被拖动元素必须靠拢边缘的距离。以像素为单位 默认值：20	Number
scrollSpeed	该选项定义了容器的滚动速度 默认值：20	Number
tolerance	该选项定义了使用哪个模式来确定一个可拖动元素在另一个条目之上。可能值是 'intersect'和'pointer' 默认值：'intersect'	String
zIndex	设置拖动元素的 z-index 默认值：1000	Integer

(续表)

Sortable 选项		
选　　项	说　　明	类　　型
事　　件		
activate bind('sortactivate') on('sortactivate')	开始在可排序列表项上拖动时执行的函数。该函数传播到连接的所有列表	function(event, ui)
beforeStop bind('sortbeforestop') on('sortbeforestop')	一个函数，当排序结束但占位符或拖动助手依然可用时将执行该函数	function(event, ui)
change bind('sortchange') on('sortchange')	一个函数，当排序发生改变时将执行该函数	function(event, ui)
create bind('sortcreate') on('sortcreate')	一个函数，当创建可排序列表时执行	function(event, ui)
deactivate bind('sortdeactivate') on('sortdeactivate')	一个函数，当排序结束时将执行该函数。该函数传播到连接的所有列表	function(event, ui)
out bind('sortout') on('sortout')	一个函数，将可排序项移出可排序列表边界时执行该函数	function(event, ui)
over bind('sortover') on('sortover')	一个函数，当将一个列表项拖动到另一个链接的可排序列表之上时，将执行该函数	function(event, ui)
receive bind('sortreceive') on('sortreceive')	一个函数，当从另一个链接的可排序列表中拖动元素到当前可排序列表中时，将执行该函数	function(event, ui)
remove bind('sortremove') on('sortremove')	一个函数，当一个列表项从当前可排序列表拖动到另一个连接的可排序列表时，将执行该函数	function(event, ui)
sort bind('sort') on('sort')	一个函数，在排序操作发生时执行	function(event, ui)
start bind('sortstart') on('sortstart')	一个函数，在排序操作开始时执行	function(event, ui)

(续表)

Sortable 选项		
选 项	说 明	类 型
stop bind('sortstop') on('sortstop')	一个函数，在排序操作结束时执行	function(event, ui)
update bind('sortupdate') on('sortupdate')	一个函数，当排序结束并且所拖动元素的DOM位置发生改变时将执行该函数	function(event, ui)
序列化选项		
选 项	说 明	类 型
attribute	从每个可排序元素检索的特性值 默认值：id	String
expression	一个正则表达式，用于在特性值中提取一个字符串 默认值：/(.+)[-=_](.+)/	Regular Expression
key	URL散列中的key名称。如果未指定该选项，则是正则表达式第一个结果的名称	String
UI 对象		
属 性	说 明	类 型
ui.helper	表示正在排序的元素的拖动助手的jQuery对象	jQuery
ui.item	表示正在拖动的元素的jQuery对象	jQuery
ui.offset	拖动助手元素(表示为对象)的绝对位置，使用top和left属性来确定	Object
ui.position	拖动助手元素(表示为对象)的位置，使用top和left属性来确定	Object
ui.originalPosition	元素(表示为对象)的原始位置，使用top和left属性来确定	Object
ui.sender	一个jQuery对象，包含原始可排序元素(假设条目正移到不同的可排序元素)	jQuery
ui.placeholder	一个jQuery对象，表示占位符元素(假设使用了这样一个元素)	jQuery

附录 L

Selectable 插件

方　法	说　明	返　回　值
Sortable 方法		
`selectable(options)`	将选择集中元素的子元素转换为可选择元素。可传入一个对象字面量作为该方法的第一个参数，在该对象字面量中以“键-值”对方式定义了所需的选项，完整的选项列表请参见本附录后面的“Selectable 选项”部分	jQuery
`selectable('option')`	返回一个对象，其中包含表示当前选择的选项的“键-值”对	Object
`selectable(optionName)`	返回指定选项的当前值	Mixed
`selectable(optionName, value)`	设置指定选项的值	jQuery
`selectable('disable')`	在选择集的元素上禁用可选择功能	jQuery
`selectable('destroy')`	完全移除可选择功能	jQuery
`selectable('enable')`	在选择集的元素上启用可选择功能	jQuery
`selectable('refresh')`	刷新每个可选择元素的位置和尺寸	jQuery
`selectable('widget')`	返回包含可选择元素的 jQuery 对象	jQuery

(续表)

选 项	说 明	类 型
Selectable 选项		
appendTo	该选项确定将附加到选择框的元素 默认选择器： "body"	Selector
autoRefresh	该选项决定在开始选择操作时，是否刷新每一个可选择元素缓存的位置和尺寸。使用该选项将会造成性能上的损失(假如具有很多可选择元素的话)，因此最好将该选项设置为 false，并在需要时手动刷新位置 默认值：true	Boolean
cancel	cancel 选项提供一个元素选择器，在开始选择时会忽略相应的元素。如果用户在其中一个指定的元素上单击和拖动，不会选择该元素 默认选择器： "input, textarea, button, select, option"	Selector
delay	允许酌情指定在允许选择之前延迟的毫秒数。默认值是 0(无延迟)	Integer
disabled	确定是否禁用可选择功能 默认值：false	Boolean
distance	指定鼠标指针需要移动多远的距离(单位为像素)才能开始选择 默认值：0	Number
filter	匹配的子元素将成为可选择元素 默认值：* (all child elements)	Selector
tolerance	确定如何实施选择。在撰写本书时为止，该选项有两个可能值："fit"和"touch"。使用"fit"值时，意味着只有当选择框完全包含被选项时，才予以选择。使用"touch"时意味着，只需接触被选项，就会将其选中。 默认值："touch"	String
create bind('selectablecreate') on('selectablecreate')	当创建可选择项时执行该函数	function(event, ui)

(续表)

选　　项	说　　明	类　　型

`selected`
`bind('selectableselected')`
`on('selectableselected')`
	一个函数，对于每个添加到选择集中的元素，当选择操作结束时将执行该函数(当鼠标按键被释放时)。可通过 ui 参数的属性 ui.selected 来访问所选择的元素。this 关键字则引用了可选择元素的父元素	function(event, ui)

`selecting`
`bind('selectableselecting')`
`on('selectableselecting')`
	一个函数，在选择操作期间(即拖曳选择框选择元素时)，当元素被选中时将执行该函数。可通过 ui 参数的属性 ui.selecting 来访问选择的元素。this 关键字则引用了可选择元素的父元素	function(event, ui)

`start`
`bind('selectablestart')`
`on('selectablestart')`
	一个函数，在选择操作开始时(当第一次按下鼠标按键时)将执行该函数。this 关键字将引用可选择元素的父元素	function(event, ui)

`stop`
`bind('selectablestop')`
`on('selectablestop')`
	一个函数，当选择操作结束时(当释放鼠标按键时)将执行该函数。this 关键字将引用可选择元素的父元素	function(event, ui)

`unselected`
`bind('selectableunselected')`
`on('selectableunselected')`
	一个函数，对于从选择集中移除的每一个元素，在选择操作结束时(当鼠标按键已经被释放时)将执行该函数。可通过 ui 参数的属性 ui.unselected 来访问移除的元素。this 关键字则引用了可选择元素的父元素	function(event, ui)

`unselecting`
`bind('selectableunselecting')`
`on('selectableunselecting')`
	一个函数，在选择操作期间(当正在拖曳选择框时)将执行该函数，可通过 ui 参数的属性 ui. `unselecting` 来访问选择的元素。this 关键字则引用了可选择元素的父元素	function(event, ui)

注意

在文档所列出的每个回调函数的 ui 参数中，也可通过 ui.selectable 属性来访问可选择元素的父元素。

当前版本的 Selectable 插件并未提供一种用于自定义选择框的样式的方法，例如无法通过 Selectable 选项为选择框添加类名。尽管存在这一局限，但是我们依然可自定义选择框的样式。可通过将一条引用了 CSS 选择器 div.ui-selectable-helper 的样式规则添加到样式表中来自定义选择框的样式。

附录 M

动画和缓动效果

方　法	说　明	返 回 值
animate(　css 　[, duration] 　[, easing] 　[, function()])	为元素的样式创建动画效果，使元素从初始样式开始，变化到该方法的第一个参数(对象字面量)所指定的样式。到撰写本书时为止，仅支持对具有数字值的 CSS 属性创建动画效果。通过支持附加的插件，来支持变化颜色的动画效果 使用默认的缓动库时，easing 参数接受两个可能值："linear"和"swing"。不过，可以下载和启用为数众多的其他缓动选项，具体可参见本附录后面的介绍 如果提供了可选的回调函数，将在动画完成时执行该函数。this 引用以动画方式显示的元素	jQuery
animate(　css, 　options)	为元素的样式创建动画效果，使元素从初始样式开始，变化到该方法的第一个参数(对象字面量)所指定的样式。可参阅本附录后面的“动画选项”部分	jQuery
clearQueue([queue])	从队列中删除尚未执行的所有项。如果指定了 queue，则仅清除该队列	jQuery
delay(duration[, queue])	设置一个计时器，延迟执行队列中后续的项。如果指定了 queue，则在相应的队列项上启动延迟	jQuery
dequeue([queue])	为匹配的元素执行队列中的下一个函数。如果指定一个可选的 queue 参数，则执行该队列项	jQuery
fadeIn(　[duration] 　[, function()])	通过调整元素的不透明度，以淡入效果显示选择的每个元素。持续时间要么是时间(单位为毫秒)，要么是预设时间："slow"、"normal"或"fast" 如果提供了可选的回调函数，将在动画完成时执行该函数。this 引用以动画方式显示的元素	jQuery

(续表)

方　法	说　明	返　回　值
fadeIn(*options*)	通过调整元素的不透明度，以淡入效果显示选择的每个元素。可参阅本附录后面的“动画选项”部分	jQuery
fadeIn(*[duration]* *[, easing]* *[, function()*)	通过调整元素的不透明度，以淡入效果显示选择的每个元素。持续时间要么是时间(单位为毫秒)，要么是预设时间："slow"、"normal"或"fast" easing 参数可以使用默认选项"linear"或"swing"，也可以使用本附录后面记录的任意缓动选项(假设在安装 jQuery UI 时，已经安装了其他必需的缓动选项) 如果提供了可选的回调函数，将在动画完成时执行该函数。this 引用对应的元素	jQuery
fadeOut([*duration*] [, function()])	通过调整元素的不透明度，以淡出效果显示选择的每个元素。持续时间要么是时间(单位为毫秒)，要么是预设时间："slow"、"normal"或"fast" 如果提供了可选的回调函数，将在动画完成时执行该函数。this 引用以动画方式显示的元素	jQuery
fadeOut(*options*)	通过调整元素的不透明度，以淡出效果隐藏选择的每个元素。可参阅本附录后面的“动画选项”部分	jQuery
fadeOut(*[duration]* *[, easing]* *[, function()*)	通过调整元素的不透明度，以淡出效果隐藏选择的每个元素。持续时间要么是时间(单位为毫秒)，要么是预设时间："slow"、"normal"或"fast" easing 参数可以使用默认选项"linear"或"swing"，也可以使用本附录后面记录的任意缓动选项(假设在安装 jQuery UI 时，已经安装了其他必需的缓动选项) 如果提供了可选的回调函数，将在动画完成时执行该函数。this 引用对应的元素	jQuery
fadeTo(*[duration]* *[, easing]* *[, function()*)	通过调整元素的不透明度，以淡入效果显示选择的每个元素。持续时间要么是时间(单位为毫秒)，要么是预设时间："slow"、"normal"或"fast" easing 参数可以使用默认选项"linear"或"swing"，也可以使用本附录后面记录的任意缓动选项(假设在安装 jQuery UI 时，已经安装了其他必需的缓动选项) 如果提供了可选的回调函数，将在动画完成时执行该函数。this 引用对应的元素	jQuery

(续表)

方　法	说　明	返 回 值
fadeToggle(　[duration] 　[, easing] 　[, function())	通过调整元素的不透明度，以切换显示选择的每个元素(淡入或淡出)。持续时间要么是时间(单位为毫秒)，要么是预设时间："slow"、"normal"或"fast" easing 参数可以使用默认选项"linear"或"swing"，也可以使用本附录后面记录的任意缓动选项(假设在安装 jQuery UI 时，已经安装了其他必需的缓动选项) 如果提供了可选的回调函数，将在动画完成时执行该函数。this 引用对应的元素	jQuery
fadeToggle(options)	使用指定的动画选项，通过调整元素的不透明度，以切换显示选择的每个元素(淡入或淡出)。可参阅本附录后面的“动画选项”部分以了解更多信息	jQuery
finish([queue])	停止当前正在运行的动画，删除队列中的所有动画，为匹配的元素完成所有动画 如果指定了可选的 queue 参数，则仅针对引用的队列，停止、删除和完成动画	jQuery
hide()	隐藏选择的每个元素(如果元素尚未隐藏)	jQuery
hide(　[duration] 　[, function()])	使用动画隐藏选择的每个元素。持续时间要么是时间(单位为毫秒)；要么是预设时间："slow"、"normal"或"fast" 如果提供了可选的回调函数，将在隐藏操作完成后执行该函数。this 引用回调函数中正在隐藏的元素	jQuery
hide(options)	使用指定的选项对象，以动画方式进行隐藏。可参阅本附录后面的“动画选项”部分	jQuery
hide(　[duration] 　[, easing] 　[, function()])	使用预设的动画隐藏选择的每个元素。持续时间要么是时间(单位为毫秒)，要么是预设时间："slow"、"normal"或"fast" easing 参数可以使用默认选项"linear"或"swing"，也可以使用本附录后面记录的任意缓动选项(假设在安装 jQuery UI 时，已经安装了其他必需的缓动选项) 如果提供了可选的回调函数，将在动画完成时执行该函数。this 引用对应的元素	jQuery

(续表)

方　法	说　明	返 回 值
$.fx.interval	指定动画的触发频率(单位为毫秒) 默认值：13 毫秒	Number
$.fx.off	全局禁用所有动画	Boolean
queue(*[queue]*)	显示要在匹配的元素上执行的函数队列	Array
queue(*[queue]*, *newQueue*)	操纵要执行的函数队列(为匹配的每个元素执行一次) newQueue 参数包含一个函数数组，用于替换当前的队列内容	jQuery
queue(*[queue]*, *function()*)	操纵要执行的函数队列(为匹配的每个元素执行一次) function 参数指准备添加到队列中的新函数，会调用一个函数将下一项从队列中移除	jQuery
show()	显示选择的每个元素(如果元素此前被隐藏)	jQuery
show(*[duration]* *[, function()]*)	使用动画显示选择的每个元素。持续时间要么是时间(单位为毫秒)，要么是预设时间："slow"、"normal"或"fast" 如果提供了可选的回调函数，将在隐藏操作完成后执行该函数。this 引用回调函数中正在显示的元素	jQuery
show(*options*)	使用指定的选项对象，以动画方式进行显示。可参阅本附录后面的“动画选项”部分	jQuery
show(*[duration]* *[, easing]* *[, function()]*)	使用预设的动画显示选择的每个元素。持续时间要么是时间(单位为毫秒)，要么是预设时间："slow"、"normal"或"fast" easing 参数可以使用默认选项"linear"或"swing"，也可以使用本附录后面记录的任意缓动选项(假设在安装 jQuery UI 时，已经安装了其他必需的缓动选项) 如果提供了可选的回调函数，将在动画完成时执行该函数。this 引用对应的元素	jQuery
slideDown(*[duration]* *[, function()]*)	使用动画下滑显示选择的每个元素。持续时间要么是时间(单位为毫秒)，要么是预设时间："slow"、"normal"或"fast" 如果提供了可选的回调函数，将在滑动操作完成后执行该函数。this 引用回调函数中正在滑动的元素	jQuery
slideDown(*options*)	使用指定的选项对象，以动画方式下滑。可参阅本附录后面的“动画选项”部分	jQuery

(续表)

方　　法	说　　明	返 回 值
slideDown([duration] [, easing] [, function()])	使用预设的动画下滑显示选择的每个元素。持续时间要么是时间(单位为毫秒)，要么是预设时间："slow"、"normal"或"fast" easing 参数可以使用默认选项"linear"或"swing"，也可以使用本附录后面记录的任意缓动选项(假设在安装 jQuery UI 时，已经安装了其他必需的缓动选项) 如果提供了可选的回调函数，将在动画完成时执行该函数。this 引用对应的元素	jQuery
slideToggle([duration] [, function()])	通过动态改变元素的高度来切换选择的每个元素的显示或隐藏状态。持续时间要么是时间(单位为毫秒)，要么是预设时间："slow"、"normal"或"fast" 如果提供了可选的回调函数，将在滑动完成时执行该函数。this 引用回调函数中正在滑动的元素	jQuery
slideToggle(options)	通过动态改变元素的高度来切换选择的每个元素的显示或隐藏状态。使用指定的选项对象执行动画。可参阅本附录后面的“动画选项”部分	jQuery
slideToggle([duration] [, easing] [, function()])	使用预设的动画切换选择的每个元素的滑动动画。持续时间要么是时间(单位为毫秒)，要么是预设时间："slow"、"normal"或"fast" easing 参数可以使用默认选项"linear"或"swing"，也可以使用本附录后面记录的任意缓动选项(假设在安装 jQuery UI 时，已经安装了其他必需的缓动选项) 如果提供了可选的回调函数，将在动画完成时执行该函数。this 引用对应的元素	jQuery
slideUp([duration] [, function()])	使用动画上滑隐藏选择的每个元素。持续时间要么是时间(单位为毫秒)，要么是预设时间："slow"、"normal"或"fast" 如果提供了可选的回调函数，将在滑动操作完成后执行该函数。this 引用回调函数中正在滑动的元素	jQuery
slideUp(options)	使用指定的选项对象，以动画方式上滑。可参阅本附录后面的“动画选项”部分	jQuery

(续表)

方 法	说 明	返 回 值
slideUp([duration] [, easing] [, function()])	使用预设的动画上滑隐藏选择的每个元素。持续时间要么是时间(单位为毫秒)，要么是预设时间："slow"、"normal"或"fast" easing 参数可以使用默认选项"linear"或"swing"，也可以使用本附录后面记录的任意缓动选项(假设在安装jQuery UI时，已经安装了其他必需的缓动选项) 如果提供了可选的回调函数，将在动画完成时执行该函数。this 引用对应的元素	jQuery
stop([clearQueue] [, jumpToTheEnd])	在指定的所有元素上，停止当前正在运行的所有动画 如果指定了 clearQueue 参数，则指示是否也删除队列中的动画。该参数默认为 false jumpToTheEnd 参数是一个布尔值，指示是否应该立即完成当前动画。该参数默认为 false	jQuery
stop([queue] [, clearQueue] [, jumpToTheEnd])	在指定的所有元素上，停止当前正在运行的所有动画 queue 参数指定要停止哪个队列中的动画 如果指定了 clearQueue 参数，则指示是否也删除队列中的动画。该参数默认为 false jumpToTheEnd 参数是一个布尔值，指示是否应该立即完成当前动画。该参数默认为 false	jQuery
toggle()	切换选择的每个元素的显示和隐藏状态	jQuery
toggle([duration] [, function()])	使用动画切换选择的每个元素。持续时间要么是时间(单位为毫秒)，要么是预设时间："slow"、"normal"或"fast" 如果提供了可选的回调函数，将在滑动操作完成后执行该函数。this 引用回调函数中正在滑动的元素	jQuery
toggle(options)	使用指定的选项对象，以动画方式切换。可参阅本附录后面的“动画选项”部分	jQuery
toggle([duration] [, easing] [, function()])	使用预设的动画切换选择的每个元素。持续时间要么是时间(单位为毫秒)，要么是预设时间："slow"、"normal"或"fast" easing 参数可以使用默认选项"linear"或"swing"，也可以使用本附录后面记录的任意缓动选项(假设在安装jQuery UI时，已经安装了其他必需的缓动选项) 如果提供了可选的回调函数，将在动画完成时执行该函数。this 引用对应的元素	jQuery

(续表)

方　法	说　明	返 回 值
toggle(*showOrHide*)	使用布尔值 showOrHide 参数来切换每个元素，明确地确定是显示元素还是隐藏元素	jQuery

动画选项

选　项	说　明	类　型
duration	可取值为"slow"、"normal"或"fast"之一，或是以毫秒(ms)为单位的时间值	String Number
easing	希望使用的擦除特效的名称(插件所要求的)。该选项有两个内置的值："linear"和"swing"	String
queue	将该选项设置为 false 将使动画跳过队列，并立即开始运行	Boolean
specialEasing	已在 css(或属性)参数中定义的一个或多个 CSS 属性的映射，每个属性映射到缓动(用于动态显示特定属性)	Object
step	为每个动画元素的每个动画属性调用的函数。该函数提供了修改 Tween 对象的机会	Function
progress	在动画的每一步之后调用的函数，只为每个动画元素执行一次(无论动画处理多少属性) 该函数提供以下参数：animation、progress 和 remainingMilliseconds	Function
complete	动画完成时执行的函数	Function
start	动画开始时执行的函数 该函数提供以下参数：animation	Function
done	一个函数，当动画完成并解析其 Promise 对象时将执行该函数 该函数提供以下参数：animation 和 jumpedToTheEnd	Function
fail	一个函数，当动画未能完成并拒绝其 Promise 对象时将执行该函数 该函数提供以下参数：animation 和 jumpedToTheEnd	Function
always	一个函数，当动画完成或未完成而停止(其 Promise 对象被解析或拒绝)时将执行该函数 该函数提供以下参数：animation 和 jumpedToTheEnd	Function

(续表)

方　　法	说　　明	返　回　值
缓动		
linear	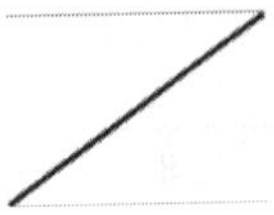	
swing	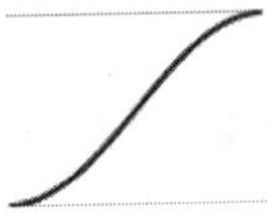	
easeInQuad		
easeOutQuad		
easeInOutQuad	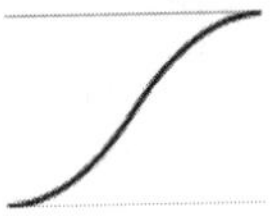	
easeInCubic	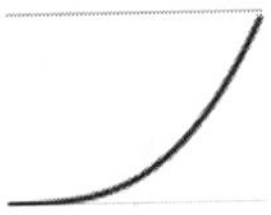	
easeOutCubic	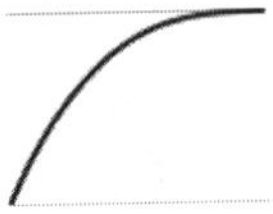	
easeInOutCubic		
easeInQuart	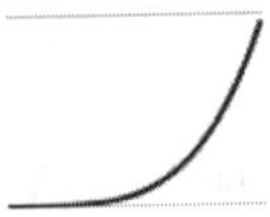	

(续表)

方　法	说　明	返 回 值
easeOutQuart		
easeInOutQuart	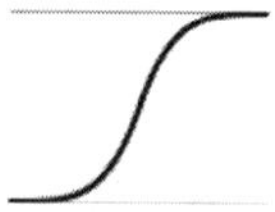	
easeInQuint	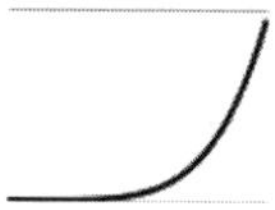	
easeOutQuint	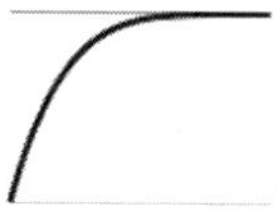	
easeInOutQuint	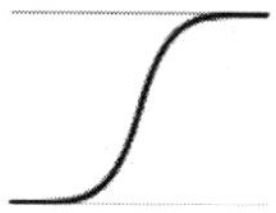	
easeInExpo	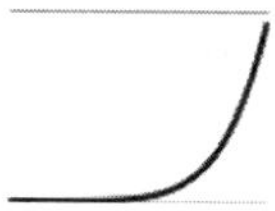	
easeOutExpo	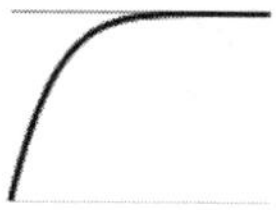	
easeInOutExpo	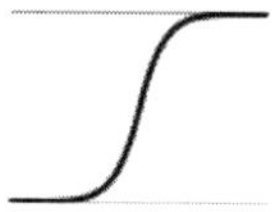	
easeInSine	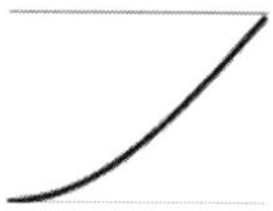	

(续表)

方 法	说 明	返 回 值
easeOutSine	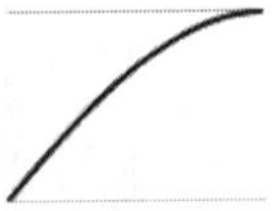	
easeInOutSine	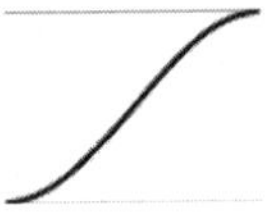	
easeInCirc	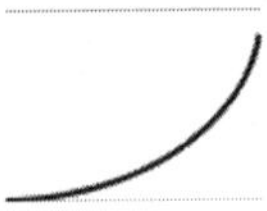	
easeOutCirc	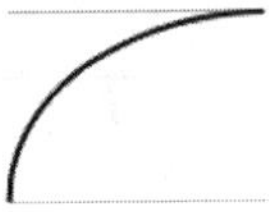	
easeInOutCirc	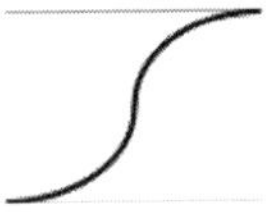	
easeInElastic	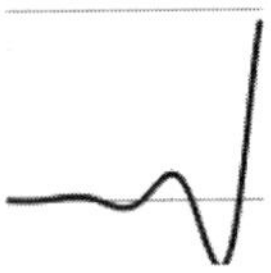	
easeOutElastic		
easeInOutElastic	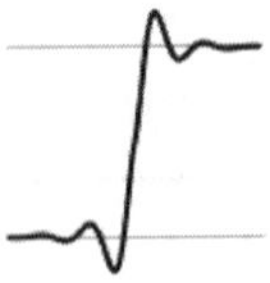	

easeInBack	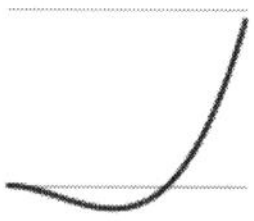
easeOutBack	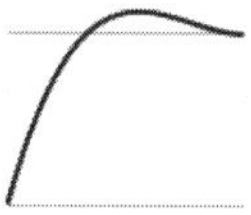
easeInOutBack	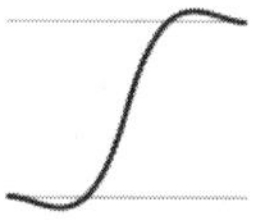
easeInBounce	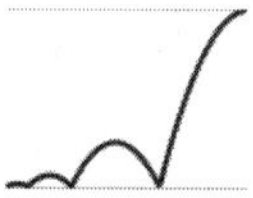
easeOutBounce	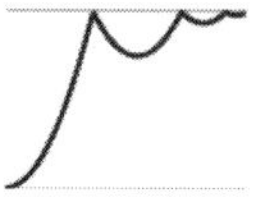
easeInOutBounce	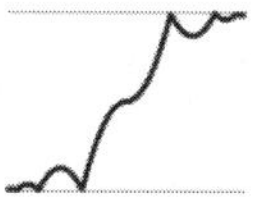

效　果

选　项	说　明
可用于显示/隐藏/切换的效果：	
blind	以 blind(窗帘)效果滑入或滑出元素，以显示或隐藏元素
clip	以垂直或水平方式为元素提供剪切效果
drop	以落出页面效果移除元素，或以落入页面效果显示元素
explode	将元素分解为多个碎片的爆炸效果
fold	用类似于纸张折叠的效果折叠元素
puff	通过伸缩并淡出的动画可以创建“吹散”(puff)效果
slide	将元素滑动移出视口的效果
scale	通过百分百因子缩小或扩大元素
size	将元素的尺寸调整到指定的宽度和高度
pulsate	创建多次改变元素的不透明度的脉动效果
只能单独使用的特效：	
bounce	在水平或垂直方向上使元素弹跳 n 次
highlight	以指定的颜色突出显示背景
shake	在水平或垂直方向上使元素晃动 n 次
transfer	将一个元素的边框传送到另一个元素

附录 N

Accordion 插件

方　法	说　明	返 回 值
显示或隐藏方法		
`accordion(options)`	将选择的元素创建为 Accordion 效果(参见“Accordion 选项”部分)	jQuery
`accordion('destroy')`	销毁选择的 Accordion	jQuery
`accordion('disable')`	禁用选择的 Accordion	jQuery
`accordion('enable')`	启用选择的 Accordion	jQuery
`accordion('option')`	返回一个对象，其中包含所有选项及其值	Object
`accordion('refresh')`	修改 Accordion 后，重新计算 Accordion 面板的标题和高度	jQuery
`accordion('widget')`	返回一个包含 Accordion 的 jQuery 对象	jQuery

Accordion 选项

选　项	说　明	类　型
`active`	确定打开哪个面板(如果有的话)。如果将该值设置为 `false`，则折叠所有面板(需要将 `collapsible` 选项设置为 `true`。如果将该值设置为整数，会打开相应的面板，偏移值从 0 算起) 默认值：0	Boolean Integer
`animate`	以动画方式显示面板的选项。如果将该选项的值设置为 false，动画效果将被禁用。将该值设置为一个数字来设置具有缓动效果的动画的长度(单位为毫秒)。如果该值是一个字符串，字符串是缓动动画类型(可参阅附录 M)。可为对象提供 `easing` 和 `duration` 属性 默认值：{}	Boolean Number String Object

(续表)

选　　项	说　　明	类　　型
collapsible	是否可以一次性关闭所有 Accordion 区域 默认值：false	Boolean
disabled	是否禁用 Accordion 默认值：false	Boolean
event	用于触发 Accordion 的事件 默认值：click	String
header	一个选择器，引用作为各个内容面板标题元素的元素 默认值："> li > :first-child,> :not(li):even"	Selector Element jQuery
heightStyle	确定如何计算每个面板的高度 "auto"——每个面板的高度将是最高面板的高度 "fill"——每个面板的高度由 Accordion 的父元素确定 "content"——每个面板的高度由每个面板的内容来确定 默认值："auto"	String

icons	标题使用的图标
	默认值：
	{
	"header" :
	"ui-icon-triangle-1-e",
	"activeHeader" :
	"ui-icon-triangle-1-s"
	}
		Object

Accordion 事件		
activate	当激活一个面板时(动画完成后)触发该事件	function(event, ui)
beforeActivate	打开一个面板后，在动画开始前触发该事件 可取消该事件来阻止面板的激活	function(event, ui)
create	当创建 Accordion 时创建	function(event, ui)

Accordion ui 对象选项

为各种 Accordion 事件指定的回调函数在第二个参数中指定 ui 对象。下面列出了在 ui 对象中公开的属性。

选　项	说　明	类　型
`ui.header`	要激活的标题	jQuery
`ui.newHeader`	要激活的面板的标题	jQuery
`ui.newPanel`	要激活的面板	jQuery
`ui.oldHeader`	要取消激活的面板的标题	jQuery
`ui.oldPanel`	要取消激活的面板	jQuery
`ui.panel`	活动面板	jQuery

附录 O Datepicker 插件

Datepicker 方法

方　　法	说　　明	返　回　值
`datepicker(options)`	将选择的元素创建为日期选择器(参见“Datepicker 选项”部分)	jQuery
`datepicker('destroy')`	销毁日期选择器	jQuery
`datepicker('dialog', date[, onSelect][, settings][, pos])`	在对话框中打开日期选择器	jQuery
`datepicker('getDate')`	从日期选择器获取当前日期	Date
`datepicker('hide', speed)`	关闭之前打开的日期选择器	jQuery
`datepicker('isDisabled')`	确定是否禁用了日期选择器字段	Boolean
`datepicker('option')`	以“键-值”对形式返回所有选项的对象	Object
`datepicker('option', optionName)`	返回指定的选项	Mixed
`datepicker('option', optionName, value)`	将指定的选项设置为指定的值	jQuery
`datepicker('option', optionObject)`	使用 optionObject 设置选项	jQuery
`datepicker('setDate', date, endDate)`	设置日期选择器的当前日期	jQuery
`datepicker('show')`	打开日期选择器	jQuery
`datepicker('widget')`	返回包含日期选择器的 jQuery 对象	jQuery

(续表)

Datepicker 选项

选 项	说 明	类 型
altField	另一个字段的 jQuery 选择器，将随着在日期选择器中选择的日期而更新。可使用后面的 altFormat 设置来修改该字段的日期格式。如无备用字段，则保留空白 默认值：''	String
altFormat	用于上面的 altField 选项的 dateFormat。该选项允许在向用户显示时采用一种日期格式以便于选择，而在后台则实际使用另一种格式来发送数据 默认值：''	String
appendText	在每个日期字段之后显示的文本信息，例如显示所需的格式 默认值：''	String
autoSize	设置为 true，自动重设输入字段的大小，以容纳以当前 dateFormat 显示的日期 默认值： false	Boolean
beforeShow	一个函数，该函数接受一个输入字段和当前的日期选择器实例，并返回一个匿名的设置对象来更新日期选择器。在显示日期选择器之前将调用该函数 默认值： null	function(input, obj)
beforeShowDay	一个函数，该函数接收一个日期作为参数，并且必须返回一个数组。[0]值为 true/false，以指示该日期是否可被选中。[1]值为一个 CSS 类名，或是一个''值，表示默认的外观呈现。在日期选择器中显示每一天的日期之前，将调用该函数 默认值：null	function(date)
buttonImage	设置弹出按钮图片的 URL。如果设置了该选项，buttonText 选项的值将作为 alt 值，并不直接显示出来 默认值：''	String
buttonImageOnly	将该选项设置为 true 时，将在字段之后添加一张图片，用作显示日期选择器的触发器，而不是将图片显示在触发按钮之上 默认值： false	Boolean

(续表)

选　项	说　明	类　型
buttonText	设置在触发按钮上显示的文本信息。在 showOn 选项被设置为 button 或 both 的情况下使用 默认值：'...'	String
calculateWeek	计算属于一年中的第几周(周编号)。该函数接收一个 Data 对象作为参数，并返回一个数字，表明周编号。默认实现采用的是 ISO 8601 对星期的定义：即从星期一开始，并且年度的第一个星期包含 1 月 4 日这个日期。这意味着上一年的最后 3 天可能被包含在当前年度的第一个星期中，而当前年度的前 3 天可能会包含在上一年度的最后一个星期中 默认值：$.datepicker.iso8601Week	function()
changeMonth	是否将月份显示为下拉列表(而非文本) 默认值：false	Boolean
changeYear	是否将年份显示为下拉列表(而非文本) 默认值：false	Boolean
closeText	为 close 链接显示的文本。使用 showButtonPanel 选项可显示该按钮。 默认值：'Done'	String
constrainInput	如果要限制输入字段使用当前日期格式，将值设置为 true 默认值：true	Boolean
currentText	显示在当前日子链接上的文本 默认值：'Today'	String
dateFormat	解析和显示日期的格式。完整的可用格式列表请参见“格式选项”部分 默认值：'mm/dd/yy'	String
dayNames	该选项是一个长日子名称的列表，从星期日开始，根据日期选择器 dateFormat 的设置来使用。当鼠标指针悬停在相应的列标题上时，将弹出表示日子名称的提示 默认值： ['Sunday', 'Monday', 'Tuesday', 'Wednesday', 'Thursday', 'Friday', 'Saturday']	Array

(续表)

选 项	说 明	类 型
dayNamesMin	一个最短日子名称的列表，从星期日开始，用作日期选择器中的列标题 默认值： ['Su', 'Mo', 'Tu', 'We', 'Th', 'Fr', 'Sa']	Array
dayNamesShort	一个日子简写名称的列表，从星期日开始，根据日期选择器 dateFormat 的设置使用。 默认值： ['Sun', 'Mon', 'Tue', 'Wed', 'Thu', 'Fri', 'Sat']	Array
defaultDate	如果所关联的字段为空，该选项用于设置日期选择器第一次打开时显示的日期。可通过 Date 对象将该选项设置为实际日期，或使用数值定义相对于今天的日期(比如+7)，或设置为期间和值的字符串('y' 表示年，'m'表示月，'w'表示星期，'d'表示天；例如'+1m +7d')。也可设置为 null，以表示今天 默认值： null	Date Number String
duration	该选项用于控制日期选择器显示的速度。可以是一个以毫秒(ms)为单位的时间值、一个预定义的表示速度的字符串(即'slow'、'normal'和'fast'三个值之一)或是一个''以表示立即显示 默认值：'normal'	String Number
firstDay	设置每个星期的第一天：星期天为 0，星期一为 1，依此类推 默认值：0	Integer
gotoCurrent	如果将值设置为 true，将把当前日子链接设置为当前选中的日期，而不是今日 默认值：false	Boolean
hideIfNoPrevNext	默认情况下，如果没有 Previous 和 Next，将禁用相应的链接。将该特性设置为 true 将隐藏这两个链接 默认值：false	Boolean
isRTL	如果当前语言顺序是从右到左，则把其值设置为 true 默认值： false	Boolean

(续表)

选　项	说　明	类　型
maxDate	设置可选择的最大日期。可通过一个 Date 对象将该选项设置为一个实际日期，或使用数值定义一个相对于今天的日期(比如+7)，也可以设置为一个期间和值的字符串('y' 表示年，'m'表示月，'w'表示星期，'d'表示天；例如'+1m +1w')，也可设置为 null，表示无限制 默认值：null	Number String Date
minDate	设置可选择的最小日期。可通过一个 Date 对象将该选项设置为一个实际日期，或使用数值定义一个相对于今天的日期(比如+7)，或设置为一个期间和值的字符串('y' 表示年，'m'表示月，'w'表示星期，'d'表示天；例如'-1y -1m')。也可设置为 null，以表示无限制 默认值：null	Number String Date
monthNames	一个月份完整名称的列表，根据日期选择器 dateFormat 的设置，该列表中的月份名称将作为每个日期选择器中月份的标题 默认值：['January', 'February', 'March', 'April', 'May', 'June', 'July', 'August', 'September', 'October', 'November', 'December']	Array
monthNamesShort	一个月份简写名称的列表，根据日期选择器 dateFormat 的设置来使用 默认值：['Jan', 'Feb', 'Mar', 'Apr', 'May', 'Jun', 'Jul', 'Aug', 'Sep', 'Oct', 'Nov', 'Dec']	Array
NavigationAs-DateFormat	将其值设置为 true 时，formatDate 函数将在显示之前用于设置 prevText、nextText 和 currentText 的值。例如，允许它们显示目标月份的名称 默认值：false	Boolean
nextText	显示在“下月”链接上的文本 默认值：'Next'	String
numberOfMonths	设置一次显示几个月份。其值可以是数字，也可以是一个包含两个元素的数组，数组中的这两个元素定义了要显示的行数和列数 默认值：1	Number Array

(续表)

选 项	说 明	类 型
onChangeMonth-Year	允许当日期选择器移到一个新的月份或年份时自己定义一个事件。该函数接收所显示的第一个月的第一天和该日期选择器实例作为参数。this 关键字将引用与日期选择器关联的输入字段 默认值： null	function(year, month, inst)
onClose	允许当关闭日期选择器时定义自己的事件，而不考虑是否选择了日期。该函数接收选中的日期或日期数组，以及该日期选择器的实例作为参数。this 关键字将引用与日期选择器关联的输入字段 默认值： null	Function (dateText, inst)
onSelect	允许当选择日期选择器时定义自己的事件。该函数接收选中日期的文本值和该日期选择器的实例作为参数。this 关键字将引用与日期选择器关联的输入字段 默认值： null	Function (dateText, inst)
prevText	为“上月”链接显示的文本 默认值：'Prev'	String
select-OtherMonths	在当前月份可供选择之前和之后显示其他月份的日期 默认值： false	Boolean
shortYearCutoff	设置一个界限值，用于决定一个日期(使用 dateFormat 'y'格式)属于哪个世纪。如果设置了一个 0~99 的数字值，将直接使用该值。如果设置了一个字符串值，该字符串将被转换为数字并添加到当前年份。当计算年份界限时，年份值小于或等于界限值的日期将被认为属于当前世纪，大于该界限值的日期将被认为属于上一世纪 默认值： '+10'	String Number
showAnim	设置显示/隐藏日期选择器时使用的动画效果的名称。可设置为'show'（默认值）、'slideDown'、'fadeIn'或任何 jQuery UI 的显示/隐藏特效 默认值：'show'	String
showButtonPanel	是否在日历下显示按钮窗格 默认值： false	Boolean

(续表)

选　　项	说　　明	类　　型
showCurrent-AtPos	当通过 numberOfMonths 选项显示多个月份时，showCurrentAtPos 选项定义在哪个位置显示当前月份 默认值：0	Number
showMonth-AfterYear	在标题中，是否在年份之后显示月份 默认值：false	Boolean
showOn	如果将该选项的值设置为 focus，当字段接收到焦点时将自动显示日期选择器；设置为 button 时，仅当单击按钮时才会显示日期选择器；设置为 both 时，以上两种行为发生时都会显示日期选择器 默认值：'focus'	String
showOptions	如果为 showAnim 使用某个 jQuery UI 特效，可使用该选项为指定的动画效果提供附加设置 默认值：{}	Options
showOtherMonths	是否在当前月份的开始和结束位置显示其他相邻月份的日期(这些日期不可选)。要使这些日期变得可选，应使用 selectOtherMonths 选项 默认值：false	Boolean
showWeek	在每个月的旁边显示一年中的第几周(周编号)。该列的标题是通过 weekHeader 选项来设置的。根据 Datepicker 中在每一行显示的第一个日期来计算周编号，因此可能并不会完全匹配该行中的所有日子。可通过 calculateWeek 设置来修改年份中周编号的计算方法，默认的计算方法是 ISO 8601 实现 默认值：false	Boolean
stepMonths	设置当单击 Previous/Next 链接时，将前进或后退的月份数 默认值：1	Number
weekHeader	该选项用于设置年内周编号的列标题(请参见 showWeeks 选项) 默认值：'wk'	String

(续表)

选　　项	说　　明	类　　型
yearRange	控制在年份下拉列表框中显示的年份范围。可使用-nn:+nn 格式，将年份的范围设置为相对于当前年份的范围，其中 n 是一个表示当前年份之前或之后年份数的值。也可以使用 nnnn:nnnn，将年份范围设置为任意的范围，其中 n 表示的是开始和结束年份 默认值：'c-10:c+10'	String
yearSuffix	月份标题中，年份之后显示的附加文本 默认值：''	String

Datepicker 实用工具

方　　法	说　　明	返　回　值
$.datepicker.formatDate(*format*, *date*, *options*)	使用指定的格式将日期格式化为字符串值。对于 format 参数，可参见“格式选项”部分的内容。可将 optional 选项参数设置为一个对象字面量，其中包含 dayNamesShort、dayNames、monthNamesShort 或 monthNames 选项的设置	String
$.datepicker.iso8601Week(*date*)	对于给定的日期，判断该日期属于一年中的哪一周，取值为 1 到 53	Number
$.datepicker.noWeekends	用于使用排除周末的预定义函数来设置 beforeShowDay 函数	Function
$.datepicker.parseDate(*format*, *value*, *options*)	使用指定的格式，从字符串值中提取日期。对于 format 选项，请参见“格式选项”部分的内容。可将 optional 选项参数设置为一个对象字面量，其中包含 shortYearCutoff、dayNamesShort、dayNames、monthNamesShort 或 monthNames 选项的设置	Date
$.datepicker.setDefaults(*options*)	更改所有 Datepicker 的默认设置。对于 options 参数，可参见“Datepicker 选项”部分	Datepicker

$.DATEPICKER.FORMATDATE()的格式选项

选　　项	说　　明
d	月份中的天，没有前导 0
dd	月份中的天，带有前导 0
o	年份中的天，没有前导 0
oo	年份中的天(三位数字)

(续表)

选　　项	说　　明
D	Day 的短名称
DD	Day 的长名称
m	年中的月份，不带前导 0
mm	年中的月份，带有前导 0
M	月份的短名称
MM	月份的长名称
y	两位数字的年份值
yy	4 位数字的年份值
@	UNIX 时间戳(从 01/01/1970 到现在经过的秒数)
...	文本字面量
''	单引号
Anything else	文本字面量
ATOM	yy-mm-dd(与 RFC 3339 / ISO 8601 相同)
COOKIE	D, dd M yy
ISO_8601	yy-mm-dd
RFC_822	D, d M y
RFC_850	DD, dd-M-y
RFC_1036	D, d M y
RFC_1123	D, d M yy
RFC_2822	D, d M yy
RSS	D, d M y
TICKS	!
TIMESTAMP	@ (UNIX 时间戳；从 01/01/1970 到现在经过的秒数)
W3C	yy-mm-dd(与 ISO 8601 相同)

附录 P

Dialog 插件

Dialog 方法

方 法	说 明	返 回 值
dialog(*options*)	将选择的元素创建为对话框	jQuery
dialog('close')	关闭对话框	jQuery
dialog('destroy')	完全删除对话框	jQuery
dialog('isOpen')	确定对话框是否打开	Boolean
dialog('moveToTop')	在对话框栈中，将指定的对话框移到栈顶	jQuery
dialog('open')	打开对话框	jQuery
dialog('option', *optionName*)	返回指定选项的值	Mixed
dialog('option', optionName, value)	将指定选项设置为特定的值	jQuery
dialog('option')	返回“键-值”对形式的选项对象	Object
dialog('option', *optionObject*)	以“键-值”对象的形式设置指定的选项	jQuery
dialog('widget')	返回一个包含对话框的 jQuery 对象	jQuery

Dialog 选项

选 项	说 明	类 型
appendTo	设置应将对话框追加到哪个元素 默认值：'body'	Selector
autoOpen	如果把该选项设置为 true，当调用 dialog()方法时该对话框将自动打开。如果将该选项的值设置为 false，对话框将保持隐藏，直到调用 dialog("open")方法为止 默认值：true	Boolean

(续表)

选　项	说　明	类　型
buttons	定义在对话框中将显示哪些按钮。key 属性表示按钮上的文本，value 属性是一个当按钮被单击所执行的回调函数，该回调函数的上下文环境是对话框元素。如果要访问按钮，可以通过 event 对象的 target 进行访问 默认值：{}	Object Array
closeOnEscape	指定当用户按下 Esc 键时是否关闭对话框。 默认值：true	Boolean
closeText	指定“关闭”按钮上的文本 默认值：'close'	String
dialogClass	指定一个类名，该类定义的样式规则将被添加到对话框以创建额外的样式 默认值：''	String
draggable	当把该选项的值设置为 true 时，将允许拖动最终的对话框。如果设置为 false，则不允许拖动对话框 默认值：true	Boolean
height	对话框的高度，以像素为单位 默认值：200	Number String
hide	确定是否以动画方式关闭对话框；如果是，又使用何种动画关闭对话框 如果提供了布尔值，false 指示不使用动画，将立即关闭对话框。如果提供了 true，则淡出显示对话框，期间会用到默认的持续时间和默认的缓动效果 如果提供了数字，则指示使用默认的缓动效果，淡出动画应延续多长时间 如果提供了字符串，则指示使用的动画或 UI 效果，例如'slideUp'或'fold'。将为动画应用默认的持续时间和默认的缓动效果 如果提供了对象，可指定以下属性：effect、delay、duration 和 easing 默认值：null	Boolean Number String Object

(续表)

选　项	说　明	类　型
maxHeight	当改变对话框的尺寸时，所允许的以像素为单位的最大高度 默认值：false	Number
maxWidth	当改变对话框的尺寸时，所允许的以像素为单位的最大宽度 默认值：false	Number
minHeight	当改变对话框的尺寸时，所允许的以像素为单位的最小高度 默认值：150	Number
minWidth	当改变对话框的尺寸时，所允许的以像素为单位的最小宽度 默认值：150	Number
modal	当把 modal 选项设置为 true 时，对话框将具有模态的行为方式，页面中的其他元素将被禁用(即不允许与其进行交互)。模态对话框将在对话框之下、其他页面元素之上创建一个覆盖层。通过重写 ui-widget-overlay 类的样式，可以自定义该覆盖层的样式值(例如改变其颜色或不透明度等) 默认值：false	Boolean
position	定义对话框的显示位置 如果指定一个对象，将使用 jQuery UI Position Utility (http://api.jqueryui.com/position/) 如果指定字符串，可选的取值为：'center'、'left'、'right'、'top'和'bottom'。 如果指定一个数组，应该包含坐标对(以像素为单位，距离视口左上角的偏移位置)或可能的字符串值(例如用['right','top']代表右上角) 默认值：{my: 'center', at: 'center', of: 'window'}	Object String Array

(续表)

选 项	说 明	类 型
resizable	指定是否允许改变对话框的尺寸大小 默认值：true	Boolean
show	确定是否以动画方式打开对话框；如果是，又使用何种动画打开对话框？ 如果提供了布尔值，false 指示不使用动画，将立即打开对话框。如果提供了 true，则淡入显示对话框，期间会用到默认的持续时间和默认的缓动效果 如果提供了数字，则指示使用默认的缓动效果，淡入动画应延续多长时间 如果提供了字符串，则指示使用的动画或 UI 效果。例如'slideUp'或'fold'。将为动画应用默认的持续时间和默认的缓动效果 如果提供了对象，可指定以下属性：effect、delay、duration 和 easing 默认值：null	Boolean Number String Object
title	指定对话框的标题。对话框的标题也可通过对话框的 source 元素的 title 特性来指定 默认值：null	String
width	以像素为单位的对话框的宽度 默认值：300	Number

Dialog 事件

选 项	说 明	值
beforeClose bind('dialogbeforeclose') on('dialogbeforeclose')	一个函数，在关闭对话框之前执行	Function (event, ui)
close bind('dialogclose') on('dialogclose')	一个函数，在关闭对话框时执行	Function (event, ui)
create bind('dialogcreate') on('dialogcreate')	一个函数，在创建对话框时执行	Function (event, ui)

(续表)

选　　项	说　　明	类　　型
drag bind('dialogdrag') on('dialogdrag')	一个函数，在拖动对话框时执行	Function (event, ui)
dragStart bind('dialogdragstart') on('dialogdragstart')	一个函数，在拖动对话框之初执行	Function (event, ui)
dragStop bind('dialogdragstop') on('dialogdragstop')	一个函数，在对话框拖动完毕时执行	Function (event, ui)
focus bind('dialogfocus') on('dialogfocus')	一个函数，当对话框触发 focus 事件时将执行该函数。该函数接收两个与 triggerHandler 接口相匹配的参数。所传入的数据就是获得焦点的对话框选项对象	Function (event, ui)
open bind('dialogopen') on('dialogopen')	一个函数，当对话框打开时将执行该函数	Function (event, ui)
resize bind('dialogresize') on('dialogresize')	一个函数，在重新设置对话框大小时执行	Function (event, ui)
resizeStart bind('dialogresizestart') on('dialogresizestart')	一个函数，在开始重新设置对话框大小时执行	Function (event, ui)
resizeStop bind('dialogresizestop') on('dialogresizestop')	一个函数，在重新设置对话框大小的过程结束时执行	Function (event, ui)

ui 对象

选　　项	说　　明	类　　型
ui.position	对话框的当前 CSS 位置	Object
ui.offset	对话框的当前偏移位置	Object
ui.originalPosition	在重新设置大小前，对话框的 CSS 位置	Object
ui.originalSize	在开始重新设置大小前，对话框的尺寸	Object
ui.size	对话框的当前尺寸	Object

附录 Q

Tabs 插件

Tabs 方法

方 法	说 明	返 回 值
`tabs(options)`	为选择的元素创建选项卡(参见“Tabs 选项”部分的内容)	jQuery
`tabs('destroy')`	从文档中完全删除选项卡的功能	jQuery
`tabs('disable')`	删除所有选项卡	jQuery
`tabs('disable', index)`	按偏移索引禁用选项卡。要禁用多个选项卡，通过使用选项卡索引数组的选项方法来设置禁用的选项	jQuery
`tabs('enable')`	启用所有选项卡	jQuery
`tabs('enable', index)`	按偏移索引启用选项卡。要启用多个选项卡，通过使用选项卡索引数组(指示仍要禁用哪些选项卡)的选项方法来设置禁用的选项	jQuery
`tabs('load', index)`	以编程方式加载 AJAX 选项卡的内容	jQuery
`tabs('option')`	为每个设置选项返回一个“键-值”对形式的对象	Object
`tabs('option', optionName, value)`	将指定选项设置为指定的值	jQuery
`tabs('refresh')`	针对添加到 DOM 或从 DOM 删除的选项卡，刷新选项卡的位置	jQuery
`tabs('widget')`	返回选项卡容器的 jQuery 对象	jQuery

(续表)

Tabs 选项		
选 项	说 明	类 型
active	确定应该打开哪个选项卡面板 如果提供了布尔值，设置为 false 将折叠所有面板 如果提供了整数，设置基于 0 的偏移来表示选项卡将打开相应的面板。如果是负值，选择的活动面板将从最后一个选项卡(而非开头的选项卡)开始计数 默认值：0	Boolean Integer
collapsible	如果值为 true，则表明可以关闭活动面板(这意味着可能根本没有活动面板) 默认值：false	Boolean
disabled	如果提供了布尔值，则指示是启用还是禁用所有选项卡 如果提供了数组，该数组将包含要在初始化期间禁用的每个选项卡(基于 0)的位置 默认值：false	Boolean Array
event	用于选择选项卡的事件类型。例如，要在用户鼠标进入一个选项卡时激活该选项卡，使用值'mouseover' 默认值：'click'	String
heightStyle	控制如何应用每个选项卡和每个面板的高度。选项如下： 'auto'：会将所有选项卡面板的高度设置为最高面板的高度 'fill'：扩展选项卡小部件的高度，以占满父元素的高度 'content'：每个选项卡面板的高度，以仅容纳其内容为准 默认值：'content'	String

(续表)

选　　项	说　　明	类　　型
hide	确定是否以动画方式关闭选项卡面板；如果是，又使用何种动画关闭选项卡面板？ 如果提供了布尔值，false 指示不使用动画，将立即关闭选项卡面板。如果提供了 true，则淡出显示选项卡面板，期间会用到默认的持续时间和默认的缓动效果 如果提供了数字，则指示使用默认的缓动效果，以及淡出动画应延续多长时间 如果提供了字符串，则指示使用的动画或 UI 效果，例如 'slideUp' 或 'fold'。将为动画应用默认的持续时间和默认的缓动效果 如果提供了对象，可指定以下属性：effect、delay、duration 和 easing 默认值：null	Boolean Number String Object
show	确定是否以动画方式打开选项卡面板；如果是，又使用何种动画打开选项卡面板？ 如果提供了布尔值，false 指示不使用动画，将立即打开选项卡面板。如果提供了 true，则淡入显示选项卡面板，期间会用到默认的持续时间和默认的缓动效果 如果提供了数字，则指示使用默认的缓动效果，以及淡入动画应延续多长时间 如果提供了字符串，则指示使用的动画或 UI 效果，例如 'slideUp' 或 'fold'。将为动画应用默认的持续时间和默认的缓动效果 如果提供了对象，可指定以下属性：effect、delay、duration 和 easing 默认值：null	Boolean Number String Object

(续表)

Tabs 事件		
选　项	说　明	值
activate bind('tabsactivate') on('tabsactivate')	一个函数，在激活了选项卡时执行	Function (event, ui)
beforeActivate bind('tabsbeforeactivate') on('tabsbeforeactivate')	一个函数，在激活选项卡之前执行	Function (event, ui)
beforeLoad bind('tabsbeforeload') on('tabsbeforeload')	一个函数，在加载选项卡之前执行	Function (event, ui)
create bind('tabscreate') on('tabscreate')	一个函数，在创建了选项卡之后执行	Function (event, ui)
load bind('tabsload') on('tabsload')	一个函数，在加载选项卡时执行	Function (event, ui)
ui 对象		
选　项	说　明	类　型
ui.ajaxSettings	jQuery.ajax 请求内容时使用的设置	Object
ui.jqXHR	正在请求内容的 jQuery AJAX 请求对象	jQuery AJAX
ui.newPanel	刚激活或将要激活的面板	jQuery
ui.newTab	刚激活或将要激活的选项卡	jQuery
ui.oldPanel	刚停用或将要停用的面板	jQuery
ui.oldTab	刚停用或将要停用的选项卡	jQuery
ui.panel	正在加载的面板或活动面板	jQuery
ui.tab	正在加载的选项卡或活动选项卡	jQuery

Tabs 样式	
类	说　明
ui-tabs-nav	将被作为基类应用于整个选项卡
ui-tabs-selected	应用于当前被选中的选项卡。为当前所选中的选项卡创建突出的可视化效果是非常必要的，该类用于指示当前激活的是哪一个选项卡
ui-tabs-unselect	该类应用于所有可以选择但是并未被选中的选项卡

(续表)

类	说　　明
`ui-tabs-deselectable`	该类应用于所有可被取消选中的选项卡
`ui-tabs-disabled`	选项卡被禁用时的样式。强烈建议采用某种透明或禁用的样式效果，通常以颜色变灰的方式来表示
`ui-tabs-panel`	使选项卡具有可视化切换状态的效果
`ui-tabs-hide`	该类用于隐藏选项卡(也许是最重要的类)
元　　素	**说　　明**
`<span>`	<span>元素的作用是便于实现一些技巧性的效果，例如圆角效果和尺寸可改变的背景等

附录 R

Resizable(可调整尺寸)

Resizable 方法

方　法	说　明	返 回 值
`resizable(options)`	将选择的元素转换为可调整尺寸的(Resizable)元素，可参见“ReSizable 选项”部分的内容	jQuery
`resizable('destroy')`	完全移除尺寸调整功能	jQuery
`resizable('disable')`	临时禁用尺寸调整功能	jQuery
`resizable('enable')`	启用尺寸调整功能	jQuery
`resizable('option')`	对“键-值”对形式的对象，返回当前所有设置选项的对象	Object
`resizable('option', optionName)`	返回指定选项的值	Mixed
`resizable('option', optionName, value)`	将指定选项设置为指定的值	jQuery

Resizable 选项

选　项	说　明	类　型
`alsoResize`	当改变尺寸可调整元素的尺寸时，同时改变选择集中其他一个或多个元素的尺寸大小 默认值：`false`	Selector jQuery Element
`animate`	为元素的尺寸调整过程增加动画效果 默认值：`false`	Boolean
`animateDuration`	设置动画的持续时间。可取值为以毫秒(ms)为单位的时间值，或取值为`'slow'`、`'normal'`或`'fast'`这 3 个值之一 默认值：`'slow'`	Number String

(续表)

选　　项	说　　明	类　　型
animateEasing	动画的缓动效果 默认值：'swing'	String
aspectRatio	将值设置为 true 时，在改变元素尺寸时将强制保存原始的宽高比。如果提交一个数值，尺寸调整元素将强制将尺寸调整到指定的宽高比 默认值：false	Boolean Number
autoHide	将值设置为 true 时，除非鼠标指针位于该元素上，否则将自动隐藏改变尺寸的手柄 默认值：false	Boolean
cancel	在与选择器匹配的元素上禁用尺寸调整功能 默认值：'input, textarea, button, select, option'	Selector
containment	将元素的尺寸调整限制在指定元素的编辑范围之内。指定的元素可以是一个 DOM 元素、'parent'、'document'或选择器。 默认值：false	Boolean Element Selector String
delay	以毫秒为单位的延迟时间。该值定义了从鼠标指针单击手柄到开始改变尺寸的延迟时间。该选项有助于避免在单击元素时产生不必要的拖动 默认值：0	Number
disabled	如果将值设置为 true，则禁用尺寸调整功能 默认值：false	Boolean
distance	开始改变元素尺寸时鼠标指针应该移动的偏差值。如果指定了该选项，则仅当鼠标指针移动的距离大于该偏差值之后，才能进行尺寸调整 默认值：1	Number
ghost	当把该选项的值设置为 true 时，改变元素的尺寸时将显示替代元素 默认值：false	Boolean
grid	以网格的单位尺寸(即每 x 或 y 方向上逐像素的离散值)为单位改变元素的尺寸 默认值：false	Array[x, y]

(续表)

选　　项	说　　明	类　　型
handles	自定义用于尺寸调整的句柄。如果指定一个对象，可能的键是 n、e、s、w、ne、 se、sw、nw 和 all。这些键的值应该引用元素、选择集或用于表示特定句柄的 jQuery 对象 如果提供了字符串，则字符串是如下内容的以逗号分隔的列表：'n, e, s, w, ne, se, sw, nw, all' 默认值：'e, s, se'	String Object
helper	在拖动改变尺寸的手柄期间，该 CSS 类将被添加到代理元素上，以显示尺寸调整元素的轮廓。一旦尺寸调整操作完成，源元素将被改变到指定尺寸 默认值：false	Boolean String
maxHeight	尺寸调整所允许的最大高度值 默认值：null	Number
maxWidth	尺寸调整所允许的最大宽度值 默认值：null	Number
minHeight	尺寸调整所允许的最小高度值 默认值：10	Number
minWidth	尺寸调整所允许的最小宽度值 默认值：10	Number

Resizable 事件

选　　项	说　　明	值
create bind('resizecreate') on('resizecreate')	一个函数，在创建可调整尺寸的元素时执行	Function (event, ui)
resize bind('resize') on('resize')	一个函数，在拖动任意尺寸调整句柄期间调用	Function (event, ui)
start bind('resizestart') on('resizestart')	一个函数，在开始调整尺寸时执行	Function (event, ui)
stop bind('resizestop') on('resizestop')	一个函数，在尺寸调整操作结束时调用	Function (event, ui)

(续表)

ui 对象

选 项	说 明	类 型
ui.element	表示可调整尺寸的元素的 jQuery 对象	jQuery
ui.helper	表示正调整尺寸的 helper 的 jQuery 对象	jQuery
ui.originalElement	一个 jQuery 对象，表示用 Resizable 插件封装前的原始元素	jQuery
ui.originalPosition	一个对象，使用 left 和 top 键表示原始位置	Object
ui.originalSize	在调整元素尺寸前，一个包含原始 width 和 height 的对象	Object
ui.position	包含当前位置(使用 left 和 top 键)的对象	Object
ui.size	包含可调整尺寸的元素的当前尺寸(使用 width 和 height 键)的对象	Object

附录 S

Slider(滑动条)

Slider 方法

方法	说明	返回值
slider(*options*)	将所选择的元素创建为滑动条元素(参见“Sliders 选项”部分)	jQuery
slider('destroy')	完全移除滑动功能	jQuery
slider('disable')	禁用滑动条	jQuery
slider('enable')	启用滑动条	jQuery
slider('option')	返回一个“键-值”对形式的对象，表示当前为 Slider 插件的实例设置的所有选项	Object
slider('option', *optionName*)	返回指定选项的值	Mixed
slider('option', *optionName*, *value*)	将指定选项设置为指定的值	jQuery
slider('option', *optionObject*)	为“键-值”对形式的对象设置多个选项	jQuery
slider('value')	返回滑动条的值	Number
slider('value', *value*)	设置滑动条的值	jQuery
slider('values')	返回所有手柄的所有值	Array
slider('values', *index*)	返回指定手柄的值	Number

(续表)

Slider 方法		
方 法	说 明	返 回 值
`slider('values', index, value)`	设置指定手柄的值	jQuery
`slider('values', valuesArray)`	使用数组设置指定手柄的值	jQuery
`slider('widget')`	返回一个包含滑动条的 jQuery 对象	jQuery
Slider 选项		
选 项	说 明	类 型
animate	当用户在手柄之外的轨道上单击时，用于指示是否使用平滑的动画效果来移动手柄 默认值：false	Boolean
disabled	如果设置为 true，则禁用滑动条 默认值：false	Boolean
max	滑动条的最大值。该选项用于在回调函数中跟踪滑动条的值，以及设置步进值 默认值：100	Number
min	滑动条的最小值 默认值：0	Number
orientation	确定沿水平方向还是垂直方向移动滑动条。可能的值是 horizontal 和 vertical 默认值：horizontal	String
range	如果提供布尔值，并将其设置为 true，滑动条将检测是否具有两个手柄，并在这两个手柄之间的区域创建一个样式区域。在回调函数中可以通过 ui.range 来获取手柄区域的数量。如果提供了字符串，可能的值是 min 和 max 默认值：false	Boolean String
step	确定滑动条每个步进之间的间隔(在 min 和 mx 之间)。可方便地用整个范围除以步进 默认值：1	Number
value	滑动条的值。如果存在多个手柄，将为第一个手柄使用该值 默认值：0	Number
values	如果需要多个手柄，可在该选项中提供一个数组，其中包含每个手柄的值 默认值：null	Array

(续表)

Slider 事件		
选　　项	说　　明	值
change	当滑动条的值发生变化时可执行的函数	function(event, ui)
create	当创建滑动条时执行的函数	function(event, ui)
slide	拖动滑动条期间每次移动鼠标时执行的函数	function(event, ui)
start	用户开始滑动时调用的函数	function(event, ui)
stop	用户停止滑动时调用的函数	function(event, ui)
ui 对象		
选　　项	说　　明	类　　型
ui.handle	表示正在移动的手柄的 jQuery 对象	jQuery
ui.value	如果未取消事件，手柄将移至该值	Number
ui.values	多手柄滑动条的当前值的数组	Array

附录 T

Tablesorter 插件

Tablesorter 选项

选　　项	说　　明	类　　型
cancelSelection	确定是否可选中表头元素<th>中的文本 默认值：true	Boolean
cssAsc	应用于表头<th>的类名，表示按升序排序一列 默认值：'headerSortUp'	String
cssDesc	应用于表头<th>的类名，表示按降序排序一列 默认值：'headerSortDown'	String
cssHeader	应用于表头<th>的类名，表示处于未排序状态的一列 默认值：'header'	String
debug	确定是否显示附加的调试信息；在开发期间，此类信息是有用的。 默认值：false	Boolean

headers	一个对象，表示可为每一列提供的选项。定义该对象时，每一列的偏移计数从 0 算起。截止撰写本书时为止，唯一允许的选项是指示一列是否可排序
	下面的示例对象在第一列上禁用排序功能：
	headers : {
	    0 : {
	        sorter : false
	    }
	}
	默认值：null
		Object

(续表)

Tablesorter 选项

选　　项	说　　明	类　　型
sortForce	该选项有助于执行多列排序。例如，在它的帮助下，可首先按“日期”、“账户余额”或其他标准进行排序，再按“姓名”进行排序。用于指定该选项的值与 sortList 选项遵循相同的模式 默认值：null	Array

sortList	该选项定义列的初始排序方式。在数组中定义每一列，首先列出第一个排序列，然后按顺序逐一列出，直至列出最后排序的列
	例如：
	sortList : [
	    [0, 0],
	    [2, 1]
	]
	在上面的设置中，首先依据第一列，按升序排序。第一列的偏移值是 0，升序也用 0 表示，于是使用[0, 0]。然后依据第三列，按降序排序。第三列的偏移值是 2，降序用 1 表示，于是使用[2, 1]
	默认值：null
		Array

sortMultiSortKey	该选项指示使用哪个键盘修饰符来选择多个排序列 默认值：'shiftKey'	String

textExtraction	定义使用哪种方法从表格单元格捕获用于排序的文本。字符串选项包括'simple'和'complex'。'simple'不会考虑出现在表格单元格文本之前的标记。'complex'会考虑此类标记，但在处理大型数据集时，会降低性能
	使用附加选项，编写自己的函数来提取文本。该函数的签名如下：
	function(node)
	{
	    return $(node).text();
	}
	记注，在处理大型表时，跨越 JavaScript 直接使用 jQuery 会影响性能
	默认值：'simple'
		String
		Function

widthFixed	确定是否为列使用固定宽度 注意，该选项也与应用于<table>元素的 CSS 声明 table-layout: fixed;一起使用 默认值：false	Boolean

MediaElement

MediaElement 选项

选　项	说　明	类　型
alwaysShowControls	确定当鼠标指针离开视频时是否隐藏控件 默认值：false	Boolean
alwaysShowHours	确定是否在视频时间中显示小时标记，例如HH:MM:SS。该选项显示 HH:部分 默认值：false	Boolean
AndroidUseNativeControls	确定是否在 Android 设备上使用本地控件 默认值：false	Boolean
audioWidth	如果提供了值，则重写<audio>元素的width 默认值：-1	Integer
audioHeight	如果提供了值，则重写<audio>元素的height 默认值：-1	Integer
autosizeProgress	确定是否根据其他元素的大小，自动计算进度条的大小 默认值：true	Boolean
autoRewind	媒体结束时返回到开头 默认值：true	Boolean
clickToPlayPause	确定单击<video>元素时是否切换“播放”/“暂停” 默认值：true	Boolean

(续表)

MediaElement 选项

选 项	说 明	类 型
defaultAudioHeight	<audio>播放器的默认高度，以像素为单位。如果没有在元素上指定 height，则使用该值 默认值：30	Integer
defaultAudioWidth	<audio>播放器的默认宽度，以像素为单位。如果没有在元素上指定 width，则使用该值 默认值：400	Integer

defaultSeekBackwardInterval	按下一个键时，后移的默认时间量
	默认值是：
	function(media)
	{
	return (media.duration * 0.5);
	}
		Function

defaultSeekForwardInterval	按下一个键时，前移的默认时间量
	默认值是：
	function(media)
	{
	return (media.duration * 0.5);
	}
		Function

defaultVideoHeight	<video>播放器的默认高度，以像素为单位。如果没有在元素上指定 height，则使用该值 默认值：270	Integer
defaultVideoWidth	<video>播放器的默认宽度，以像素为单位。如果没有在元素上指定 width，则使用该值 默认值：480	Integer
enableAutosize	根据内容大小，重新调整 Flash 和 Silverlight 播放器的大小 默认值：true	Boolean

(续表)

MediaElement 选项

选　项	说　明	类　型
enableKeyboard	启用和禁用键盘支持 默认值：true	Boolean
features	控制栏上控件或插件的顺序 默认值：['playpause', 'current', 'progress', 'duration', 'tracks', 'volume', 'fullscreen']	Array
framesPerSecond	将 showTimecodeFrameCount 选项设置为 true 时使用的选项，指示每秒钟播放的帧数 默认值：25	Integer
hideVideoControlsOnLoad	确定在加载视频时是否隐藏视频控件 默认值：false	Boolean
iPadUseNativeControls	确定是否在 iPad 上使用本地控件 默认值：false	Boolean
iPhoneUseNativeControls	确定是否在 iPhone 上使用本地控件 默认值：false	Boolean
keyActions	一个键盘命令数组 默认值是一个数组，用于启动以下键操作：空格键用于播放或暂停媒体，向上或向下箭头键用于调高或调低音量，向左或向右箭头键用于向前或向后搜索，F 键用于进入或退出全屏模式，M 键用于设置静音或取消静音	Array
loop	确定是否循环播放一首音频曲目 默认值：false	Boolean
pauseOtherPlayers	确定在播放器启动时是否暂停页面上的其他播放器 默认值：true	Boolean
poster	poster 图像的 URL 默认值：''	String
showPosterWhenEnded	确定视频结束时是否显示 poster 默认值：false	Boolean

(续表)

MediaElement 选项		
选　项	说　明	类　型
showTimecodeFrameCount	以时间代码形式显示帧率，FF:HH:MM:SS。该选项添加了 FF:部分。framesPerSecond 选项确定该值 默认值：false	Boolean
startVolume	播放器起初的音量级别 默认值：0.8	Float
videoWidth	如果提供该值，它将重写<video>元素的 width 默认值：-1	Integer
videoHeight	如果提供该值，它将重写<video>元素的 height 默认值：-1	Integer